Lambacher Schweizer

Mathematik für Gymnasien

Grundfach

Rheinland-Pfalz

Lösungen

erarbeitet von

Dieter Brandt
Hans Freudigmann
Dieter Greulich
Wolfgang Riemer

Ernst Klett Verlag
Stuttgart · Leipzig

Inhaltsverzeichnis

I Folgen und Grenzwerte	1 Folgen	L1
	2 Eigenschaften von Folgen	L2
	3 Grenzwert einer Folge	L3
	4 Grenzwertsätze	L5
	Wiederholen – Vertiefen – Vernetzen	L7
II Ableitung	1 Funktionen	L10
	2 Mittlere Änderungsrate – Differenzenquotient	L11
	3 Momentane Änderungsrate – Ableitung	L13
	4 Ableitung berechnen	L14
	5 Die Ableitungsfunktion	L15
	6 Ableitungsregeln	L16
	Wiederholen – Vertiefen – Vernetzen	L17
III Extrem- und Wendepunkte	1 Nullstellen	L19
	2 Monotonie	L21
	3 Hoch- und Tiefpunkte, erstes Kriterium	L23
	4 Die Bedeutung der zweiten Ableitung	L25
	5 Hoch- und Tiefpunkte, zweites Kriterium	L27
	6 Kriterien für Wendepunkte	L31
	7 Extremwerte – lokal und global	L34
	Wiederholen – Vertiefen – Vernetzen	L36
IV Untersuchung ganzrationaler Funktionen	1 Ganzrationale Funktionen – Linearfaktorzerlegung	L40
	2 Ganzrationale Funktionen und ihr Verhalten für $x \to +\infty$ bzw. $x \to -\infty$	L41
	3 Symmetrie, Skizzieren von Graphen	L41
	4 Beispiel einer vollständigen Funktionsuntersuchung	L43
	5 Probleme lösen im Umfeld der Tangente	L50
	6 Mathematische Begriffe in Sachzusammenhängen	L52
	Wiederholen – Vertiefen – Vernetzen	L53
V Exponentialfunktionen	1 Eigenschaften von Funktionen der Form $f(x) = c \cdot a^x$	L60
	2 Die natürliche Exponentialfunktion und ihre Ableitung	L63
	3 Exponentialgleichungen und natürlicher Logarithmus	L65
	4 Die natürliche Logarithmusfunktion	L67
	5 Ableiten von Funktionen der Form $f(x) = a \cdot e^{kx}$	L68
	6 Exponentielles Wachstum modellieren	L69
	Wiederholen – Vertiefen – Vernetzen	L72

VI Integral	1 Rekonstruieren einer Größe	L73
	2 Das Integral	L74
	3 Der Hauptsatz der Differential- und Integralrechnung	L76
	4 Bestimmung von Stammfunktionen	L78
	5 Integral und Flächeninhalt	L79
	6 Unbegrenzte Flächen – Uneigentliche Integrale	L81
	7 Integral und Rauminhalt	L82
	Wiederholen – Vertiefen – Vernetzen	L85
VII Lineare Gleichungssysteme	1 Das Gauß-Verfahren	L87
	2 Lösungsmengen linearer Gleichungssysteme	L87
	3 Bestimmung ganzrationaler Funktionen	L88
	Wiederholen – Vertiefen – Vernetzen	L91
VIII Vektoren und Geraden	1 Punkte im Raum	L96
	2 Vektoren	L96
	3 Rechnen mit Vektoren	L98
	4 Geraden	L100
	5 Gegenseitige Lage von Geraden	L101
	6 Längen messen – Einheitsvektoren	L102
	Wiederholen – Vertiefen – Vernetzen	L104
IX Ebenen	1 Ebenen im Raum – Parameterform	L106
	2 Zueinander orthogonale Vektoren	L108
	3 Normalengleichung und Koordinatengleichung einer Ebene	L109
	4 Lagen von Ebenen erkennen und Ebenen zeichnen	L110
	5 Gegenseitige Lage von Ebenen und Geraden	L113
	6 Gegenseitige Lage von Ebenen	L114
	7 Winkel zwischen Vektoren	L115
	8 Schnittwinkel	L116
	9 Beweise zur Parallelität und Orthogonalität	L118
	Wiederholen – Vertiefen – Vernetzen	L121

X Matrizen und Abbildungen	1 Beschreibung von einstufigen Prozessen durch Matrizen	L127
	2 Rechnen mit Matrizen	L127
	3 Zweistufige Prozesse – Matrizenmultiplikation	L129
	4 Inverse Matrizen	L129
	5 Populationsentwicklungen – Zyklisches Verhalten	L131
	6 Geometrische Abbildungen	L132
	7 Darstellung von Abbildungen mit Matrizen	L135
	8 Verkettung von Abbildungen – Matrizenmultiplikation	L139
	9 Inverse Matrizen – Umkehrabbildungen	L140
	Wiederholen – Vertiefen – Vernetzen	L143
XI Wahrscheinlichkeit	1 Wahrscheinlichkeiten und Ereignisse	L146
	2 Berechnen von Wahrscheinlichkeiten mit Abzählverfahren	L148
	3 Gegenereignis – Vereinigung – Schnitt	L149
	4 Wahrscheinlichkeiten bestimmen durch Simulation	L150
	5 Daten darstellen und auswerten	L152
	6 Erwartungswert und Standardabweichung bei Zufallswerten	L153
	7 Bernoulli-Experimente und Binomialverteilung	L156
	8 Wahrscheinlichkeiten berechnen mit der Binomialverteilung	L159
	9 Arbeiten mit den Tabellen der Binomialverteilung	L163
	10 Problemlösen mit der Binomialverteilung	L163
	11 Erwartungswert und Standardabweichung – Sigma-Regeln	L164
	Wiederholen – Vertiefen – Vernetzen	L166
XII Schätzen und Testen	1 Wahrscheinlichkeiten schätzen – Vertrauensintervalle	L171
	2 Stetige Zufallsgrößen	L172
	3 Die Analysis der Gauß'schen Glockenfunktion	L174
	4 Die Normalverteilung	L176
	5 Zweiseitiger Signifikanztest	L178
	6 Einseitiger Signifikanztest	L181
	7 Fehler beim Testen von Binomialverteilungen	L183
	Wiederholen – Vertiefen – Vernetzen	L187

I Folgen und Grenzwerte

1 Folgen

Seite 12

Einstiegsproblem

Mögliche Antworten zu den Besonderheiten der grafischen Darstellung:

- Es werden Block- und Liniendiagramm nebeneinander verwendet und in das gleiche Koordinatensystem eingetragen.
- Es werden Messpunkte geradlinig miteinander verbunden.
- Das Diagramm gibt nur in groben Zügen den Temperaturverlauf wieder. In der Realität verläuft er nicht knickförmig.

Es handelt sich jeweils um eine Funktion, da die Zuordnung einer Zahl aus $\{1; 2; \ldots; 31\}$ zu der zugehörigen Tageshöchsttemperatur (Regenmenge) eindeutig ist.

Die Verbindung der Messwerte durch Strecken ist insofern falsch, da es z.B. bei der Zuordnung *Tagesnummer → Höchsttemperatur* nicht möglich ist, der Zahl 2,35 oder auch π eine Zahl zuzuordnen.

Seite 14

1 a) $\frac{2}{5}; \frac{4}{5}; \frac{6}{5}; \frac{8}{5}; 2; \frac{12}{5}; \frac{14}{5}; \frac{16}{5}; \frac{18}{5}; 4;$
Die Zahlenfolge wächst über alle Grenzen.
b) $1; \frac{1}{2}; \frac{1}{3}; \frac{1}{4}; \frac{1}{5}; \frac{1}{6}; \frac{1}{7}; \frac{1}{8}; \frac{1}{9}; \frac{1}{10};$
Die Folgenglieder gehen gegen null.
c) $-1; 1; -1; 1; -1; 1; -1; 1; -1; 1;$
Die Zahlenfolge alterniert zwischen −1 und 1.
d) $\frac{1}{2}; \frac{1}{4}; \frac{1}{8}; \frac{1}{16}; \frac{1}{32}; \frac{1}{64}; \frac{1}{128}; \frac{1}{256}; \frac{1}{512}; \frac{1}{1024};$
die Folgenglieder streben stark gegen null.
e) 2; 2; 2; 2; 2; 2; 2; 2; 2; 2;
konstante Folge
f) 1; 0; −1; 0; 1; 0; −1; 0; 1; 0; die Folge nimmt nur vier Werte abwechselnd an.

2 a) 1; 3; 5; 7; 9; 11; 13; 15; 17; 19;
$a_n = 1 + 2\cdot(n-1)$
b) 1; 2; 4; 8; 16; 32; 64; 128; 256; 512;
$a_n = 2^{n-1}$
c) $\frac{1}{2}; 2; \frac{1}{2}; 2; \frac{1}{2}; 2; \frac{1}{2}; 2; \frac{1}{2}; 2;$
$a_n = 2^{((-1)^n)}$
d) 0; 1; 1; 2; 3; 5; 8; 13; 21; 34;
$a_n = ?$

3 a) (p_n) ist zu berechnen. n Anzahl der Jahre, p_n Preis in Euro.
$p_1 = 1 + \frac{5}{100} = 1{,}05;$
$p_2 = 1{,}05 + 1{,}05\cdot\frac{5}{100} = 1{,}05\cdot(1 + \frac{5}{100}) = 1{,}05^2;$
$p_3 = 1{,}05^2 + 1{,}05^2\cdot\frac{5}{100} = 1{,}05^2\cdot(1 + \frac{5}{100})$
$= 1{,}05^3;$
allgemein: $p_n = 1{,}05^n$.
Graph siehe unten.
b) $2 = 1{,}05^n$, also $n = \log_{1{,}05}(2) = \frac{\log_{10}(2)}{\log_{10}(1{,}05)}$
$\approx 14{,}2$.
Damit hat sich nach gut 14 Jahren der Preis einer Ware verdoppelt.

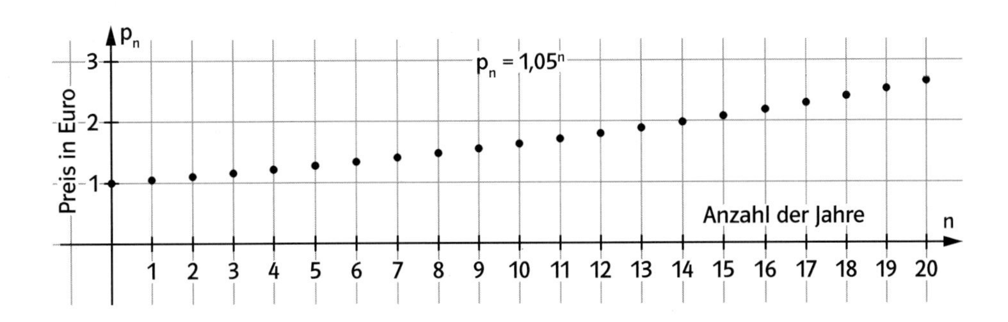

6 a) $a_n = (-1)^{n-1} \cdot n$; $a_{10} = -10$; $a_{20} = -20$. Die Folgenglieder werden für gerades n laufend kleiner, für ungerades laufend größer.
b) $a_n = \frac{n-1}{n}$; $a_{10} = \frac{9}{10}$; $a_{20} = \frac{19}{20}$. Die Folgenglieder nähern sich mit zunehmendem n der Zahl 1.
c) $a_n = 16 \cdot \left(-\frac{1}{2}\right)^{n-1}$; $a_{10} = -\frac{1}{32}$; $a_{20} = -\frac{1}{32768}$. Die Folgenglieder kommen der Zahl 0 laufend näher.
d) $a_n = -4 + 3 \cdot (n-1)$; $a_{10} = 23$; $a_{20} = 53$. Die Folgenglieder werden laufend größer.
e) $a_n = 4 + (-1)^n \cdot \frac{1}{n}$; $a_{10} = 4\frac{1}{10}$; $a_{20} = 4\frac{1}{20}$ Es erfolgt eine Annäherung an die Zahl 4.

7 a) Volumen des Ausgangswürfels ist 1. V_n soll das Volumen nach der n-ten Teilung sein. Dann ist $V_1 = 1 + \frac{1}{8} = \frac{9}{8}$;
$V_2 = \frac{9}{8} + \frac{1}{8^2} = 1 + \frac{1}{8} + \frac{1}{8^2} = \frac{73}{64}$;
$V_3 = \frac{73}{64} + \frac{1}{8^3} = 1 + \frac{1}{8} + \frac{1}{8^2} + \frac{1}{8^3} = \frac{585}{512} = 1\frac{73}{512}$.
b) $V_n = 1 + \frac{1}{8} + \frac{1}{8^2} + \ldots + \frac{1}{8^{n-1}} + \frac{1}{8^n} = \frac{8^n + 8^{n-1} + 8^{n-2} + \ldots + 8^1 + 1}{8^n}$.

8 $a_1 = 1$; $a_2 = 0{,}75$; $a_3 = 0{,}6160$; $a_4 = 0{,}5349$; $a_5 = 0{,}4814$; $a_6 = 0{,}4438$; $a_7 = 0{,}4162$; $a_8 = 0{,}3951$; $a_9 = 0{,}3786$; $a_{10} = 0{,}3653$
Man kann keine Annäherung erkennen. Es kann sein, dass die Folgenglieder nicht gegen null streben. Arbeitet man mit einem Computer oder GTR, so kann man eher eine Vermutung haben: Die Folgenglieder nähern sich tatsächlich dem Wert 0,25 an.

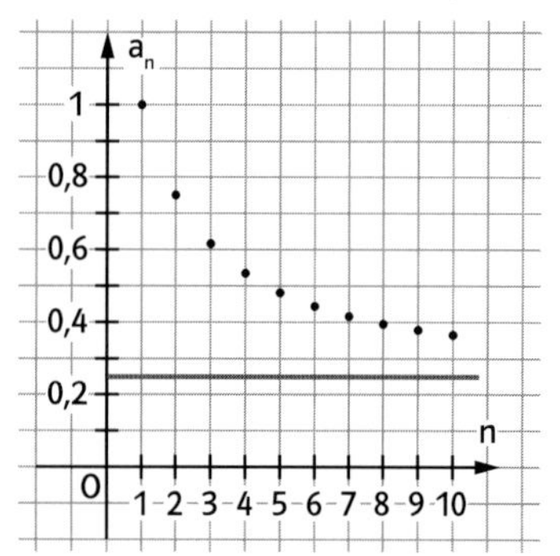

2 Eigenschaften von Folgen

Seite 15

Einstiegsproblem
Mögliche Antworten bei dieser offenen Fragestellung:
- Sortieren nach „monoton steigend": $\left(-\frac{1}{n}\right)$, (n), $\left(1 - \frac{1}{2n}\right)$, $(1 + n^2)$; „monoton fallend": $\left(\frac{1}{n}\right)$, $\left(3 + \frac{1}{n}\right)$ und keines von beiden: $((-1)^n)$.
- Sortieren nach „strebt gegen eine reelle Zahl": $\left(\frac{1}{n}\right)$, $\left(-\frac{1}{n}\right)$, $\left(3 + \frac{1}{n}\right)$, $\left(1 - \frac{1}{2n}\right)$; „strebt nicht gegen eine reelle Zahl": (n), $((-1)^n)$, $(1 + n^2)$.
- Sortieren nach „wächst über alle Grenzen": (n), $(1 + n^2)$.

Seite 16

1 a) $\left(1 + \frac{1}{n}\right)$ ist streng monoton fallend, da $a_{n+1} - a_n = 1 + \frac{1}{n+1} - \left(1 + \frac{1}{n}\right) = \frac{1}{n+1} - \frac{1}{n} = -\frac{1}{n(n+1)} < 0$ ist. Die Folge ist beschränkt, z.B. durch $S = 2$ und $s = 0$.
b) $\left(\left(\frac{3}{4}\right)^n\right)$ ist streng monoton fallend, da $a_{n+1} - a_n = \left(\frac{3}{4}\right)^{n+1} - \left(\frac{3}{4}\right)^n = \left(\frac{3}{4}\right)^n \cdot \left(\frac{3}{4} - 1\right) = \left(\frac{3}{4}\right)^n \cdot \left(-\frac{1}{4}\right) < 0$ ist. Die Folge ist beschränkt, z.B. durch $S = 1$ und $s = 0$.

c) (a_n) ist weder monoton fallend noch monoton steigend, da $a_1 - a_2 = -1 - 1 = -2 < 0$, aber $a_2 - a_3 = 1 - (-1) = 2 > 0$ ist. Die Folge ist beschränkt, z.B. durch $S = 3$ und $s = -3$.
d) $\left(1 + \frac{(-1)^n}{n}\right)$ ist weder monoton fallend noch monoton steigend, da $a_1 - a_2 = 0 - 1{,}5 < 0$, aber $a_2 - a_3 = \frac{3}{2} - \frac{2}{3} > 0$ ist. Die Folge ist beschränkt, z.B. durch $S = 2$ und $s = 0$.
e) $\left(\frac{8n}{n^2+1}\right)$ ist streng monoton fallend, da
$$a_{n+1} - a_n = \frac{8 \cdot (n+1)}{(n+1)^2 + 1} - \frac{8n}{n^2+1} = \frac{(8n+8) \cdot (n^2+1) - 8n \cdot (n^2 + 2n + 2)}{((n+1)^2 + 1) \cdot (n^2+1)} = -8 \frac{n^2 + n - 1}{((n+1)^2+1) \cdot (n^2+1)} < 0 \text{ für alle } n \in \mathbb{N}^*.$$

Die Folge ist beschränkt nach oben, z. B. durch $S = 5$ und nach unten sicher durch $s = 0$.

2

Folge (a_n) mit	$a_n = n$	$a_n = (-1)^n \cdot n$	$a_n = \frac{(-1)^n}{n}$	$a_n = 1 + \frac{1}{n}$
nach oben beschränkt	nein	nein	ja	ja
nach unten beschränkt	ja	nein	ja	ja
beschränkt	nein	nein	ja	ja
monoton	ja	nein	nein	ja

Die ersten beiden Folgen wachsen über alle Grenzen, Folge 3 strebt gegen 0, Folge 4 gegen 1.

4 a) Monoton steigend sind z. B.:
$\left(-\frac{1}{n^2}\right), \left(1 - \left(\frac{1}{2}\right)^n\right), (3)$

b) Monoton fallend sind z. B.:
$\left(\frac{1}{n+1}\right), (-\sqrt{n}), \left(2 + \frac{1}{n}\right)$

c) Nicht monoton sind z. B.:
$((-2)^n), \left(\sin\left(\frac{\pi}{2} \cdot n\right)\right), \left(\frac{(-1)^n}{\sqrt{n}}\right),$

d) Nicht nach oben beschränkt sind z. B.:
$(n^2), (2^n), ((-1)^n \cdot n)$

e) Streng monoton fallend und nach unten beschränkt sind z. B.: $\left(\frac{1}{n}\right), \left(\frac{1}{n+1} + 1\right), \left(\left(\frac{9}{13}\right)^n\right)$

f) Streng monoton steigend und nicht nach oben beschränkt sind z. B.: $(n^3), (n + 1), (4^n)$

5 a) Wahr. Beispiel: $((-1)^n)$ ist beschränkt, aber nicht monoton.

b) Wahr, da wegen $a_1 > a_2 > a_3 > a_4 > \ldots$ zum Beispiel $S = a_1$ eine obere Schranke ist. Beispiel: $\left(\frac{1}{n}\right)$

c) Falsch, da aus $\frac{a_{n+1}}{a_n} \le 1$ und $a_n > 0$ nur folgt $a_{n+1} \le a_n$, nicht aber $a_{n+1} < a_n$.

3 Grenzwert einer Folge

Seite 17

Einstiegsproblem

$a_n = \frac{2n-1}{n} = 2 - \frac{1}{n}$; siehe Fig. unten

$a_{100} = 1{,}99$; $a_{1000} = 1{,}999$; $a_{1000000} = 1{,}999999$.

Es erfolgt eine Näherung an den Wert 2.

$2 - \left(2 - \frac{1}{n}\right) = \frac{1}{n} < \frac{1}{100}$ ergibt $n > 100$.

$2 - \left(2 - \frac{1}{n}\right) = \frac{1}{n} < 10^{-6}$ ergibt $n > 10^6 = 1000000$.

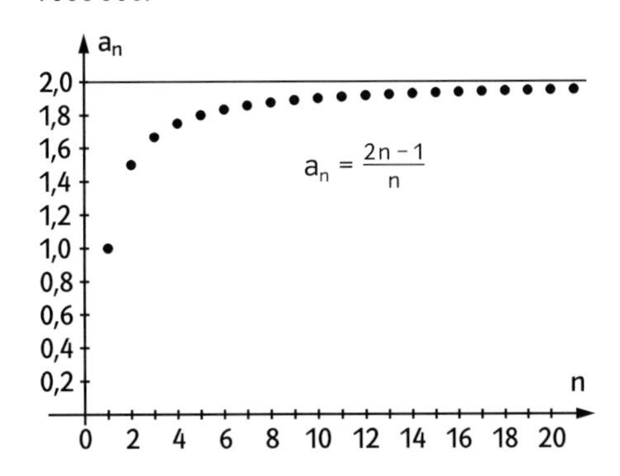

Seite 20

1 $a_n = \frac{6n+2}{3n} = 2 + \frac{2}{3n}$

a) Siehe Fig. auf der nächsten Seite.
Alle Folgenglieder $a_4, a_5, \ldots$ weichen um weniger als 0,2 von 2 ab.
Rechnung:
$\left(2 + \frac{2}{3n}\right) - 2 = \frac{2}{3n} < 0{,}2$ für $n > \frac{10}{3}$.

b) $\left(2 + \frac{2}{3n}\right) - 2 = \frac{2}{3n} < 10^{-6}$ für $n > \frac{2}{3} \cdot 10^6$
$= 666666\frac{2}{3}$. Damit liegen alle Folgenglieder ab Nr. 666667 näher an 2 als 10^{-6}.

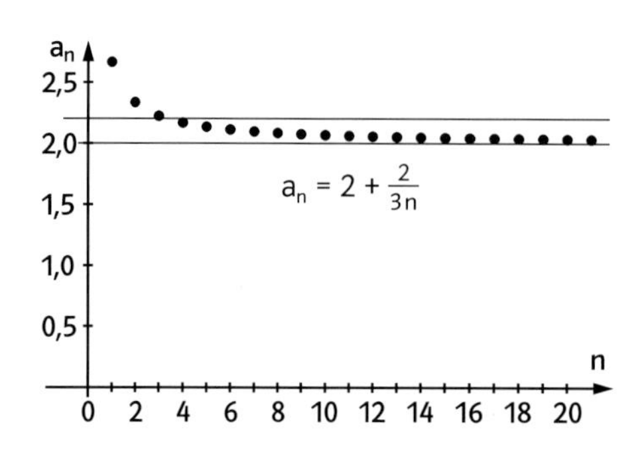

2 a) $|a_n - 1| = \left|\frac{1+n}{n} - 1\right| = \frac{1}{n} < 0{,}1$ für $n > 10$.

b) $|a_n - 1| = \left|\frac{n^2-1}{n^2} - 1\right| = \left|1 - \frac{1}{n^2} - 1\right| = \frac{1}{n^2} < 0{,}1$ für $n > \sqrt{10} \approx 3{,}16$; also ab Nummer 4.

c) $|a_n - 1| = \left|1 - \frac{100}{n} - 1\right| = \frac{100}{n} < 0{,}1$ für $n > 1000$.

d) $|a_n - 1| = \left|\frac{n-1}{n+2} - 1\right| = \left|\frac{-3}{n+2}\right| = \frac{3}{n+2} < \frac{1}{10}$ für $n + 2 > 30$, also $n > 28$.

e) $|a_n - 1| = \left|\frac{2n^2-3}{3n^2} - 1\right| = \left|\frac{-n^2-3}{3n^2}\right| = \frac{n^2+3}{3n^2} = \frac{1}{3} + \frac{1}{n^2} < \frac{1}{10}$ für $\frac{1}{n^2} < -\frac{7}{30}$.
Dies ist für kein $n \in \mathbb{N}^*$ der Fall.

3 Vermuteter Grenzwert ist $g = -\frac{2}{3}$.
Damit gilt: $|a_n - g| = \left|\left(\frac{1}{3n} - \frac{2}{3}\right) - \left(-\frac{2}{3}\right)\right| = \frac{1}{3n} < \varepsilon$ für $n > \frac{1}{3\varepsilon}$, d.h. für fast alle Folgenglieder ist der Abstand zu $-\frac{2}{3}$ kleiner als ε.

Ist $\varepsilon = 0{,}01$, so ist für alle Nummern n mit $n > 33$ der Abstand zu $-\frac{2}{3}$ kleiner als 0,01; für $\varepsilon = 10^{-6}$ sind alle Folgenglieder mit $n > 333\,333$ zu wählen.

4 a) $\left(\frac{3n-2}{n+2} - 3\right) = \left(\frac{-8}{n+2}\right)$ ist eine Nullfolge, da $\left|-\frac{8}{n+2} - 0\right| = \frac{8}{n+2} < \varepsilon$ für $n > \frac{8}{\varepsilon} - 2$.

b) $\left(\frac{n^2+n}{5n^2} - \frac{1}{5}\right) = \left(\frac{n}{5n^2}\right) = \left(\frac{1}{5n}\right)$ ist eine Nullfolge, da $\frac{1}{5n} < \varepsilon$ für $n > \frac{1}{5\varepsilon}$.

c) $\left(\frac{2^{n+1}}{2^n+1} - 2\right) = \left(-\frac{2}{2^n+1}\right)$ ist eine Nullfolge, da der Zähler konstant ist, der Nenner aber über alle Grenzen wächst oder da $\left|-\frac{2}{2^n+1}\right| < \varepsilon$ ist für $2 < \varepsilon \cdot 2^n + \varepsilon$ oder $2^n > \frac{2-\varepsilon}{\varepsilon}$, also für $n > \log_2\left(\frac{2-\varepsilon}{\varepsilon}\right)$.

d) $\left(\frac{3 \cdot 2^n + 2}{2^{n+1}} - \frac{3}{2}\right) = \left(\frac{1}{2^n}\right) = (0{,}5^n)$ ist eine Nullfolge (Nachweis in Beispiel 2b).

6

- beschränkt, monoton, konvergent: z.B. $\left(\frac{1}{n^2+1}\right), \left(\left(\frac{4}{5}\right)^n\right), \left(\frac{4}{\sqrt{n+1}}\right)$
- beschränkt, monoton, nicht konvergent: keine Folge auffindbar
- beschränkt, nicht monoton, konvergent: z.B. $\left(\frac{(-1)^n}{n^2+1}\right), \left(\left(-\frac{4}{5}\right)^n\right), \left(\frac{(-1)^{n+1}}{\sqrt{n+1}}\right)$
- beschränkt, nicht monoton, nicht konvergent: z.B. $((-1)^n), \left(\sin\left(\frac{\pi}{4} \cdot n\right)\right), \left((-1)^n \cdot \frac{n+1}{n}\right)$
- nicht beschränkt, monoton, konvergent: keine Folge auffindbar
- nicht beschränkt, monoton, nicht konvergent: z.B. $(\sqrt{n+1}), (n^2), (-2^n)$
- nicht beschränkt, nicht monoton, konvergent: keine Folge auffindbar
- nicht beschränkt, nicht monoton, nicht konvergent: z.B. $((-1)^n \cdot \sqrt{n+1}), ((-1)^n \cdot n^2), ((-2)^n)$

Randspalte:
Eine nicht beschränkte Folge kann nicht konvergent sein oder anders ausgedrückt: Jede konvergente Folge ist auch beschränkt.

7 a) Da die Zahlenfolge $(1 + n^2)$ nicht beschränkt ist, ist sie auch nicht konvergent.
b) Da die Zahlenfolge $((-1)^n \cdot (n + 2))$ nicht beschränkt ist, ist sie auch nicht konvergent.

c) Da die Zahlenfolge (a_n) mit $a_n = \frac{n^2+1}{n+2} = \frac{n^2+4n+4-3}{n+2} = \frac{(n+2)^2-3}{n+2} = n+2-\frac{3}{n+2}$ nicht beschränkt ist, ist sie auch nicht konvergent.

d) $a_n = 2$ für ungerades n, $a_n = 0$ für gerades n. Damit kann es keine Zahl $\varepsilon > 0$ geben weder mit $|a_n - 2| < \varepsilon$ noch mit $|a_n - 0| < \varepsilon$ für fast alle $n \in \mathbb{N}^*$.

8 a) $\left(\frac{n+1}{5n}\right)$ ist monoton fallend, da $a_{n+1} - a_n = \frac{n+2}{5(n+1)} - \frac{n+1}{5n} = -\frac{1}{5n(n+1)} < 0$ ist.

$\left(\frac{n+1}{5n}\right)$ ist beschränkt nach oben durch 1 und nach unten durch 0. Damit ist $\left(\frac{n+1}{5n}\right)$ konvergent.

Grenzwert ist $\frac{1}{5}$, da $\left|\frac{n+1}{5n} - \frac{1}{5}\right| = \frac{1}{5n} < \varepsilon$ ist für alle n mit $n > \frac{1}{5\varepsilon}$.

b) (a_n) mit $a_n = \frac{\sqrt{5n}}{\sqrt{n+1}} = \sqrt{\frac{5n}{n+1}} = \sqrt{5 - \frac{5}{n+1}}$ ist streng monoton steigend, da

$\frac{a_{n+1}}{a_n} = \sqrt{\frac{5(n+1)}{n+2} \cdot \frac{n+1}{5n}} = \sqrt{\frac{5n^2+10n+5}{5n^2+10n}} > 1$ ist.

(a_n) ist beschränkt nach oben z.B. durch 5 und nach unten durch 0. Damit ist $\left(\frac{\sqrt{5n}}{\sqrt{n+1}}\right)$ konvergent. Grenzwert ist $\sqrt{5}$, da die Folge $(a_n - \sqrt{5})$ eine Nullfolge ist: $\sqrt{5 - \frac{5}{n+1}} - \sqrt{5} = \frac{5 - \frac{5}{n+1} - 5}{\sqrt{5 - \frac{5}{n+1}} + \sqrt{5}} = -\frac{5}{(n+1)\cdot\sqrt{5 - \frac{5}{n+1}} + \sqrt{5}}$.

c) (a_n) mit $a_n = \frac{n\sqrt{n} + 10}{n^2} = \frac{1}{\sqrt{n}} + \frac{10}{n^2}$ ist streng monoton fallend, da die Folgen $\left(\frac{1}{\sqrt{n}}\right)$ und $\left(\frac{10}{n^2}\right)$ nur positive Folgenglieder besitzen und jeweils streng monoton fallend sind.

Die Folge (a_n) ist beschränkt z.B. durch 11 nach oben und 0 nach unten. Damit ist $\left(\frac{1}{\sqrt{n}} + \frac{10}{n^2}\right)$ konvergent. Grenzwert ist 0, da $\left|\frac{1}{\sqrt{n}} + \frac{10}{n^2}\right| < \left|\frac{1}{\sqrt{n}} + \frac{10}{\sqrt{n}}\right| < \frac{11}{\sqrt{n}} < \varepsilon$ ist für $n > \frac{121}{\varepsilon^2}$.

d) (a_n) mit $a_n = \frac{n}{n^2+1}$ ist streng monoton fallend, da die Folgenglieder alle positiv sind und $\frac{a_{n+1}}{a_n} = \frac{(n+1)(n+1)}{((n+1)^2+1)n} = \frac{(n+1)^2}{(n+1)^2 n + n} < 1$.

Die Folge (a_n) ist beschränkt z.B. durch 1 nach oben und 0 nach unten. Damit ist $\left(\frac{n}{n^2+1}\right)$ konvergent.

Grenzwert ist 0, da $\left|\frac{n}{n^2+1}\right| < \left|\frac{n}{n^2}\right| = \left|\frac{1}{n}\right| < \varepsilon$ für $n > \frac{1}{\varepsilon}$.

9 a) (a_n) ist streng monoton steigend, da $a_{n+1} - a_n = \frac{1}{n+1} > 0$ ist.

b) $a_{100} \approx 5{,}187\,377\,517\,633\,144\,268\,0$;

$a_{1000} \approx 7{,}485\,470\,860\,514\,847\,197\,0$;

$a_{10000} \approx 9{,}787\,606\,036\,055\,033\,313\,7$;

$a_{100000} \approx 12{,}090\,146\,129\,953\,513\,581$.

Es ist nicht möglich, über den Grenzwert eine Aussage zu machen.

c) $\frac{1}{n} + \frac{1}{n+1} + \frac{1}{n+2} + \ldots + \frac{1}{2n} > \frac{1}{2n} + \frac{1}{2n} + \frac{1}{2n} + \ldots + \frac{1}{2n} = n \cdot \frac{1}{2n} = \frac{1}{2}$.

4 Grenzwertsätze

Seite 21

Einstiegsproblem

Die Folge (a_n) mit $a_n = \frac{9n^2+4}{3n^2}$ hat den Grenzwert 3, da $|a_n - 3| = \left|\frac{4}{3n^2}\right| = \frac{4}{3n^2} < \varepsilon$ ist für alle n mit $n > \frac{2}{\sqrt{3\varepsilon}}$.

$a_n = \frac{9n^2+4}{3n^2} = 3 + \frac{4}{3n^2}$. Damit ist $(a_n - 3)$ eine Nullfolge, also ist 3 der Grenzwert von (a_n).

$a_n = \frac{9n^2+4}{3n^2} = \frac{(9n^2+4)\cdot\frac{1}{n^2}}{3n^2\cdot\frac{1}{n^2}} = \frac{9+\frac{4}{n^2}}{3}$. Da der Zähler mit wachsendem n gegen 9 strebt, der Nenner aber 3 ist, ist der Grenzwert vermutlich 3.

Seite 22

1 a) $\left(\frac{8+n}{4n}\right) = \left(\frac{2}{n} + \frac{1}{4}\right) = \left(\frac{1}{4}\right) + \left(\frac{2}{n}\right)$; damit ist der Grenzwert $g = \frac{1}{4}$.

b) $\left(\frac{8+\sqrt{n}}{4\sqrt{n}}\right) = \left(\frac{2}{\sqrt{n}} + \frac{1}{4}\right) = \left(\frac{1}{4}\right) + \left(\frac{2}{\sqrt{n}}\right)$; damit ist der Grenzwert $g = \frac{1}{4}$.

c) $\left(\frac{8+2^n}{4\cdot 2^n}\right) = \left(\frac{2}{2^n} + \frac{1}{4}\right) = \left(\frac{1}{4}\right) + \left(\frac{1}{2^{n-1}}\right)$; damit ist der Grenzwert $g = \frac{1}{4}$.

d) $\left(\frac{6+n^4}{\frac{1}{4}n^4}\right) = \left(\frac{24}{n^4} + 4\right) = (4) + \left(\frac{24}{n^4}\right)$; damit ist der Grenzwert $g = 4$.

e) $\left(\frac{4+n^3}{n^3}\right) = \left(\frac{4}{n^3}+1\right) = (1) + \left(\frac{4}{n^3}\right)$; damit ist der Grenzwert $g = 1$.

2 a) $\lim\limits_{n\to\infty} \frac{1+2n}{1+n} = \lim\limits_{n\to\infty} \frac{(1+2n)\cdot\frac{1}{n}}{(1+n)\cdot\frac{1}{n}} = \lim\limits_{n\to\infty} \frac{\frac{1}{n}+2}{\frac{1}{n}+1} = \frac{\lim\limits_{n\to\infty}\left(\frac{1}{n}+2\right)}{\lim\limits_{n\to\infty}\left(\frac{1}{n}+1\right)} = \frac{\lim\limits_{n\to\infty}\left(\frac{1}{n}\right)+\lim\limits_{n\to\infty}2}{\lim\limits_{n\to\infty}\left(\frac{1}{n}\right)+\lim\limits_{n\to\infty}1} = \frac{0+2}{0+1}$
$= 2$

b) $\lim\limits_{n\to\infty} \frac{7n^3+1}{n^3-10} = \lim\limits_{n\to\infty} \frac{(7n^3+1)\cdot\frac{1}{n^3}}{(n^3-10)\cdot\frac{1}{n^3}} = \lim\limits_{n\to\infty} \frac{7+\frac{1}{n^3}}{1-\frac{10}{n^3}}$
$= \frac{\lim\limits_{n\to\infty}\left(7+\frac{1}{n^3}\right)}{\lim\limits_{n\to\infty}\left(1-\frac{10}{n^3}\right)} = \frac{\lim\limits_{n\to\infty}7+\lim\limits_{n\to\infty}\frac{1}{n^3}}{\lim\limits_{n\to\infty}1-\lim\limits_{n\to\infty}\frac{10}{n^3}} = \frac{7+0}{1-0} = 7$

c) $\lim\limits_{n\to\infty} \frac{n^2+2n+1}{n^2+n+1} = \lim\limits_{n\to\infty} \frac{(n^2+2n+1)\cdot\frac{1}{n^2}}{(n^2+n+1)\cdot\frac{1}{n^2}} =$
$\lim\limits_{n\to\infty} \frac{1+\frac{2}{n}+\frac{1}{n^2}}{1+\frac{1}{n}+\frac{1}{n^2}} = \frac{\lim\limits_{n\to\infty}\left(1+\frac{2}{n}+\frac{1}{n^2}\right)}{\lim\limits_{n\to\infty}\left(1+\frac{1}{n}+\frac{1}{n^2}\right)} =$
$\frac{\lim\limits_{n\to\infty}1+\lim\limits_{n\to\infty}\frac{2}{n}+\lim\limits_{n\to\infty}\frac{1}{n^2}}{\lim\limits_{n\to\infty}1+\lim\limits_{n\to\infty}\frac{1}{n}+\lim\limits_{n\to\infty}\frac{1}{n^2}} = \frac{1+0+0}{1+0+0} = 1$

d) $\lim\limits_{n\to\infty} \frac{n^2+n+\sqrt{n}}{n^2+\sqrt{2n}} = \lim\limits_{n\to\infty} \frac{(n^2+n+\sqrt{n})\cdot\frac{1}{n^2}}{(n^2+\sqrt{2n})\cdot\frac{1}{n^2}} =$
$\lim\limits_{n\to\infty} \frac{1+\frac{1}{n}+\frac{1}{n\cdot\sqrt{n}}}{1+\frac{\sqrt{2}}{n\cdot\sqrt{n}}} = \frac{\lim\limits_{n\to\infty}\left(1+\frac{1}{n}+\frac{1}{n\cdot\sqrt{n}}\right)}{\lim\limits_{n\to\infty}\left(1+\frac{\sqrt{2}}{n\cdot\sqrt{n}}\right)} =$
$\frac{\lim\limits_{n\to\infty}1+\lim\limits_{n\to\infty}\frac{1}{n}+\lim\limits_{n\to\infty}\frac{1}{n\cdot\sqrt{n}}}{\lim\limits_{n\to\infty}1+\lim\limits_{n\to\infty}\frac{\sqrt{2}}{n\cdot\sqrt{n}}} = \frac{1+0+0}{1+0} = 1$

e) $\lim\limits_{n\to\infty} \frac{n^5-n^4}{6n^5-1} = \lim\limits_{n\to\infty} \frac{(n^5-n^4)\cdot\frac{1}{n^5}}{(6n^5-1)\cdot\frac{1}{n^5}} = \lim\limits_{n\to\infty} \frac{1-\frac{1}{n}}{6-\frac{1}{n^5}}$
$= \frac{\lim\limits_{n\to\infty}\left(1-\frac{1}{n}\right)}{\lim\limits_{n\to\infty}\left(6-\frac{1}{n^5}\right)} = \frac{\lim\limits_{n\to\infty}1-\lim\limits_{n\to\infty}\frac{1}{n}}{\lim\limits_{n\to\infty}6-\lim\limits_{n\to\infty}\frac{1}{n^5}} = \frac{1-0}{6-0} = \frac{1}{6}$

f) $\lim\limits_{n\to\infty} \frac{\sqrt{n+1}}{\sqrt{n+1}+2} = \lim\limits_{n\to\infty} \frac{\sqrt{n+1}\cdot\frac{1}{\sqrt{n+1}}}{(\sqrt{n+1}+2)\cdot\frac{1}{\sqrt{n+1}}} =$
$\lim\limits_{n\to\infty} \frac{1}{1+\frac{2}{\sqrt{n+1}}} = \frac{\lim\limits_{n\to\infty}1}{\lim\limits_{n\to\infty}\left(1+\frac{2}{\sqrt{n+1}}\right)} = \frac{1}{\lim\limits_{n\to\infty}1+\lim\limits_{n\to\infty}\frac{2}{\sqrt{n+1}}}$
$= \frac{1}{1+0} = 1$

g) $\lim\limits_{n\to\infty} \frac{(5-n)^4}{(5+n)^4} = \lim\limits_{n\to\infty} \frac{(5-n)^4\cdot\frac{1}{n^4}}{(5+n)^4\cdot\frac{1}{n^4}} =$
$\lim\limits_{n\to\infty} \frac{\left((5-n)\cdot\frac{1}{n}\right)^4}{\left((5+n)\cdot\frac{1}{n}\right)^4} = \frac{\lim\limits_{n\to\infty}\left(\frac{5}{n}-1\right)^4}{\lim\limits_{n\to\infty}\left(\frac{5}{n}+1\right)^4} = \frac{(0-1)^4}{(0+1)^4} = 1$

h) $\lim\limits_{n\to\infty} \frac{(2+n)^{10}}{(1+n)^{10}} = \lim\limits_{n\to\infty} \frac{(2+n)^{10}\cdot\frac{1}{n^{10}}}{(1+n)^{10}\cdot\frac{1}{n^{10}}} =$
$\lim\limits_{n\to\infty} \frac{\left((2+n)\cdot\frac{1}{n}\right)^{10}}{\left((1+n)\cdot\frac{1}{n}\right)^{10}} = \frac{\lim\limits_{n\to\infty}\left(\frac{2}{n}+1\right)^{10}}{\lim\limits_{n\to\infty}\left(\frac{1}{n}+1\right)^{10}} = \frac{(0+1)^{10}}{(0+1)^{10}} = 1$

i) $\lim\limits_{n\to\infty} \frac{(1+2n)^{10}}{(1+n)^{10}} = \lim\limits_{n\to\infty} \frac{(1+2n)^{10}\cdot\frac{1}{n^{10}}}{(1+n)^{10}\cdot\frac{1}{n^{10}}} =$
$\lim\limits_{n\to\infty} \frac{\left((1+2n)\cdot\frac{1}{n}\right)^{10}}{\left((1+n)\cdot\frac{1}{n}\right)^{10}} = \frac{\lim\limits_{n\to\infty}\left(\frac{1}{n}+2\right)^{10}}{\lim\limits_{n\to\infty}\left(\frac{1}{n}+1\right)^{10}} = \frac{(0+2)^{10}}{(0+1)^{10}} = 2^{10}$
$= 1024$

j) $\lim\limits_{n\to\infty} \frac{(1+2n)^k}{(1+3n)^k} = \lim\limits_{n\to\infty} \frac{(1+2n)^k\cdot\frac{1}{n^k}}{(1+3n)^k\cdot\frac{1}{n^k}} =$
$\lim\limits_{n\to\infty} \frac{\left((1+2n)\cdot\frac{1}{n}\right)^k}{\left((1+3n)\cdot\frac{1}{n}\right)^k} = \frac{\lim\limits_{n\to\infty}\left(\frac{1}{n}+2\right)^k}{\lim\limits_{n\to\infty}\left(\frac{1}{n}+3\right)^k} = \frac{(0+2)^k}{(0+3)^k} =$
$\frac{2^k}{3^k} = \left(\frac{2}{3}\right)^k$

3 a) $\lim\limits_{n\to\infty} \frac{2^n-1}{2^n} = \lim\limits_{n\to\infty} \frac{(2^n-1)\cdot\frac{1}{2^n}}{2^n\cdot\frac{1}{2^n}} = \lim\limits_{n\to\infty} \frac{1-\frac{1}{2^n}}{1}$
$= \frac{1-0}{1} = 1$

b) $\lim\limits_{n\to\infty} \frac{2^n-1}{2^{n-1}} = \lim\limits_{n\to\infty} \frac{(2^n-1)\cdot\frac{1}{2^{n-1}}}{2^{n-1}\cdot\frac{1}{2^{n-1}}} = \lim\limits_{n\to\infty} \frac{2-\frac{1}{2^{n-1}}}{1} =$
$\frac{2-0}{1} = 2$

c) $\lim\limits_{n\to\infty} \frac{2^n}{1+(2^2)^n} = \lim\limits_{n\to\infty} \frac{2^n}{1+2^{2n}} = \lim\limits_{n\to\infty} \frac{2^n\cdot\frac{1}{2^{2n}}}{(1+2^{2n})\cdot\frac{1}{2^{2n}}}$
$= \lim\limits_{n\to\infty} \frac{\frac{1}{2^n}}{\frac{1}{2^{2n}}+1} = \frac{0}{0+1} = 0$

d) $\lim\limits_{n\to\infty} \frac{2^n-3^n}{2^n+3^n} = \lim\limits_{n\to\infty} \frac{(2^n-3^n)\cdot\frac{1}{3^n}}{(2^n+3^n)\cdot\frac{1}{3^n}} = \lim\limits_{n\to\infty} \frac{\left(\frac{2}{3}\right)^n-1}{\left(\frac{2}{3}\right)^n+1}$
$= \frac{0-1}{0+1} = -1$

e) $\lim\limits_{n\to\infty} \frac{2^n+3^{n+1}}{2\cdot3^n} = \lim\limits_{n\to\infty} \frac{(2^n+3^{n+1})\cdot\frac{1}{3^{n+1}}}{(2\cdot3^n)\cdot\frac{1}{3^{n+1}}} =$
$\lim\limits_{n\to\infty} \frac{\frac{1}{3}\left(\frac{2}{3}\right)^n+1}{\frac{2}{3}} = \frac{0+1}{\frac{2}{3}} = \frac{3}{2}$

5 a) Aus $g = \frac{2}{5}g - 2$ folgt $g = -\frac{10}{3}$.

b) Aus $g = -\frac{2}{3}g + 4$ folgt $g = \frac{12}{5}$.

c) Aus $g = \frac{1-g}{2+g}$ folgt $g^2 + 3g - 1 = 0$ und hieraus $g = \frac{1}{2}(\sqrt{13} - 3) \approx 0{,}3028$.

d) Aus $g = \frac{2-g^2}{3+g}$ folgt $2g^2 + 3g - 2 = 0$ und hieraus $g = \frac{1}{2}$.

e) Aus $g = \sqrt{g+4}$ folgt $g^2 - g - 4 = 0$ und hieraus $g = \frac{1}{2}(\sqrt{17} + 1) \approx 2{,}5616$.

f) Aus $g = \sqrt{\frac{8}{g}}$ folgt $g^3 = 8$ und hieraus $g = 2$.

Wiederholen – Vertiefen – Vernetzen

Seite 23

1 a) $a_n = \frac{4n-4}{2n} = \frac{2n-2}{n} = 2 - \frac{2}{n}$

a_1	a_2	a_3	a_4	a_5
0	1	1,3333	1,5	1,6

a_6	a_7	a_8	a_9	a_{10}
1,6666	1,7143	1,75	1,7778	1,8

Graph unten

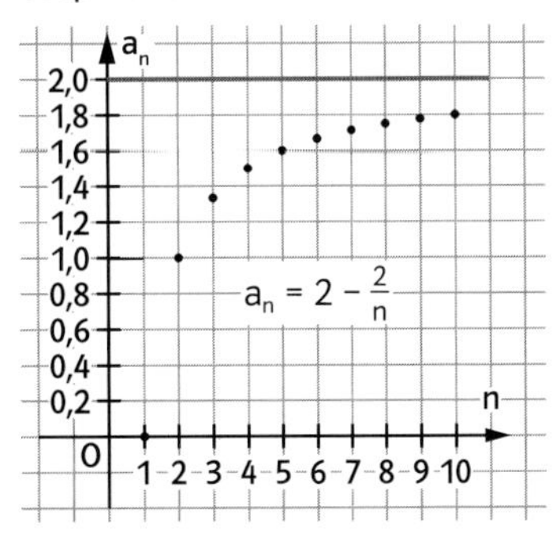

b) Die Folge ist streng monoton steigend, da aus $n < n+1$ folgt $\frac{1}{n+1} < \frac{1}{n}$. Daraus ergibt sich $-\frac{1}{n+1} > -\frac{1}{n}$ und schließlich $2 - \frac{1}{n+1} > 2 - \frac{1}{n}$; also ist $a_{n+1} > a_n$.
Die Folge ist beschränkt. Eine untere Schranke ist $s = 0$, ein obere Schranke $S = 2$.

c) Gibt man $\varepsilon > 0$ vor, so ist $|a_n - 2| < \varepsilon$ äquivalent mit $\left|-\frac{2}{n}\right| < \varepsilon$, d.h. $\frac{2}{n} < \varepsilon$ oder $n > \frac{2}{\varepsilon}$.

Damit ist für fast alle Folgenglieder, nämlich für die mit Nummern n größer als $\frac{1}{\varepsilon}$, der Abstand zu 2 kleiner als ε. Für $\varepsilon = 0{,}001$ erhält man $n > 2000$.

2 a) $\sqrt{n} < \sqrt{n+1}$ für alle $n \in \mathbb{N}^*$. Damit ist die Folge (a_n) streng monoton steigend. (a_n) ist nicht nach oben beschränkt, damit ist (a_n) auch nicht beschränkt.

b) $a_n = 1 + \frac{1}{n}$. Damit gilt: $1 + \frac{1}{n+1} < 1 + \frac{1}{n}$ für alle $n \in \mathbb{N}^*$. Damit ist die Folge (a_n) streng monoton fallend. (a_n) ist nach oben beschränkt, z.B. durch $S = 2$, nach unten durch $s = 1$; damit ist (a_n) beschränkt.

c) $a_n = \frac{n+1}{n+2} = \frac{n+2-1}{n+2} = 1 - \frac{1}{n+2}$. Es gilt $a_{n+1} - a_n = 1 - \frac{1}{n+3} - \left(1 - \frac{1}{n+2}\right) = \frac{1}{n+2} - \frac{1}{n+3}$ $= \frac{1}{(n+2)(n+3)} > 0$. Damit ist $a_{n+1} > a_n$ für alle $n \in \mathbb{N}^*$; die Folge (a_n) ist also streng monoton steigend. (a_n) ist nach oben beschränkt, z.B. durch $S = 1$, nach unten durch $s = 0$; damit ist (a_n) beschränkt.

d) $a_n = \left(\frac{2}{3}\right)^n$. Es gilt $a_{n+1} - a_n = \left(\frac{2}{3}\right)^{n+1} - \left(\frac{2}{3}\right)^n =$ $\left(\frac{2}{3}\right)^n \cdot \left(\frac{2}{3} - 1\right) = -\frac{1}{3} \cdot \left(\frac{2}{3}\right)^n < 0$.
Damit ist $a_{n+1} < a_n$ für alle $n \in \mathbb{N}^*$; die Folge (a_n) ist also streng monoton fallend.

(a_n) ist nach oben beschränkt, z.B. durch $S = 1$, nach unten durch $s = 0$; damit ist (a_n) beschränkt.

e) $a_n = \sqrt[n]{a} = a^{\frac{1}{n}}$. Es gilt $a_{n+1} - a_n = a^{\frac{1}{n+1}} - a^{\frac{1}{n}} =$ $a^{\frac{1}{n+1}}\left(1 - a^{-\frac{1}{n+1}} \cdot a^{\frac{1}{n}}\right) = a^{\frac{1}{n+1}}\left(1 - a^{\frac{1}{n \cdot (n+1)}}\right) < 0$, da $a > 1$ ist. Damit ist $a_{n+1} < a_n$ für alle $n \in \mathbb{N}^*$; die Folge (a_n) ist also streng monoton fallend. (a_n) ist nach oben beschränkt, z.B. durch $S = a$, nach unten durch $s = 0$; damit ist (a_n) beschränkt.

3 a) $\left(\frac{1}{\sqrt{n}}\right)$ ist eine Nullfolge, da für positives ε gilt $\left|\frac{1}{\sqrt{n}} - 0\right| < \varepsilon$ für $n > \frac{1}{\varepsilon^2}$.

b) (2^{1-n}) ist eine Nullfolge, da in dem Ausdruck $2^{1-n} = \frac{2}{2^n}$ der Nenner bei gleich bleibendem Zähler für wachsendes n unbeschränkt zunimmt. Damit geht der Quotient gegen 0.

c) $\left(\frac{2n+1}{3n+4}\right)$ ist keine Nullfolge, da wegen

$\frac{2n+1}{3n+4} = \frac{2+\frac{1}{n}}{3+\frac{4}{n}}$ nach den Grenzwertsätzen die Folge den Grenzwert $\frac{2}{3}$ besitzt.

d) $(\sin(n))$ ist keine Nullfolge, da $\sin(n)$ alle möglichen Werte zwischen 1 und −1 annimmt.

e) $\left(\sin\left(\frac{1}{n}\right)\right)$ ist eine Nullfolge, da gilt $\left|\sin\left(\frac{1}{n}\right)\right| < \left|\frac{1}{n}\right|$. Da $\left(\frac{1}{n}\right)$ eine Nullfolge ist, ist auch $\left(\sin\left(\frac{1}{n}\right)\right)$ eine Nullfolge.

f) (n^{-n}) ist eine Nullfolge. Es gilt zunächst $0 < n^{-n} = \frac{1}{n^n}$ und zudem $\frac{1}{n^n} = \left(\frac{1}{n}\right)^n \le \frac{1}{n}$. Da $\left(\frac{1}{n}\right)$ eine Nullfolge ist, ist auch die Folge (n^{-n}) eine Nullfolge.

4 a) $a_n = \frac{n^2-7n-1}{10n^2-7n} = \frac{1-\frac{7}{n}-\frac{1}{n^2}}{10-\frac{7}{n}}$,
also $\lim\limits_{n\to\infty} a_n = \frac{1}{10}$.

b) $a_n = \frac{n^3-3n^2+3n-1}{5n^3-8n+5} = \frac{1-\frac{3}{n}+\frac{3}{n^2}-\frac{1}{n^3}}{5-\frac{8}{n^2}+\frac{5}{n^3}}$,
also $\lim\limits_{n\to\infty} a_n = \frac{1}{5}$.

c) $a_n = \frac{n+(-1)^n}{n^2+(-1)^n} = \frac{\frac{1}{n}+\frac{(-1)^n}{n^2}}{1+\frac{(-1)^n}{n^2}}$, also $\lim\limits_{n\to\infty} a_n = 0$.

d) $a_n = \frac{\sqrt{n^3+3n-1}}{\sqrt{4n^3+5}} = \frac{\sqrt{n^3+3n-1}\cdot\frac{1}{\sqrt{n^3}}}{\sqrt{4n^3+5}\cdot\frac{1}{\sqrt{n^3}}}$
$= \frac{\sqrt{1+\frac{3}{n^2}-\frac{1}{n^3}}}{\sqrt{4+\frac{5}{n^3}}}$, also $\lim\limits_{n\to\infty} a_n = \frac{\sqrt{1}}{\sqrt{4}} = \frac{1}{2}$.

e) $a_n = \frac{\sqrt{n}}{\sqrt{5n}} = \frac{\sqrt{n}}{\sqrt{5}\cdot\sqrt{n}} = \frac{1}{\sqrt{5}}$, also $\lim\limits_{n\to\infty} a_n = \frac{1}{\sqrt{5}}$.

f) $a_n = \frac{2^{n+1}}{2^n+1} = \frac{2^{n+1}\cdot 2^{-n}}{(2^n+1)\cdot 2^{-n}} = \frac{2}{1+2^{-n}}$,
also $\lim\limits_{n\to\infty} a_n = \frac{2}{1+0} = 2$.

g) $a_n = \frac{3^{n+1}}{5^n} = 3\cdot\left(\frac{3}{5}\right)^n$, also $\lim\limits_{n\to\infty} a_n = 3\cdot 0 = 0$.

h) $a_n = \frac{(2^n+1)^2}{2^{n^2+1}} = \frac{2^{2n}+2\cdot 2^n+1}{2^{n^2+1}} =$
$\frac{(2^{2n}+2\cdot 2n+1)\cdot 2^{-(n^2+1)}}{2^{n^2+1}\cdot 2^{-(n^2+1)}} = \frac{2^{-n^2+2n-1}+2^{-n^2+n}+2^{-n^2-1}}{1} =$
$2^{-(n-1)^2}+2^{-n(n-1)}+2^{-n^2-1} = \frac{1}{2^{(n-1)^2}}+\frac{1}{2^{n(n-1)}}+\frac{1}{2^{n^2+1}}$

Damit gilt: $\lim\limits_{n\to\infty} a_n = 0+0+0 = 0$.

5 a) $\lim\limits_{n\to\infty}(\sqrt{n+100}-\sqrt{n}) =$
$\lim\limits_{n\to\infty}\left((\sqrt{n+100}-\sqrt{n})\cdot\frac{\sqrt{n+100}+\sqrt{n}}{\sqrt{n+100}+\sqrt{n}}\right)$
$= \lim\limits_{n\to\infty}\frac{100}{\sqrt{n+100}+\sqrt{n}} = 0.$

b) $\lim\limits_{n\to\infty}(\sqrt{n}\cdot(\sqrt{n+10}-\sqrt{n})) =$
$\lim\limits_{n\to\infty}\left((\sqrt{n^2+10n}-n)\cdot\frac{\sqrt{n^2+10n}+n}{\sqrt{n^2+10n}+n}\right) =$
$\lim\limits_{n\to\infty}\frac{10n}{\sqrt{n^2+10n}+n} = \lim\limits_{n\to\infty}\frac{10}{\sqrt{1+\frac{10}{n}}+1} = \frac{10}{2} = 5.$

c) $\lim\limits_{n\to\infty}(\sqrt{4n^2+3n}-2n) =$
$\lim\limits_{n\to\infty}\left((\sqrt{4n^2+3n}-2n)\cdot\frac{\sqrt{4n^2+3n}+2n}{\sqrt{4n^2+3n}+2n}\right) =$
$\lim\limits_{n\to\infty}\frac{3n}{\sqrt{n^2+3n}+2n} = \lim\limits_{n\to\infty}\frac{3}{\sqrt{4+\frac{3}{n}}+2} = \frac{3}{\sqrt{4}+2} = \frac{3}{4}.$

6 a) Es ergibt sich die Folge (h_n) mit $h_n = 0{,}95^n$. Damit gilt $h_5 = 0{,}95^5 \approx 0{,}7738$. Die erreichte Höhe nach dem 5. Aufprall beträgt somit etwas mehr als 75 cm.

b) Gesucht ist ein n mit $0{,}95^n = 0{,}5$. Daraus ergibt sich $n = \frac{\ln(0{,}5)}{\ln(0{,}95)} \approx 13{,}5$. Nach 13-maligem Aufprall erreicht die Kugel gerade noch 0,5 m.

c) Es ist $s = 1 + 2\cdot 0{,}95 + 2\cdot 0{,}95^2 + 2\cdot 0{,}95^3 + 2\cdot 0{,}95^4 \approx 8{,}05$. Bis zum 5. Aufprall hat die Kugel einen Weg von etwa 8 m zurückgelegt.

7 a) Mithilfe von Fig. 1 erkennt man, dass für den Flächeninhalt gilt: $A = 1{,}5\,m^2$.

b) Bei jeder neuen Generation von neu hinzugekommenen Quadraten wächst der Umfang u_n um den Wert $2\cdot 3^n\cdot\frac{1}{3^n} = 2$, da 3^n Quadrate hinzukommen, von denen 2 der Seiten mit der Länge $\frac{1}{3^n}$ den Umfang vergrößern. Damit gilt für den Umfang nach der 5. Generation: $u = 4 + 5\cdot 2 = 14$. Der Umfang beträgt damit 14 m.

Der Umfang beträgt 1000 für die Generation n mit $4 + n\cdot 2 = 1000$, also für $n = 498$. Obwohl der Umfang unendlich groß wird, bleibt der Inhalt bei $1{,}5\,m^2$.

Seite 24

8 a) rekursiv: $q_1 = 1$ und $q_{n+1} = q_n + 2n + 1$
explizit: $q_n = n^2$
b) Folge (d_n)
rekursiv: $d_1 = 1$ und $d_{n+1} = d_n + n + 1$
explizit: $d_n = \frac{1}{2}n(n+1)$
Folge (f_n)
rekursiv: $f_1 = 1$ und $f_{n+1} = f_n + 3n + 1$
explizit: $f_n = \frac{1}{2}n(3n-1)$
Folge (s_n)
rekursiv: $s_1 = 1$ und $s_{n+1} = s_n + 4n + 1$
explizit: $s_n = n(2n-1)$

9 rekursiv: $A_1 = 1$ und $A_{n+1} = \frac{8}{9}A_n$
explizit: $A_n = \left(\frac{8}{9}\right)^{n-1}$

10 $F_7 = 13$; $F_8 = 21$; $F_9 = 34$; $F_{10} = 55$;
$F_{11} = 89$; $F_{12} = 144$

II Ableitung

1 Funktionen

Seite 30

Einstiegsproblem

Für die Sachsituation muss der Definitionsbereich der Funktion v auf $w \geq 0$ eingeschränkt werden.
Die Verkaufszahlen nehmen laufend zu, zunächst schnell, dann immer weniger schnell.
Die Verkaufszahlen scheinen 2000 nicht zu übersteigen.

Seite 32

1 a) $f(-2) = \frac{1}{2}$; $f(0{,}1) = -10$; $f(78) = -\frac{1}{78} \approx -0{,}1282$;
$g(-2) = -7$; $g(0{,}1) = -2{,}8$; $g(78) = 153$;
$h(-2) = -2$; $h(0{,}1) \approx -1{,}24$; $h(78) = 6$
b) $D_f = \mathbb{R}\setminus\{0\}$; $D_g = \mathbb{R}$; $D_h = [-3; \infty)$
c) Der Punkt $P(1|-1)$ liegt auf den Graphen von f, g und h; der Punkt $Q(5{,}5|8)$ liegt auf dem Graphen von g.

2 a) $f(-2) = 9$; $f(0{,}1) = 0{,}999$;
$f(78) = -474\,551$; $D_f = \mathbb{R}$;
b) $g(-2) = 0{,}5$; $g(0{,}1) = \frac{10}{41}$; $g(78) = \frac{1}{82} \approx 0{,}0122$; $D_g = \mathbb{R}\setminus\{-4\}$;
c) $h(-2) \approx -\frac{1}{3}$; $h(0{,}1) \approx -\frac{10}{9}$; $h(78) = \frac{1}{77}$;
$D_h = \mathbb{R}\setminus\{1\}$
Der Punkt $P(1|-1)$ liegt auf den Graphen von f und g. Der Punkt $Q(5{,}5|8)$ liegt auf keinem der Graphen.

3 a) $b = \frac{20}{a}$. Mögliche Funktionswerte:
$f(4) = 5$; $f(5) = 4$; $f(10) = 2$.
b) $D = (0; \infty)$

c)

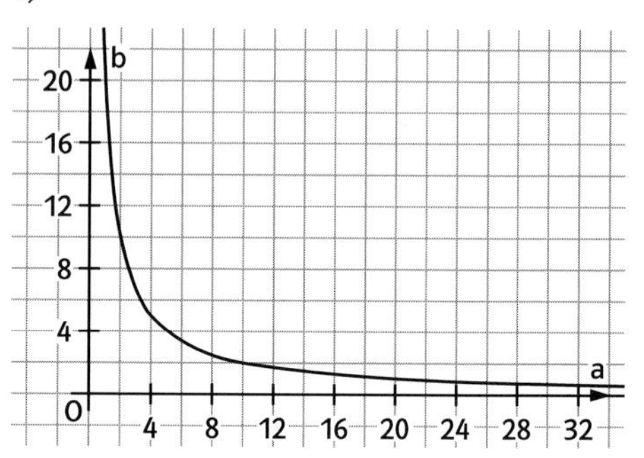

d) Die Funktion $f: a \mapsto b$ mit $b = \frac{20}{a}$ ist eine antiproportionale Funktion.

4 a) Beim ersten Anstieg werden ca. 250 m überwunden. Der erste Anstieg ist ca. 10 km lang.
b) Insgesamt müssen bei der Tour 750 m überwunden werden.
c) Der Umkehrpunkt wird vermutlich bei Streckenkilometer 25 liegen. Dies kann aus der Symmetrie des Graphenabschnitts beim Umkehrpunkt schließen.

6 a)

x	200	400	600	800
A	80 000	120 000	120 000	80 000

b) $f(x) = -0{,}5x^2 + 500x$; $D_f = (0; 1000)$

Seite 33

7 a) Der Ball wurde in einer Höhe von 1,8 m abgeworfen.
b) $D_f = \left(0; \frac{5 + \sqrt{97}}{2}\right) \approx (0; 7{,}42)$
c) Die maximale Höhe des Balles betrug ca. 2,4 m.
d) $D_f = \left(0; 2{,}5 + \sqrt{2{,}5^2 + 10h}\right)$
Die maximale Höhe des Balles betrug ca. 0,625 m + h.

8 a) $V(r) = \frac{1}{3}\pi \cdot r^2\sqrt{36 - r^2}$;

r	0,5	1	1,5	2	2,5	3
V	1,57	6,20	13,69	23,70	35,70	48,97

r	3,5	4	4,5	5	5,5	6
V	62,52	74,93	84,16	86,83	75,96	0,00

b) $D_V = (0; 6)$

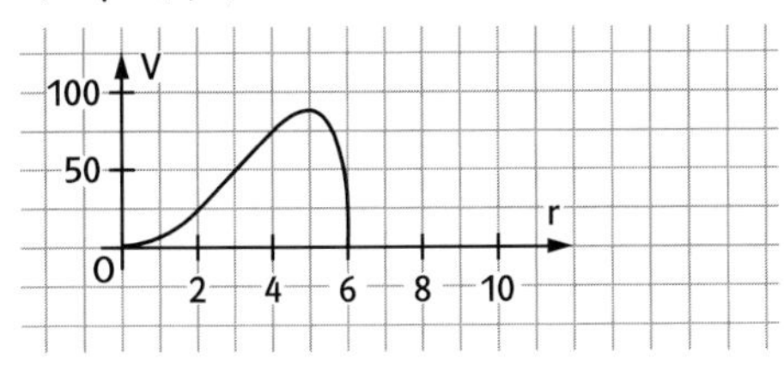

Das Volumen des Kegels ist für etwa r = 4,9 cm am größten.

9 a) $f(r) = \frac{500}{\pi \cdot r^2}$

b)

r	1	2	3	4	5
h	158,93	39,73	17,66	9,93	6,36

r	6	7	8	9	10
h	4,41	3,24	2,48	1,96	1,59

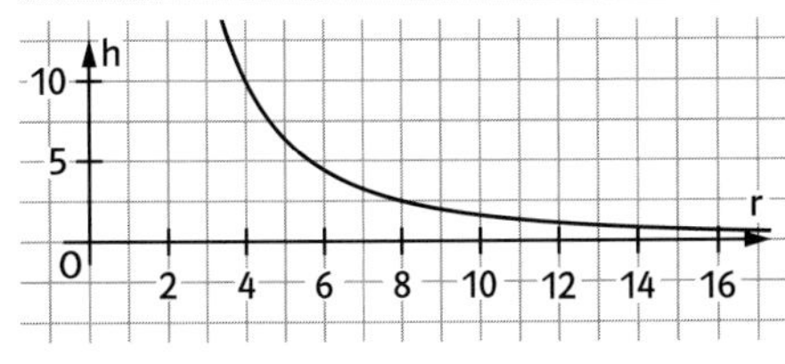

c) $r = 5,\ h = \frac{500}{\pi \cdot 25}$

$g(r) = 2\pi r^2 + 40r$

Der Oberflächeninhalt für r = 5 beträgt $50\pi + 200\,\text{cm}^2 \approx 357{,}08\,\text{cm}^2$

10 a) Individuelle Lösung. Beispiel:
Mit einer 20 m langen Schnur soll ein Rechteck mit den Seitenlängen a und b (in m) gelegt werden. Dabei soll a höchstens 7 m lang sein. Geben Sie die Funktion $a \mapsto b$ an.

b) Individuelle Lösung. Beispiel:
Bestimmen Sie eine Funktion, die jeder Zahl die Hälfte der Quadratwurzel zuordnet.

c) Individuelle Lösung. Beispiel:
Der Eintrittspreis für Gruppen in einem Museum wird so bestimmt: Für die Führung pauschal 30 € und für jede Person 5 €. Bestimmen Sie eine Funktion, mit der der Eintrittspreis bestimmt werden kann.

11 a) Wählt man den Koordinatenursprung auf der Fahrbahn in der Mitte der beiden Pfeiler, so lässt sich das Spannseil mit dem Graphen der Funktion $f: x \mapsto h$ mit $f(x) = 0{,}00019719715 \cdot x^2 + 15$ beschreiben. Hierbei ist x (in m) der horizontale Abstand zum gewählten Koordinatenursprung und $h = f(x)$ die Höhe (in m) über der Fahrbahn.

b) $f(100) \approx 16{,}97$; $f(200) \approx 22{,}89$;
$f(500) \approx 64{,}30$

c) $D_f = (-995{,}5; 995{,}5)$

2 Mittlere Änderungsrate – Differenzenquotient

Seite 34

Einstiegsproblem

Die Grafik gibt einen schnelleren Überblick über das Gesamtgeschehen im betrachteten Zeitraum; allerdings kann man den Anstieg der Bevölkerungszahl leicht überschätzen, wenn man nicht den verschobenen Nullpunkt der y-Achse übersieht.

Der Tabelle kann man leichter die genauen Zahlen entnehmen, insbesondere kann man die Änderung der Bevölkerungszahl in Zehnjahreszeiträumen berechnen.

Seite 35

1 a) −10 b) −0,04167
c) −5000 d) −0,00001

2 a) $\frac{7-0}{9-1} = \frac{7}{8}$ b) $\frac{0-0}{3-1} = \frac{0}{2} = 0$
c) $\frac{7-4}{9-7} = \frac{3}{2}$ d) $\frac{2-0}{6-4} = \frac{2}{2} = 1$

Seite 36

3 a) $v_m = 1{,}25\,\frac{m}{min}$ b) $v_m = 12{,}5\,\frac{m}{min}$

6 Der Differenzenquotient von f im Intervall I = [a, b] entspricht der Steigung der Geraden durch die Punkte P(a | f(a)), Q(b | f(b))

a)

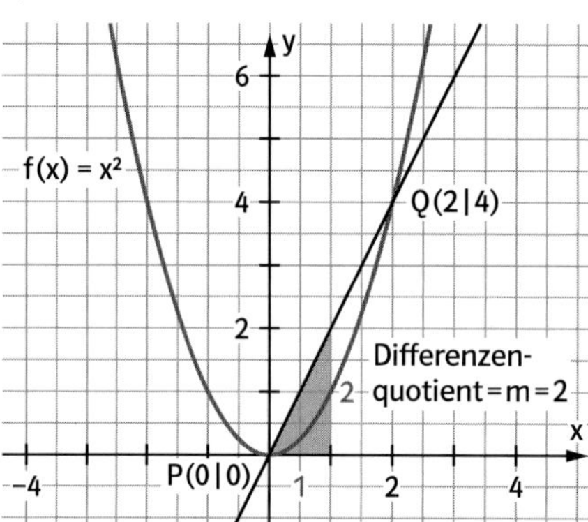

b)

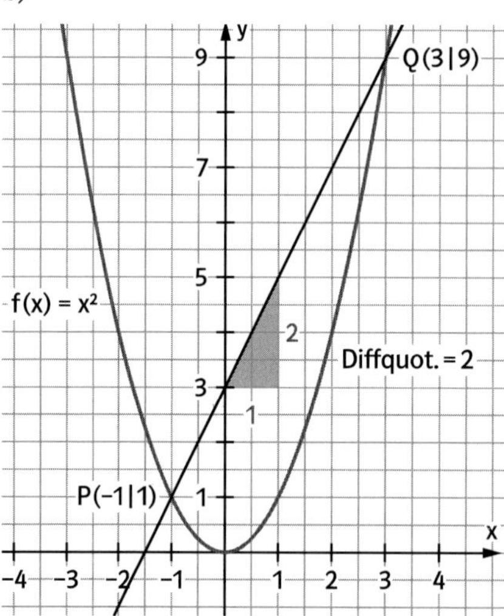

c)

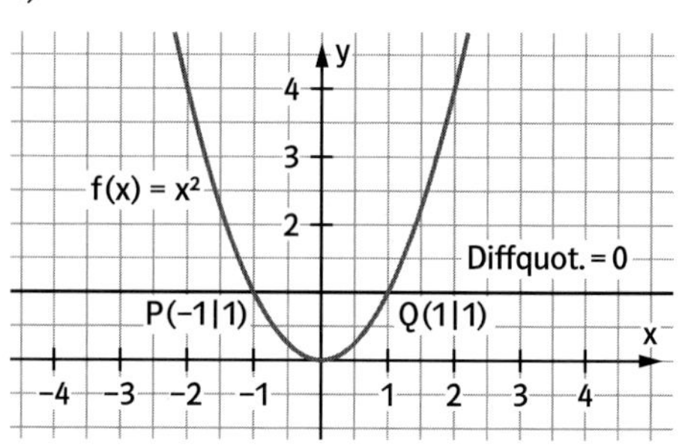

d)

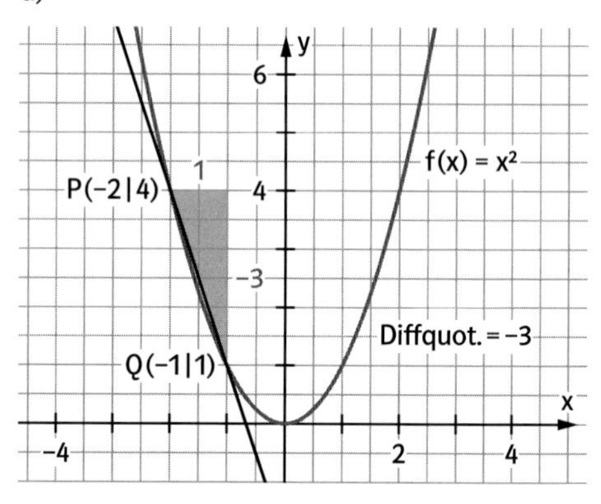

7 Mögliche Lösung:

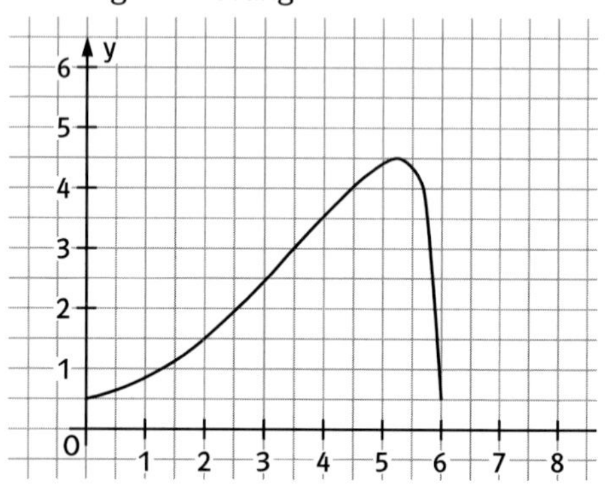

3 Momentane Änderungsrate – Ableitung

Seite 37

Einstiegsproblem

Konstruktion: Die Tangente ist die Orthogonale zur Verbindungslinie vom Berührpunkt zum Kreismittelpunkt. Idee zur näherungsweisen Berechnung. Z. B. Mittelung von Sekantensteigung links und rechts des Berührpunktes.

Seite 39

1 a) $f'(2) = 4$ b) $f'(2) = -0{,}5$
c) $f'(2) = 8$ d) $f'(2) = 32$
e) $f'(2) = 12$ f) $f'(2) = 0$
g) $f'(2) \approx 0{,}35$ h) $f'(2) = 0$

2 a) A) $f'(-1) = -2$ B) $f'(-1) = 3$
C) $f'(-1) = -1$ D) $f'(-1) = -3$

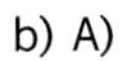
b) A)

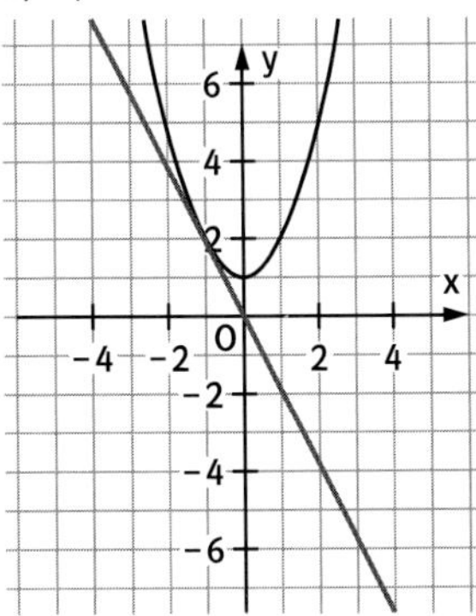

B)

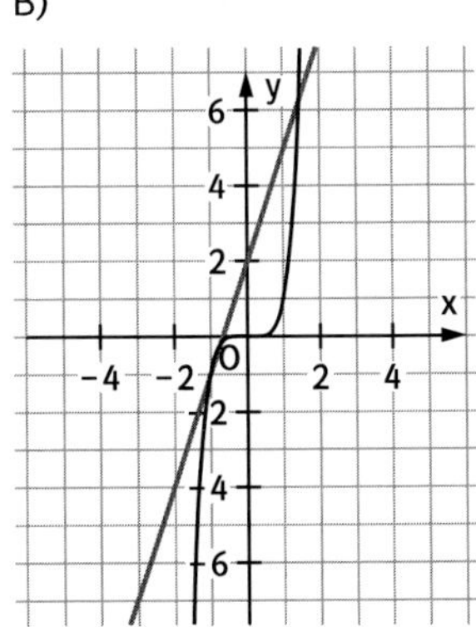

C)

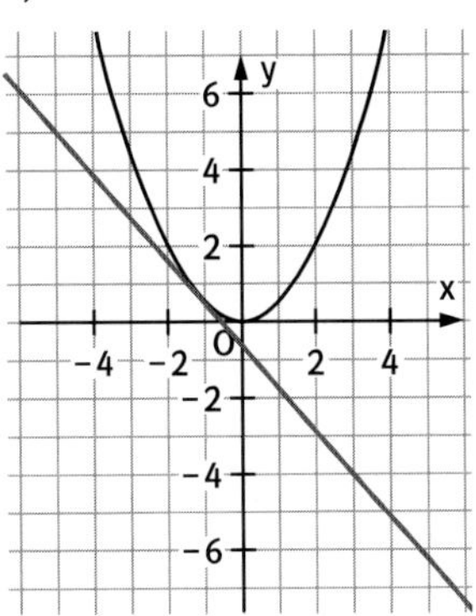

D)

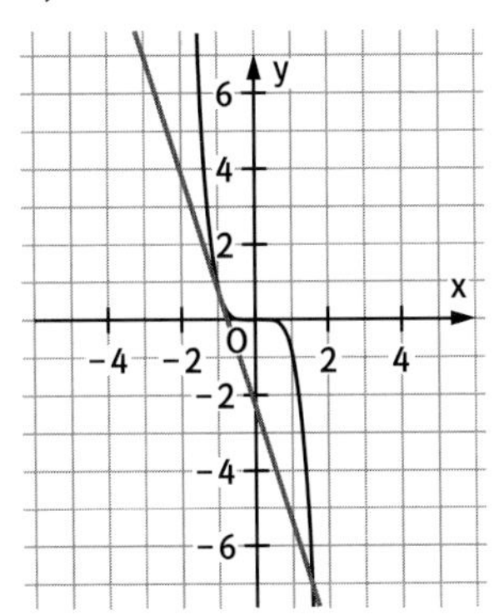

3 $s(t) = 4t^2$

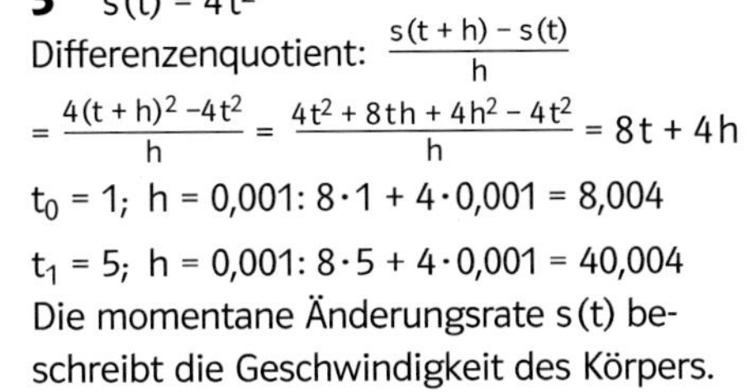

Differenzenquotient: $\frac{s(t+h) - s(t)}{h}$

$= \frac{4(t+h)^2 - 4t^2}{h} = \frac{4t^2 + 8th + 4h^2 - 4t^2}{h} = 8t + 4h$

$t_0 = 1$; $h = 0{,}001$: $8 \cdot 1 + 4 \cdot 0{,}001 = 8{,}004$

$t_1 = 5$; $h = 0{,}001$: $8 \cdot 5 + 4 \cdot 0{,}001 = 40{,}004$

Die momentane Änderungsrate s(t) beschreibt die Geschwindigkeit des Körpers.

4 a) Die Steigung des Graphen ist in den Punkten A und D positiv.
b) $C \mapsto B \mapsto A \mapsto D$

Seite 40

5 a) $f'(x_0) = 1$ b) $f'(x_0) = -1$
c) $f'(x_0) = -0{,}5$ d) $f'(x_0) = 2$

6 a) Die Steigung betrug um 10.15 Uhr ca. 2000 m/h, um 10.45 Uhr ca. −2000 m/h und um 11.15 Uhr ca. −3000 m/h.
b) Die momentane Änderungsrate der Flughöhe war etwa um 10.05 Uhr am größten und etwa um 11.20 Uhr am kleinsten.

9 Der Graph der Funktion f mit $f(x) = -x^2 + 5$ ist eine nach unten geöffnete Parabel, die gegenüber der Normalparabel um 5 in y-Richtung verschoben ist; der Scheitelpunkt liegt bei $P(0|5)$. Da die Steigung des Graphen von f für $x < 0$ positiv, für $x > 0$ negativ und für $x = 0$ ist, erhält man
a) $f'(3) < 0$ b) $f'(-5) > 0$
c) $f'(100) < 0$ d) $f'(0) = 0$.

10 a) Nach 5 Sekunden hat das Fahrzeug einen Weg von 75 Metern, nach 8 Sekunden einen Weg von 96 Metern zurückgelegt.
b) $s'(6) = 8$ und $s'(10) = 0$. Die momentane Änderungsrate $s'(t)$ entspricht der Geschwindigkeit des Fahrzeugs.
c) Die angegebene Formel ist für $t > 10$ nicht definiert und kann für $t = 11\,s$ nicht gelten, da das Fahrzeug bereits nach 10 Sekunden steht (vgl. Teilaufgabe b): $s'(10) = 0$).

4 Ableitung berechnen

Seite 41

Einstiegsproblem
Es sei $h \neq 0$.
$\frac{h}{h} = 1$, insbesondere $\frac{h}{h} \to 1$; $\frac{h}{h^2} \to 0$; $\frac{h^2}{h} \to \infty$; $\frac{2h}{3h} \to \frac{2}{3}$; $\frac{2h}{3h^2} \to 0$

Seite 42

1 a) $f'(2) = 4$ b) $f'(1) = 4$
c) $f'(2) = -4$

2 a) $f'(5) = -30$ b) $f'(-5) = 30$
c) $f'(-1{,}5) = 9$

3 a) $f'(4) = 8$ b) $f'(3) = -12$
c) $f'(3) = 12$ d) $f'(4) = 16$
e) $f'(-1) = 1$ f) $f'(-2) = -8$
g) $f'(2) = 2$ h) $f'(3) = -1$
i) $f'(7) = 0$

4 a) $y = 2x - 1$ b) $y = 3x - 2{,}25$
c) $y = 8x - 16$ d) $y = 4x - 2$

5 a) $f'(-1) = -1$; $y = -x - 2$
b) $f'(1) = -2$; $y = -2x + 4$
c) $f'(1) = -1$; $y = -x + 2$
d) $f'(1) = \frac{3}{16}$; $y = \frac{3}{16}x - \frac{3}{2}$
e) $f'(1) = -\frac{1}{16}$; $y = -\frac{1}{16}x + \frac{1}{2}$
f) $f'(1) = -4$; $y = -4x + 4$

Seite 43

8 a) Die Ableitung von f mit $f(x) = 3x + 2$ an den Stellen $x_0 = 4$ und $x_1 = 9$ ist 3.
b) Die Ableitung einer linearen Funktion mit $y = mx + c$ an einer beliebigen Stelle x_0 ist m.

9 $f'(1) = 3$

10 a) $f'(2) = 12$ b) $f'(1) = -3$
c) $f'(1) = 1$

11 $f'(1) = \frac{1}{2}$

12 a) $f'(10) = \frac{1}{2\sqrt{10}}$ b) $f'(1) = 1$
c) $f'(8) = -\frac{3}{2\sqrt{8}}$

13 a) $\alpha = 45°$ b) $\alpha = 14°$
c) $\alpha = 89{,}4°$

14 a) $y = x - 0{,}5$ b) $y = -8x - 12$
c) $y = 0{,}5 \cdot \sqrt{2}\,x + 0{,}35$
d) $y = -12x + 18$

5 Die Ableitungsfunktion

Seite 44

Einstiegsproblem
Die Geschwindigkeit kann man mittels der Steigung der Tangente näherungsweise geometrisch bestimmen.

Zeit in h	0,5	1	1,5	2	2,5	3	3,5
Geschw. in $\frac{km}{h}$	30	10	5	40	2	3	25

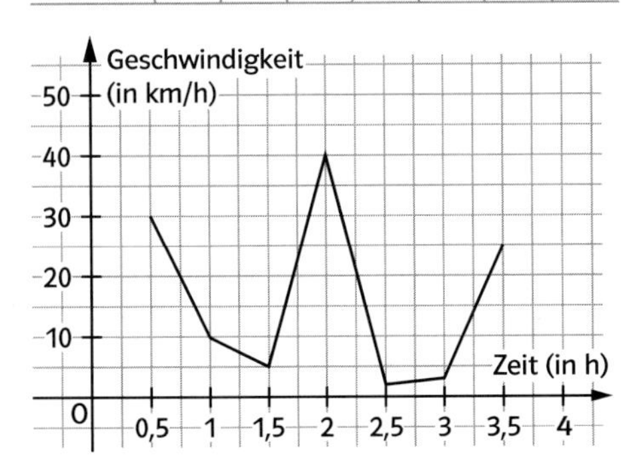

Seite 45

1 a) $\frac{f(x_0 + h) - f(x_0)}{h} = \frac{3(x_0 + h)^2 - 2 - (3x_0^2 - 2)}{h}$

$= \frac{3x_0^2 + 6x_0h + 3h^2 - 2 - 3x_0^2 + 2}{h} = \frac{6x_0h + 3h^2}{h}$

$= \frac{h(6x_0 + 3h)}{h}$

$= 6x_0 + 3h \to 6x_0$ für $h \to 0$

b) $f'(x) = 6x$

x	−3	−2	−1	0	1	2	3
f(x)	25	10	1	−2	1	10	25
f′(x)	−18	−12	−6	0	6	12	18

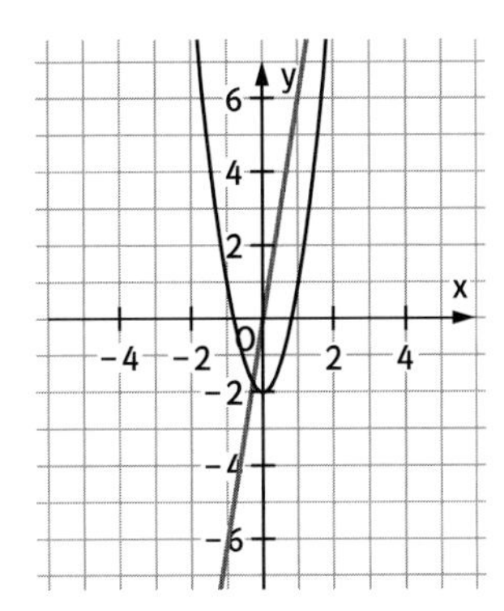

c) $\frac{f(x_0 + h) - f(x_0)}{h} = \frac{\frac{2}{x_0 + h} + 1 - \left(\frac{2}{x_0} + 1\right)}{h} = \frac{\frac{2x_0 - 2(x_0 + h)}{x_0(x_0 + h)}}{h}$

$= \frac{-2h}{h \cdot x_0(x_0 + h)} = \frac{-2}{x_0(x_0 + h)} \to -\frac{2}{x_0^2}$ für $h \to 0$

Seite 46

2 (A) ↦ (3)
Die Steigung des Graphen von (A) ist immer positiv und wird mit größer werdendem x kontinuierlich größer.
(B) ↦ (1)
Die Steigung des Graphen von (B) ist immer positiv. An der Stelle 0 ist die Steigung 0.
(C) ↦ (4)
Der Graph in (C) hat eine konstante, positive Steigung.
(D) ↦ (2)
Der Graph von (D) hat bis zur Stelle −1 eine negative Steigung. Dann ist bis zur Stelle 1 die Steigung positiv. Danach ist sie wieder negativ.

5 a) Wenn die Funktionswerte einer Funktion f für größer werdende x ansteigen, dann ist die dazugehörige Ableitungsfunktion in diesem Intervall positiv.
b) Je größer die Steigung des Graphen von f ist, desto größer ist die Ableitung von f.
c) Wenn eine Funktion f linear ist, dann ist die dazugehörige Ableitungsfunktion konstant.

d) Wenn die Funktionswerte einer Funktion f konstant sind, dann ist die dazugehörige Ableitungsfunktion null.

6 a) Wenn der Graph von f nach unten verschoben wird, verändert sich der Graph von f′ nicht.
b) Wenn der Graph von f nach oben verschoben wird, verändert sich der Graph von f′ nicht.
c) Wenn der Graph von f nach rechts verschoben wird, verschiebt sich auch der Graph von f′ nach rechts.
d) Wenn der Graph von f nach links verschoben wird, verschiebt sich auch der Graph von f′ nach links.

6 Ableitungsregeln

Seite 47

Einstiegsproblem

Funktion	f_1	f_2	f_3	f_4	f_5	f_6
Ableitungsfunktion	g'_2	g'_5	g'_6	g'_1	g'_3	g'_4

Mögliche Begründung:
f_1: im Lehrtext zu Lerneinheit 5 berechnet
f_2: konstanter Anstieg 1 der Winkelhalbierenden
f_3: gestreckte Funktion, also steilerer Anstieg als bei f_1
f_4: fallende Gerade, also konstanter negativer Anstieg
f_5: zusammengesetzte Funktion mit positivem Anstieg
f_6: zusammengesetzte Funktion mit negativem Anstieg

Seite 48

1 a) $f'(x) = 3x^2$ b) $f'(x) = 10x^9$
c) $f'(x) = -4x^{-5}$ d) $f'(x) = 3x^2 + 5x^4$
e) $f'(x) = 11x^{10} - 10x^{-11}$
f) $f'(x) = 12x^3 + 35x^6$
g) $f'(x) = 16x^{-5} - x^4$
h) $f'(x) = 2x^{-3} + 15x^{-6}$
i) $f'(x) = 6x^{-3} - 6x$

2 a) $f'(x) = 2ax + b$
b) $f'(x) = -\frac{a}{x^2}$ c) $f'(x) = (c + 1)x^c$
d) $f'(t) = 2t + 3$ e) $f'(x) = 1$
f) $f'(t) = -1$

3 a) $f'(x) = 5 - 2x$
b) $f'(x) = 2x + 3x^2$ c) $f'(x) = 15x^2 + 20x$
d) $f'(x) = 2x + 4$ e) $f'(x) = 4x - 8$
f) $f'(x) = 2x$

4 a) $y = 0{,}5x - \frac{3}{16}$
b) $y = -\frac{4}{27}x + \frac{2}{3}$
c) $y = 24{,}75x - 34{,}25$
d) $y = -3{,}39x + 5{,}99$

Seite 49

7 a) $y = x - 0{,}5$ b) $y = -8x - 12$
c) $y = 3x + 2{,}25$ d) $y = -12x + 18$

8 a) $P(1\,|\,0{,}5)$ b) $P(-0{,}5\,|\,-2{,}25)$
c) $P\left(\sqrt{\frac{1}{3}}\,\middle|\,\sqrt{\frac{1}{27}}\right)$

9 Die Funktionen f und g haben an den Stellen $x = 0$ und $x = \frac{2}{3}$ die gleiche Ableitung.
Die Funktionen f und h haben an der Stelle $x = 1$ die gleiche Ableitung. Die Funktionen g und h haben an den Stellen $x = \sqrt{\frac{2}{3}}$ und $x = -\sqrt{\frac{2}{3}}$ die gleiche Ableitung.

10 Nach 1 Sekunde hat der Körper eine Geschwindigkeit von $10\frac{m}{s}$.

11 a) $v(t) = 5 - 10t$ $\left(v \text{ in } \frac{m}{s}\right)$.
Nach 2 Sekunden hätte der Ball eine Geschwindigkeit von $v = -15\frac{m}{s}$. Nach 0,25 Sekunden hätte sich die Geschwindigkeit halbiert. Nach 0,5 Sekunden hätte er den höchsten Punkt erreicht.

b) $v_0 = \sqrt{70} \approx 8{,}37$
c) $v(t) = v_0 - 10t \; \left(v \text{ in } \frac{m}{s}\right)$.

Seite 50

14 Differenzenquotient für f: $\dfrac{-\frac{5}{x_0+h} + \frac{5}{x_0}}{h}$;

Differenzenquotient für g: $\dfrac{\frac{1}{x_0+h} - \frac{1}{x_0}}{h}$

$\dfrac{f(x_0+h) - f(x_0)}{h} = \dfrac{-\frac{5}{x_0+h} + \frac{5}{x_0}}{h} = -5 \cdot \dfrac{\frac{1}{x_0+h} - \frac{1}{x_0}}{h}$
$= -5 \cdot \dfrac{g(x_0+h) - g(x_0)}{h}$.

Für den Grenzübergang $h \to 0$ erhält man somit $f'(x) = -5 \cdot g'(x)$.

15 Differenzenquotient für
f: $\dfrac{(x_0+h)^2 - (x_0)^2}{h}$;

Differenzenquotient für g: $\dfrac{(x_0+h)^3 - (x_0)^3}{h}$;

Differenzenquotient für s: $\dfrac{s(x_0+h) - s(x_0)}{h}$

$= \dfrac{(x_0+h)^2 + (x_0+h)^3 - (x_0)^2 - (x_0)^3}{h}$

$= \dfrac{(x_0+h)^2 - (x_0)^2}{h} + \dfrac{(x_0+h)^3 - (x_0)^3}{h}$

$= \dfrac{f(x_0+h) - f(x_0)}{h} + \dfrac{g(x_0+h) - g(x_0)}{h}$

Für den Grenzübergang $h \to 0$ erhält man somit $s'(x) = f'(x) + g'(x)$.

Wiederholen – Vertiefen – Vernetzen

Seite 51

1 a) Sind a und b die Seitenlängen des Rechtecks (jeweils in cm) und F der Flächeninhalt des Rechtecks (in cm^2), so erhält man für f: $b = f(a) = 25 - a$ und für g: $F = g(a) = 25a - a^2$.
b) $f(5) = 20$, $g(5) = 100$. $D_f = D_g = (0; 25)$.

2 a) $1{,}5 \dfrac{\text{arbeitslose Jugendliche}}{\text{Monat}}$

b) $-3{,}6 \dfrac{\text{arbeitslose Jugendliche}}{\text{Monat}}$

c) $-8 \dfrac{\text{arbeitslose Jugendliche}}{\text{Monat}}$

d) $-0{,}45 \dfrac{\text{arbeitslose Jugendliche}}{\text{Monat}}$

e) Im Sommer steigen die Arbeitslosenzahlen der Jugendlichen sprunghaft an. Dies könnte an den Jugendlichen liegen, die nach Abschluss ihrer Schule im Sommer in den Arbeitsmarkt entlassen werden. Da in den kalten Wintermonaten Januar und Februar weniger Jugendliche eingestellt werden, liegen die Arbeitslosenzahlen der Jugendlichen hier etwas höher als in den Monaten Dezember und April.
f) Mögliche Lösung: Die Anzahl der arbeitslosen Jugendlichen in Deutschland hat sich während des Zeitraums von Januar bis November schon verändert. Insgesamt glichen sich die Veränderungen jedoch fast aus, sodass die Gesamtveränderung über diesen Zeitraum lediglich 1000 Personen ist.

3 a) $f'(x) = 6x^2$ b) $f'(x) = -3x^{-4}$
c) $f'(x) = 15x^4$ d) $f'(x) = -2x^{-3}$
e) $f'(t) = -4x^{-5} + 5x^4$ f) $f'(x) = 1 + 3x^2$

4 a) $f'(x) = 2x$ b) $f'(x) = 4x^3$
c) $f'(x) = 2$ d) $f'(x) = 2x + 2$
e) $f'(x) = \frac{1}{2}$ f) $f'(x) = -x^{-2}$
g) $f'(x) = acx^{c-1}$ h) $f'(x) = (2+c)x^{1+c}$
i) $f'(x) = 3x^2 + c$

5 a) $y = 2{,}7x - 5{,}4$ b) $y = -0{,}125x + 1$
c) $y = -6x - 5$

6 Der Anstieg von f muss −3 sein.
a) $f'(x) = 2$; Der Graph von f ist an keiner Stelle parallel zum Graphen von g.
b) $f'(x) = \frac{1}{x^2} \neq -3$; Der Graph von f ist an keiner Stelle parallel zum Graphen von g.
c) $f'(x) = -0{,}03x^2 = -3$;
$P_1(10\,|\,-10)$; $P_2(-10\,|\,10)$
d) $f'(x) = 2x = -3$; $P_0\left(-1{,}5\,\middle|\,\frac{9}{4} + a\right)$
e) $f'(x) = 2bx = -3$; $P_0\left(-\frac{3}{2b}\,\middle|\,\frac{9}{4b}\right)$
f) $f'(x) = 3bx^2 = -3$; $P_0\left(-\frac{1}{b}\,\middle|\,-\frac{1}{b^2} + c\right)$

7 a) Für $x_1 = -2$, für $x_2 = 0$ und für $x_3 = 1$ sind die Funktionswerte von f und g gleich.
b) Für $x_1 = \frac{1-\sqrt{7}}{3} \approx -1{,}22$ und für $x_2 = -\frac{1+\sqrt{7}}{3} \approx 0{,}55$ sind die Ableitungen von f und g gleich.

8 a) $(-3|23)$ und $(3|-23)$
$t(x) = x - 18$ und $t(x) = x + 18$
b) $(0{,}5|4)$, $t(x) = 8x$
c) $(0|6)$ und $(2|2)$, $t(x) = 6$ und $t(x) = 2$
d) $(2|-2)$ und $(-2|2)$, $t(x) = x - 4$ und $t(x) = x + 4$
e) $(-2|0{,}25)$, $t(x) = \frac{9}{4}x + \frac{3}{4}$
f) $(\approx 0{,}496|\approx 3{,}640)$ und $(\approx -0{,}496|\approx 2{,}360)$
$t(x) \approx 4x + 4{,}343$ und $t(x) \approx 4x + 1{,}656$

Seite 52

9 a) Richtig. Da $f'(x) > 0$ für $x \in [-1; 1]$ ist die Steigung des Graphen positiv.
b) Falsch. Es ist $f'(x) > 0$ für $x \in [2; 2{,}5]$, also ist die Steigung des Graphen positiv.
c) Richtig. Es ist
$f'(-2{,}5) = f'(-1{,}5) = f'(2{,}5) = 0$,
die Steigung des Graphen ist an diesen Stellen also gleich null.

10 a) Im Monat Juni sowie in den Monaten September und Oktober nahm die Einwohnerzahl in Deutschland zu.
b) Die Einwohnerzahl von Deutschland lag zum 31. 12. 2006 bei etwa 82 309 000.

11 a) Die elektrische Stromstärke betrug nach 3 Sekunden etwa 1 Ampere. Nach 6 Sekunden war die Stromstärke etwa null.
b) Die elektrische Stromstärke ist nach ca. 4,5 Sekunden mit ca. 2 Ampere am größten.

12 a) $H'(0{,}5) = 0$; $H'(1{,}5) = -5$; $H'(2{,}5) = 0$
b) Die Funktion H ist lediglich an der Stelle $t = 1$ differenzierbar. An der Stelle $t = 1{,}8$ lässt sich kein eindeutiger Grenzwert für den Differenzenquotienten von H bestimmen.

III Extrem- und Wendepunkte

1 Nullstellen

Seite 58

Einstiegsproblem
Der linke Graph gehört zu f, der rechte zu g. Vorteil der Produktschreibweise: Man kann die Schnittstellen des Graphen mit der x-Achse einfach bestimmen. Vorteil der Summenschreibweise: Man kann die Schnittstelle des Graphen mit der y-Achse ablesen.

Seite 59

1 a) $x_1 = 2,\ x_2 = -5$ b) $x_1 = 0$
c) $x_1 = -1,\ x_2 = 3$
d) $x_1 = -1,\ x_2 = 0,\ x_3 = 10$
e) $x_1 = -2,\ x_2 = 2,\ x_3 = 3$
f) $x_1 = 0,\ x_2 = 1{,}5,\ x_3 = 2$

2 a) $x_1 = -4,\ x_2 = -2,\ x_3 = 2,\ x_4 = 4$
b) $x_1 = -3,\ x_2 = 3$
c) $x_1 = -\sqrt{6},\ x_2 = \sqrt{6}$
d) $x_1 = -1,\ x_2 = 1$
e) $x_1 = -4,\ x_2 = -1,\ x_3 = 1,\ x_4 = 4$
f) $x_1 = 1,\ x_2 = 3^{\frac{2}{3}} \approx 2{,}0801$

3 a) $x_1 = -4,\ x_2 = -2,\ x_3 = 0,\ x_4 = 2,\ x_5 = 4$
b) $x_1 = -4,\ x_2 = -1,\ x_3 = 0,\ x_4 = 1,\ x_5 = 4$
c) $x_1 = -\sqrt{6},\ x_2 = 0,\ x_3 = \sqrt{6}$
d) $x_1 = -\frac{1}{2}\sqrt{6},\ x_2 = -\frac{1}{3}\sqrt{6},\ x_3 = 0,\ x_4 = \frac{1}{3}\sqrt{6},$
$x_5 = \frac{1}{2}\sqrt{6}$
e) $x_1 = -\frac{1}{2}\sqrt{6},\ x_2 = -\frac{1}{3}\sqrt{6},\ x_3 = \frac{2}{3},\ x_4 = \frac{1}{3}\sqrt{6},$
$x_5 = \frac{1}{2}\sqrt{6}$
f) $x_1 = -\sqrt{3};\ x_2 = -\frac{1}{3}\sqrt{15},\ x_3 = \frac{1}{3}\sqrt{15},\ x_4 = \sqrt{3},$
$x_5 = 2$

4 a) $x_1 = -2\sqrt{2},\ x_2 = 0,\ x_3 = 2\sqrt{2},\ x_4 = 3$
b) $x_1 = -4,\ x_2 = 0,\ x_3 = 2$
c) $x_1 = -3,\ x_2 = -1,\ x_3 = 0$
d) $x_1 = -2,\ x_2 = 0,\ x_3 = 2,\ x_4 = 5$
e) $x_1 = -5,\ x_2 = -4,\ x_3 = 0,\ x_4 = 4,\ x_5 = 5$
f) $x_1 = -2\sqrt{2},\ x_2 = 0,\ x_3 = 2\sqrt{2}$
g) $x_1 = -2,\ x_2 = -\frac{1}{2},\ x_3 = 2$
h) $x_1 = -\sqrt{3},\ x_2 = \sqrt{3}$
i) $x_1 = -1,\ x_2 = 1,\ x_3 = 2$

5 a) $N_1(0|0);\ N_2(2|0);\ S_Y(0|0)$
b) $N_1(-3|0);\ N_2(-1|0);\ S_Y(0|1{,}5)$
c) $N_1(-3|0);\ N_2(0|0);\ N_3(3|0);\ S_Y(0|0)$
d) $N_1(-3|0);\ N_2(-2|0);\ N_3(1|0);\ S_Y(0|6)$
e) $N_1(0|0);\ N_2(2|0);\ S_Y(0|0)$
f) $N_1(-3|0);\ N_2(-2|0);\ N_3(2|0);$
$N_4(3|0);\ S_Y(0|36)$

a)

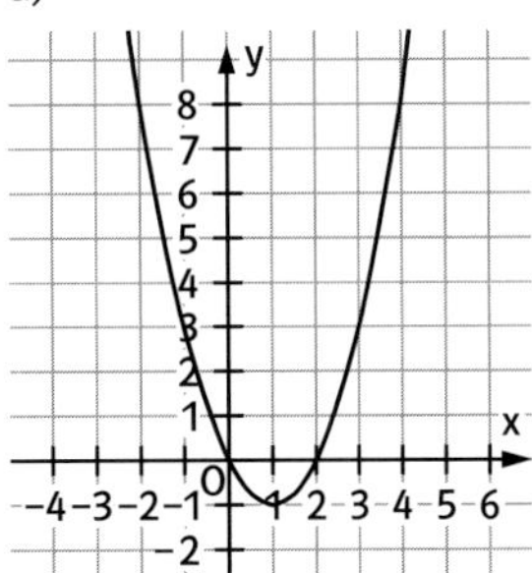

b)

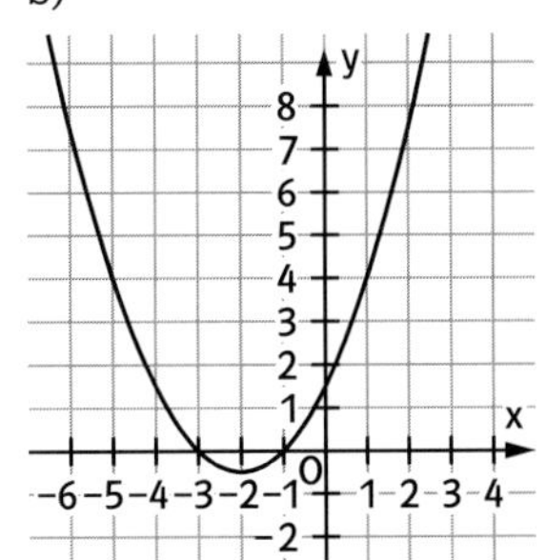

c)

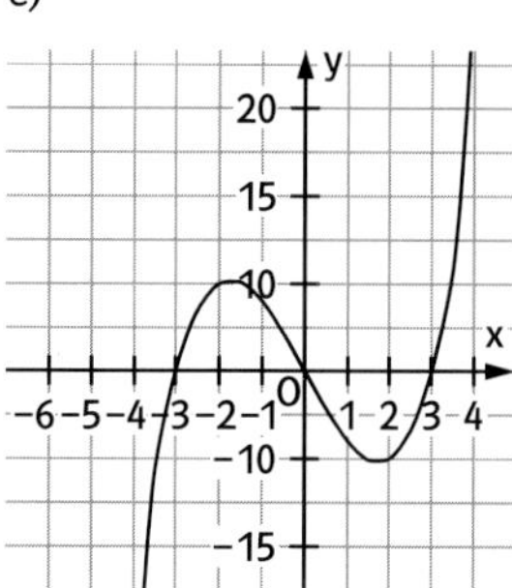

d)

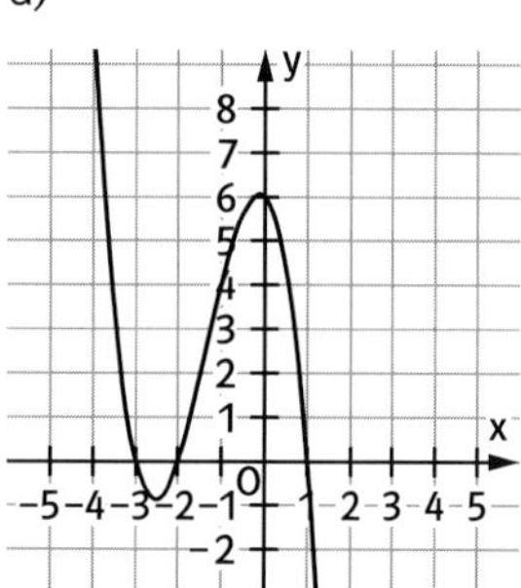

e)

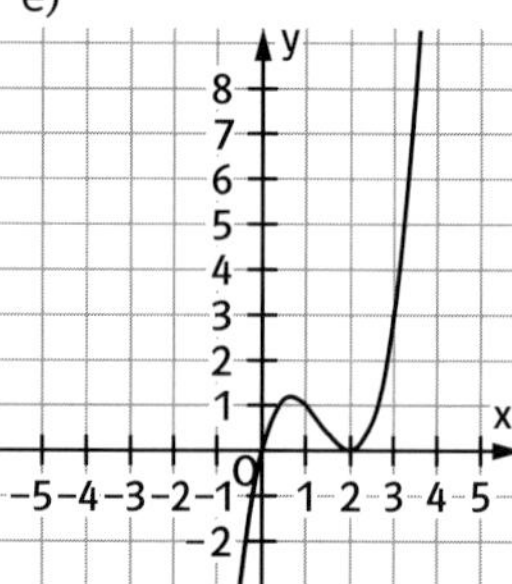

f)

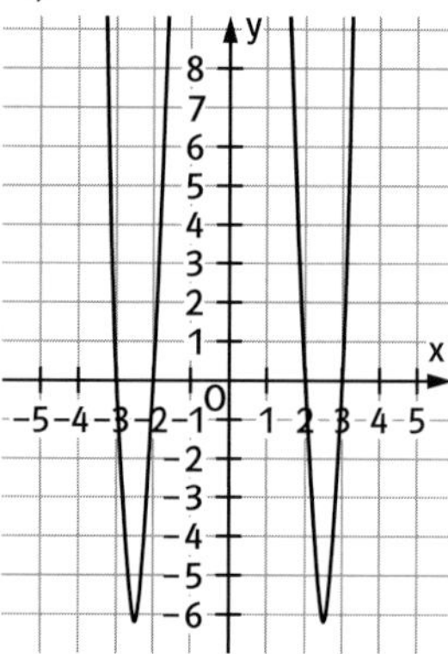

Seite 60

6 Die angegebenen Lösungen sind nur Beispiele.

a) $f(x) = (x - 2)(x + 4)$

b) $f(x) = (x - 1)(x - 2)(x - 3)(x - 4)(x - 5)$

c) $f(x) = (x + 1)(x + 2)(x + 3)$

d) $f(x) = 1 + x^2$

7 Die angegebenen Lösungen sind nur Beispiele.

a) $f(x) = (x - 2)(x + 4)$; $g(x) = (x - 2)(x + 4)^2$

b) $f(x) = (x + 1)x(x - 1)$; $g(x) = (x + 1)2x(x - 1)$

10 a) Gleichung von g: $y = -\frac{1}{5}x + \frac{14}{5}$

Schnittpunkt mit der y-Achse: $S_Y\left(0\,\middle|\,\frac{14}{5}\right)$;

Schnittpunkt mit der x-Achse: $N(14\,|\,0)$

b) Gleichung von g: $y = \frac{2}{7}x - \frac{27}{7}$

Schnittpunkt mit der y-Achse: $S_Y\left(0\,\middle|\,-\frac{27}{7}\right)$;

Schnittpunkt mit der x-Achse: $N(13{,}5\,|\,0)$

11 Ansatz für die Gleichung der Parabel (Maßeinheit 1m): p: $y = 2 - ax^2$

Da $P(5\,|\,1)$ auf der Parabel liegt, gilt $1 = 2 - 25a$, also $a = 0{,}04$. Daher hat die Parabel die Gleichung $y = 2 - 0{,}04x^2$. Die Breite am Boden ist der Abstand der Schnittpunkte der Parabel mit der x-Achse: $2 - 0{,}04x^2 = 0$ hat die Lösungen $x = \pm\sqrt{50} \approx \pm 7{,}07$. Also ist der Erdwall etwa 14,14 m breit.

12 a) Die positive Nullstelle von f bestimmt die Stoßweite.

$f(x) = 0$ wird mit der abc-Formel gelöst. Lösungen sind $x_1 = -2$ und $x_2 = 9$. Der Stoß ist 9 m weit.

b) Es muss gelten $f(x) = f(0) = 1{,}44$. Das ergibt die Gleichung $-0{,}08x^2 + 0{,}56x = 0$ mit den Lösungen $x = 0$ und $x = 7$.

Daher ist die Kugel dann 7 m vom Abstoßpunkt entfernt.

13 Man erhält die Lösungen durch Ausmultiplizieren der Produktdarstellung und Multiplikation mit einer passenden ganzen Zahl. Angegeben ist jeweils die Lösung mit den kleinsten ganzzahligen Koeffizienten.
a) $f(x) = 5x^3 + 16x^2 - 16x$
b) $f(x) = 9x^3 - 54x^2 + 71x + 30$
c) $x^3 - 2x$
d) $f(x) = 5x^3 - x$

14 a) Die Lage der Nullstellen wird nicht verändert. Denn für eine Stelle a gilt $f(a) = 0$ genau dann, wenn $2f(a) = 0$. Allerdings hat der Graph bei $2f(x)$ die doppelte Steigung an den Nullstellen.
b) Die Nullstellen werden verändert, z.B. bei $f(x) = x^2 - 4$ sind die Nullstellen −2 und 2, während bei $g(x) = f(x) + 2$ die Nullstellen $-\sqrt{2}$ und $\sqrt{2}$ sind. Die Gleichung $f(x) = f(x) + 2$ hat keine Lösung.

15 a) Der Zug kommt zum Stehen, wenn $v(t) = 0$ ist, also wenn $0{,}8t = 30$, d.h. nach 37,5s. Wegen $s(37{,}5) = 560$ (gerundet) beträgt der zurückgelegte Weg etwa 560m, der Zug kommt also noch rechtzeitig zum Stillstand.
b) Es muss gelten $v(t) = v_{max} - 0{,}8t = 0$, also $t = \frac{v_{max}}{0{,}8}$. Eingesetzt in $s(t) = v_{max}t - 0{,}4t^2 = 1000$ ergibt $\frac{v_{max}^2}{0{,}8} - 0{,}4\frac{v_{max}^2}{0{,}64} = 1000$, also $0{,}625v_{max}^2 = 1000$, $v_{max} = 40$.

2 Monotonie

Seite 61

Einstiegsproblem
Aufwärtsbewegung in den Intervallen [0s; 0,5s], [1s; 1,5s], [2s; 2,5s].
Für Zeitpunkte t_1, t_2 aus diesen Intervallen mit $t_1 < t_2$ gilt: $f(t_1) < f(t_2)$.

Seite 62

1 a) f ist im Intervall $(-\infty; 0]$ streng monoton wachsend und im Intervall $[0; \infty)$ streng monoton fallend.
b) f ist in den Intervallen $[-1; 0]$ und $[1; \infty)$ streng monoton wachsend und in den Intervallen $(-\infty; -1]$ und $[0; 1]$ streng monoton fallend.
c) f ist im Intervall $I = \mathbb{R}$ streng monoton wachsend.
d) f ist im Intervall $I = \mathbb{R}$ monoton wachsend und monoton fallend.
e) f ist im Intervall $I = \mathbb{R}$ streng monoton fallend.
f) f ist in den Intervallen $\left(-\infty; -\frac{1}{\sqrt{3}}\right]$ und $\left[\frac{1}{\sqrt{3}}; \infty\right)$ streng monoton fallend und im Intervall $\left[-\frac{1}{\sqrt{3}}; \frac{1}{\sqrt{3}}\right]$ streng monoton wachsend.
g) f ist in den Intervallen $(-\infty; 0)$ und $(0; \infty)$ streng monoton fallend.
h) f ist in den Intervallen $(-\infty; -1]$ und $[1; \infty)$ streng monoton wachsend und in den Intervallen $[-1; 0)$ und $(0; 1]$ streng monoton fallend.

2 a) f ist in den Intervallen $[-4; 1]$ und $[3; 5]$ streng monoton wachsend und im Intervall $(1; 3)$ streng monoton fallend.
b) f ist im Intervall $[-2; 5]$ streng monoton wachsend und im Intervall $[-4; -2]$ streng monoton fallend.
c) f ist in den Intervallen $[-4; -3]$ und $[-2; 1]$ streng monoton wachsend und in den Intervallen $[-3; -2]$ und $[1; 5]$ streng monoton fallend.

3 a) Die Funktion *Länge eines Drahtes → Gewicht des Drahtes* ist streng monoton wachsend; verlängert man einen Draht, so nimmt auch sein Gewicht zu.

b) Die Funktion *Zeit → Höhe einer Pflanze* ist nur während der Wachstumsphase der Pflanze streng monoton wachsend.
c) Die Funktion *Fahrstrecke → Tankinhalt* ist streng monoton fallend; je länger eine Fahrt dauert, desto mehr Treibstoff wird verbraucht.
d) Die Funktion *Fallzeit → Höhe über dem Erdboden* ist streng monoton fallend; je länger ein Körper fällt, desto geringer ist seine Höhe über dem Erdboden.

Seite 63

4 a) f mit $f(x) = x$ und g mit $g(x) = 2x + 3$.

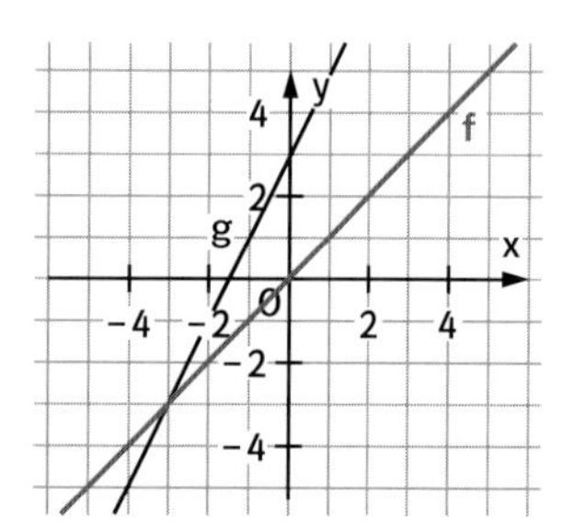

b) f mit $f(x) = (x - 1)^2$ und g mit $g(x) = \frac{1}{2}(x - 1)^2 - 1$

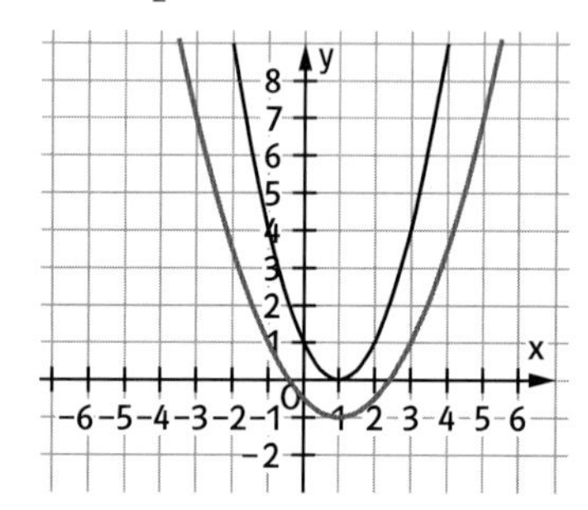

c) f mit $f(x) = x^3$ und g mit $g(x) = \frac{1}{4}(x + 2)^3 + 1$

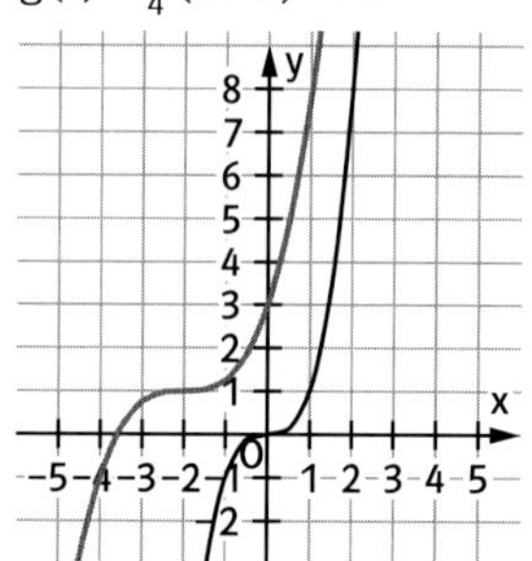

5 Die angegebenen Lösungen sind nur Beispiele.
a) f mit $f(x) = x$
b) f mit $f(x) = x^2$
c) f mit $f(x) = -x^3 + 12x$
d) f mit $f(x) = -x^3 - 9x^2 - 15x$

6 Aussage a) ist falsch, da f′ im Intervall $(0; 1)$ positiv ist und f aufgrund des Monotoniesatzes auf diesem Intervall streng monoton wachsend ist.
Aussage b) ist wahr, da f′ im Intervall $(-2; 0)$ positiv ist und f aufgrund des Monotoniesatzes auf diesem Intervall streng monoton wachsend ist.
Aussage c) ist wahr, da f′ im Intervall $(1; 3)$ negativ ist und f aufgrund des Monotoniesatzes auf diesem Intervall streng monoton fallend ist.

9 a) Die Funktion *Füllhöhe → Flüssigkeitsoberfläche* ist nur für das Gefäß unten links streng monoton wachsend. Beim Gefäß oben rechts ist die Funktion lediglich monoton fallend. Damit die Funktion streng monoton wachsend oder fallend ist, muss die seitliche Begrenzungslinie des Profils entweder durchgehend nach innen oder nach außen verlaufen.
b) Beispiele für eine streng monoton wachsende Funktion:

Beispiele für eine monoton wachsende, aber nicht streng monoton wachsende Funktion:

Beispiele für eine monoton fallende, aber nicht streng monoton fallende Funktion:

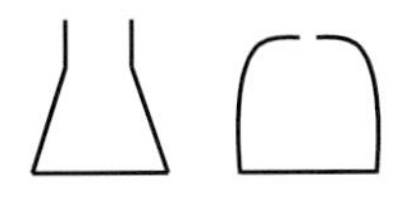

10 a) Falsch. Die Funktion mit $y = 1$ ist eine lineare Funktion, aber nicht streng monoton.
b) Wahr. Der Scheitel unterteilt den Definitionsbereich $\mathbb{R}$ in die beiden Monotonieintervalle.
c) Wahr. Ist der Vorfaktor positiv, so ist die Potenzfunktion streng monoton steigend, ist er negativ, so ist die Potenzfunktion streng monoton fallend.
d) Wahr. Wie bei Teilaufgabe b) unterteilt der Scheitel den Definitionsbereich $\mathbb{R}$ in die beiden Monotonieintervalle.

3 Hoch- und Tiefpunkte, erstes Kriterium

Seite 64

Einstiegsproblem
A zeigt die Ableitung von C; D zeigt die Ableitung von B.

Seite 65

1 a) $T(3\,|\,2)$ b) $T\left(\frac{1}{3}\,\middle|\,\frac{2}{3}\right)$
c) $H(-2{,}75\,|\,30{,}125)$

2 a) $H\left(-\sqrt{\frac{2}{3}}\,\middle|\,\frac{4}{3}\sqrt{\frac{2}{3}}\right)$, $T\left(\sqrt{\frac{2}{3}}\,\middle|\,-\frac{4}{3}\sqrt{\frac{2}{3}}\right)$
b) $H\left(-\sqrt{\frac{2}{3}}\,\middle|\,\frac{4}{3}\sqrt{\frac{2}{3}} - 5\right)$, $T\left(\sqrt{\frac{2}{3}}\,\middle|\,-\frac{4}{3}\sqrt{\frac{2}{3}} - 5\right)$
c) $S(0\,|\,0)$
d) $T(-1{,}08809\,|\,-0{,}51145)$, $H(0\,|\,0)$, $T(1{,}838\,|\,-2{,}077)$
e) $S(0\,|\,-4)$, $H(3\,|\,2{,}75)$
f) $T(-1\,|\,0)$, $H(0\,|\,1)$, $T(1\,|\,0)$

3 Hochpunkt $H(-3\,|\,2)$; das Vorzeichen der Ableitung wechselt von + nach −.
Tiefpunkt $T(2\,|\,-2)$; das Vorzeichen der Ableitung wechselt von − nach +.
Sattelpunkt $S(4\,|\,-1)$; das Vorzeichen der Ableitung ist rechts und links des Sattelpunktes jeweils positiv.

4 a) $T(1\,|\,-1)$

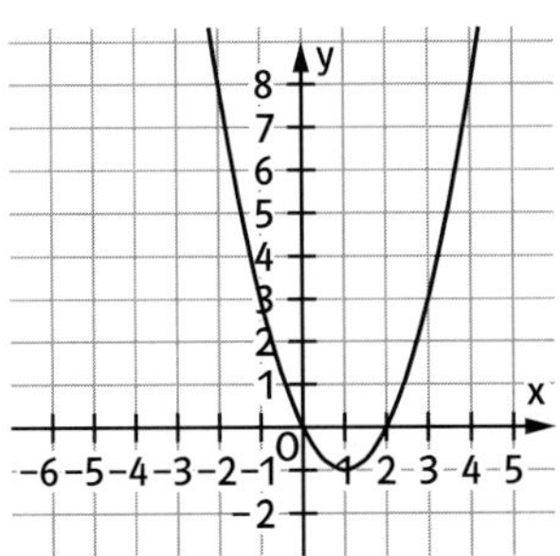

b) $T(-1\,|\,0)$

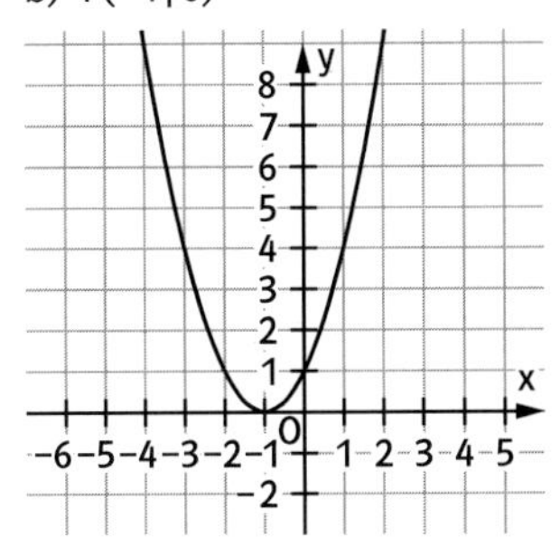

c) Kein Hochpunkt, kein Tiefpunkt, kein Sattelpunkt, da $f'(x) \neq 0$ für alle x.

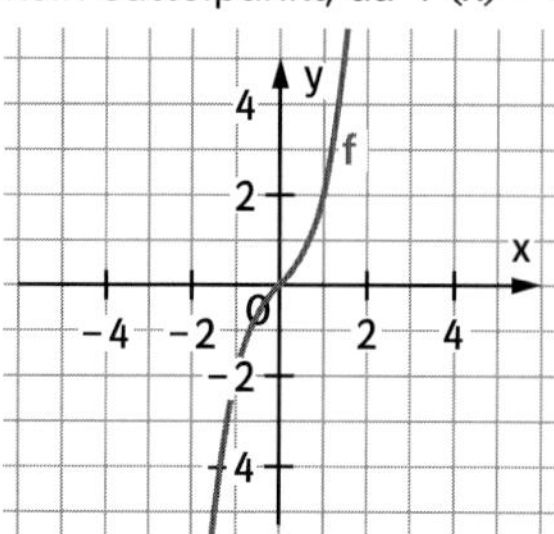

d) H(−1,15 | 3,08); T(1,15 | −3,08)

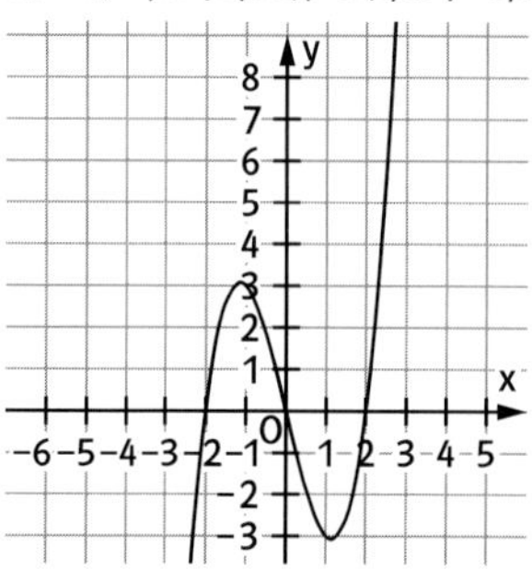

e) H(0 | 0); T(2 | −4)

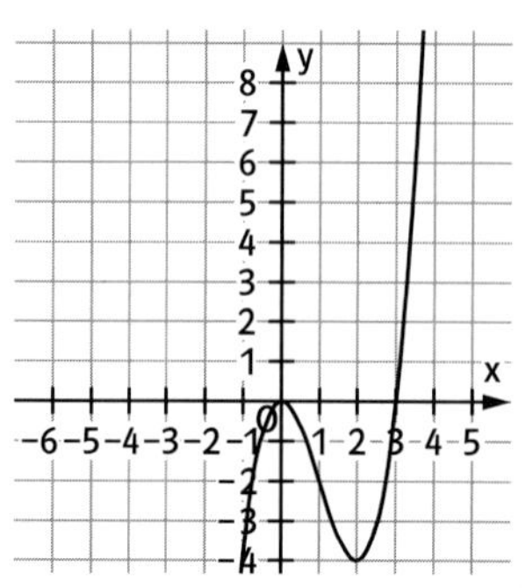

f) H(−1 | −2); T(1 | 2)

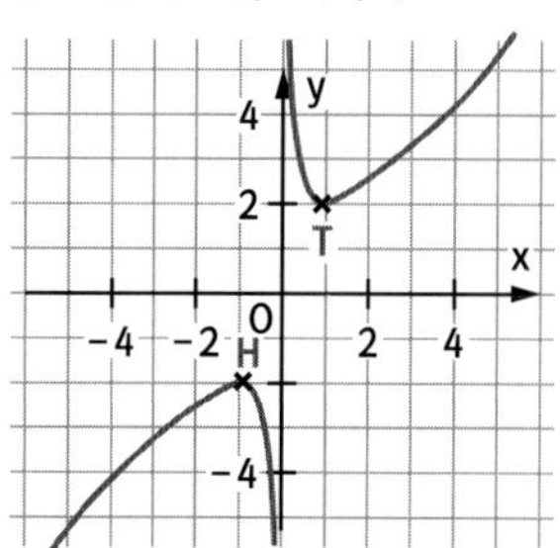

Seite 66

5 a) $x = -\frac{2}{3}$: Tiefpunkt
b) $x = -3$: Hochpunkt; $x = 2$: Tiefpunkt
c) $x = -\sqrt{3}$: Tiefpunkt; $x = 0$: Hochpunkt;
$x = \sqrt{3}$: Tiefpunkt

7 $x_1 = -4$: Hochpunkt
$x_2 = 0$: Tiefpunkt
$x_3 = 3$: Sattelpunkt
$x_4 = 6{,}5$: Hochpunkt

8 a)

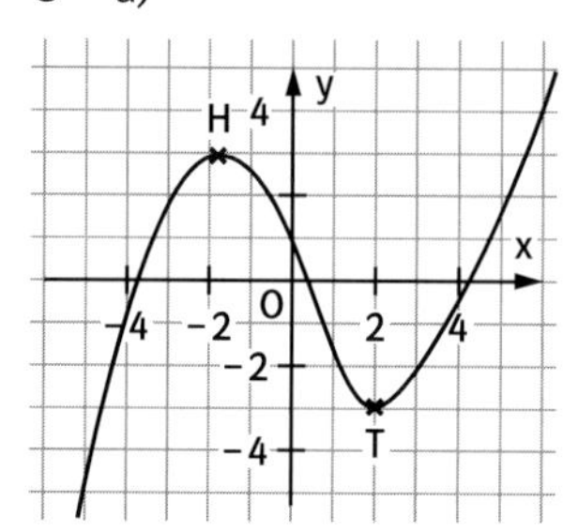

b)

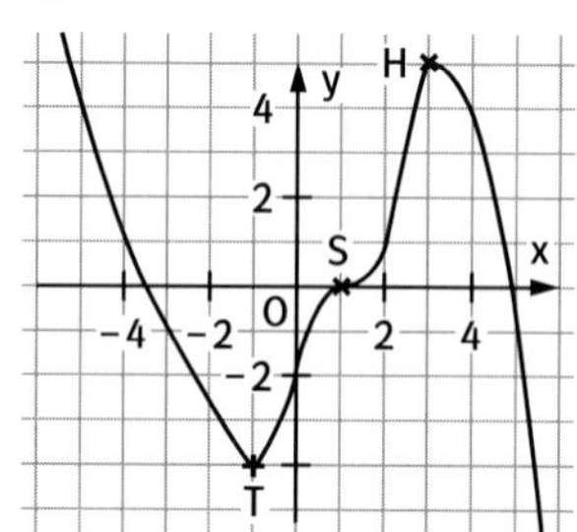

c)

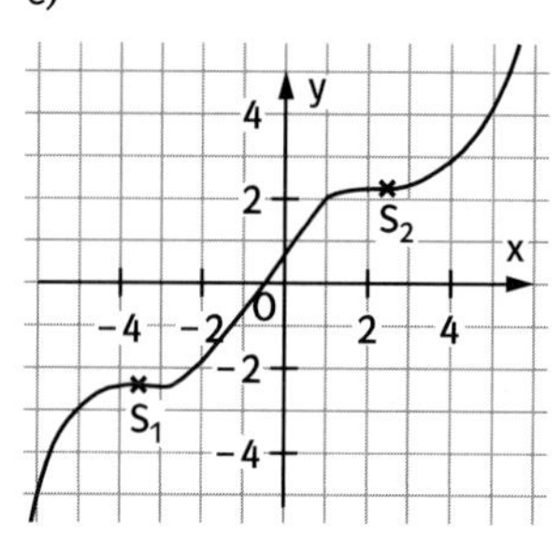

d)

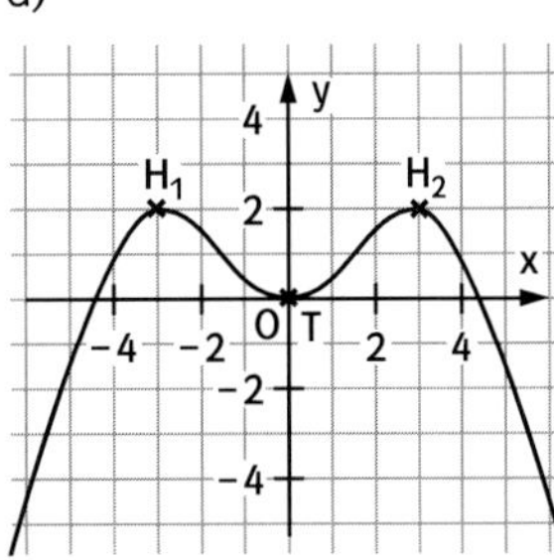

9 a) Hochpunkt H(−1,7 | 2,3); Sattelpunkt S(0 | 0); Tiefpunkt T(1,1 | −0,4)

b)

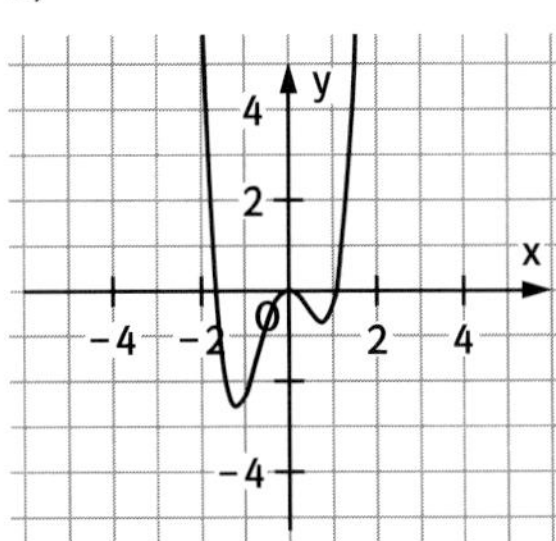

10 a) Lokales Maximum: wenn das Gefäß am schmälsten ist

Lokales Minimum: wenn das Gefäß am breitesten ist.

b)

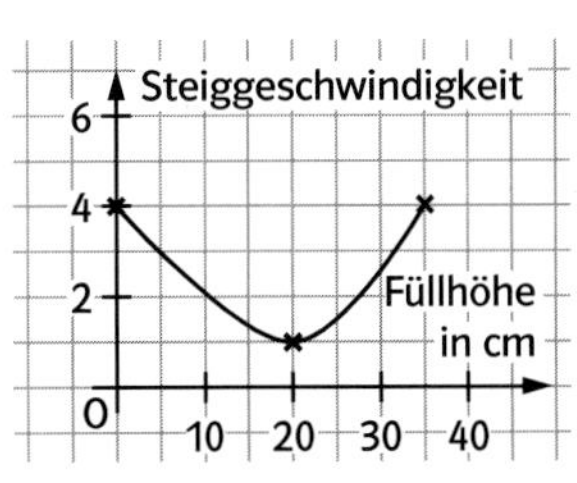

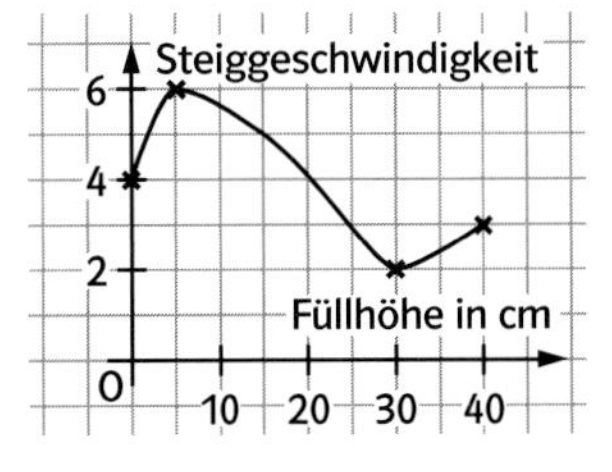

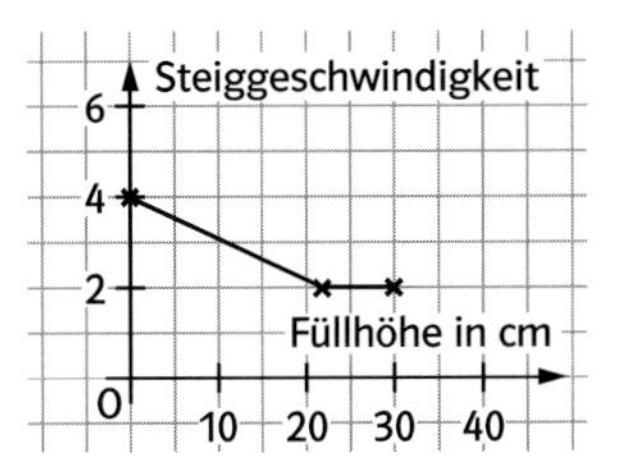

4 Die Bedeutung der zweiten Ableitung

Seite 67

Einstiegsproblem

Hier gibt es individuelle Lösungen.

Der Brief sollte beinhalten, dass beide Umsatzkurven monoton wachsend sind. Die Umsatzkurve von Regionalleiter A ist eine Rechtskurve, die Umsatzsteigerung nimmt ab; die Kurve von Regionalleiter B ist eine Linkskurve, die Umsatzsteigerung nimmt zu.

Seite 68

1 a) $f'(x) = 2x$; $f''(x) = 2$. Es ist $f''(x) > 0$ für alle x, also ist der Graph von f eine Linkskurve.

b) $f'(x) = -8x$; $f''(x) = -8$. Es ist $f''(x) < 0$ für alle x, also ist der Graph von f eine Rechtskurve.

c) $h'(x) = 3x^2 + 6x$; $h''(x) = 6x + 6$. Es ist $h''(x) > 0$ für $x > 1$, also ist der Graph von h für $x > 1$ eine Linkskurve.

2 a) Linkskurve für $x < x_3$ oder für $x > x_5$; bzw. eine Rechtskurve für $x_3 < x < x_5$.

b) $f'(x) = \frac{1}{3}x^3 - 2{,}25x$; $f''(x) = x^2 - 2{,}25$. Es ist $f''(x) > 0$ für $x < -1{,}5$ bzw. für $x > 1{,}5$. Der Graph von f ist also eine Linkskurve für $x < -1{,}5$ bzw. für $x > 1{,}5$. Für $-1{,}5 < x < 1{,}5$ ist $f''(x) < 0$, der Graph ist also eine Rechtskurve.

3 a)

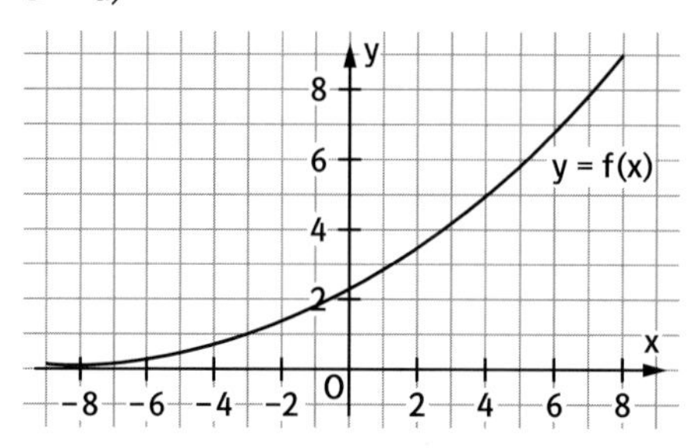

b)

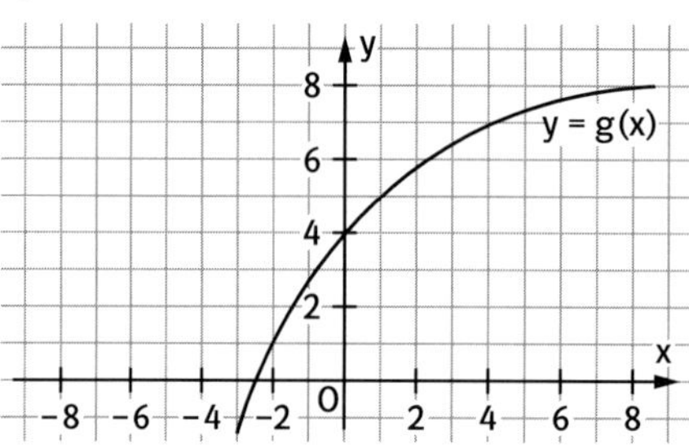

4 a) A: $f(x) < 0$; $f'(x) > 0$; $f''(x) > 0$
B: $f(x) = 0$; $f'(x) > 0$; $f''(x) > 0$
C: $f(x) > 0$; $f'(x) > 0$; $f''(x) > 0$
b) A: $f(x) < 0$; $f'(x) > 0$; $f''(x) < 0$
B: $f(x) = 0$; $f'(x) > 0$; $f''(x) < 0$
C: $f(x) > 0$; $f'(x) = 0$; $f''(x) < 0$
D: $f(x) > 0$; $f'(x) < 0$; $f''(x) = 0$
E: $f(x) = 0$; $f'(x) = 0$; $f''(x) > 0$
F: $f(x) > 0$; $f'(x) > 0$; $f''(x) > 0$
c) A: $f(x) < 0$; $f'(x) > 0$; $f''(x) < 0$
B: $f(x) < 0$; $f'(x) = 0$; $f''(x) = 0$
C: $f(x) = 0$; $f'(x) > 0$; $f''(x) > 0$
D: $f(x) > 0$; $f'(x) > 0$; $f''(x) > 0$

5 a) $f'(x) = x^3 + 6x$; $f''(x) = 3x^2 + 6$;
$f''(x) > 0$ für alle x; f ist Linkskurve für alle x.
b) $f'(x) = 3x^2 - 6x - 9$; $f''(x) = 6x - 6$;
$f''(x) > 0$ für $x > 1$, also ist der Graph von f für $x > 1$ Linkskurve; für $x < 1$ Rechtskurve.
c) $f'(x) = 3x^2 - 8x - 1$; $f''(x) = 6x - 8$;
$f''(x) > 0$ für $x > \frac{4}{3}$, also ist der Graph von f für $x > \frac{4}{3}$ Linkskurve; für $x < \frac{4}{3}$ Rechtskurve.

Seite 69

6 a)

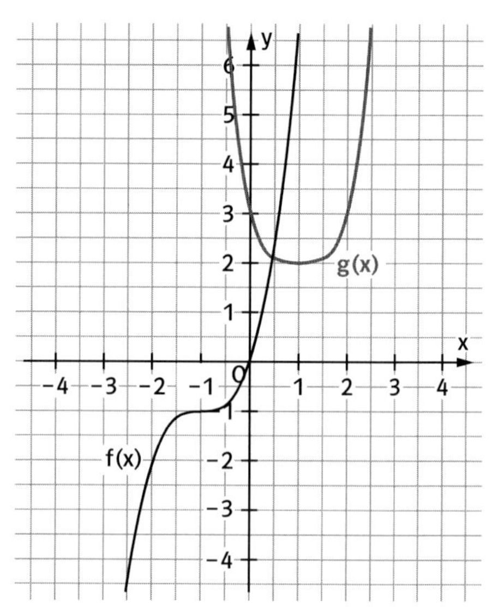

Der Graph von f ist für $x < -1$ eine Rechtskurve; für $x > -1$ eine Linkskurve. Der Graph von g ist für alle x eine Linkskurve.

b)

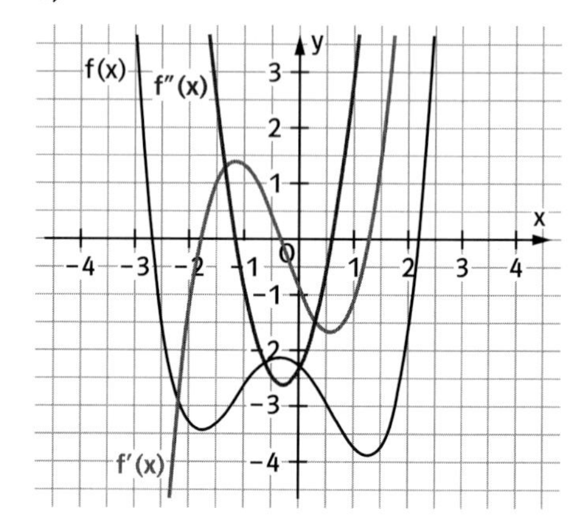

7 a) $f'(x)$ ist an der Stelle x_7 am größten und an der Stelle x_1 am kleinsten.
b) $f(x)$ ist an der Stelle x_4 am größten und an der Stelle x_2 am kleinsten.

10 Graph einer Funktion f, bei der für alle x gilt: $f(x) > 0$; $f'(x) < 0$ und $f''(x) > 0$.

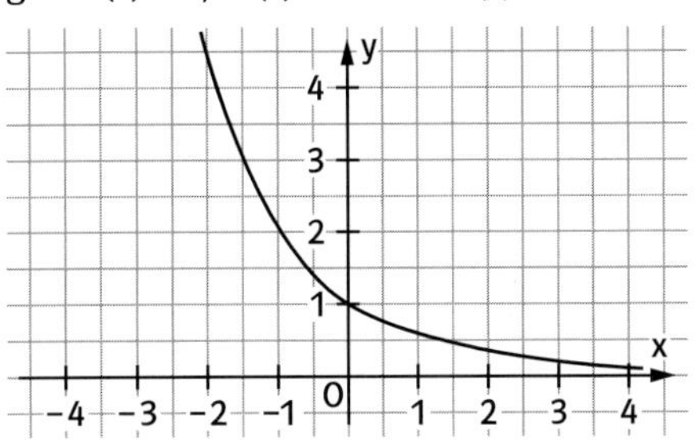

11 a) Falsch. Für $x < 0$ ist $f''(x) < 0$ und nach dem Monotoniesatz ist f' streng monoton fallend.
b) Keine Aussage möglich. Aus dem Graphen von f'' kann man nur etwas über das Monotonieverhalten von f' aussagen, nicht aber über Funktionswerte.
c) Wahr. Für $x > 0$ gilt: $f''(x) > 0$, der Graph von f ist eine Linkskurve.
d) Wahr. Um Aussagen über das Krümmungsverhalten von f' zu machen, betrachtet man die zweite Ableitung von f', also f'''.
Es gilt: $f'''(x) > 0$ für alle x, also ist f' eine Linkskurve für alle x.

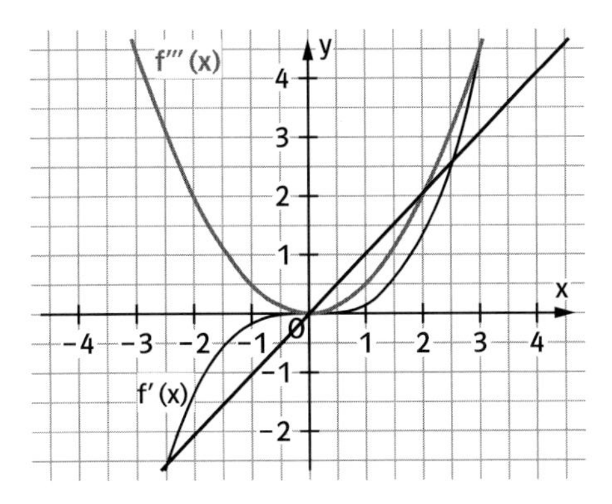

12 a) Gegenbeispiel: $f(x) = x^2$; $f'(x) = 2x$.
f' ist für alle x streng monoton wachsend, f ist für $x < 0$ aber streng monoton fallend.
b) Gegenbeispiel: $f(x) = -x^4$ für $x = 0$ gilt: $f''(0) = 0$.
c) Gegenbeispiel: $f(x) = x^3$; $f''(x) = 3x^2$; $f''(x) = 6x$. Es gilt: $f'(0) = 0$ und $f''(0) = 0$.

13 a) Zum Beispiel:

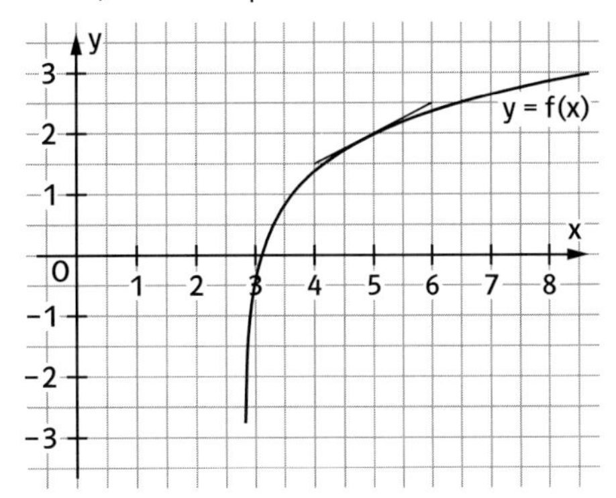

b) Da f streng monoton wachsend ist, kann es maximal eine Schnittstelle mit der x-Achse geben.
c) Für monoton wachsende Funktionen f gilt $f'(x) > 0$, also hat f keine lokalen Extrema. Für Randextrema untersuchen Sie das Verhalten für $x \to \pm\infty$.
d) Ja. f kann streng monoton wachsend sein und die Änderungsrate immer geringer werden (f' ist streng monoton fallend).

5 Hoch- und Tiefpunkte, zweites Kriterium

Seite 70

Einstiegsproblem
Der Bodensee hat offensichtlich im Frühjahr (genau Ende Februar) und im Winter (Ende Dezember) im Mittel am wenigsten Wasser, während der höchste Wasserstand durchschnittlich Ende Juni gemessen wird.
Ist der Graph in einem Intervall eine Rechtskurve, so ist in diesem der Hochpunkt (falls vorhanden); ist der Graph in einem Intervall eine Linkskurve, so ist in diesem Intervall der Tiefpunkt (falls vorhanden).

Seite 72

1 a) $f(x) = x^2 - 5x + 5$; $f'(x) = 2x - 5$; $f''(x) = 2$

Notwendige Bedingung $f'(x) = 0$ liefert $x_0 = \frac{5}{2}$.

Wegen $f''\left(\frac{5}{2}\right) = 2 > 0$ ist $f\left(\frac{5}{2}\right) = -\frac{5}{4}$ lokales Minimum.

b) $f(x) = 2x - 3x^2$; $f'(x) = -6x + 2$; $f''(x) = -6$

Nullstellen von f': $x_0 = \frac{1}{3}$.

Wegen $f''\left(\frac{1}{3}\right) = -6 < 0$ ist $f\left(\frac{1}{3}\right) = \frac{1}{3}$ lokales Maximum.

c) $f(x) = x^3 - 6x$; $f'(x) = 3x^2 - 6$; $f''(x) = 6x$

Nullstellen von f': $x_1 = \sqrt{2}$; $x_2 = -\sqrt{2}$

$x_1 = \sqrt{2}$: $f''(\sqrt{2}) = 6\sqrt{2} > 0$; lokales Minimum $f(\sqrt{2}) = -4\sqrt{2}$.

$x_2 = -\sqrt{2}$: $f''(-\sqrt{2}) = -6\sqrt{2} < 0$; lokales Maximum $f(-\sqrt{2}) = 4\sqrt{2}$.

d) $f(x) = x^4 - 4x^2 + 3$; $f'(x) = 4x^3 - 8x$; $f''(x) = 12x^2 - 8$

Nullstellen von f': $x_1 = 0$; $x_2 = \sqrt{2}$; $x_3 = -\sqrt{2}$

$x_1 = 0$: $f''(0) = -8$; lokales Maximum $f(0) = 3$

$x_2 = \sqrt{2}$: $f''(\sqrt{2}) = 16$; lokales Minimum $f(\sqrt{2}) = -1$.

$x_3 = -\sqrt{2}$: $f''(-\sqrt{2}) = 16$; lokales Minimum $f(-\sqrt{2}) = -1$.

e) $f(x) = \frac{4}{5}x^5 - \frac{10}{3}x^3 + \frac{9}{4}x$;

$f'(x) = 4x^4 - 10x^2 + \frac{9}{4}$; $f''(x) = 16x^3 - 20x$

Nullstellen von f': $x_1 = -\frac{3}{2}$; $x_2 = -\frac{1}{2}$; $x_3 = \frac{1}{2}$; $x_4 = \frac{3}{2}$

$x_1 = -\frac{3}{2}$: $f''\left(-\frac{3}{2}\right) = -24 < 0$; lokales Maximum $f\left(-\frac{3}{2}\right) = \frac{9}{5}$.

$x_2 = -\frac{1}{2}$: $f''\left(-\frac{1}{2}\right) = 8 > 0$; lokales Minimum $f\left(-\frac{1}{2}\right) = -\frac{11}{15}$.

$x_3 = \frac{1}{2}$: $f''\left(\frac{1}{2}\right) = -8 < 0$; lokales Maximum $f\left(\frac{1}{2}\right) = \frac{11}{15}$.

$x_4 = \frac{3}{2}$: $f''\left(\frac{3}{2}\right) = 24 > 0$; lokales Minimum $f\left(\frac{3}{2}\right) = -\frac{9}{5}$.

f) $f(x) = 3x^5 - 10x^3 - 45x + 15$;

$f'(x) = 15x^4 - 30x^2 - 45$; $f''(x) = 60x^3 - 60x$

Nullstellen von f': $x_1 = \sqrt{3}$; $x_2 = \sqrt{3}$

$x_1 = \sqrt{3}$: $f''(\sqrt{3}) = 120\sqrt{3} > 0$; lokales Minimum $f(\sqrt{3}) = 15 - 48\sqrt{3}$

$x_2 = -\sqrt{3}$: $f''(-\sqrt{3}) = -120\sqrt{3} < 0$; lokales Maximum $f(-\sqrt{3}) = 15 + 48\sqrt{3}$

2 a) $f(x) = x^4 - 6x^2 + 1$; $f'(x) = 4x^3 - 12x$

$f'(x) = 0$ liefert $x_1 = 0$; $x_2 = -\sqrt{3}$; $x_3 = \sqrt{3}$.

Es ist $f'(x) = 4x(x^2 - 3)$.

Untersuchung an der Stelle $x_1 = 0$: Für Werte x aus einer Umgebung von 0 ist der Faktor $x^2 - 3$ negativ, während $4x$ das Vorzeichen von − nach + wechselt.

$f'(x)$ hat an der Stelle 0 einen Vorzeichenwechsel von + nach −; also hat f das lokale Maximum $f(0) = 1$.

Untersuchung der Stellen $x_2 = -\sqrt{3}$ und $x_3 = \sqrt{3}$: An der Stelle $-\sqrt{3}$ wechselt der Faktor $x^2 - 3$ das Vorzeichen von + nach −, während $4x$ negativ ist. $f'(x)$ hat dort einen Vorzeichenwechsel von − nach +. f hat das lokale Minimum $f(-\sqrt{3}) = -8$. Entsprechend wechselt bei $\sqrt{3}$ der Faktor $x^2 - 3$ das Vorzeichen von − nach +, während $4x$ positiv ist.

b) $f(x) = x^5 - 5x^4 - 2$; $f'(x) = 5x^4 - 20x^3$

Nullstelle von f': $x_1 = 0$; $x_2 = 4$

Faktorzerlegung: $f'(x) = 5x^3(x - 4)$

1) Stelle $x_1 = 0$: $x - 4$ ist negativ; $5x^3$ hat VZW von − nach +. $f'(x)$ hat bei 0 einen VZW von + nach −; lokales Maximum $f(0) = -2$.

2) Stelle $x_2 = 4$: $x - 4$ hat VZW von − nach +; $5x^3$ ist positiv. $f'(x)$ hat bei 0 einen VZW von − nach +; lokales Minimum $f(4) = -258$.

c) $f(x) = x^3 - 3x^2 + 1$; $f'(x) = 3x^2 - 6x$

$f'(x) = 0$ liefert $x_1 = 0$; $x_2 = 2$.

Faktorzerlegung: $f'(x) = 3x(x - 2)$.

1) $x_1 = 0$: $3x$ hat VZW von − nach +. $x - 2$ ist negativ.

$f'(x)$ hat bei 0 einen VZW von + nach −; lokales Maximum $f(0) = 1$.

2) $x_2 = 2$: $3x$ ist positiv, $x - 2$ wechselt von − nach +.

$f'(x)$ hat bei 0 einen VZW von – nach +;
lokales Minimum $f(2) = -3$.
d) $f(x) = x^4 + 4x + 3$; $f'(x) = 4x^3 + 4$
Nullstellen von f': $x_1 = -1$
Faktorzerlegung: $f'(x) = 4(x^3 + 1)$.
$f'(x)$ wechselt bei -1 das Vorzeichen von – nach +. Lokales Minimum $f(-1) = 0$.
e) $f(x) = 2x^3 - 9x^2 + 12x - 4$;
$f'(x) = 6x^2 - 18x + 12$
Nullstelle von f': $x_1 = 1$; $x_2 = 2$
Faktorzerlegung: $f'(x) = 6(x-1)(x-2)$
1) $x_1 = 1$: $x - 1$ hat VZW von – nach +; $x - 2$ ist negativ.
$f'(x)$ hat bei 1 einen VZW von + nach –;
lokales Maximum $f(1) = 1$.
2) $x_2 = 2$: $x - 1$ ist positiv; $x - 2$ wechselt das Vorzeichen von – nach +; lokales Minimum $f(2) = 0$.
f) $f(x) = (x^2 - 1)^2$; $f'(x) = 4x^3 - 4x$
Nullstellen von f': $x_1 = 0$; $x_2 = 1$; $x_3 = -1$
Faktorzerlegung: $f'(x) = 4x(x-1)(x+1)$
1) $x_1 = 0$: $f'(x)$ hat VZW von + nach –:
lokales Maximum $f(0) = 1$.
2) $x_2 = 1$: $f'(x)$ hat VZW von – nach +:
lokales Minimum $f(1) = 0$.
3) Da f eine gerade Funktion ist, ist auch $f(-1) = 0$ lokales Minimum.

3 a) $f(x) = x^4$; $f'(x) = 4x^3$; $f''(x) = 12x^2$
Nullstelle von f': $x_0 = 0$
Hinreichendes Kriterium nach dem zweiten Kriterium gelingt nicht, denn es ist $f''(0) = 0$. $f'(x)$ hat jedoch bei 0 einen Vorzeichenwechsel von – nach +: $f(0) = 0$ ist lokales Minimum.
b) $f(x) = x^5$; $f'(x) = 5x^4$; $f''(x) = 20x^3$
Nullstelle von f': $x_0 = 0$
Hinreichendes Kriterium nach dem zweiten Kriterium geht nicht, denn es ist $f''(0) = 0$.
$f'(x)$ hat bei 0 keinen VZW. Bei 0 liegt keine Extremstelle vor.
c) $f(x) = x^5 - x^4$; $f'(x) = 5x^4 - 4x^3$;
$f''(x) = 20x^3 - 12x^2$
Nullstellen von f': $x_1 = 0$; $x_2 = \frac{4}{5}$
$x_1 = 0$; $f''(0) = 0$ lässt keine Aussage über Extremwerte zu.
$f'(x) = x^3(5x - 4)$ hat an der Stelle 0 einen VZW von + nach –: $f(0) = 0$ ist lokales Maximum.
$x_2 = \frac{4}{5}$: $f''\left(\frac{4}{5}\right) = \frac{64}{25} > 0$; $\frac{4}{5}$ ist Minimumstelle $\left(f\left(\frac{4}{5}\right) = -\frac{256}{3125}\right)$.
d) $f(x) = x^4 - x^3$; $f'(x) = 4x^3 - 3x^2$;
$f''(x) = 12x^2 - 6x$
Nullstellen von f': $x_1 = 0$; $x_2 = \frac{3}{4}$
$x_1 = 0$: $f''(0) = 0$ lässt keine Aussage über Extremwerte zu.
$f'(x) = x^2(4x - 3)$ hat bei 0 keinen VZW. Deshalb liegt bei 0 keine Extremstelle vor.
$x_2 = \frac{3}{4}$: $f''\left(\frac{3}{4}\right) = \frac{9}{4} > 0$; $\frac{3}{4}$ ist eine lokale Minimumstelle $\left(f\left(\frac{3}{4}\right) = -\frac{27}{256}\right)$.
e) $f(x) = -x^6 + x^4$; $f'(x) = -6x^5 + 4x^3$;
$f''(x) = -30x^4 + 12x^2$
Nullstellen von f': $x_1 = 0$; $x_2 = \frac{1}{3}\sqrt{6}$;
$x_3 = -\frac{1}{3}\sqrt{6}$
$x_1 = 0$: $f''(0) = 0$ lässt keine Aussage über Extremwerte zu.
$f'(x) = x^3(-6x^2 + 4)$ wechselt bei 0 das Vorzeichen von – nach +. $f(0) = 0$ ist lokales Minimum.
$x_2 = \frac{1}{3}\sqrt{6}$: $f'\left(\frac{1}{3}\sqrt{6}\right) = -\frac{16}{3} < 0$; $\frac{1}{3}\sqrt{6}$ ist Maximumstelle.
$x_3 = -\frac{1}{3}\sqrt{6}$: $f'\left(-\frac{1}{3}\sqrt{6}\right) = -\frac{16}{3} < 0$; $-\frac{1}{3}\sqrt{6}$ ist Maximumstelle $\left(f\left(\pm\frac{1}{3}\sqrt{6}\right) = \frac{4}{27}\right)$.
f) $f(x) = -3x^5 + 4x^3 + 2$;
$f'(x) = -15x^4 + 12x^2$;
$f''(x) = -60x^3 + 24x$
Nullstellen von f': $x_1 = 0$; $x_2 = \frac{2}{5}\sqrt{5}$;
$x_3 = -\frac{2}{5}\sqrt{5}$
$x_1 = 0$; $f''(0) = 0$ lässt keine Aussage über Extremwerte zu.
$f'(x) = x^2(-15x^2 + 12)$ hat bei 0 keinen VZW.
0 ist keine Extremstelle.
$x_2 = \frac{2}{5}\sqrt{5}$: $f''\left(\frac{2}{5}\sqrt{5}\right) = -\frac{48}{5}\sqrt{5} < 0$; Maximumstelle: $\frac{2}{5}\sqrt{5}$

$x_3 = -\frac{2}{5}\sqrt{5}$: $f''\left(-\frac{2}{5}\sqrt{5}\right) = \frac{48}{5}\sqrt{5} < 0$; Maximumstelle: $-\frac{2}{5}\sqrt{5}$

4 Die angegebenen Lösungen sind nur Beispiele.

a) $f(x) = x^2$; $g(x) = 2x^2 - 3$
b) $f(x) = -x^2$; $g(x) = -2x^2 + x$
c) $f(x) = -x^4$; $g(x) = -2x^4 + 1$
d) $f(x) = x^4$; $g(x) = \frac{1}{2}x^4 - 2$
e) $f(x) = \sin(x)$; $g(x) = 2\cos(x) - 1$
f) $f(x) = x$; $g(x) = x^3$

5

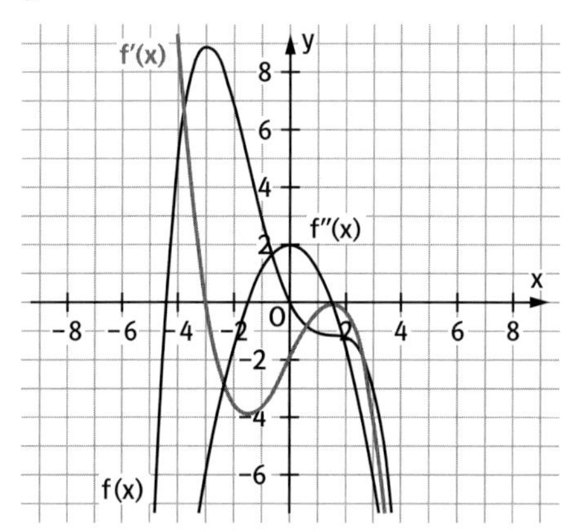

a) Falsch. An der Stelle $x = -3$ hat f ein lokales Maximum, da f' einen VZW von + nach − hat. An der Stelle $x = 1{,}5$ hat der Graph von f einen Punkt mit waagerechter Tangente, aber ohne VZW, also kein Extremwert.
b) Wahr. Für $- < x < 3$ ist $f' \leq 0$, also ist f monoton fallend.
c) Wahr. Begründung wie bei Teilaufgabe a)
d) Falsch. Es ist $f''(0) > 0$, also ist der Graph von f an der Stelle $x = 0$ eine Linkskurve.
e) Falsch. f'' hat an den Extremstellen von f' Nullstellen, im sichtbaren Bereich zwei.

Seite 73

8 a) Ansatz: $f(x) = ax^2 + bx + c$; $a \neq 0$.
$f'(x) = 0$ liefert $x_0 = -\frac{b}{2a}$ mit
$f''\left(-\frac{b}{2a}\right) = 2a \neq 0$.
b) Die Ableitung f' einer ganzrationalen Funktion f mit geradem Grad hat einen ungeraden Grad. Für $x \to +\infty$ und $x \to -\infty$ streben die Funktionswerte f(x) gegen $-\infty$ und $+\infty$ (oder gegen ∞ und $-\infty$). Da f eine stetige Funktion ist, schneidet ihr Graph mindestens einmal die x-Achse.
c) Die drei verschiedenen Extremstellen müssen Nullstellen von f' sein. Deshalb hat f' mindestens den Grad 3 (Linearfaktorzerlegung) und damit f mindestens den Grad vier.
d) Da sich beim Ableiten der Grad einer ganzrationalen Funktion vom Grad n um 1 erniedrigt, ist die Ableitungsfunktion eine ganzrationale Funktion vom Grad $n - 1$. Diese hat damit höchstens $n - 1$ Nullstellen. Damit kann f höchstens $n - 1$ Extremstellen aufweisen.

9 a) Wahr nach der Definition für Tiefpunkte.
b) Wahr. Für eine ganzrationale Funktion dritten Grades ist die zweite Ableitungsfunktion vom Grad eins. Diese hat immer eine Nullstelle, somit gibt es immer ein Intervall mit einer Links- und eines mit einer Rechtskurve.
c) Falsch. Gegenbeispiel: $f(x) = x^5$.

10 a) Zum Beispiel:
$f(x) = (x - 2)^2 = x^2 - 4x + 4$
b) Zum Beispiel: $f(x) = (x - 4)^4$
c) Zum Beispiel: $f(x) = 2$

11 a) Zunehmende Geschwindigkeit (Beschleunigung): Man wird nach hinten gedrückt.
Abnehmende Geschwindigkeit (Bremsvorgang): Man wird nach vorne gedrückt.

b) An diesen Stellen wechselt der Bus von Beschleunigung zu Abbremsvorgang oder umgekehrt bzw. unterbricht den Beschleunigungs- oder Bremsvorgang kurz. Wenn man im Bus steht und sich nicht festhält, fällt man weder nach vorne noch nach hinten.

12 a) Der Körper bleibt stehen und wechselt bei Hoch- bzw. Tiefpunkten die Richtung.
b) Der Körper wird schneller bzw. langsamer.
c) Wenn der Graph die t-Achse schneidet.

6 Kriterien für Wendepunkte

Seite 74

Einstiegsproblem
Auf dem gezeigten Streckenabschnitt muss man aufgrund der Kurven abwechselnd das Motorrad nach links (Linkskurve) bzw. nach rechts (Rechtskurve) neigen. Wechselt man die Neigerichtung, wird das Motorrad aufgestellt und steht „gerade", das heißt, es hat keinerlei Neigung.
Anhand des Streckenverlaufs kann man genau voraussagen, in welche Richtung das Motorrad zu neigen ist: in einer Linkskurve nach links, in einer Rechtskurve nach rechts, dazwischen wird es nicht geneigt.

Seite 76

1 a) $f(x) = x^3 + 2$; $f'(x) = 3x^2$; $f''(x) = 6x$; $f'''(x) = 6$.
$f''(x) = 0$ liefert $x = 0$; $f'''(0) = 6 > 0$; $W(0\,|\,2)$. Für $x < 0$ ist der Graph von f eine Rechtskurve, für $x > 0$ eine Linkskurve.
b) $f(x) = 4 + 2x - x^2$; $f'(x) = 2 - 2x$; $f''(x) = -2$; $f''(x) = -2 < 0$ für alle x, also ist der Graph von f eine Rechtskurve für alle x und hat keine Wendepunkte.
c) $f(x) = x^4 - 12x^2$; $f'(x) = 4x^3 - 24x$; $f''(x) = 12x^2 - 24$; $f'''(x) = 24x$.
$f''(x) = 0$ liefert $x_1 = \sqrt{2}$ und $x_2 = -\sqrt{2}$.
$f'''(\sqrt{2}) > 0$ und $f'''(-\sqrt{2}) < 0$. Der Graph hat die Wendepunkte $W_1(\sqrt{2}\,|-20)$ und $W_2(-\sqrt{2}\,|-20)$ und ist für $x < -\sqrt{2}$ sowie $x > \sqrt{2}$ eine Linkskurve und für $-\sqrt{2} < x < \sqrt{2}$ eine Rechtskurve.
d) $f(x) = x^5 - x^4 + x^3$;
$f'(x) = 5x^4 - 4x^3 + 3x^2$;
$f''(x) = 20x^3 - 12x^2 + 6x$;
$f'''(x) = 60x^2 - 24x + 6$.
$f''(x) = 0$ liefert $x(20x^2 - 12x + 6) = 0$ und $x = 0$ als einzige Lösung.
f'' hat an der Stelle $x = 0$ einen VZW von − nach +. Der Graph von f ist für $x < 0$ eine Rechtskurve und für $x > 0$ eine Linkskurve. Einziger Wendepunkt ist $W(0\,|\,0)$.
e) $f(x) = \frac{1}{30}x^6 - \frac{1}{2}x^2$; $f'(x) = \frac{1}{5}x^5 - x$;
$f''(x) = x^4 - 1$; $f'''(x) = 4x^3$; $f''(x) = 0$ liefert $x_1 = -1$ und $x_2 = 1$; $f'''(-1) = -4 \neq 0$ und $f'''(1) = 4 \neq 0$.
$W_1\left(-1\,\middle|\,-\frac{1}{2}\right)$, $W_2\left(1\,\middle|\,-\frac{1}{2}\right)$. Für $x < -1$ und für $x > 1$ ist der Graph von f eine Linkskurve, für $-1 < x < 1$ eine Rechtskurve.
f) $f(x) = x^3(2 + x) = 2x^3 + x^4$; $f'(x) = 4x^3 + 6x^2$; $f''(x) = 12x^2 + 12x$; $f'''(x) = 24x + 12$.
$f''(x) = 12x(x + 1) = 0$ liefert $x_1 = 0$ und $x_2 = 1$. Es ist $f'''(0) = 12 \neq 0$ und $f'''(-1) = -12 \neq 0$.
$W_1(0\,|\,0)$; $W_2(-1\,|-1)$. Für $x < -1$ und für $x > 0$ ist der Graph von f eine Linkskurve, für $-1 < x < 0$ eine Rechtskurve.

2 a) $W(0\,|\,0)$; t: $y = x$
b) $W(-1\,|-1)$ Sattelpunkt; t: $y = -1$
c) $W_1(0{,}5\,|-1{,}3125)$; t_1: $y = 2x - 2{,}3125$;
$W_2(1{,}5\,|-0{,}3125)$ Sattelpunkt; t_2: $y = -0{,}3125$

3 a) $x = -\frac{2}{3}$ ist Wendestelle von f bzw. Extremstelle von g.
b) $x = 0$ ist Wendestelle von f bzw. Extremstelle von g.
Die berechneten Stellen stimmen überein, da $g(x) = f'(x)$.

4 a) $f(x) = x^5$; $f'(x) = 5x^4$; $f''(x) = 20x^3$; $f'''(x) = 120x^2$. $f''(x) = 0$ liefert $x = 0$; f''' hat an der Stelle $x = 0$ einen Vorzeichenwechsel von − nach +. Somit hat f an der Stelle $x = 0$ eine Wendestelle.

b) $f(x) = 3x^4 - 4x^3$; $f'(x) = 12x^3 - 12x^2$; $f''(x) = 36x^2 - 24x$; $f'''(x) = 72x - 24$.
$f''(x) = 0$ liefert $12x(3x - 2) = 0$;
$x_1 = 0$; $x_2 = \frac{2}{3}$.
$f'''(0) = -24 \neq 0$ und $f'''\left(\frac{2}{3}\right) = 24 \neq 0$.
Somit hat f an den Stellen $x_1 = 0$ und $x_2 = \frac{2}{3}$ jeweils eine Wendestelle.

c) $f(x) = \frac{1}{60}x^6 - \frac{1}{10}x^5 - \frac{1}{6}x^4$;

$f'(x) = \frac{1}{10}x^5 - \frac{1}{2}x^4 + \frac{2}{3}x^3$;

$f''(x) = \frac{1}{2}x^4 - 2x^3 + 2x^2$;
$f'''(x) = 2x^3 - 6x^2 + 4x$
$f''(x) = 0$ liefert $x^2\left(\frac{1}{2}x^2 - 2x + 2\right) = 0$.
$x_1 = 0$; $x_2 = 2$.
$f'''(0) = f''(2) = 0$. Untersuchung auf VZW:
Bei x_1 und x_2 kein VZW: f hat keine Wendestellen.

5 a) Falsch. Für $-0{,}5 < x < 2$ nimmt $f''(x)$ sowohl Werte größer als auch kleiner null an.
b) Wahr. f'' hat an der Stelle $x = 2$ eine Nullstelle mit Vorzeichenwechsel von + nach −.
c) Falsch. $f'(0)$ muss nicht null sein, das ist aber Voraussetzung für einen Sattelpunkt.
d) Falsch. f'' hat an der Stelle $x = 0{,}8$ ein Maximum, f' hat somit an dieser Stelle eine Nullstelle, f ändert sein Krümmungsverhalten nicht.

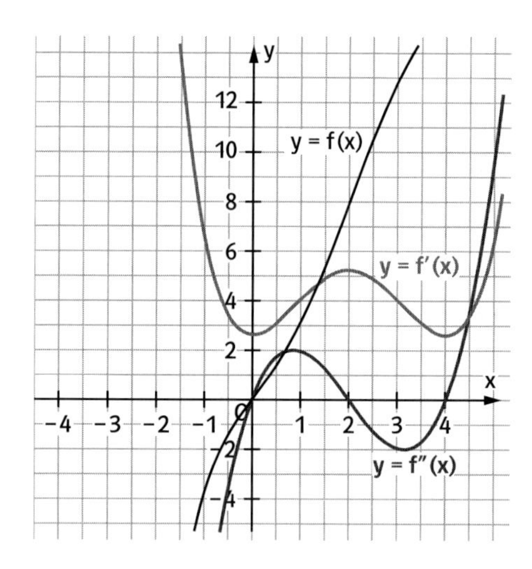

7 a) Bei $x \approx -1{,}4$ hat f ein lokales Maximum und bei $x \approx 1{,}4$ ein lokales Minimum. f hat eine Wendestelle bei $x = 0$.
b)

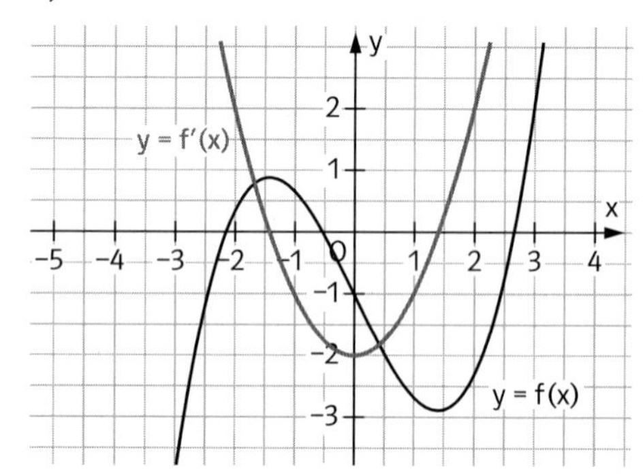

Seite 77

8 a) Die Zunahme der Tierpopulation ist an der Wendestelle t_0 am größten.
b) Die Gerade $y = S$ ist die Wachstumsschranke, sie begrenzt die maximale Größe der Tierpopulation.

c) Grafisches Ableiten liefert die zweite Ableitung (siehe Abbildung).

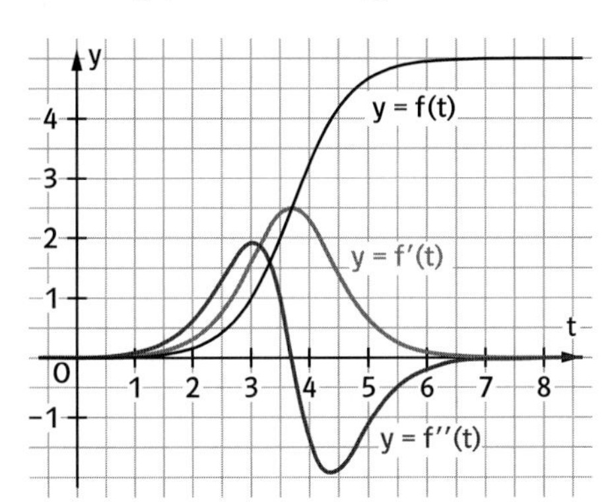

Man erkennt, dass die zweite Ableitung bis zur Stelle $t = t_0$ größer null und danach kleiner null ist. Das Wachstum steigt also bis zur Stelle t_0 an, um anschließend zu sinken.

9 Die angegebenen Lösungen sind nur Beispiele.

a) $f(x) = -x^4$

b) $f(x) = (x - 2)^3$

c) $f(x) = x^3 - 3x$

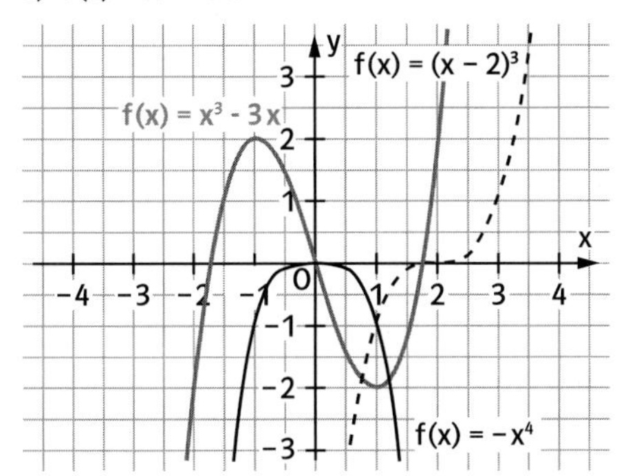

d) $f(x) = -e^x$

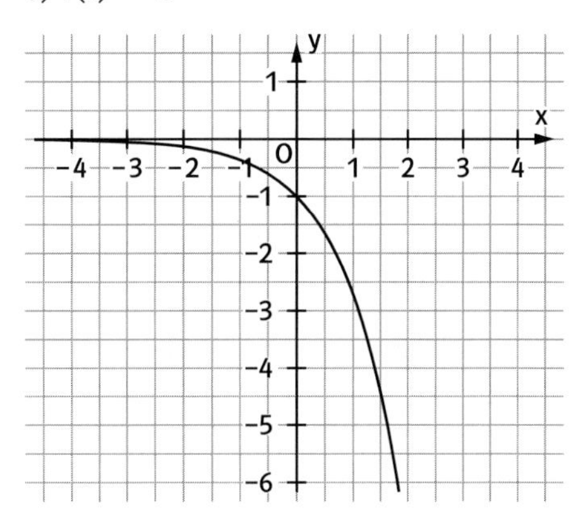

10 a) Der Graph hat Ende September die größte Steigung, sodass etwa hier die größte Umsatzsteigerung war, der größte Umsatzrückgang war Ende Januar.

b) Da der Graph rechtsgekrümmt ist, wird der Umsatz zunächst immer langsamer weiter wachsen. Im ungünstigsten Fall kann er auf Dauer wieder sinken.

11 a) $W(1{,}5\,|\,0{,}875)$; t: $y = -1{,}125x + 2{,}56$

b) $S_1(0\,|\,2{,}56)$; $S_2(2{,}276\,|\,0)$.

Flächeninhalt:

$A = 0{,}5 \cdot g \cdot h = 0{,}5 \cdot 2{,}27 \cdot 2{,}56 \approx 2{,}91$.

Die Tangente schließt mit den beiden Achsen eine Fläche vom Inhalt 2,91 ein.

12 $f(x) = x^3 + bx^2 + cx + d$;

$f'(x) = 3x^2 + 2bx + c$; $f''(x) = 6x + 2b$;

$f'''(x) = 6$. $f''(x) = 6x + 2b = 0$ ergibt $x = -\frac{b}{3}$; in die Gleichung $f'(x) = 3x^2 + 2bx + c = 0$ eingesetzt: $\frac{b^2}{3} - 2\frac{b^2}{3} + c = 0$ oder $c = \frac{b^2}{3}$.

13 a) Wahr, da $f''(x)$ stets eine Konstante ungleich null ist.

b) Wahr, da $f''(x)$ immer eine Funktion ersten Grades ist und diese hat genau eine Nullstelle.

c) Falsch, beim Ableiten wird der Grad der Funktion jedes Mal um eins kleiner, also

kann die Funktion n-ten Grades maximal $n-2$ Wendepunkte haben.
d) Wahr, da sich zwischen zwei Extremstellen das Krümmungsverhalten ändern muss, liegt zwischen den beiden Extremstellen immer auch eine Wendestelle.

14 a) $f_a(x) = x^3 - ax^2$; $f_a'(x) = 3x^2 - 2ax$; $f_a''(x) = 6x - 2a$; $f_a'''(x) = 6$.
$f_a''(x) = 0$ liefert $6x - 2a = 0$ und $x_1 = \frac{1}{3}a$.
Es ist $f_a'''\left(\frac{1}{3}a\right) = 6 \neq 0$.
$W\left(\frac{1}{3}a \,\middle|\, -\frac{2}{27}a^3\right)$.
b) $f_a(x) = x^4 - 2ax^2 + 1$; $f_a'(x) = 4x^3 - 4ax$; $f_a''(x) = 12x^2 - 4a$; $f_a'''(x) = 24x$.
$f_a''(x) = 0$ liefert $12x^2 - 4a = 0$ und
$x_1 = \sqrt{\frac{1}{3}a}$ und $x_2 = -\sqrt{\frac{1}{3}a}$.
Es ist $f_a'''\left(\pm\sqrt{\frac{1}{3}a}\right) \neq 0$ für $a \neq 0$.
$W_1\left(\sqrt{\frac{1}{3}a} \,\middle|\, -\frac{5}{9}a^2 + 1\right)$ und
$W_2\left(-\sqrt{\frac{1}{3}a} \,\middle|\, -\frac{5}{9}a^2 + 1\right)$.

15 a) Das Maximum der Funktion liegt bei $t = 9{,}1$. Es kommen also um ca. 18.10 Uhr die meisten Besucher ins Stadion. Da $Z(9{,}1) \approx 15{,}1$ ist, kommen ca. 15 Zuschauer zu diesem Zeitpunkt an.
b) Gesucht ist das Minimum der Funktion $Z'(t)$ im Intervall $[0; \infty]$. Mit dem GTR findet man, dass dies bei $t = 20$ der Fall ist. Um 18.20 Uhr ist die Abnahme der ankommenden Zuschauer am größten.

7 Extremwerte – lokal und global

Seite 78

Einstiegsproblem
Maximaltemperatur um ca. 13 Uhr; Minimaltemperatur um 8 Uhr.
Nein, die Randstellen kann man so im Allgemeinen nicht finden.

Seite 79

1 a) $H_1(0|2)$; $T_1(1|-1)$; $H_2(3|4)$; $T_2(4|2)$; $H_3(5|3)$.
Globales Maximum: $f(3) = 4$, globales Minimum: $f(1) = -1$.
b) $H_1(0|-1)$; $T_1(1|-2)$; $H_2(5|2{,}5)$.
Globales Maximum: $f(5) = 2{,}5$; globales Minimum: $f(1) = -2$.
c) $T_1(1|1)$; $H_1(2|2{,}5)$; $T_2(3|2)$; $H_2(4|4)$; $T_3(5|1)$.
Globales Maximum: $f(4) = 4$; globales Minimum: $f(5) = 1$.
d) $H_1(0{,}5|3)$; $T_1(1|2{,}5)$; $H_2(4|4)$; $T_2(5|3)$.
Globales Maximum: $f(4) = 4$; globales Minimum: $f(1) = 2{,}5$.

2 a) Globales Maximum: $x_1 = 2$ mit $f(x_1) = 3$; Globales Minimum: $x_2 = 0$ mit $f(x_2) = -1$
b) Globales Maximum: $x_1 = 5$ mit $f(x_1) = 24$; Globales Minimum: $x_2 = 1$ mit $f(x_2) = 0$
c) Globales Maximum: $x_1 = 0$ mit $f(x_1) = 0$; Globales Minimum: $x_2 = -1$ mit $f(x_2) = -4$ und $x_3 = 2$ mit $f(x_3) = -4$
d) Globales Maximum: $x_1 = 1$ mit $f(x_1) = -2$; Globales Minimum: $x_2 = 2$ mit $f(x_2) = -4$

3 a) D_1: globales Minimum: $f(0) = 0$; globales Maximum: $f(-2) = 4$
D_2: globales Minimum: $f(0) = 0$; kein globales Maximum
D_3: globales Minimum: $f(0) = 0$; globales Maximum: $f(-2) = 4$
b) D_1: globales Minimum: $f(1) = 2$; kein globales Maximum
D_2: globales Minimum: $f(1) = 2$; globales Maximum $f(0{,}1) = 10{,}1$
D_3: globales Minimum: $f(2) = 2{,}5$; globales Maximum: $f(3) = 3{,}33$
c) D_1: globales Minimum: $f(2) = -4$; globales Maximum: $f(-2) = 4$

D_2: kein globales Minimum; globales Maximum: f(5) = 16,25
D_3: kein globales Minimum; kein globales Maximum.

Seite 80

4 a) $h_1(x) = f(x) + g(x)$
Globales Minimum für x = 0,67.
$h_1(0{,}67) = 3{,}33$ (inneres Extremum)
Globales Maximum für x = 4.
$h_1(4) = 20$ (Randextremum)
b) $h_2(x) = f(x) - g(x)$
Globales Minimum für x = 0 bzw. x = 4.
$h_2(0) = f(4) = 0$ (Randextrema)
Globales Maximum für x = 2.
$h_2(2) = 2$ (inneres Extremum)
$h_3(x) = g(x) - f(x)$
Globales Maximum für x = 0 bzw. x = 4.
$h_3(0) = h_3(4) = 0$ (Randextrema)
Globales Minimum für x = 2.
$h_3(2) = -2$ (inneres Extremum)

5 Der Flächeninhalt wird maximal für u = 2,5. Er beträgt dann 3,75 FE.

8 Die angegebenen Lösungen sind nur Beispiele.
a) D = [−3; 3)

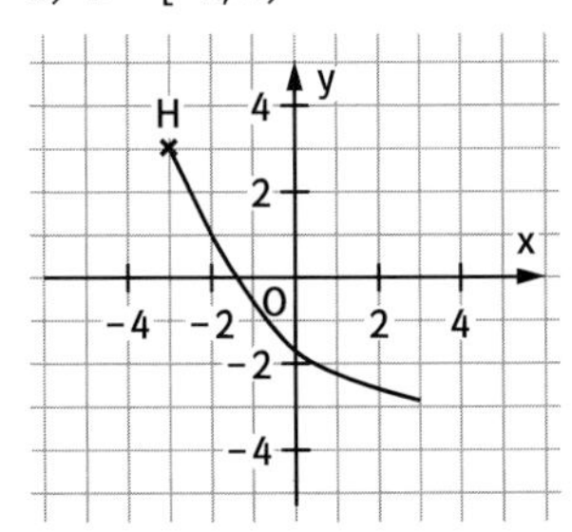

b) D = (−3; 3)

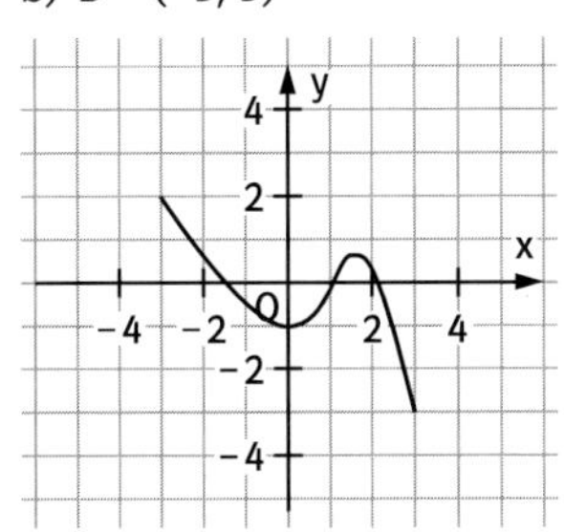

c) D = (−3; 3)

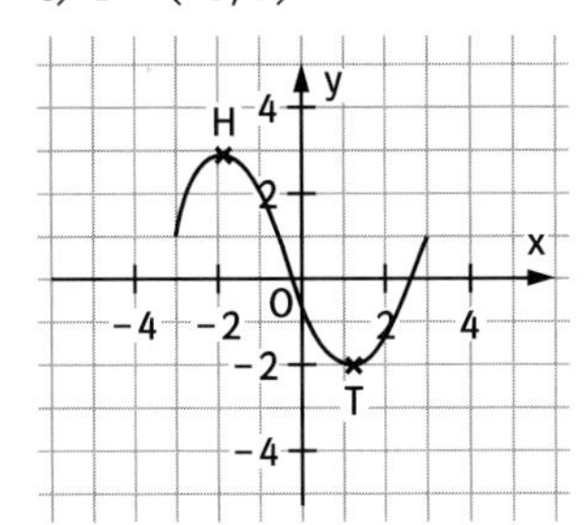

d) D = (−3; 3)

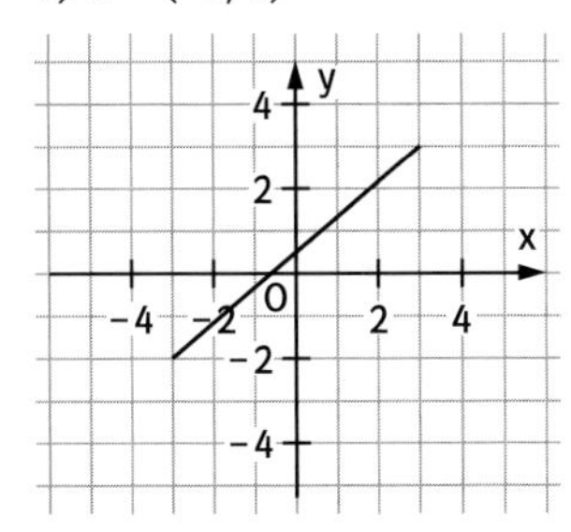

9 a) Fall A: $F(x) = x(50 - x)$
maximal für x = 25 m, $F_{max} = 625\,m^2$
b) Fall B: $F(x) = x(100 - x)$ maximal für x = 50 m, $F_{max} = 2500\,m^2$
Fall C: $F(x) = x(100 - 2x)$ maximal für x = 25 m, $F_{max} = 1250\,m^2$

10 (alle Angaben in Metern): Länge x, Breite y; Fläche: $x \cdot y = 500$
a) Auflösen nach y liefert: $y = \frac{500}{x}$
Umfang $U(x) = 2x + 2y = 2x + 2 \cdot \frac{500}{x} = 2x + \frac{1000}{x}$
b) Definitionsmenge: z. B. D = [1; 500]

c) Am wenigsten Maschendraht wird bei einem quadratischen Pferch mit der Seitenlänge 22,36 m verbraucht. Der Umfang beträgt dann 89,44 m.

Wiederholen – Vertiefen – Vernetzen

Seite 81

1 Funktionen bis auf f) und h) haben als Definitionsmenge die ganzen reellen Zahlen.

a) Schnittpunkte mit den Achsen: $N_1(0|0)$; $N_2(6|0)$
Hoch- und Tiefpunkte: $T(0|0)$; $H(4|32)$
Verhalten für $x \to \infty$: $f(x) \to -\infty$
Verhalten für $x \to -\infty$: $f(x) \to +\infty$
f ist streng monoton fallend für $x \le 0$ und $x \ge 4$,
f ist streng monoton wachsend für $0 \le x \le 4$.

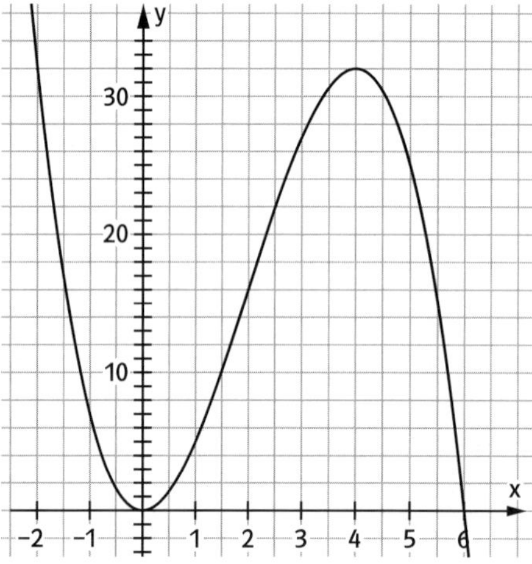

b) Schnittpunkte mit den Achsen: $N_1(-\sqrt{3}|0)$; $N_2(0|0)$; $N_3(\sqrt{3}|0)$
Hoch- und Tiefpunkte: $T\left(-1\middle|-\frac{2}{3}\right)$; $H\left(1\middle|\frac{2}{3}\right)$
Verhalten für $x \to \infty$: $f(x) \to -\infty$
Verhalten für $x \to -\infty$: $f(x) \to +\infty$
f ist streng monoton fallend für $x \le -1$ und $x \ge 1$,
f ist streng monoton wachsend für $-1 \le x \le 1$.

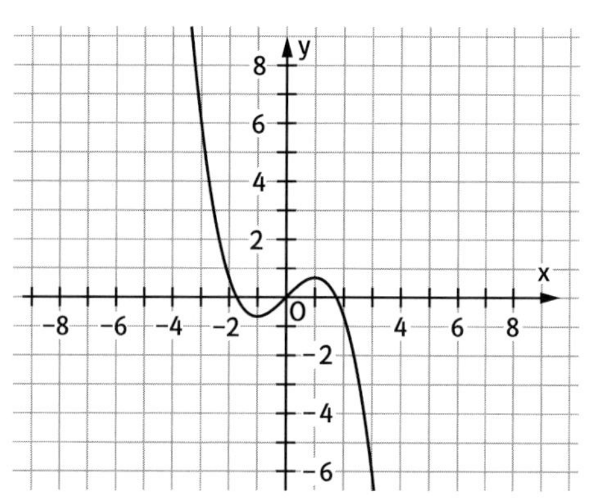

c) Schnittpunkte mit den Achsen: $N_1(-3\sqrt{2}|0)$; $N_2(0|0)$; $N_3(3\sqrt{2}|0)$
Hoch- und Tiefpunkte: $H_1(-3|4{,}5)$; $H_2(3|4{,}5)$; $T(0|0)$.
Verhalten für $x \to \infty$: $f(x) \to -\infty$
Verhalten für $x \to -\infty$: $f(x) \to -\infty$
f ist streng monoton fallend für $-3 \le x \le 0$ und $x \ge 3$,
f ist streng monoton wachsend für $x \le -3$ und $0 \le x \le 3$.

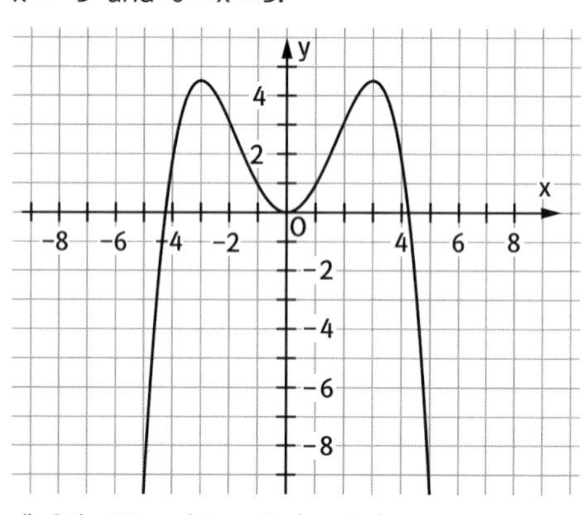

d) Schnittpunkte mit den Achsen: $N_1(0|0)$; $N_2(3|0)$
Hoch- und Tiefpunkte: $H\left(1\middle|\frac{2}{3}\right)$; $T(3|0)$
Verhalten für $x \to \infty$: $f(x) \to +\infty$
Verhalten für $x \to -\infty$: $f(x) \to -\infty$
f ist streng monoton fallend für $1 \le x \le 3$,
f ist streng monoton wachsend für $x \le 1$ und $x \ge 3$.

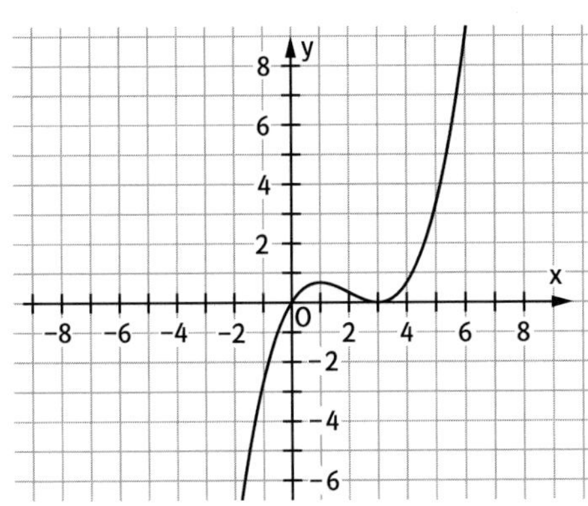

e) Schnittpunkte mit den Achsen: N(0|0);
Hoch- und Tiefpunkte: T(0|0)
Verhalten für $x \to \infty$: $f(x) \to +\infty$
Verhalten für $x \to -\infty$: $f(x) \to +\infty$
f ist streng monoton fallend für $x \le 0$,
f ist streng monoton wachsend für $x \ge 0$.

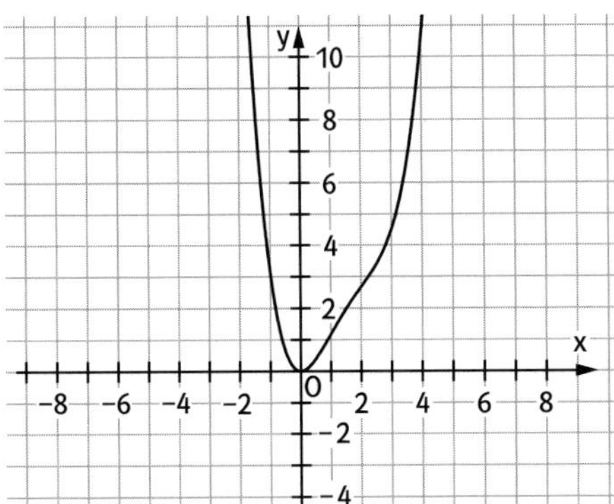

f) Definitionsmenge $x \in \mathbb{R}$ und $x \neq 0$
Schnittpunkte mit den Achsen: keine
Hoch- und Tiefpunkte: $H(-\sqrt{5}|-2\sqrt{5})$;
$T(\sqrt{5}|2\sqrt{5})$
Verhalten für $x \to \infty$: $f(x) \to +\infty$
Verhalten für $x \to -\infty$: $f(x) \to -\infty$
f ist streng monoton fallend für
$-\sqrt{5} \le x < 0$ und $0 < x \le \sqrt{5}$,
f ist streng monoton wachsend für
$x \le -\sqrt{5}$ und $x \ge \sqrt{5}$.

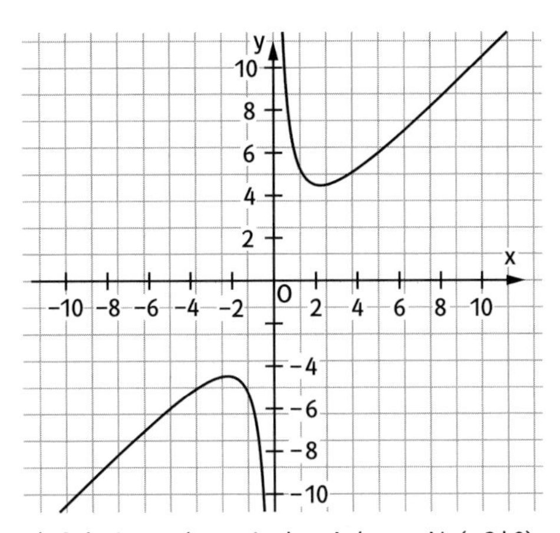

g) Schnittpunkte mit den Achsen: $N_1(-3|0)$;
$N_2(-1|0)$; $N_3(1|0)$; $N_4(3|0)$; $S_Y(0|0{,}9)$
Hoch- und Tiefpunkte: $T_1(-\sqrt{5}|-1{,}6)$;
$H(0|0{,}9)$; $T_2(\sqrt{5}|-1{,}6)$
Verhalten für $x \to \infty$: $f(x) \to +\infty$
Verhalten für $x \to -\infty$: $f(x) \to +\infty$
f ist streng monoton fallend für
$x \le -\sqrt{5}$ und $0 \le x \le \sqrt{5}$,
f ist streng monoton wachsend für
$x \ge \sqrt{5}$ und $-\sqrt{5} \le x \le 0$.

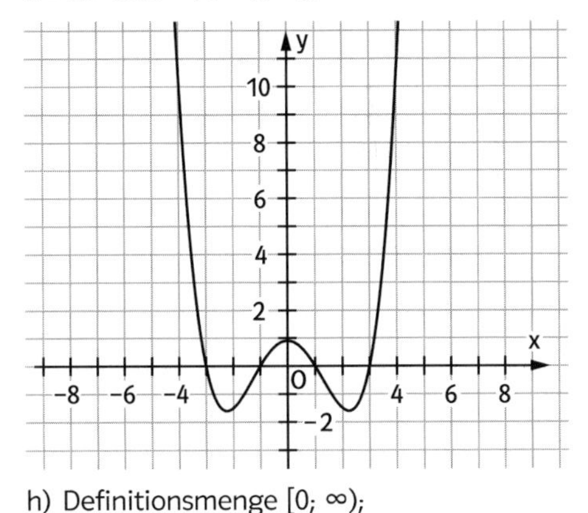

h) Definitionsmenge $[0; \infty)$;
Schnittpunkte mit den Achsen:
$N_1(0|0)$; $N_2(4|0)$
Hoch- und Tiefpunkte: $T(1|-1)$
Verhalten für $x \to \infty$: $f(x) \to \infty$
f ist streng monoton fallend für $0 \le x \le 1$,
f ist streng monoton wachsend für $x \ge 1$.

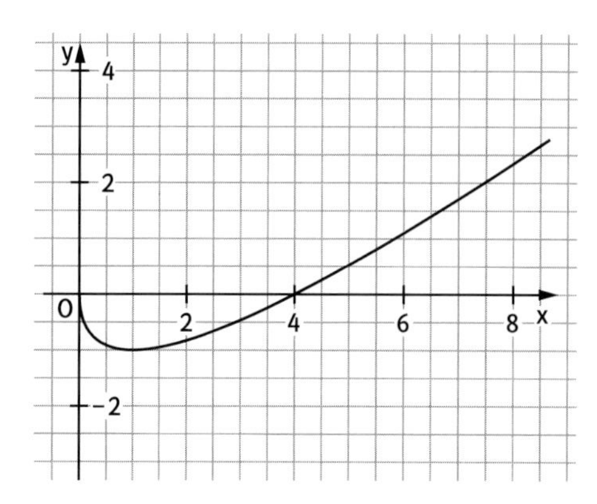

2 A: Wahr, weil $f'(x) \le 0$ für alle x aus $[0; 2]$ gilt.
B: Falsch, weil zwar $f'(1) = 0$ gilt, aber in einer Umgebung von $x = 1$ $f'(x) > 0$ ist. Die Funktion f ist also z.B. im Bereich $[-2; 0]$ monoton wachsend und kann daher kein Extremum bei $x = -1$ haben.
C: Wahr, denn bei $x = 0$ gilt $f'(x) = 0$ mit VZW von + nach −, also hat der Graph von f bei $x = 0$ einen Hochpunkt, und bei $x = 2$ gilt $f'(x) = 0$ mit VZW von − nach +, also hat der Graph von f bei $x = 2$ einen Tiefpunkt.
D: Das kann man nicht ohne weiteres entscheiden. Zwar ist f in $[-2; 0]$ monoton wachsend, da dort $f'(x) \ge 0$ gilt. Wenn $f(-2)$ kleiner oder gleich 0 ist, ist die Aussage D falsch. Wenn $f(-2)$ größer als 0 ist, ist die Aussage D richtig.

3 a) $f_a(x) = x^3 - a \cdot x$: Schnittpunkte mit den Achsen: $N_1(-\sqrt{a}\,|\,0)$; $N_2(0\,|\,0)$; $N_3(\sqrt{a}\,|\,0)$
Hoch- und Tiefpunkte: $H\left(-\frac{\sqrt{3a}}{3}\,\middle|\,\frac{2}{9}a\sqrt{3a}\right)$; $T\left(\frac{\sqrt{3a}}{3}\,\middle|\,-\frac{2}{9}a\sqrt{3a}\right)$.
b) $f_a(x) = x^2 - a \cdot x - 1$: Schnittpunkte mit den Achsen:
$N_1\left(\frac{a - \sqrt{a^2 + 4}}{2}\,\middle|\,0\right)$; $N_2\left(\frac{a + \sqrt{a^2 + 4}}{2}\,\middle|\,0\right)$
Hoch- und Tiefpunkte: $T\left(\frac{a}{2}\,\middle|\,-1 - \frac{a^2}{4}\right)$.
c) $f_a(x) = a^2 \cdot x^4 - x^2$: Schnittpunkte mit den Achsen:
$N_1\left(-\frac{1}{a}\,\middle|\,0\right)$; $N_2(0\,|\,0)$; $N_3\left(\frac{1}{a}\,\middle|\,0\right)$.
Hoch- und Tiefpunkte:
$T_1\left(-\frac{\sqrt{2}}{2a}\,\middle|\,-\frac{1}{4a^2}\right)$; $H(0\,|\,0)$;
$T_2\left(\frac{\sqrt{2}}{2a}\,\middle|\,-\frac{1}{4a^2}\right)$.
d) $f_a(x) = x + \frac{a^2}{x}$: Schnittpunkte mit den Achsen: keine
Hoch- und Tiefpunkte: $H(-a\,|\,-2a)$; $T(a\,|\,2a)$.

4 a) Die Funktion M ist streng monoton wachsend, die Funktion R streng monoton fallend.
Die Summenfunktion ist streng monoton fallend für Kosten kleiner als z und streng monoton steigend für Kosten größer als z; sie hat also bei z ein lokales und wegen des Monotonieverhaltens von M und R sogar ein globales Minimum. Die Kosten sind also bei dem Wert z minimal. Da S bei z ein Minimum hat, gilt $S'(z) = 0$ und daher wegen der Summenregel $M'(z) + R'(z) = 0$, woraus $M'(z) = -R'(z)$ folgt.
b) $S(x) = ax^2 + \frac{b}{x}$, $S'(x) = 2ax - \frac{b}{x^2}$.

$S'(z) = 0$ hat die Lösung $z = \left(\frac{b}{2a}\right)^{\frac{1}{3}}$.

5 a) Wahr, da $(x - 1) \cdot (x + 2)^2 = x^3 + 3x^2 - 4$.
b) Falsch, da f bei $x = 1$ ein Extremum hat, g aber nicht.
c) Falsch: $f(x) = \frac{x^2 - 2x + 1}{x} = x - 2 + \frac{1}{x}$;
$f'(x) = 1 - \frac{1}{x^2}$; $g(x) = x^3 - 2x^2 + x$; $g'(x) = 3x^2 - 4x + 1$
$f'(x) = 0$ und $g'(x) = 0$ haben zwar die gemeinsame Lösung $x = 1$ (und dort haben f und g beide ein Minimum), aber die verschiedenen Lösungen $x = -1$ (Maximum von f) bzw. $x = \frac{1}{3}$ (Maximum von g).

Seite 82

6 a)

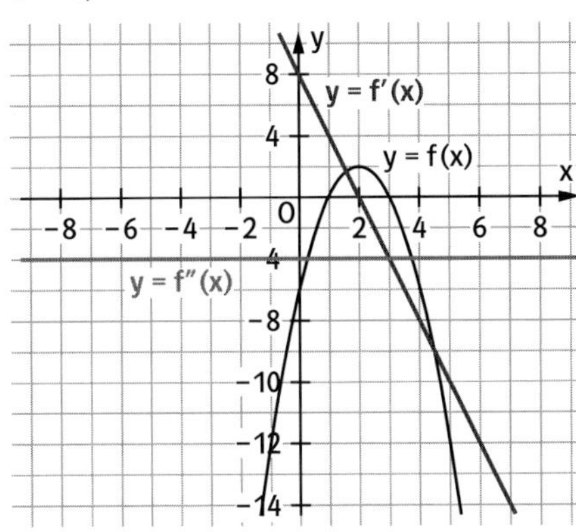

b)

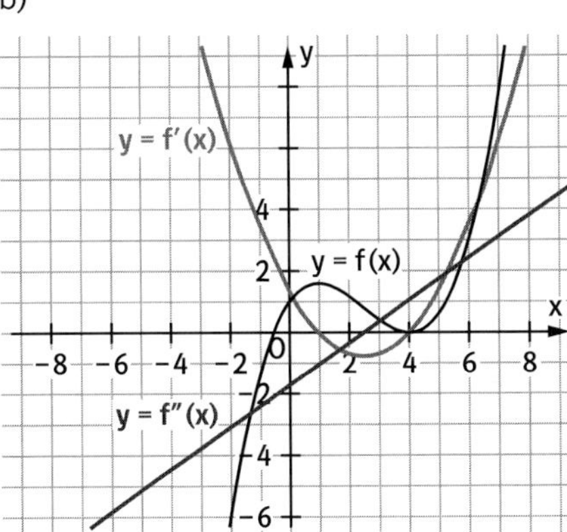

c)

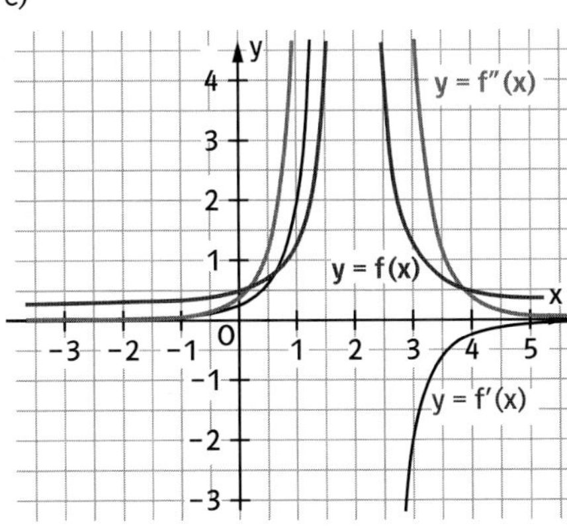

7 a) Streckenlängen: $\overline{SP} = 5$; $\overline{PQ} = \sqrt{82} \approx 9{,}06$, $\overline{QS} = 13$ (jeweils in km);
Weg-Zeit-Diagramm
$y = 10t$ für $0 \le t \le 0{,}5$;
$y = 9{,}055t + 0{,}472$ für $0{,}5 \le t \le 1{,}5$;
$y = 13t - 5{,}335$ für $1{,}5 \le t \le 2{,}5$

b) Die mittlere Änderungsrate entspricht der mittleren Geschwindigkeit. In den einzelnen Abschnitten entspricht sie der Steigung der Geraden $\left(\text{also } 10;\ 9{,}055 \text{ bzw. } 13 \left(\text{in } \frac{\text{km}}{\text{h}}\right)\right)$.
Für die gesamte Regattastrecke ist die Durchschnittsgeschwindigkeit
$v_{mittel} = \frac{27{,}055}{2{,}5} \approx 10{,}8 \left(\text{in } \frac{\text{km}}{\text{h}}\right)$.

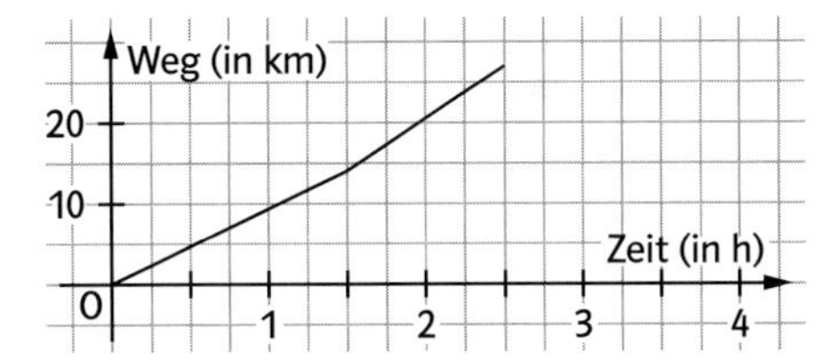

8 a) Behälter 1:

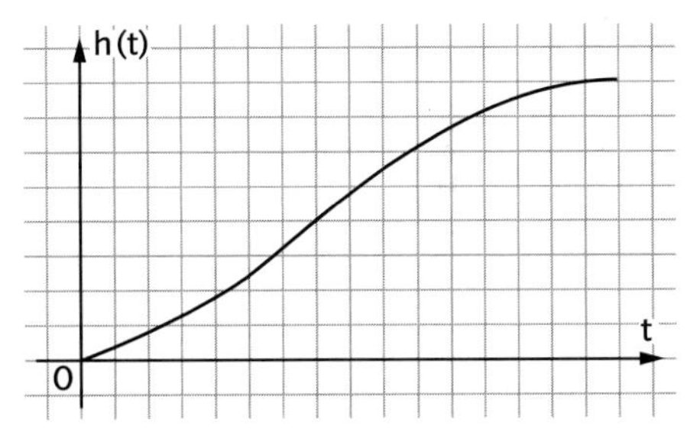

Behälter 2:

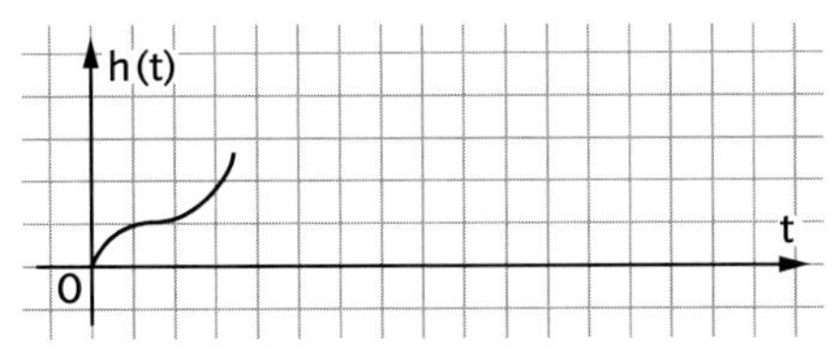

b) Eine Wendestelle gibt in diesem Zusammenhang die größte (die kleinste) Höhenzunahme (-abnahme) an.

IV Untersuchung ganzrationaler Funktionen

1 Ganzrationale Funktionen – Linearfaktorzerlegung

Seite 88

Einstiegsproblem
Man liest z. B. die Nullstellen am Graphen ab und setzt diese in die Funktionsterme ein; ebenso vergleicht man die Stellen mit $x = 0$.
(A) gehört zu f; (B) gehört h; (C) gehört zu g und i.

Seite 89

1 a) $x = 4{,}8$; b) $\frac{1}{2} + \frac{\sqrt{57}}{6}, \frac{1}{2} - \frac{\sqrt{57}}{6}$;
c) $x_1 = \frac{1}{2}$; $x_2 = 2$; d) $s = 0$;
e) $x = 3$; f) $u_1 = -\sqrt{2}$; $u_2 = \sqrt{2}$

2 a) $x^2 + 5x - 2$; b) $2x^2 - 6x + 3$
c) $x^2 - 3x - 2$; d) $x^3 - 4x - 1$

Seite 90

3 a) $f(1) = 0$; weitere Nullstellen: -9; -2
b) $f(4) = 0$; weitere Nullstellen: -2; -7
c) $f(3) = 0$; weitere Nullstellen: $-\sqrt{6}$; $\sqrt{6}$
d) $f(-2) = 0$; weitere Nullstellen: $-0{,}5$; $0{,}1$
e) $f\left(-\frac{1}{3}\right) = 0$; weitere Nullstellen: -4; 2
f) $f(0{,}4) = 0$; weitere Nullstellen: -2; 1

4 a) 1; 2; 3 b) −1; −2; 2
c) −2; 0,5; 1,5 d) $3; -\frac{1}{2}$
e) $1; -\frac{1}{2}$ f) −1; 0,2

8 f: Graph (A); g: Graph (C);
h: Graph (B); i: Graph (D)

9 a) Individuelle Lösung.
b) vier Nullstellen: $f(x) = x^4 - 5x^2 + \sqrt{6}$
Mehr als vier Nullstellen sind nicht möglich, da der höchste Grad 4 ist.

10 a) f_1: $x_1 = 0$; $x_2 = \sqrt{2}$; $x_3 = -\sqrt{2}$
f_2: $x = 2$
f_3: $x_1 = 0$; $x_2 = -\sqrt{6}$; $x_3 = \sqrt{6}$
b) zum Beispiel
$f(x) = (x - 4)x^2 + 5$ oder $f(x) = (x - 4)^3 + 5$

11 a) Polynomdivison:
$f(x): (x + 2) = x^2 - 4x + 5$
$x^2 - 4x + 5 = 0$ besitzt keine weitere Lösung
b) Gleichung für g: $y = 2x + 4$
Schnittpunkte: $S_1(-2|0)$; $S_2(1|6)$;
$S_3(3|10)$

12 a) $t = 2$: $x_1 = 0$
$t = 10$: $x_1 = 0$; $x_2 = 1$; $x_3 = 4$
$t = -10$: $x_1 = -4$; $x_2 = -1$; $x_3 = 0$
b) Ausklammern von x ergibt die Nullstelle $x_1 = 0$.
$2x^2 - tx + 8$ führt mit der abc-Formel auf
$x_{2/3} = \frac{t \pm \sqrt{t^2 - 64}}{4}$.
Hieraus ergeben sich zwei weitere Lösungen, wenn die Diskriminante größer als 0 ist, also $|t| > 8$.
c) Die Polynomdivision
$(2x^2 - tx + 8) : (x - 2)$ darf keinen Rest haben.
Hieraus ergibt sich $t = 8$.

2 Ganzrationale Funktionen und ihr Verhalten für $x \to +\infty$ bzw. $x \to -\infty$

Seite 91

Einstiegsproblem

a) (A) gehört zu g; (B) gehört zu f;
(C) gehört zu h
b) (A) gehört zu f; (B) gehört zu h;
(C) gehört zu g
c) Die Funktionsterme unterscheiden sich im Grad. Die höchste Potenz ist bei a) x^4 und bei b) x^3. Die Graphen dieser Potenzen bestimmen das Verhalten der Graphen für große positive und für kleine negative Werte von x.

Seite 92

1 a) Für $x \to +\infty$ gilt: $f(x) \to -\infty$,
für $x \to -\infty$ gilt: $f(x) \to -\infty$.
b) Für $x \to +\infty$ gilt: $f(x) \to -\infty$,
für $x \to -\infty$ gilt: $f(x) \to +\infty$.
c) Für $x \to +\infty$ gilt: $f(x) \to -\infty$,
für $x \to -\infty$ gilt: $f(x) \to -\infty$.
d) Für $x \to +\infty$ gilt: $f(x) \to +\infty$,
für $x \to -\infty$ gilt: $f(x) \to -\infty$.
e) Für $x \to +\infty$ gilt: $f(x) \to -\infty$,
für $x \to -\infty$ gilt: $f(x) \to +\infty$.
f) Für $x \to +\infty$ gilt: $f(x) \to +\infty$,
für $x \to -\infty$ gilt: $f(x) \to +\infty$.

2 a) $-3x^4$ b) $4x^3$ c) $2x^3$
d) x^4 e) $-2x^4$ f) $-x^4$

4 links: f hat den Grad 3 mit $a_3 > 0$.
Mitte: f hat den Grad 3 mit $a_3 < 0$.
rechts: f hat den Grad 2 mit $a_2 < 0$ oder f hat den Grad 4 mit $a_4 < 0$.

5 Ist der Graph n von f ungerade und $a_n > 0$ (bzw. $a_n < 0$), so gilt:
Für $x \to +\infty$ geht $f(x) \to +\infty$ (bzw. $\to -\infty$) und für $x \to -\infty$ geht $f(x) \to -\infty$ (bzw. $\to +\infty$)
Die Wertemenge von f ist $\mathbb{R}$. Daher gibt es mindestens eine Stelle x_0 mit $f(x_0) = 0$.

3 Symmetrie, Skizzieren von Graphen

Seite 93

Einstiegsproblem

$f(x) = ax^3$ mit $a > 0$; $f(x) = ax^4$ mit $a > 0$;
$f(x) = ax^3$ mit $a < 0$; $f(x) = ax^4$ mit $a < 0$.

Seite 94

1 a) symmetrisch zur y-Achse
b), c) und e) weder symmetrisch zu y-Achse noch zum Ursprung
d) und f) symmetrisch zum Ursprung

2

	Achsensymmetrie zur y-Achse	Punktsymmetrie zum Ursprung	keine spez. Symmetrie erkennbar
a)		x	
b)	x		
c)		x	
d)	x		
e)			x
f)	x		
g)			x
h)	x		
i)		x	

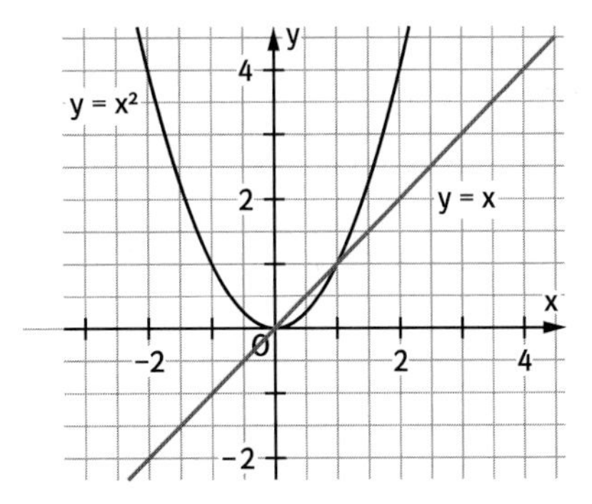

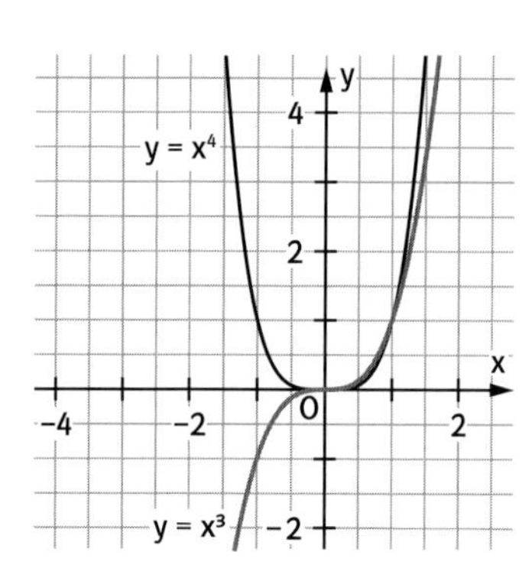

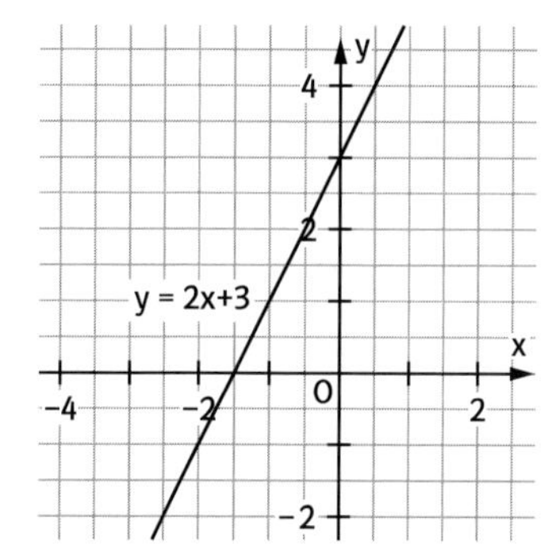

3 a) (B) b) (A) c) (C)

Seite 95

4 a) Symmetrisch zur y-Achse. Für $x \to \pm\infty$ gilt: $f(x) \to +\infty$.
Nullstellen $x_1 = 2$; $x_2 = -2$.

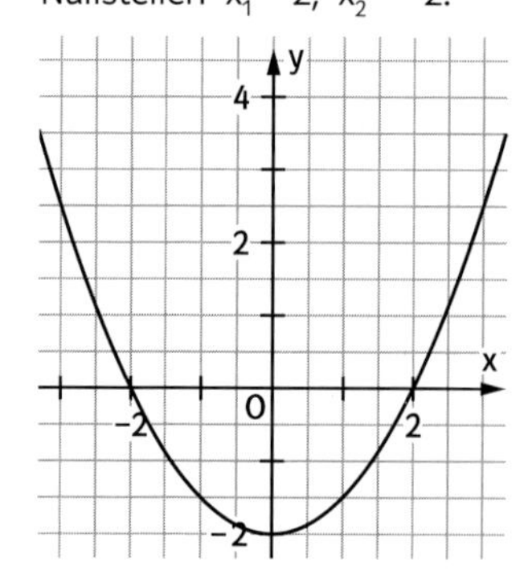

b) Symmetrisch zur y-Achse.
Für $x \to \pm\infty$ gilt: $f(x) \to +\infty$.
Nullstellen $x_1 = 0$; $x_2 = -3$; $x_3 = 3$.

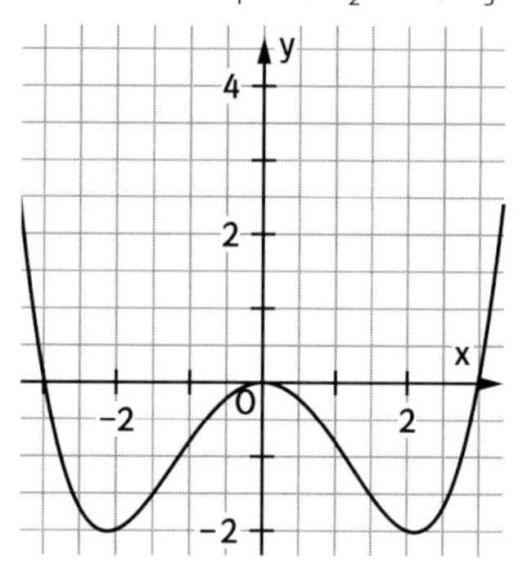

c) Symmetrisch zum Ursprung. Für $x \to +\infty$ gilt: $f(x) \to +\infty$; für $x \to -\infty$ gilt: $f(x) \to -\infty$.
Nullstellen $x_1 = 0$; $x_2 = -2$; $x_3 = 2$.

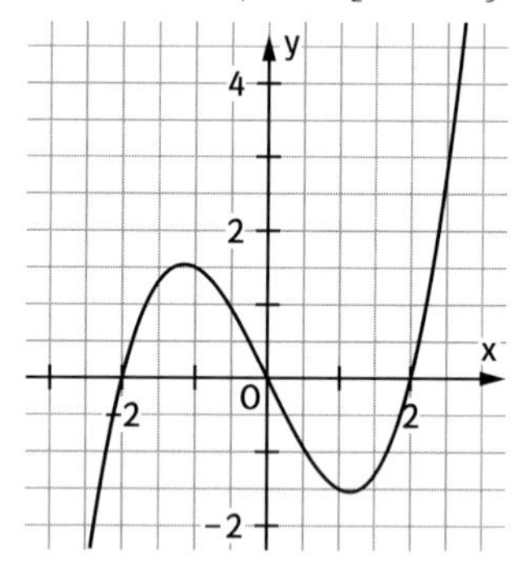

d) Symmetrisch zum Ursprung. Für $x \to +\infty$ gilt: $f(x) \to -\infty$; für $x \to -\infty$ gilt: $f(x) \to +\infty$.
Nullstellen $x_1 = 0$; $x_2 = -2$; $x_3 = 2$.

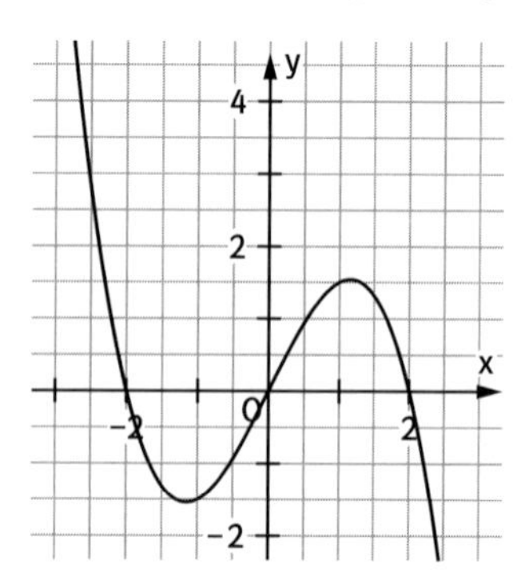

e) Symmetrisch zur y-Achse.
Für $x \to \pm\infty$ gilt: $f(x) \to +\infty$.
Nullstellen $x_1 = -3$; $x_2 = -1$; $x_3 = 1$; $x_4 = 3$.

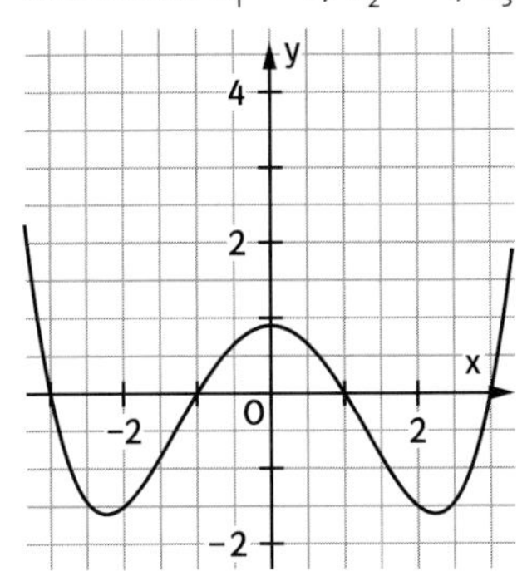

f) Symmetrisch zur y-Achse.
Für $x \to \pm\infty$ gilt: $f(x) \to -\infty$.
Nullstellen $x_1 = 0$; $x_2 = -\sqrt{2}$; $x_3 = \sqrt{2}$.

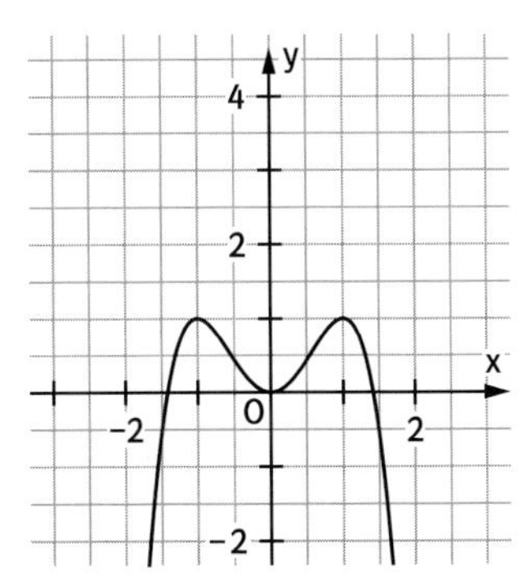

7 (A): j. Der abgebildete Graph verhält sich für große x wie $y = -2x^3$ und für $x = 0$ geht der Graph durch den Punkt $(0 \mid -1)$.
(B) und (C): Wegen des Verhaltens für große x kommen g, h und i infrage. i scheidet aus, weil der Graph durch den Ursprung geht. Zu Fig. 3 gehört wegen der Symmetrie die Funktion h. Also bleibt g für Fig. 2 übrig.
(D): i kommt wegen des Verhaltens für große x nicht infrage, also bleibt noch f.

8 a) 1); 5) b) 2); 3); 4); 5)

9 a) Punktsymmetrie für $t = 0$
b) Achsensymmetrie für $t = 1$
c) Punktsymmetrie für ungerade t
d) Achsensymmetrie für $t = 2$

4 Beispiel einer vollständigen Funktionsuntersuchung

Seite 96

Einstiegsproblem

f ist monoton steigend für $x < -1$ und $x > 0$ und monoton fallend für $-1 < x < 0$.
Nullstellen: $x_1 \approx -1{,}3$; $x_2 = 0$.
Extremstellen: $x_3 \approx -1$ (Maximumstelle); $x_4 \approx 0$ (Minimumstelle).
Die grafische Methode ergibt einen guten Überblick über den Gesamtverlauf des Graphen und ermöglicht es, Eigenschaften der Funktion und besondere Punkte des Graphen zu erkennen. Genaue Ergebnisse lassen sich jedoch nur mit rechnerischen Methoden bestimmen.

Seite 97

1 a) $f(x) = \frac{1}{3}x^3 - x$
1. Ableitungen:
$f'(x) = x^2 - 1$; $f''(x) = 2x$; $f'''(x) = 2$
2. Symmetrie: Punktsymmetrisch zum Ursprung
3. Nullstellen: $f(x) = \frac{1}{3}x^3 - x = \frac{1}{3}x \cdot (x^2 - 3) = 0$;
$x_1 = \sqrt{3}$; $x_2 = -\sqrt{3}$; $x_3 = 0$
4. Verhalten für $x \to \pm\infty$:
$f(x) \to \infty$ für $x \to +\infty$; $f(x) \to -\infty$ für $x \to -\infty$
5. Extremstellen: $f'(x) = 0$;
$x_4 = -1$; $f''(-1) = -2$;
$f(-1)$ ist lokales Maximum; $H\left(-1 \middle| \frac{2}{3}\right)$
$x_5 = 1$; $f''(1) = 2$;
$f(1)$ ist lokales Minimum; $T\left(1 \middle| -\frac{2}{3}\right)$

6. Wendestellen: $f''(x) = 0$;
$x_6 = 0$; $f'''(0) = 2$;
x_6 ist Wendestelle mit $W(0|0)$
7. Graph:

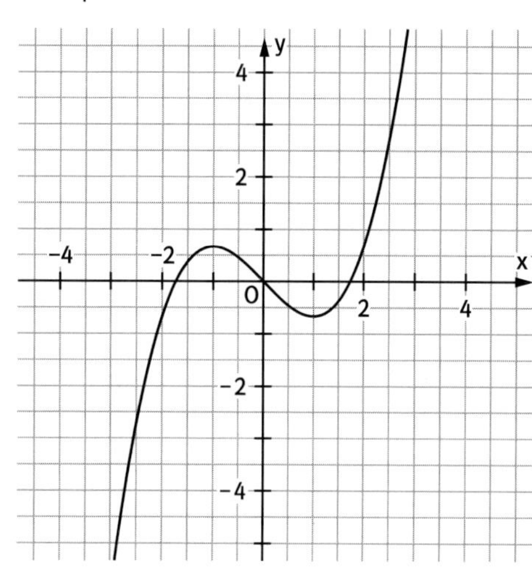

b) $f(x) = x^3 - 4x$
1. Ableitungen:
$f'(x) = 3x^2 - 4$; $f''(x) = 6x$; $f'''(x) = 6$
2. Symmetrie: Punktsymmetrisch zum Ursprung
3. Nullstellen: $f(x) = x^3 - 4x = x \cdot (x^2 - 4) = 0$;
$x_1 = 2$; $x_2 = -2$; $x_3 = 0$
4. Verhalten für $x \to \pm\infty$:
$f(x) \to \infty$ für $x \to +\infty$; $f(x) \to -\infty$ für $x \to -\infty$
5. Extremstellen: $f'(x) = 0$; $3x^2 = 4$
$x_4 = -\frac{2}{3}\sqrt{3}$; $f''\left(-\frac{2}{3}\sqrt{3}\right) = -4 \cdot \sqrt{3}$;
$f\left(-\frac{2}{3}\sqrt{3}\right)$ ist lokales Maximum;
$H\left(-\frac{2}{3}\sqrt{3} \,\middle|\, \frac{16}{9}\sqrt{3}\right)$
$x_5 = \frac{2}{3}\sqrt{3}$; $f''\left(\frac{2}{3}\sqrt{3}\right) = 4 \cdot \sqrt{3}$;
$f\left(\frac{2}{3}\sqrt{3}\right)$ ist lokales Minimum; $T\left(\frac{2}{3}\sqrt{3} \,\middle|\, -\frac{16}{9}\sqrt{3}\right)$
6. Wendestellen: $f''(x) = 0$;
$x_6 = 0$; $f'''(0) = 6$;
x_6 ist Wendestelle mit $W(0|0)$

7. Graph:

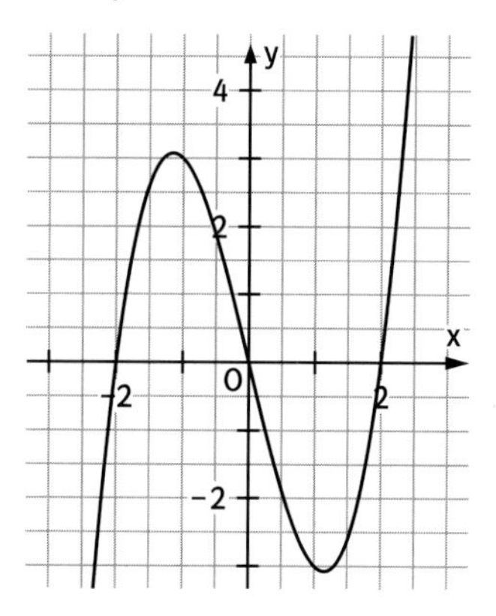

c) $f(x) = \frac{1}{2}x^3 - 4x^2 + 8x$
1. Ableitungen:
$f'(x) = \frac{3}{2}x^2 - 8x + 8$; $f''(x) = 3x - 8$; $f'''(x) = 3$
2. Symmetrie: keine Symmetrie zum Ursprung und zur y-Achse (gerade und ungerade Exponenten)
3. Nullstellen: $f(x) = 0$; $x_1 = 0$; $x_2 = 4$
4. Verhalten für $x \to \pm\infty$:
$\lim\limits_{x \to \pm\infty}\left(\frac{1}{2}x^3 - 4x^2 + 8x\right) = \lim\limits_{x \to \pm\infty} x^3\left(\frac{1}{2} - \frac{4}{x} + \frac{8}{x^2}\right)$
$= \pm\infty$
5. Extremstellen: $f'(x) = 0$; $x_3 = \frac{4}{3}$; $f''\left(\frac{4}{3}\right) = -4$;
$f\left(\frac{4}{3}\right)$ ist lokales Maximum; $H\left(\frac{4}{3} \,\middle|\, \frac{128}{27}\right)$
$x_4 = 4$; $f''(4) = 4$; $f(4)$ ist lokales Minimum; $T(4|0)$
6. Wendestellen: $f''(x) = 0$;
$x_5 = \frac{8}{3}$; $f'''(0) = 3$
x_5 ist Wendestelle mit $W\left(\frac{8}{3} \,\middle|\, \frac{64}{27}\right)$
7. Graph:

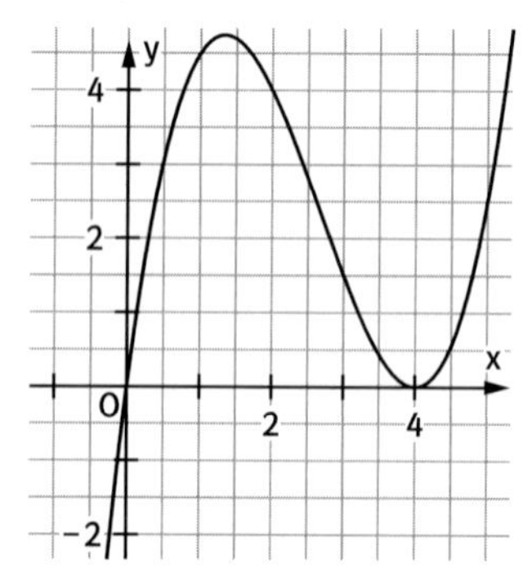

d) $\frac{1}{2}x^3 + 3x^2 - 8$

1. Ableitungen:
$f'(x) = \frac{3}{2}x^2 + 6x$; $f''(x) = 3x + 6$; $f'''(x) = 3$

2. Symmetrie: keine Symmetrie zum Ursprung und zur y-Achse (gerade und ungerade Exponenten)

3. Nullstellen: $f(x) = 0$; $x_1 = -2$;
Polynomdivision:

$$(0{,}5x^3 + 3x^2 - 8):(x + 2) = 0{,}5x^2 + 2x - 4$$
$$\underline{(0{,}5x^3 + x^2)}$$
$$2x^2 - 8$$
$$\underline{(2x^2 + 4x)}$$
$$-4x - 8$$

$x^2 + 4x - 8 = 0$;
$x_2 = 2\cdot\sqrt{3} - 2$; $x_3 = -2\cdot\sqrt{3} - 2$

4. Verhalten für $x \to \pm\infty$:
$\lim\limits_{x \to \pm\infty}\left(\frac{1}{2}x^3 + 3x^2 - 8\right) = \lim\limits_{x \to \pm\infty} x^3\left(\frac{1}{2} + \frac{3}{x} + \frac{8}{x^3}\right)$
$= \pm\infty$

5. Extremstellen: $f'(x) = 0$;
$x\cdot\left(\frac{3}{2}x + 6\right) = 0$; $x_4 = -4$; $f''(-4) = -6$;
$f(-4)$ ist lokales Maximum; $H(-4|8)$
$x_4 = 0$; $f''(0) = 6$; $f(0)$ ist lokales Minimum;
$T(0|8)$

6. Wendestellen: $f''(x) = 0$;
$x_5 = -2$; $f'''(0) = 3$
x_5 ist Wendestelle mit $W(-2|0)$

7. Graph:

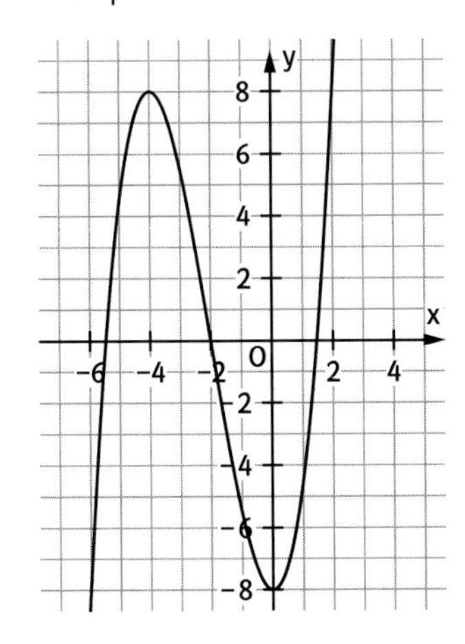

e) $3x^4 + 4x^3$

1. Ableitungen: $f'(x) = 12x^3 + 12x^2$;
$f''(x) = 36x^2 + 24x$; $f'''(x) = 72x + 24$

2. Symmetrie: keine Symmetrie zum Ursprung und zur y-Achse (gerade und ungerade Exponenten)

3. Nullstellen: $f(x) = x^3(3x + 4) = 0$; $x_1 = 0$;
$x_2 = -\frac{4}{3}$

4. Verhalten für $x \to \pm\infty$:
$\lim\limits_{x \to \pm\infty}(3x^4 + 4x^3) = \lim\limits_{x \to \pm\infty} x^4\left(3 + \frac{4}{x}\right) = +\infty$

5. Extremstellen: $f'(x) = 0$;
$x_3 = -1$; $f''(-1) = 12$;
$f(-1)$ ist lokales Minimum; $T(-1|-1)$
$x_5 = 0$; $f''(0) = 0$; noch zu untersuchen

6. Wendestellen: $f''(x) = 0$;
$x_4 = -\frac{2}{3}$; $f'''\left(-\frac{2}{3}\right) = -24$
x_4 ist Wendestelle mit $W_1\left(\frac{2}{3}\middle|-\frac{16}{27}\right)$
$x_5 = 0$; $f'''(0) = -24$
x_5 ist Wendestelle mit $W_2(0|0)$

7. Graph:

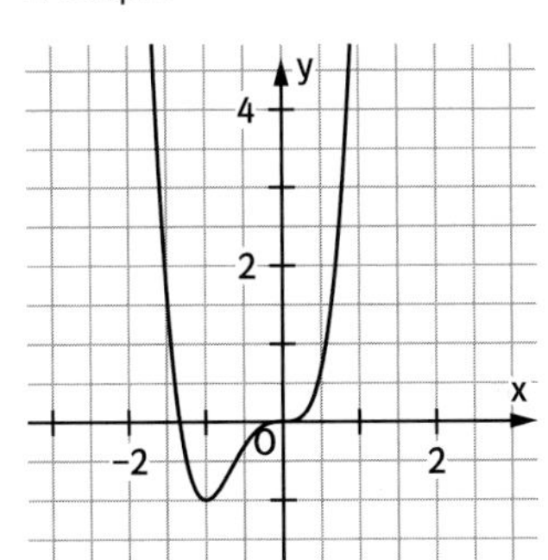

f) $f(x) = \frac{1}{10}x^5 - \frac{4}{3}x^3 + 6x$

1. Ableitungen: $f'(x) = \frac{1}{2}x^4 - 4x^2 + 6$;
$f''(x) = 2x^3 - 8x$; $f'''(x) = 6x^2 - 8$

2. Symmetrie: Symmetrie zum Ursprung (nur ungerade Exponenten)

3. Nullstellen: $f(x) = x\left(\frac{1}{10}x^4 - \frac{4}{3}x^2 + 6\right) = 0$;
$x_1 = 0$
(der zweite Faktor ist biquadratisch und ungleich 0)

4. Verhalten für $x \to \pm\infty$:
$\lim\limits_{x \to \pm\infty}\left(\frac{1}{10}x^5 - \frac{4}{3}x^3 + 6x\right)$
$= \lim\limits_{x \to \pm\infty} x^5\left(\frac{1}{10} - \frac{4}{3x^2} + \frac{6}{x^4}\right) = \pm\infty$

5. Extremstellen: $f'(x) = \frac{1}{2}x^4 - 4x^2 + 6 = 0$ als biquadratische Gleichung lösen:
$x_2 = \sqrt{2}$; $f''(\sqrt{2}) = -4\sqrt{2}$;
$f(\sqrt{2})$ ist lokales Maximum; $H_1\left(\sqrt{2} \,\middle|\, \frac{56}{15}\cdot\sqrt{2}\right)$
$x_3 = -\sqrt{2}$; $f''(\sqrt{2}) = 4\sqrt{2}$;
$f(-\sqrt{2})$ ist lokales Minimum;
$T_1\left(-\sqrt{2} \,\middle|\, -\frac{56}{15}\cdot\sqrt{2}\right)$
$x_4 = \sqrt{6}$; $f''(\sqrt{6}) = 4\sqrt{6}$;
$f(\sqrt{6})$ ist lokales Minimum; $T_2\left(\sqrt{6} \,\middle|\, \frac{8}{5}\cdot\sqrt{6}\right)$
$x_5 = -\sqrt{6}$; $f''(-\sqrt{6}) = -4\sqrt{6}$;
$f(-\sqrt{6})$ ist lokales Maximum; $H_2\left(-\sqrt{6} \,\middle|\, -\frac{8}{5}\cdot\sqrt{6}\right)$
gerundete Koordinaten:
$H_1(1{,}41\,|\,5{,}28)$; $T_1(-1{,}41\,|\,-5{,}28)$;
$T_2(2{,}45\,|\,3{,}92)$; $H_2(-2{,}45\,|\,-3{,}92)$
6. Wendestellen: $f''(x) = 0$;
$x_6 = -2$; $f'''(-2) = 16$
x_6 ist Wendestelle mit $W_1\left(-2 \,\middle|\, -\frac{68}{15}\right)$
$x_7 = 0$; $f'''(0) = -8$
x_7 ist Wendestelle mit $W_2(0\,|\,0)$
$x_8 = 2$; $f'''(2) = 16$
x_8 ist Wendestelle mit $W_3\left(2 \,\middle|\, \frac{68}{15}\right)$
7. Graph:

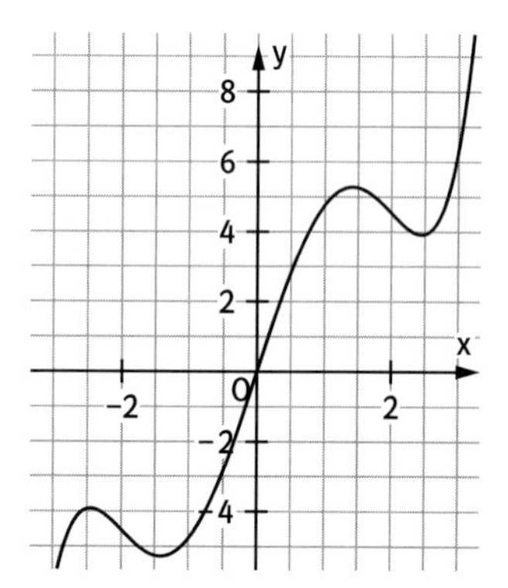

Seite 98

2 a) $f(x) = \frac{1}{6}(x+1)^2\cdot(x-2) = \frac{1}{6}x^3 - \frac{1}{2}x - \frac{1}{3}$
1. Ableitungen:
$f'(x) = \frac{1}{2}x^2 - \frac{1}{2}$; $f''(x) = x$; $f'''(x) = 1$
2. Symmetrie: keine Symmetrie zum Ursprung und zur y-Achse (gerade und ungerade Exponenten)
3. Nullstellen: $f(x) = \frac{1}{6}(x+1)^2\cdot(x-2) = 0$;
$x_1 = -1$; $x_2 = 2$
4. Verhalten für $x \to \pm\infty$:
$f(x) \to \infty$ für $x \to +\infty$; $f(x) \to -\infty$ für $x \to -\infty$
5. Extremstellen: $f'(x) = \frac{1}{2}x^2 - \frac{1}{2} = 0$;
$x_3 = -1$; $f''(-1) = -1$;
$f(-1)$ ist lokales Maximum; $H(-1\,|\,0)$
$x_4 = 1$; $f''(1) = 1$;
$f(1)$ ist lokales Minimum; $T\left(1 \,\middle|\, -\frac{2}{3}\right)$
6. Wendestellen: $f''(x) = 0$;
$x_5 = 0$; $f'''(0) = 1$;
x_5 ist Wendestelle mit $W\left(0 \,\middle|\, -\frac{1}{3}\right)$
7. Graph:

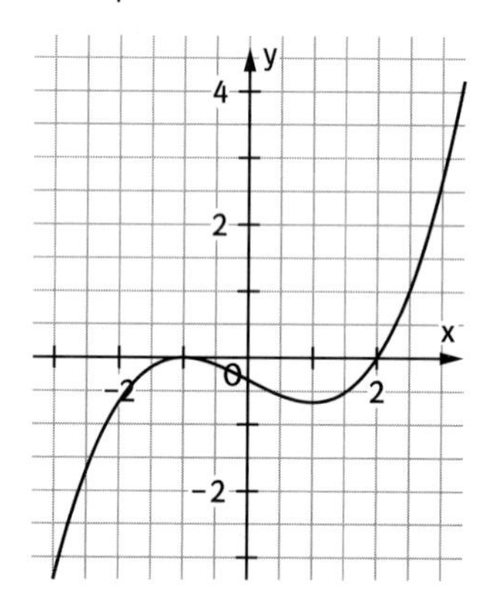

b) $f(x) = \frac{1}{4}(1 + x^2) \cdot (5 - x^2) = -\frac{1}{4}x^4 + x^2 + \frac{5}{4}$
1. Ableitungen:
$f'(x) = -x^3 + 2x$; $f''(x) = -3x^2 + 2$;
$f'''(x) = -6x$
2. Symmetrie: Punktsymmetrisch zur y-Achse (nur gerade Exponenten)
3. Nullstellen: $f(x) = \frac{1}{4}(1 + x^2) \cdot (5 - x^2) = 0$
$x_1 = \sqrt{5}$; $x_2 = -\sqrt{5}$
4. Verhalten für $x \to \pm\infty$:
$f(x) \to -\infty$ für $x \to +\infty$; $f(x) \to -\infty$ für $x \to -\infty$
5. Extremstellen: $f'(x) = 0$; $x(-x^2 + 2) = 0$
$x_3 = 0$; $f''(0) = 2$;
$f(0)$ ist lokales Minimum; $T\left(0 \middle| \frac{5}{4}\right)$
$x_4 = \sqrt{2}$; $f''(\sqrt{2}) = -4$;
$f(\sqrt{2})$ ist lokales Maximum; $H_1\left(\sqrt{2} \middle| \frac{9}{4}\right)$
$x_5 = -\sqrt{2}$; $f''(-\sqrt{2}) = -4$;
$f(-\sqrt{2})$ ist lokales Maximum; $H_2\left(-\sqrt{2} \middle| \frac{9}{4}\right)$
6. Wendestellen: $f''(x) = 0$;
$x_6 = -\frac{1}{3}\sqrt{6}$; $f'''\left(-\frac{1}{3}\sqrt{6}\right) = 2\sqrt{6}$
x_6 ist Wendestelle mit $W_1\left(-\frac{1}{3}\sqrt{6} \middle| \frac{65}{36}\right)$
$x_7 = \frac{1}{3}\sqrt{6}$; $f'''\left(\frac{1}{3}\sqrt{6}\right) = -2\sqrt{6}$
x_7 ist Wendestelle mit $W_2\left(\frac{1}{3}\sqrt{6} \middle| \frac{65}{36}\right)$
7. Graph:

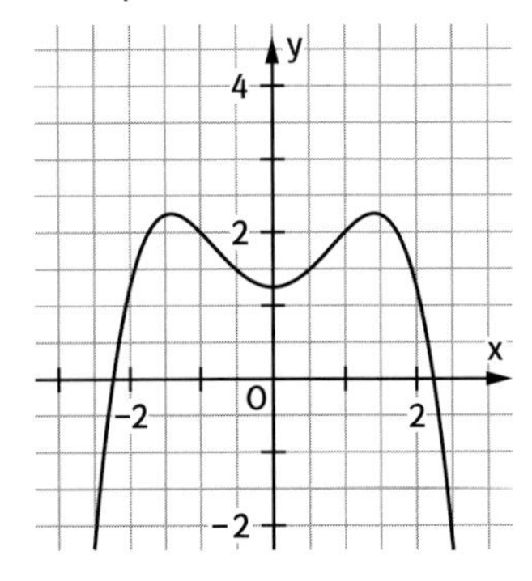

c) $f(x) = 0{,}5 \cdot (x^2 - 1)^2 = \frac{1}{2}x^4 - x^2 + \frac{1}{2}$
1. Ableitungen:
$f'(x) = 2x^3 - 2x$; $f''(x) = 6x^2 - 2$; $f'''(x) = 12x$
2. Symmetrie: Punktsymmetrisch zur y-Achse (nur gerade Exponenten)
3. Nullstellen: $f(x) = 0$; $x_1 = 1$; $x_2 = -1$
4. Verhalten für $x \to \pm\infty$:
$f(x) \to \infty$ für $x \to +\infty$; $f(x) \to \infty$ für $x \to -\infty$
5. Extremstellen: $f'(x) = 0$;
$x_3 = -1$; $f''(-1) = 4$;
$f(-1)$ ist lokales Minimum; $T_1(-1 | 0)$
$x_4 = 0$; $f''(0) = -2$;
$f(0)$ ist lokales Maximum; $H\left(0 \middle| \frac{1}{2}\right)$
$x_5 = 1$; $f''(1) = 4$;
$f(1)$ ist lokales Minimum; $T_2(1 | 0)$
6. Wendestellen: $f''(x) = 0$;
$x_6 = -\frac{1}{3}\sqrt{3}$; $f'''\left(-\frac{1}{3}\sqrt{3}\right) = -4\sqrt{3}$;
x_6 ist Wendestelle mit $W_1\left(-\frac{1}{3}\sqrt{3} \middle| \frac{2}{9}\right)$
$x_7 = \frac{1}{3}\sqrt{3}$; $f'''\left(\frac{1}{3}\sqrt{3}\right) = 4\sqrt{3}$;
x_7 ist Wendestelle mit $W_2\left(\frac{1}{3}\sqrt{3} \middle| \frac{2}{9}\right)$
7. Graph:

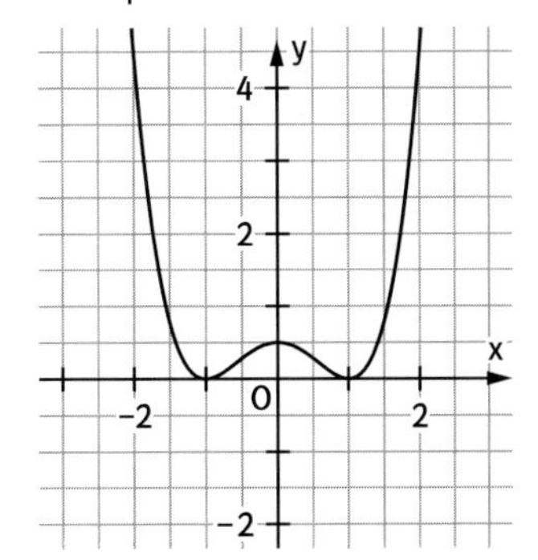

d) $f(x) = (x - 1)\cdot(x + 2)^2 = x^3 + 3x^2 - 4$
1. Ableitungen:
$f'(x) = 3x^2 + 6x$; $f''(x) = 6x + 6$; $f'''(x) = 6$
2. Symmetrie: keine Symmetrie zum Ursprung und zur y-Achse (gerade und ungerade Exponenten)
3. Nullstellen: $f(x) = 0$; $x_1 = 1$; $x_2 = -2$
4. Verhalten für $x \to \pm\infty$:
$f(x) \to \infty$ für $x \to +\infty$; $f(x) \to -\infty$ für $x \to -\infty$
5. Extremstellen: $f'(x) = 0$; $3x\cdot(x + 2) = 0$
$x_3 = -2$; $f''(-2) = -6$;
$f(-2)$ ist lokales Maximum; $H(-2|0)$
$x_4 = 0$; $f''(0) = 6$;
$f(0)$ ist lokales Minimum; $T(0|-4)$
6. Wendestellen: $f''(x) = 0$;
$x_6 = -1$; $f'''(-1) = 6$
x_6 ist Wendestelle mit $W(-1|-2)$
7. Graph:

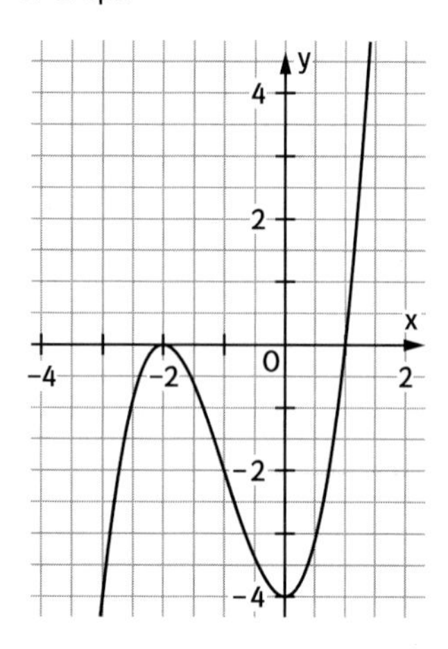

e) $f(x) = 0{,}1\cdot(x^3 + 1)^2 = 0{,}1x^6 + 0{,}2x^3 + 0{,}1$
1. Ableitungen: $f'(x) = 0{,}6x^5 + 0{,}6x^2$;
$f''(x) = 3x^4 + 1{,}2x$; $f'''(x) = 12x^3 + 1{,}2$
2. Symmetrie: keine Symmetrie zum Ursprung und zur y-Achse (gerade und ungerade Exponenten)
3. Nullstellen: $x_1 = -1$
4. Verhalten für $x \to \pm\infty$:
$f(x) \to \infty$ für $x \to +\infty$; $f(x) \to \infty$ für $x \to -\infty$
5. Extremstellen: $f'(x) = 0$;
$x_2 = -1$; $f''(-1) = 1{,}8$;
$f(-1)$ ist lokales Minimum; $T(-1|0)$
$x_3 = 0$; $f''(0) = 0$; noch zu untersuchen
6. Wendestellen: $f''(x) = 0$;
$x_4 = 0$; $f'''(x)$ hat bei x_4 einen Vorzeichenwechsel
x_0 ist Wendestelle mit $W_1(0|0{,}1)$
$x_5 = -\sqrt[3]{0{,}4} \approx -0{,}737$;
$f'''(-0{,}737) = -3{,}6$
x_6 ist Wendestelle mit $W_2(-0{,}737|0{,}036)$
7. Graph:

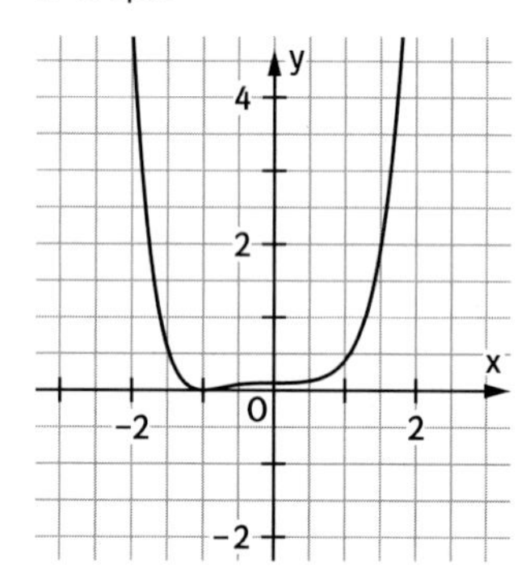

f) $f(x) = \frac{1}{6}(1 + x)^3 \cdot (3 - x)$
$= -\frac{1}{6}x^4 + x^2 + \frac{4}{3}x + \frac{1}{2}$

1. Ableitungen:
$f'(x) = -\frac{2}{3}x^3 + 2x + \frac{4}{3}$; $f''(x) = -2x^2 + 2$;
$f'''(x) = 4x$

2. Symmetrie: keine Symmetrie zum Ursprung und zur y-Achse (gerade und ungerade Exponenten)

3. Nullstellen: $x_1 = -1$; $x_2 = 3$

4. Verhalten für $x \to \pm\infty$:
$f(x) \to -\infty$ für $x \to +\infty$; $f(x) \to -\infty$ für $x \to -\infty$

5. Extremstellen: $f'(x) = -\frac{2}{3}x^3 + 2x + \frac{4}{3} = 0$;
$x_3 = -1$; $f''(-1) = 0$; noch zu klären
$x_4 = 2$; $f''(2) = -6$;
f(2) ist lokales Maximum; $H\left(2 \middle| \frac{9}{2}\right)$

6. Wendestellen: $f''(x) = 0$;
$x_5 = -1$; $f'''(-1) = 4$
x_5 ist Wendestelle mit $W_1(-1|0)$
$x_6 = 1$; $f'''(1) = -6$
x_6 ist Wendestelle mit $W_2\left(1 \middle| \frac{8}{3}\right)$

7. Graph:

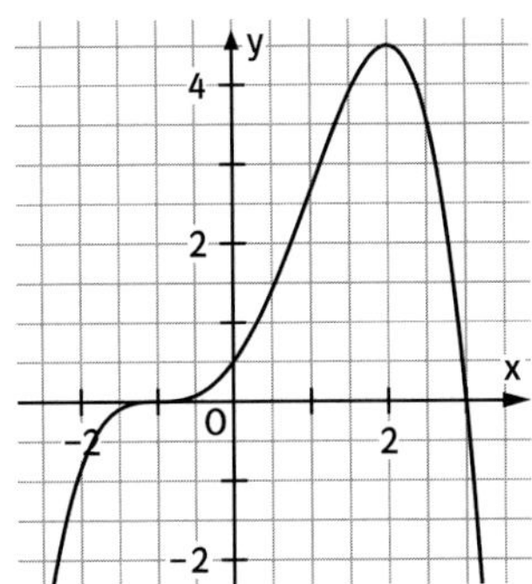

4 a) Symmetrie zu $x = 0$; $N_1(2|0)$; $N_2(-2|0)$; $N_3(\sqrt{20}|0)$; $N_4(-\sqrt{20}|0)$; $H\left(0 \middle| \frac{5}{3}\right)$; $T_{1/2}\left(\pm 2\sqrt{3} \middle| -\frac{4}{3}\right)$; $N_1 = W_1$; $N_2 = W_2$.

b) Aus $x^2 = 12 \pm \sqrt{64 + 48c}$ folgt: Es gibt 4 Lösungen für $-\frac{4}{3} < c < \frac{5}{3}$, 3 Lösungen für $c = \frac{5}{3}$, 2 Lösungen für $c = -\frac{4}{3}$ oder $c > \frac{5}{3}$ und keine Lösung für $c < -\frac{4}{3}$.

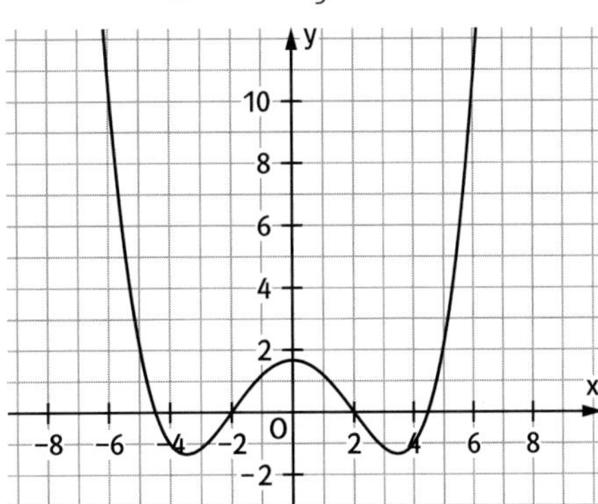

5 a) Höhe = f(0) = 187,5 m;
f(x) = 0 liefert $x \approx \pm 80{,}75$;
Breite $\approx 2 \cdot 80{,}75$ m = 161,5 m

b) $f'(-80{,}75) \approx 6{,}74$, also $\alpha = 81{,}56°$.

c) $f(9) - 10 = f(u)$ liefert $u \approx 25{,}70$;
$25{,}70 - 9 > 10$. Maximale Flughöhe = $f(9) - 10 \approx 176{,}21$ m.

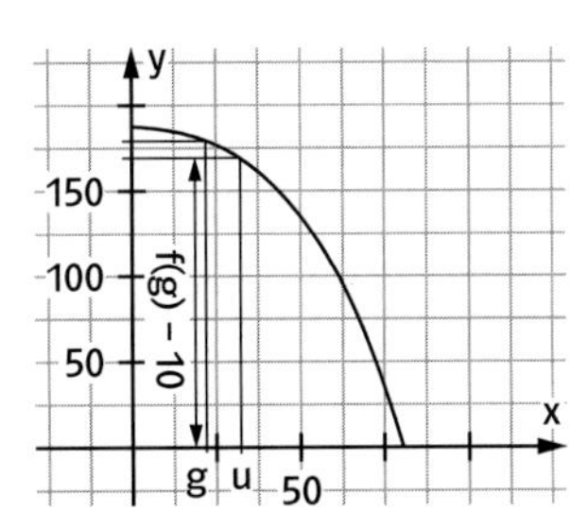

6 zwei waagerechte Tangenten für $b^2 - 3c > 0$
eine waagerechte Tangente für $b^2 - 3c = 0$
keine waagerechte Tangente für $b^2 - 3c < 0$

7 Der Graph von g entsteht aus dem Graphen von f
a) durch Multiplikation der „y-Werte" von f(x) mit dem Faktor c. Für alle besonderen Punkte bleiben die x-Koordinaten erhalten.
b) durch Verschiebung parallel zur y-Achse um c. Für Extrem- und Wendepunkte bleiben die x-Koordinaten erhalten. Zu den y-Koordinaten wird c addiert.
c) durch Verschiebung parallel zur x-Achse um c. Für alle besonderen Punkte bleiben die y-Koordinaten erhalten. Zu den x-Koordinaten muss c addiert werden.

8 a) Der Graph ist achsensymmetrisch zur y-Achse.
b) Schnittpunkte mit der x-Achse $N_1(-3\,|\,0)$, $N_2(3\,|\,0)$; Schnittpunkt mit der y-Achse $S_Y(0\,|\,-1{,}125)$.
c) Der Graph strebt jeweils gegen $+\infty$, d.h. er verläuft „von links oben nach rechts oben"
d) Graph unten.

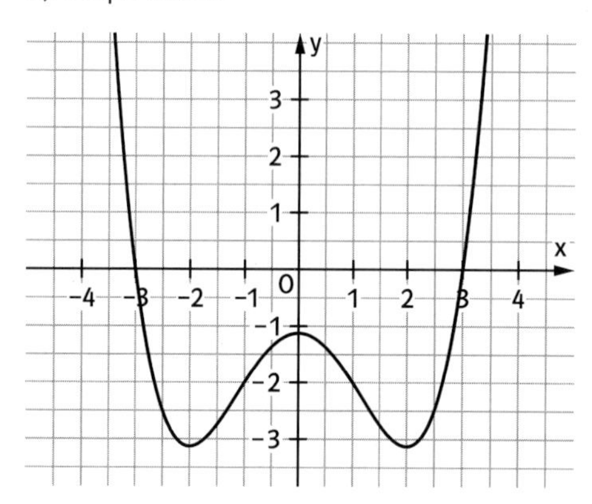

5 Probleme lösen im Umfeld der Tangente

Seite 99

Einstiegsproblem
Reflexionsgesetz: Der einfallende Strahl, der reflektierte Strahl und das Einfallslot liegen in einer Ebene. Bei der Reflexion eines Lichtstrahls am ebenen Spiegel ist der Reflexionswinkel gleich dem Einfallswinkel. Reflexion an einem gekrümmten Spiegel, siehe Abbildung.

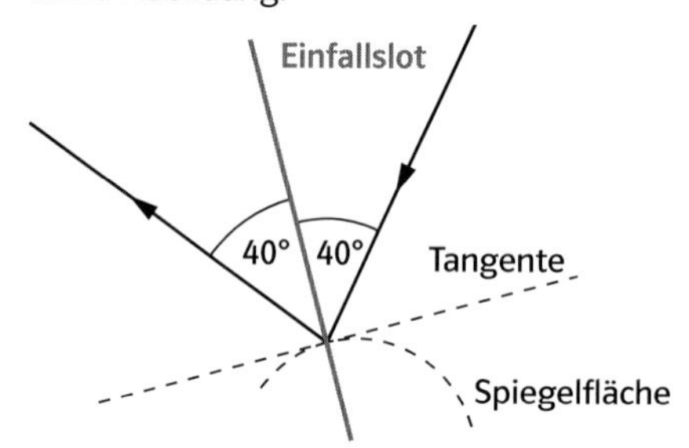

Ist die spiegelnde Oberfläche gekrümmt, so steht das Einfallslot senkrecht auf der Tangente bzw. Tangentialebene im Auftreffpunkt des Lichtstrahls und die Reflexion erfolgt ebenfalls nach dem obigen Reflexionsgesetz.

Seite 100

1 a) t: $y = 4x - 4$; n: $y = -\frac{1}{4}x + 4{,}5$
b) t: $y = -\frac{1}{8}x + 1$; n: $y = 8x - 31{,}5$
c) t: $y = 0$; n: $x = 0$

2 Tangente t in einem beliebigen Punkt $(u\,|\,f(u))$: $y = ux - \frac{1}{2}u^2$
a) $A(1\,|\,0)$ eingesetzt, ergibt $P_1(0\,|\,0)$ und $P_2(2\,|\,2)$.
b) $B(-1\,|\,0)$ ergibt $Q_1(0\,|\,0)$ und $Q_2(-2\,|\,2)$.
c) $C(0\,|\,-2)$ ergibt $R_1(2\,|\,2)$ und $R_2(-2\,|\,2)$.
d) $D(3\,|\,2{,}5)$ ergibt $u^2 - 6u + 5 = 0$ und damit $S_1(5\,|\,12{,}5)$ und $S_2(1\,|\,0{,}5)$.

3 t: $y = 2ux - u^2$ ergibt mit S(3 | 5) die Gleichung $u^2 - 6u + 5 = 0$ mit den Lösungen $u_1 = 1$ und $u_2 = 5$ (nicht im Definitionsbereich). Das Ufer ist im Bereich $1 \le x \le 3$ einsehbar.

4 a) P(1 | −2); Tangente t: $y = -2$;
weiterer Schnittpunkt S(−2 | −2)
b) P(0,5 | −1,375); t: $y = -2{,}25x - 0{,}25$;
weiterer Schnittpunkt S(−1 | 2)
c) P(3 | 18); t: $y = 24x - 54$; S(−6 | −198)

Seite 101

7 a) Aus $f'(x) = -x + 2 = 2$ folgt $x = 0$, also t: $y = 2x - 2$; Schnittwinkel $\alpha = 63{,}4°$.
b) Tangente t in einem beliebigen Punkt (u | f(u)) t: $y = (-u + 2)x + \frac{1}{2}u^2 - 2$. t verläuft durch (0 | 0) für $\frac{1}{2}u^2 - 2 = 0$ mit $u_1 = 2$ bzw. $u_2 = -2$. Gesuchte Punkte $P_1(2|0)$ und $P_2(-2|-8)$.
c) Aus $\frac{1}{2}u^2 - 2 = 6$ folgt $u_1 = 4$ bzw. $u_2 = -4$ mit t_1: $y = -2x + 6$ und $B_1(4|-2)$ bzw. t_2: $y = 6x + 6$ und $B_2(-4|-18)$.

8 Aus $f'(x) = \frac{16}{x^4} + 1 = 2$ folgt $x_1 = 2$ bzw. $x_2 = -2$ mit t_1: $y = 2x - \frac{8}{3}$ bzw. t_2: $y = 2x + \frac{8}{3}$.

9 $f(x) = ax^3 + bx^2 + cx + d$
$f'(x) = 3ax^2 + 2bx + c$
$f(0) = 0$, daraus folgt $d = 0$
$f'(0) = 0$, daraus folgt $c = 0$
$f(-3) = 0$ und $f'(-3) = 6$,
daraus folgt $b = 2$ und $a = \frac{2}{3}$
$f(x) = \frac{2}{3}x^3 + 2x^2$

10 Es sei f definiert durch $f(x) = 4 - \frac{1}{2}x^2$.
Tangente t in einem beliebigen Punkt (u | f(u)): $y = -ux + \frac{1}{2}u^2 + 4$.
P(0 | 6) eingesetzt, ergibt die Berührpunkte $Q_1(-2|2)$ und $Q_2(2|2)$. Laut Zeichnung ist nur ein Berührpunkt relevant. Das Fahrzeug hat die Mittellinie in $Q_1(-2|2)$ verlassen.

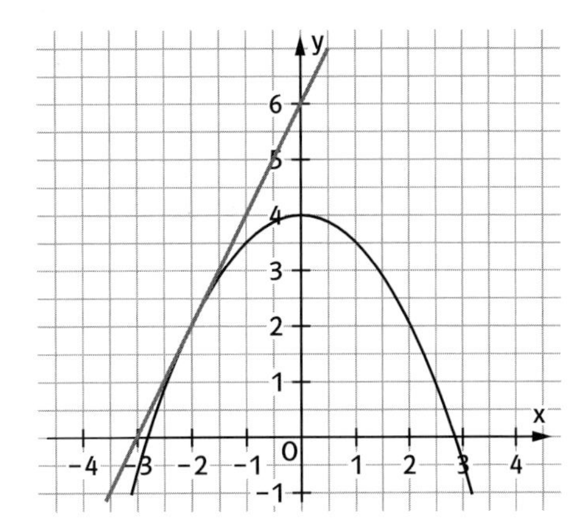

11 Aus der Gleichung der Tangente in einem beliebigen Punkt (u | f(u)) durch (0 | −1,8) erhält man:
$-1{,}8 = f'(u) \cdot (0 - u) + f(u)$ bzw.
$u^2 \cdot (0{,}006u^2 - 0{,}122) = 0$ mit den Lösungen $u_1 = 0$ und $u_2 = \pm\sqrt{\frac{61}{3}} \approx 4{,}51$ (aufgrund der Symmetrie). Gesuchte Tangentengleichung für den positiven u-Wert: $y = 0{,}366x - 1{,}8$.
Aus $0{,}336x - 1{,}8 = 1{,}6$ ergibt sich $x \approx 9{,}3$.
Die Person darf höchstens
$(9{,}3 - 5)\,m = 4{,}3\,m$ entfernt vom Kanalufer stehen.

12 a) $d(x_0)$ wird mithilfe des Satzes von Pythagoras berechnet.
b) Zur Lösung dieses Aufgabenteils ist der GTR hilfreich.
$$d(x_0) = \sqrt{x_0^2 + (0{,}2(x_0 + 1)^2 - 3)}$$
$$= 0{,}2 \cdot \sqrt{x^4 + 4x^3 + x^2 - 56x + 196}$$
Möglichst kurze Gasleitung für die Stelle $x_0 \approx 1{,}677$ (GTR oder zeichnerisch).
GTR-Lösung: Y1 = g(x), Y2 = $\sqrt{x^2 + Y1^2}$.
Minimum von Y2 liefert die gesuchte Stelle.

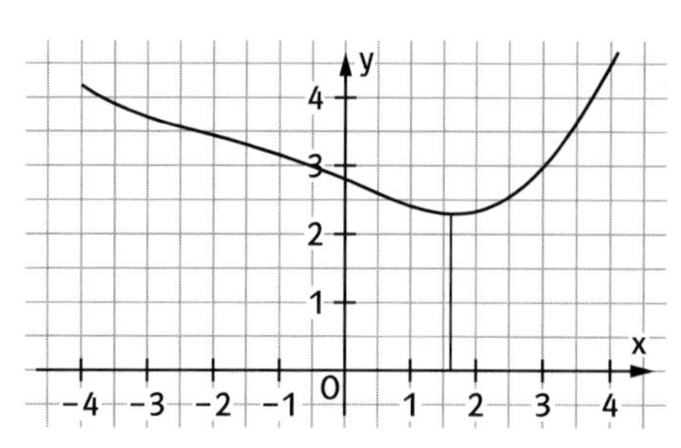

c) Zur Lösung dieses Aufgabenteils ist der GTR hilfreich.
$g'(x) = 0{,}4x + 0{,}4$.
Normalengleichung n in $(x_0 | g(x_0))$:
$y = -\frac{1}{g'(x_0)}(x - x_0) + g(x_0)$.
n verläuft durch den Ursprung, also
$0 = -\frac{1}{g'(x_0)}(0 - x_0) + g(x_0)$.
Einsetzen und Lösen mit dem GTR ergibt $x_0 \approx 1{,}677$, d.h., an dieser Stelle wäre die Gasleitung am kürzesten.

13 a) Dreht man die Gerade g_1 und das zugehörige Steigungsdreieck um P_0 um 90°, so erhält man die Gerade g_2 mit dem zugehörigen Steigungsdreieck.
Ist m_1 die Steigung von g_1, so ist
$\frac{-1}{m_1} = \frac{m_2}{1} = m_2$. Also $m_1 \cdot m_2 = m_1 \cdot \left(\frac{-1}{m_1}\right) = -1$.
b) Da die Normale n orthogonal zur Tangente in $P(u | f(u))$ verläuft, gilt
$m_n = -\frac{1}{f'(u)}$ und hiermit n: $y = -\frac{1}{f'(u)} \cdot x + c$.
Setzt man P in n ein, so ergibt sich
$f(u) = -\frac{1}{f'(u)} \cdot u + c$ bzw. $c = f(u) + \frac{1}{f'(u)} \cdot u$.
Eingesetzt in n und zusammengefasst ergibt: $y = -\frac{1}{f'(u)} \cdot (x - u) + f(u)$.

6 Mathematische Fachbegriffe in Sachzusammenhängen

Seite 102

Einstiegsproblem
Individuelle Lösung.

Seite 103

1 a) $f(2) = 0{,}3$
b) $f(t) =$ konstant für $t > 20$.
c) $f(5) - f(0) = 0{,}6$
d) Die Wachstumsgeschwindigkeit ist maximal für $t = 8$, also $f''(8) = 0$ und $f'''(8) < 0$.

2 a) Graph von f:

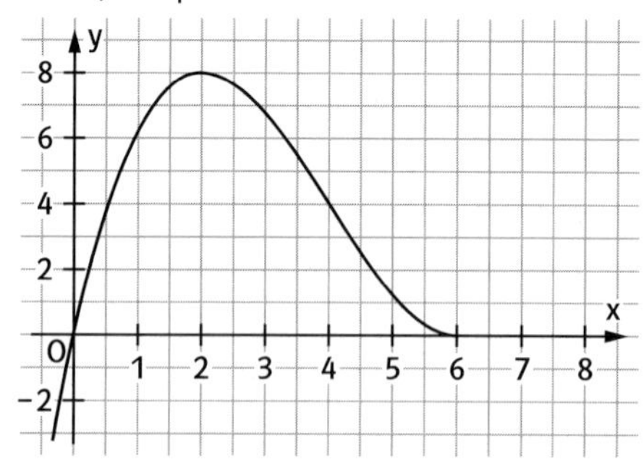

Nullstellen sind $t = 0$ und $t = 6$.
Ist die Durchflussgeschwindigkeit null, so fließt kein Wasser mehr, der Fluss ist ausgetrocknet. $f(t) > 0$ ist sinnvoll, da durch das Gefälle ein Fluss nicht zurückfließen kann.
b) Aus $f'(t) = 0{,}75t^2 - 6t + 9 = 0$ folgt $t = 2$ oder $t = 6$. Mit $f''(t) = 1{,}5t - 6$ erhält man für $t = 2$ das relative Maximum 8 und für $t = 6$ das relative Minimum 0. Randextremwerte $f(0) = f(6) = 0$ (globales Maximum), $f(0) = 0$ (globales Minimum).
c) $f''(t) = 1{,}5t - 6 = 0$ liefert $t = 4$ (besonders starke Abnahme). f′ ist eine ganzrationale Funktion zweiten Grades, maximale Zunahme $f'(0) = 9$.

3 a) $N_1(0|0)$, $N_2(24|0)$ Beginn bzw. Ende des Zuflusses; Hochpunkt (8|512), Tiefpunkt T(24|0) maximaler und minimaler Zufluss; Wendepunkt W(16|256) Abnahme des Zuflusses ist maximal.
b) Aus $f(t) \geq 256$ folgt $2{,}14 \leq t \leq 16$.

Seite 104

6 Die Abbildung stellt einen möglichen Graphen dar.

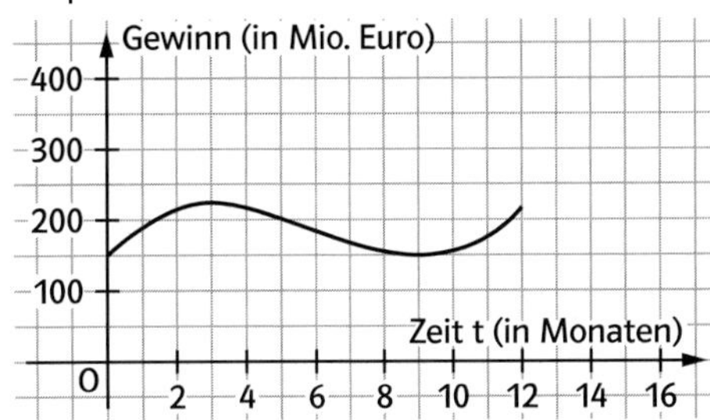

H(3|220), T(9|150), W(6|186)

7 a) S' gibt die momentane Veränderung des Schuldenstandes an. Im Zeitintervall 1 Jahr ist dies näherungsweise die jährliche Neuverschuldung.
b) $S''(t) = 7 - \frac{12}{25}t = 0$ liefert $t \approx 14{,}6$, d.h., im Jahr 1994 war die Neuverschuldung besonders hoch.
c) Aus $S'(t) = 0$ folgt $t \approx 30{,}6$, d.h., im Jahr 2010 wird erstmals eine Neu-Nullverschuldung erreicht.
d) Nur der Anstieg der Staatsverschuldung (Neuverschuldung) ging zurück, die Staatsschulden wachsen weiter.

8 a) Vgl. Abbildung unten.
Das Unternehmen macht Gewinn, wenn die Umsatzkurve oberhalb der Gesamtkostenkurve verläuft, also für $12{,}7 \le x \le 47{,}3$.
b) Für den Gewinn G gilt:
$G(x) = U(x) - K(x)$.
Maximum für $x \approx 34{,}1$ $(G(34{,}1) = 96{,}57)$.
c) $U_1(x) = 4x$ (siehe Abb.). Das Unternehmen kann keinen Gewinn mehr erzielen, da $U_1(x) \le K(x)$ für alle $x \ge 0$. Gemeinsame Punkte sind (0|0) und (30|120).

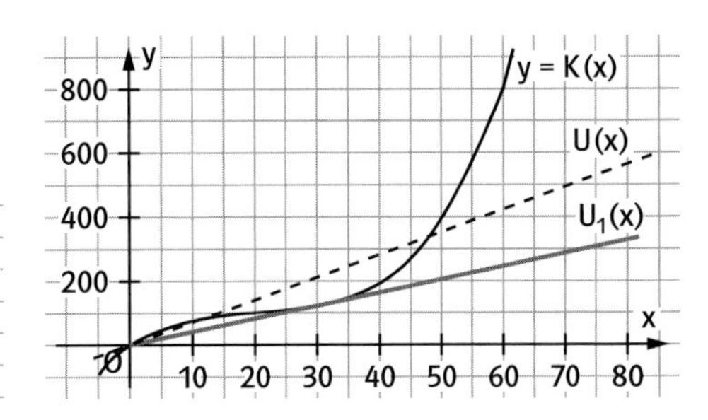

Wiederholen – Vertiefen – Vernetzen

Seite 105

1 a) $f(x) = \frac{1}{8}x^4 - \frac{3}{4}x^3 + \frac{3}{2}x^2$

1. Ableitungen: $f'(x) = \frac{1}{2}x^3 - \frac{9}{4}x^2 + 3x$;
$f''(x) = \frac{3}{2}x^2 - \frac{9}{2}x + 3$; $f'''(x) = 3x - 4{,}5$

2. Schnittpunkte mit den Achsen
y-Achse: $f(0) = 0$; $S_Y(0|0)$
x-Achse: Nullstellen: $\frac{1}{8}x^2 \cdot (x^2 - 6x + 12) = 0$;
$x_1 = 0$; $N(0|0)$

3. Verhalten für $x \to \pm\infty$:
$\lim\limits_{x \to \pm\infty} \frac{1}{8}x^4\left(1 - \frac{6}{x} + \frac{12}{x^2}\right) = +\infty$

4. Extremstellen: $f'(x) = \frac{1}{2}x^3 - \frac{9}{4}x^2 + 3x = 0$;
$\frac{1}{2}x \cdot \left(x^2 - \frac{9}{2}x + 6\right) = 0$; $x_2 = 0$; $f''(0) = 3$;
f(0) ist lokales Minimum; T(0|0)

5. Wendestellen: $f''(x) = 0$;
$x_3 = 1$; $f'''(1) = -1{,}5$
x_3 ist Wendestelle mit $W_1\left(1\middle|\frac{7}{8}\right)$
$x_4 = 2$; $f'''(2) = 1{,}5$
x_4 ist Wendestelle mit $W_2(2|2)$

6. Graph:

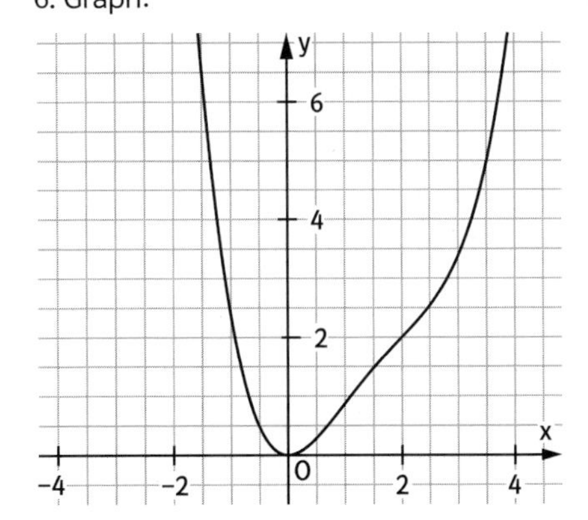

b) $f(x) = \frac{3}{4}x^4 + x^3 - 3x^2$

1. Ableitungen: $f'(x) = 3x^3 + 3x^2 - 6x$;
$f''(x) = 9x^2 + 6x - 6$; $f'''(x) = 18x + 6$

2. Schnittpunkte mit den Achsen
y-Achse: $f(0) = 0$; $S_Y(0|0)$
x-Achse: Nullstellen: $x^2 \cdot \left(\frac{3}{4}x^2 + x - 3\right) = 0$;
$x_1 = 0$; $N_1(0|0)$; $x_2 \approx -2{,}77$; $N_2(-2{,}77|0)$;
$x_3 \approx 1{,}44$; $N_3(1{,}44|0)$

3. Verhalten für $x \to \pm\infty$:
$\lim\limits_{x \to \pm\infty} x^4\left(\frac{3}{4} + \frac{1}{x} - \frac{3}{x^2}\right) = +\infty$

4. Extremstellen: $f'(x) = 3x^3 + 3x^2 - 6x = 0$;
$3x \cdot (x^2 + x - 2) = 0$; $x_4 = 0$; $f''(0) = -6$;
f(0) ist lokales Maximum; $H(0|0)$
$x_5 = -2$; $f''(-2) = 18$;
f(−2) ist lokales Minimum; $T_1(-2|-8)$
$x_6 = 1$; $f''(1) = 9$;
f(1) ist lokales Minimum; $T_2\left(1\middle|-\frac{5}{4}\right)$

5. Wendestellen: $f''(x) = 0$;
$x_7 = \frac{\sqrt{7}-1}{3}$; $f'''(x_7) = 6 \cdot \sqrt{7}$
Wendestelle mit $W_1(0{,}55|-0{,}67)$
$x_8 = -\frac{\sqrt{7}-1}{3}$; $f'''(x_8) = -6 \cdot \sqrt{7}$
Wendestelle mit $W_2(-1{,}22|-4{,}60)$

6. Graph:

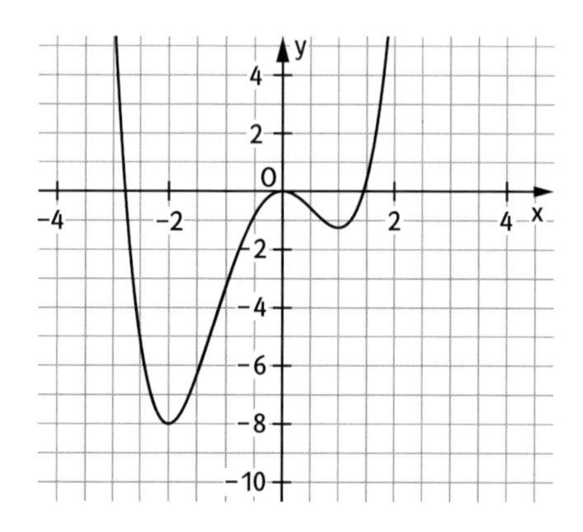

c) $f(x) = 2 - \frac{5}{2}x^2 + x^4$

1. Ableitungen: $f'(x) = 4x^3 - 5x$;
$f''(x) = 12x^2 - 5$; $f'''(x) = 24x$

2. Schnittpunkte mit den Achsen
y-Achse: $f(0) = 2$; $S_Y(0|2)$
x-Achse: Nullstellen: keine

3. Verhalten für $x \to \pm\infty$:
$\lim\limits_{x \to \pm\infty} x^4\left(\frac{2}{x^4} - \frac{5}{2x^2} + 1\right) = +\infty$

4. Extremstellen:
$f'(x) = 4x^3 - 5x = x \cdot (4x^2 - 5) = 0$;
$x_1 = 0$; $f''(0) = -5$;
f(0) ist lokales Maximum; $H(0|2)$
$x_2 = -\frac{1}{2}\sqrt{5}$; $f''\left(-\frac{1}{2}\sqrt{5}\right) = 10$;
$f\left(-\frac{1}{2}\sqrt{5}\right)$ = ist lokales Minimum; $T_1\left(-\frac{1}{2}\sqrt{5}\middle|\frac{7}{16}\right)$
$x_3 = \frac{1}{2}\sqrt{5}$; $f''\left(\frac{1}{2}\sqrt{5}\right) = 10$;
$f\left(\frac{1}{2}\sqrt{5}\right)$ ist lokales Minimum; $T_1\left(\frac{1}{2}\sqrt{5}\middle|\frac{7}{16}\right)$

5. Wendestellen: $f''(x) = 0$;
$x_4 = -\frac{1}{6}\sqrt{15}$; $f'''(x_7) = -4 \cdot \sqrt{15}$
Wendestelle mit $W_1(-0{,}65|1{,}13)$
$x_5 = \frac{1}{6}\sqrt{15}$; $f'''(x_8) = 4 \cdot \sqrt{15}$
Wendestelle mit $W_2(0{,}65|1{,}13)$

6. Graph

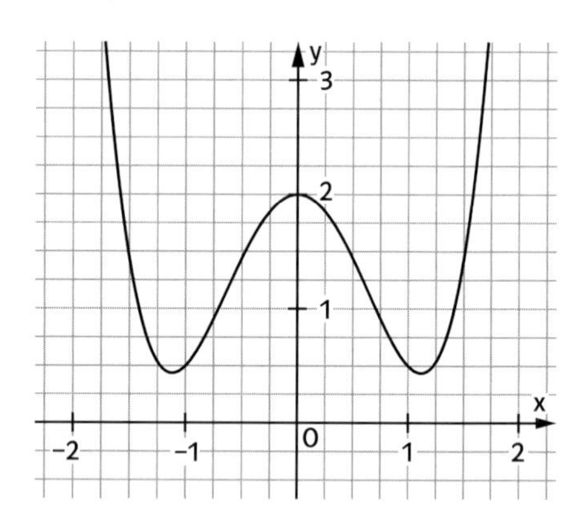

d) $f(x) = x^3 + 5x^2 + 3x - 9$

1. Ableitungen: $f'(x) = 3x^2 + 10x + 3$;
$f''(x) = 6x + 10$; $f'''(x) = 6$

2. Schnittpunkte mit den Achsen
y-Achse: $f(0) = -9$; $S_Y(0|-9)$
x-Achse: Nullstellen: $(x - 1)\cdot(x + 3)^2 = 0$;
$x_1 = 1$; $N_1(1|0)$; $x_2 = -3$; $N_2(-3|0)$

3. Verhalten für $x \to \pm\infty$:
$\lim\limits_{x \to \pm\infty} x^3\left(1 + \frac{5}{x} + \frac{3}{x^2} - \frac{9}{x^3}\right) = \pm\infty$

4. Extremstellen: $f'(x) = 3x^2 + 10x + 3 = 0$;
$x_3 = -3$; $f''(-3) = -8$;
$f(-3)$ ist lokales Maximum; $H(-3|0)$
$x_4 = -\frac{1}{3}$; $f''\left(-\frac{1}{3}\right) = 8$
$f\left(-\frac{1}{3}\right)$ ist lokales Minimum; $T\left(-\frac{1}{3}\middle|-\frac{256}{27}\right)$

5. Wendestellen: $f''(x) = 0$;
$x_5 = -\frac{5}{3}$; $f'''(x_5) = 6$
Wendestelle mit $W(-1{,}67|-4{,}74)$

6. Graph:

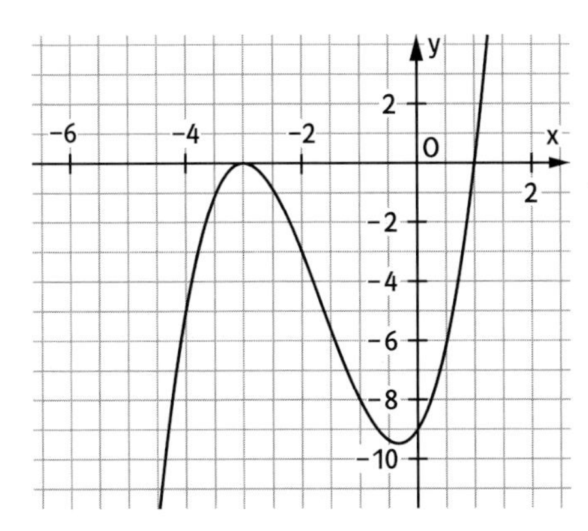

e) $f(x) = \frac{x^5}{20} - \frac{x^3}{6} = \frac{1}{60}x^3\cdot(3x^2 - 10)$

1. Ableitungen: $f'(x) = \frac{1}{4}x^4 - \frac{1}{2}x^2$
$= \frac{1}{4}x^2\cdot(x^2 - 2)$; $f''(x) = x^3 - x$; $f'''(x) = 3x^2 - 1$

2. Schnittpunkte mit den Achsen
y-Achse: $f(0) = 0$; $S_Y(0|0)$
x-Achse: Nullstellen:
$x_1 = 0$; $N_1(0|0)$; $x_2 = -\sqrt{\frac{10}{3}}$; $N_2\left(-\sqrt{\frac{10}{3}}\middle|0\right)$
$x_3 = \sqrt{\frac{10}{3}}$; $N_3\left(\sqrt{\frac{10}{3}}\middle|0\right)$

3. Verhalten für $x \to \pm\infty$:
$\lim\limits_{x \to \pm\infty} x^5\left(\frac{1}{20} - \frac{1}{6x^2}\right) = \pm\infty$

4. Extremstellen: $f'(x) = \frac{1}{4}x^2\cdot(x^2 - 2) = 0$;
$x_4 = 0$; $f''(0) = 0$; noch zu klären
$x_5 = -\sqrt{2}$; $f''(-\sqrt{2}) = -\sqrt{2}$;
$f(-\sqrt{2})$ ist lokales Maximum; $H\left(-\sqrt{2}\middle|\frac{2}{15}\sqrt{2}\right)$
$x_6 = \sqrt{2}$; $f''(\sqrt{2}) = \sqrt{2}$;
$f(\sqrt{2})$ ist lokales Minimum; $T\left(\sqrt{2}\middle|-\frac{2}{15}\sqrt{2}\right)$

5. Wendestellen: $f''(x) = 0$;
$x_7 = -1$; $f'''(x_7) = 2$
Wendestelle mit $W_1\left(-1\middle|\frac{7}{60}\right)$
$x_8 = 0$; $f'''(x_8) = -1$
Wendestelle mit $W_2(0|0)$
$x_9 = 1$; $f'''(x_9) = 2$
Wendestelle mit $W_3\left(1\middle|-\frac{7}{60}\right)$

6. Graph:

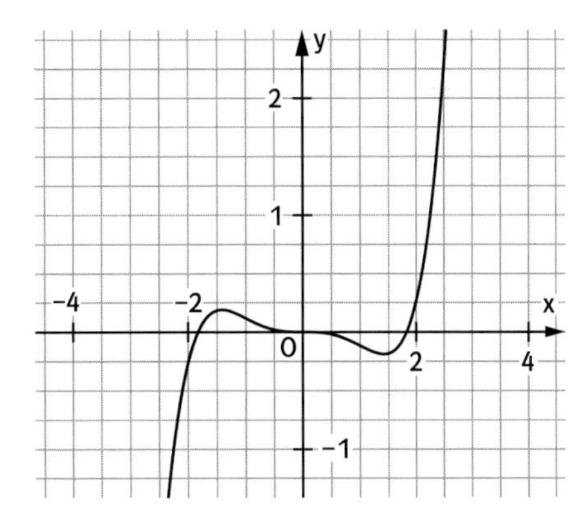

f) $f(x) = x^4 - 5x^3 + 6x^2 + 4x - 8$
1. Ableitungen: $f'(x) = 4x^3 - 15x^2 + 12x + 4$;
$f''(x) = 12x^2 - 30x + 12$; $f'''(x) = 24x - 30$
2. Schnittpunkte mit den Achsen
y-Achse: $f(0) = -8$; $S_Y(0|-8)$
x-Achse: Nullstellen: $f(x) = (x-2)^3 \cdot (x+1) = 0$
$x_1 = 2$; $N_1(2|0)$; $x_2 = -1$; $N_2(-1|0)$
3. Verhalten für $x \to \pm\infty$:
$\lim\limits_{x \to \pm\infty} x^4\left(1 - \frac{5}{x} + \frac{6}{x^2} + \frac{4}{x^3} - \frac{8}{x^4}\right) = +\infty$
4. Extremstellen:
$f'(x) = 4x^3 - 15x^2 + 12x + 4 = 0$;
$x_3 = -\frac{1}{4}$; $f''\left(-\frac{1}{4}\right) = \frac{81}{4}$
$f\left(-\frac{1}{4}\right)$ ist lokales Maximum; $H\left(-\frac{1}{4}\middle|-8{,}54\right)$
$x_4 = 2$; $f''(2) = 0$; noch zu klären
5. Wendestellen: $f''(x) = 0$;
$x_5 = \frac{1}{2}$; $f'''(x_5) = -18$
Wendestelle mit $W_1(0{,}5|5{,}06)$
$x_6 = 2$; $f'''(x_6) = 18$
Wendestelle mit $W_2(2|0)$
6. Graph:

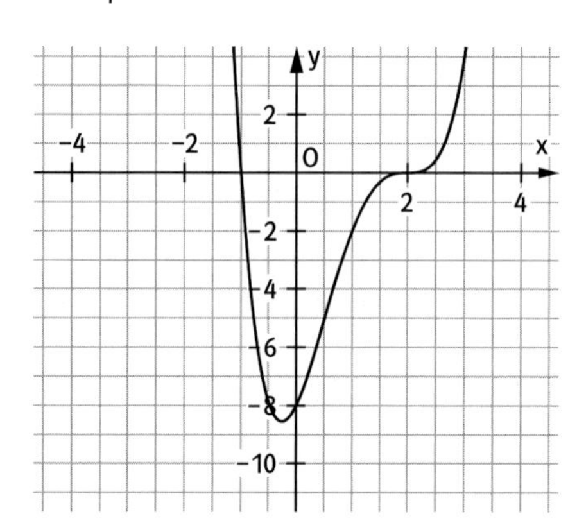

2 a) $f(x) = (x^2 - 3)^3 = x^6 - 9x^4 + 27x^2 - 27$
1. Ableitungen: $f'(x) = 6x^5 - 36x^3 + 54x$;
$f''(x) = 30x^4 - 108x^2 + 54$;
$f'''(x) = 120x^3 - 216x$
2. Schnittpunkte mit den Achsen
y-Achse: $f(0) = -27$; $S_Y(0|-27)$
x-Achse: Nullstellen: $f(x) = (x^2 - 3)^3 = 0$
$x_1 = -\sqrt{3}$; $N_1(-\sqrt{3}|0)$; $x_2 = \sqrt{3}$; $N_2(\sqrt{3}|0)$
3. Verhalten für $x \to \pm\infty$:
$\lim\limits_{x \to \pm\infty} (x^2 - 3)^3 = +\infty$
4. Extremstellen: $f'(x) = 6x \cdot (x^4 - 6x^2 + 9) = 0$;
$x_3 = 0$; $f''(0) = 54$;
$f(0)$ ist lokales Minimum; $H(0|-27)$
$x_4 = -\sqrt{3}$; $f''(-\sqrt{3}) = 0$; noch zu klären
$x_5 = \sqrt{3}$; $f''(\sqrt{3}) = 0$; noch zu klären
5. Wendestellen: $f''(x) = 0$;
$x_6 = -\sqrt{3}$; $f'''(-\sqrt{3}) = -144\sqrt{3}$;
Wendestelle mit $W_1(-\sqrt{3}|0)$
$x_7 = \sqrt{3}$; $f'''(\sqrt{3}) = 144\sqrt{3}$;
Wendestelle mit $W_2(\sqrt{3}|0)$
$x_8 = -\frac{1}{5}\sqrt{15}$; $f'''(x_5) = 144 \cdot \frac{1}{5}\sqrt{15}$
Wendestelle mit $W_3\left(-\frac{1}{5}\sqrt{15}\middle|-13{,}82\right)$
$x_9 = \frac{1}{5}\sqrt{15}$; $f'''(x_9) = -144 \cdot \frac{1}{5}\sqrt{15}$
Wendestelle mit $W_4\left(\frac{1}{5}\sqrt{15}\middle|-13{,}82\right)$
6. Graph:

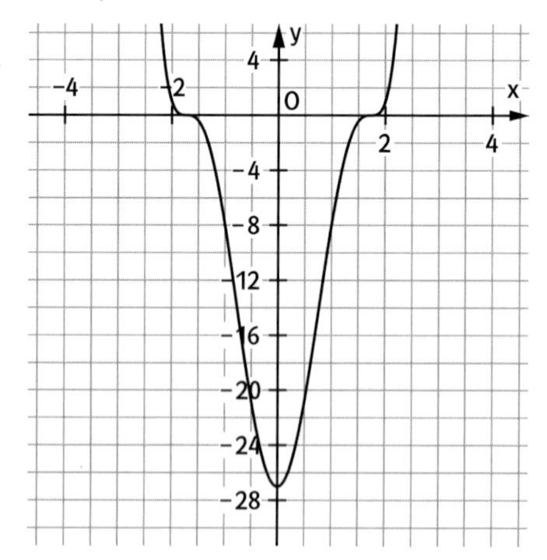

b) $f(x) = -\frac{1}{10}(x-2)^2 \cdot (x+3)^2$
$= -\frac{1}{10}(x^4 + 2x^3 - 11x^2 + 12x + 36)$
1. Ableitungen:
$f'(x) = -\frac{1}{10}(4x^3 + 6x^2 - 22x + 12)$;
$f''(x) = -\frac{6}{5}x^2 - \frac{6}{5}x + \frac{11}{5}$; $f'''(x) = -\frac{12}{5}x - \frac{6}{5}$
2. Schnittpunkte mit den Achsen
y-Achse: $f(0) = -3{,}6$; $S_Y(0|-3{,}6)$
x-Achse: Nullstellen:
$f(x) = -\frac{1}{10}(x-2)^2 \cdot (x+3)^2 = 0$
$x_1 = 2$; $N_1(2|0)$; $x_2 = -3$; $N_2(-3|0)$
3. Verhalten für $x \to \pm\infty$:
$\lim\limits_{x \to \pm\infty} -\frac{1}{10}(x-2)^2 \cdot (x+3)^2 = -\infty$
4. Extremstellen:
$f'(x) = -\frac{1}{10}(4x^3 + 6x^2 - 22x + 12) = 0$
$x_3 = -3$; $f''(-3) = -5$;
$f(-3)$ ist lokales Maximum; $H_1(-3|0)$
$x_4 = -\frac{1}{2}$; $f''\left(-\frac{1}{2}\right) = \frac{5}{2}$;
$f\left(-\frac{1}{2}\right)$ ist lokales Minimum; $T\left(-\frac{1}{2}\middle|-3{,}91\right)$
$x_5 = 2$; $f''(2) = -5$;
$f(2)$ ist lokales Maximum; $H_2(2|0)$
5. Wendestellen: $f''(x) = 0$;
$x_6 = 0{,}94$; $f'''(0{,}94) = -2\sqrt{3}$
Wendestelle mit $W_1(0{,}94|-1{,}74)$
$x_7 = -1{,}94$; $f'''(-1{,}94) = 2\sqrt{3}$;
Wendestelle mit $W_2(-1{,}94|-1{,}74)$
6. Graph:

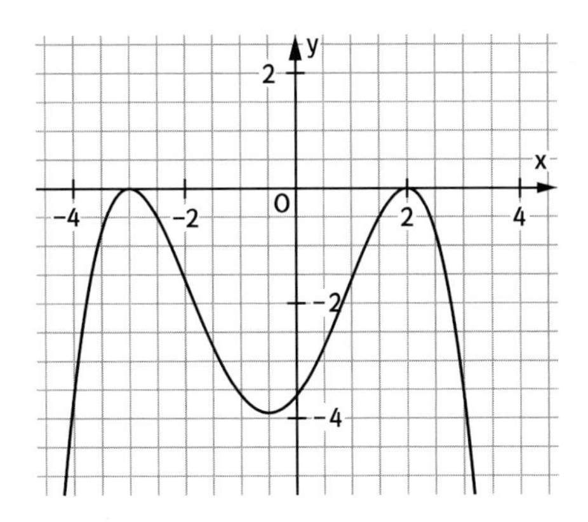

3 a) $f_u(x) = x^3 - 3x + u$: $H(-1|u+2)$; $T(1|u-2)$.
Für $u = -2$ liegt H, für $u = 2$ liegt T auf der x-Achse.
Für $u = 2$ oder $u = -2$ berührt der Graph also die x-Achse.
b) $f_u(x) = x^3 - 3u \cdot x + 4$: Nur für $u \geq 0$ gibt es Punkte mit waagerechter Tangente, nämlich $P_1(\sqrt{u}|4 - 2u\sqrt{u})$ und $P_2(-\sqrt{u}|4 + 2u\sqrt{u})$.
Nur P_1 kann auf der x-Achse liegen, weil $u \geq 0$. Die Gleichung $4 - 2u\sqrt{u} = 0$ hat die Lösung $u = 2^{\frac{2}{3}}$. Für diesen Wert von u berührt der Graph die x-Achse.

4 a) $f(x) = x^2 - 2x + 4$: Der Graph von f ist eine nach oben geöffnete Parabel mit dem Tiefpunkt (1|3). Daher kann er die Gerade $y = c$ nur schneiden, wenn c mindestens 3 ist. Es gibt zwei Schnittpunkte, wenn $c > 3$, und einen Schnittpunkt, wenn $c = 3$.
b) $f(x) = x^3 - \frac{3}{2}x^2 - 18x + 1$: Der Graph von f hat die Extrempunkte $H(-2|23)$ und $T(3|-39{,}5)$. Außerdem gilt für $x \to +\infty$: $f(x) \to +\infty$ und für $x \to -\infty$: $f(x) \to -\infty$, sodass alle y-Werte vorkommen. Daher hat der Graph von f mit $y = c$ immer mindestens einen Schnittpunkt. Zwei Schnittpunkte gibt es für $c = 23$ oder $c = -39{,}5$, denn dieses sind gerade die Extremwerte. Drei Schnittpunkte gibt es für alle c mit $-39{,}5 < c < 23$.

5 a) $P\left(\frac{25}{8}\middle|\frac{159}{32}\right)$; $t: y = -\frac{1}{2}x + \frac{209}{32}$
b) $P_1(1|9)$; $t_1: y = x + 8$; $P_2(3|7)$; $t_2: y = x + 4$

6 a) $P_1(3|6)$; t_1: $y = 2x$; $P_2(-3|30)$; t_2: $y = -10x$

b) $P\left(\frac{3}{2}\middle|\frac{27}{4}\right)$; t: $y = \frac{9}{2}x$

c) $P\left(\frac{4}{3}\middle|-\frac{3}{2}\right)$; t: $y = -\frac{9}{8}x$

7 Berührpunkt $B\left(\sqrt[3]{2{,}25}\,|\,15\right)$;
Tangente $y = 10\sqrt[3]{1{,}5}\,x - 12$
Allgemein $B\left(\frac{1}{2}\sqrt[3]{6-v}\,\middle|\,\frac{18-v}{2}\right)$;
Tangente von $P(u|v)$ an den Graphen
$y = 3\sqrt[3]{(6-v)^2}\cdot x + v$

8 a) Fest sind nur die Punkte $A(0|400)$ und $E(370|0)$. Mögliche Graphen:

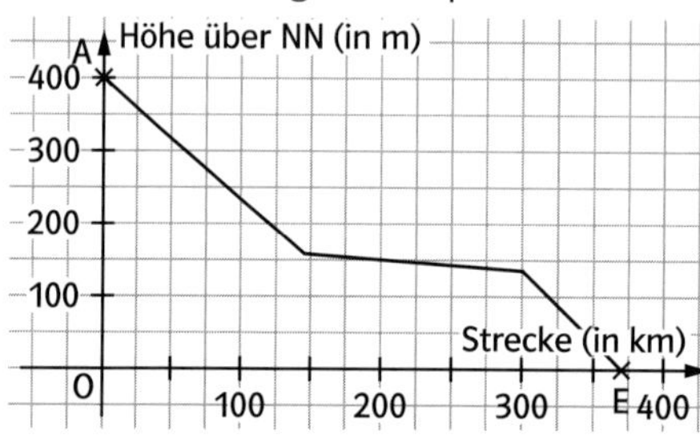

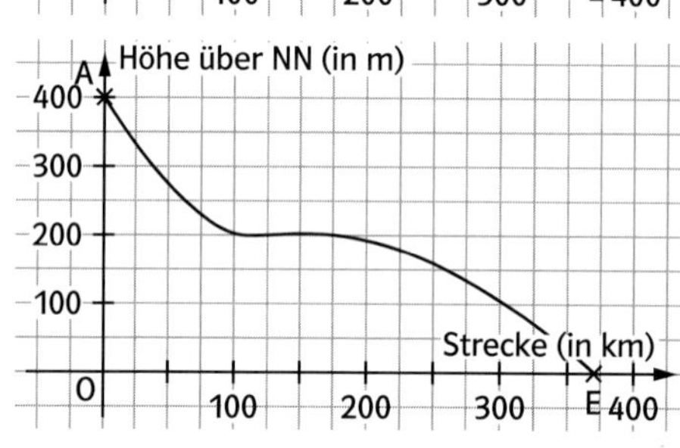

h′ gibt das momentane Gefälle des Flusses an.
b) Stausee: Horizontal verlaufender Abschnitt im Graphen von h;
Wasserfall: vertikal verlaufender Abschnitt im Graphen von h.
c) $h'(x) \le 0$, Einheit von h′: $1\frac{\text{m}}{\text{km}} = 1$ Promille

9 a) Es hat den ganzen Tag geregnet, da N streng monoton steigend ist. Starker Niederschlag fällt in Bereichen mit großer Steigung ($0 \le t \le 4$ und $18 \le t \le 24$). Entsprechend schwacher Niederschlag für $4 \le t \le 18$.
Gesamte Niederschlagsmenge:
$N(24) - N(0) \approx 110{,}4$ (in Liter)
b) g: $y = 4{,}6x + 40$
Die Steigung der Geraden gibt die durchschnittliche Regenstärke während des gesamten Zeitraums an. Andere Interpretation: Wäre die Gerade die vom Niederschlagsmesser registrierte Kurve, so hätte es den ganzen Tag gleichmäßig stark geregnet.
Die momentane Änderungsrate gibt die momentane Regenstärke an.
c) Wendestelle: Zeitpunkt mit der geringsten Regenstärke; Schnittpunkt mit der y-Achse: Anfänglicher Stand im Niederschlagsmesser.

Seite 106

10 a) $N_1 = T(0|0)$; $N_2(6|0)$; $H\left(4\middle|\frac{16}{3}\right)$; $W\left(2\middle|\frac{8}{3}\right)$;
größte (positive) Steigung im Wendepunkt mit $f'(2) = 2$.

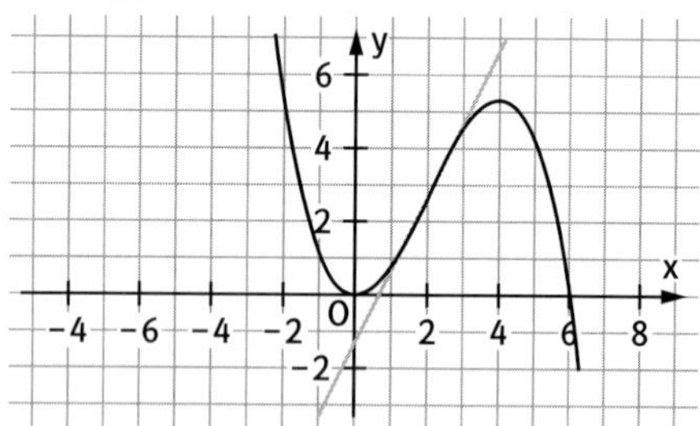

b) t_w: $y = 2x - \frac{4}{3}$
Aus $f'(x) = -\frac{1}{2}$ und $f'(x) = -\frac{1}{2}x^2 + 2x$ folgt $x_{1/2} = 2 \pm \sqrt{5} \approx 2 \pm 2{,}24$. An den beiden Stellen 4,24 und −0,24 sind die Tangenten senkrecht zur Wendetangente.

11 a) Siehe Grafik:

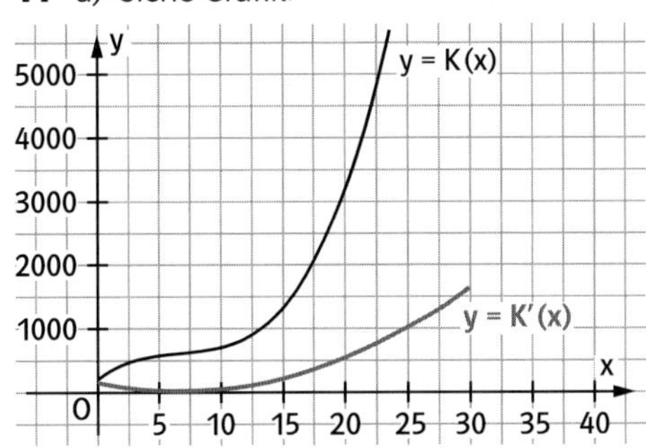

b) Grenzkosten sind der Zuwachs an Kosten, wenn sich die Produktion um eine zusätzliche Einheit erhöht. Siehe Grafik oben.

12 a) $K(x) = 2000 + 60x + 0{,}8x^2$

b) $G(x) = 180x - K(x) = 120x - 2000 - 0{,}8x^2$

c) Gewinne für $20 \le x \le 130$. Gewinn wird maximal für $x = 75$. $G_{max} = 2500$

d) Mit dem Preis a (€) je Stück ist der Gewinn $g(x) = a \cdot x - 2000 - 60x - 0{,}8x^2$. Die Funktion hat ihr Maximum bei $x = \frac{5}{8}a - \frac{75}{2}$ vom Wert $\frac{5}{16}a^2 - \frac{75}{2}a - 875$. Dieses Maximum wird 0 bei $a = 140$ (oder $a = -20$).

oder: Tangente von (0 | 0) an den Graphen von K; liefert den Berührpunkt B(50 | 7000) und damit den Stückpreis $\frac{7000}{50} = 140$.

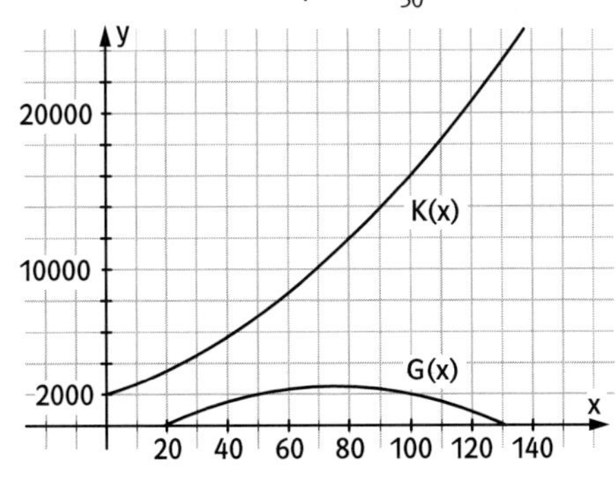

13 a) Der Punkt A liegt im Ursprung, der Punkt B hat die Koordinaten (a | 0).

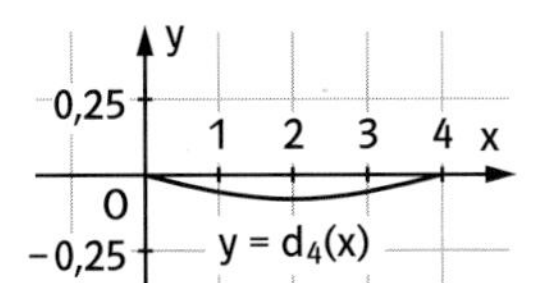

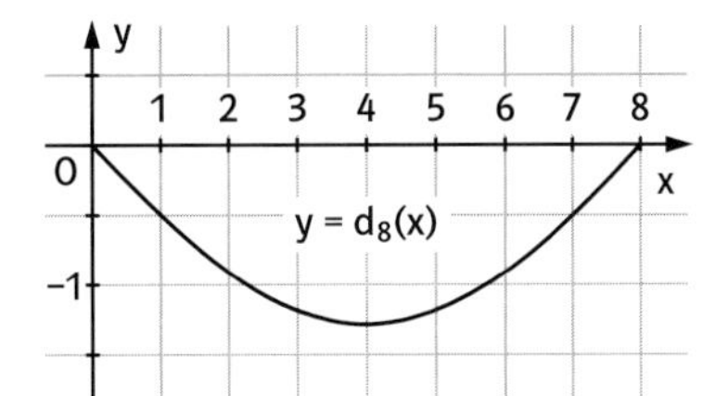

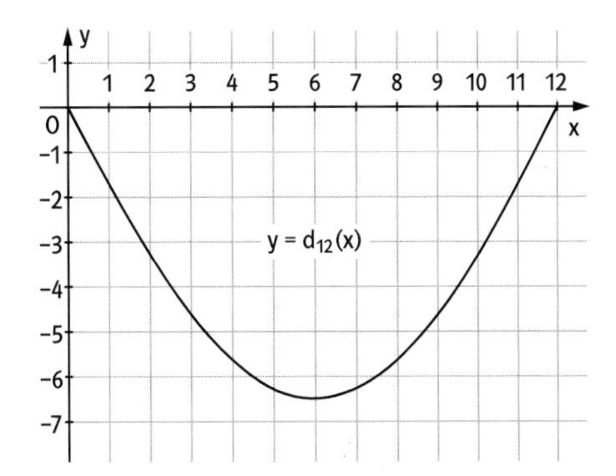

b) $d_a'(x) = \frac{1}{1000} \cdot (-4x^3 + 6ax^2 - a^3)$; aus $d_a'(x) = 0$ folgt aus Symmetriegründen $x_1 = \frac{a}{2}$; $x_{2/3} = \frac{a}{2} \pm \frac{a}{2}\sqrt{3} \notin D_{d_a}$. Mit $d_a\left(\frac{a}{2}\right) = -\frac{a^4}{3200}$ beträgt die maximale Durchbiegung $d_{max} = \frac{a^4}{3200}$ (in cm). Aus $d_{max} < 0{,}1$ folgt $a < 4{,}23$.

14 a) Nach 1 Stunde befindet sich der Körper 4 m links vom Ursprung, er bewegt sich mit einer Geschwindigkeit von $8\,\frac{m}{s}$ vom Ursprung weg.

b) Der Körper durchläuft zu den Zeitpunkten −1; 0,5 und 3 den Ursprung.

c) Zwischen den Zeitpunkten −1 und 0,5 ist der Körper maximal 3,7 m rechts vom Ursprung.

Zwischen den Zeitpunkten 0,5 und 3 ist der Körper maximal 9 m links vom Ursprung.

1 Eigenschaften von Funktionen der Form $f(x) = c \cdot a^x$

Seite 112

Einstiegsproblem

Bei jedem positiven Zeitschritt vedoppelt sich die Anzahl der informierten Personen. Nach 1 Tag kennen das Gerücht 2 Personen, nach 2 Tagen 4 (= 2^2), nach 3 Tagen 8 (= 2^3), nach 4 Tagen 16 (= 2^4), nach 10 Tagen 1024 (= 2^{10}).
Funktion f mit $f(x) = 2^x$

Seite 113

1 a) $y = 3^x + 1$

Verschiebung um 1 in positiver y-Richtung:

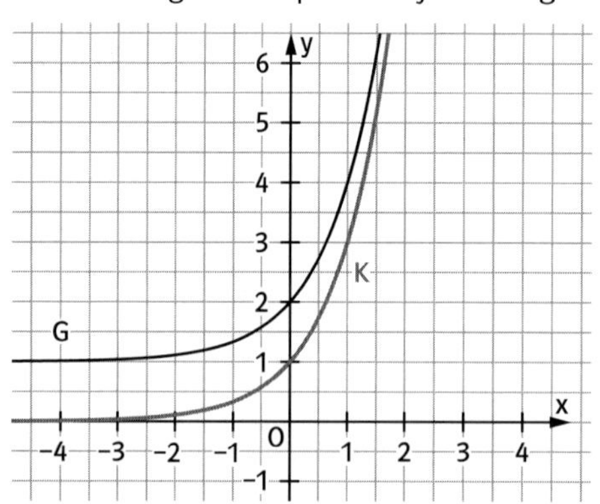

b) $y = -\frac{1}{2} \cdot 3^x$

Ordinatenhalbierung mit anschließender Spiegelung an der x-Achse:

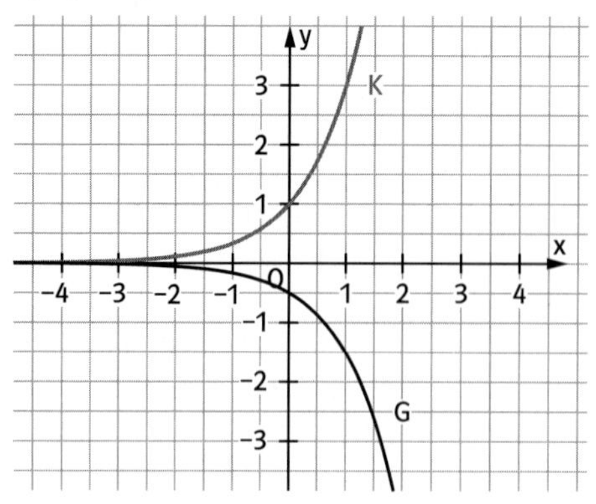

c) $y = \left(\frac{1}{3}\right)^x$

Spiegelung an der y-Achse:

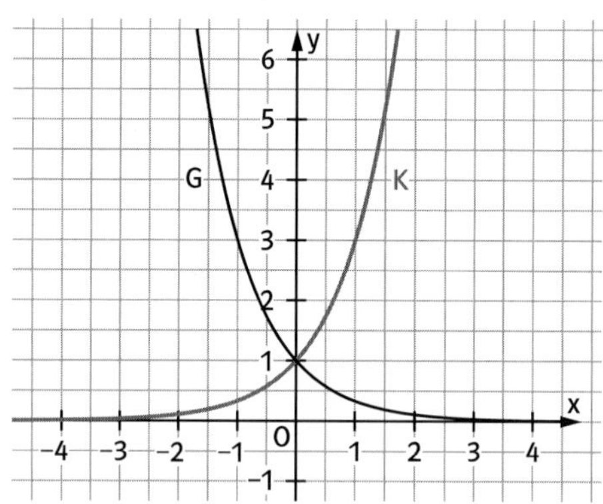

d) $y = \frac{1}{2} \cdot \left(\frac{1}{3}\right)^x$

Ordinatenhalbierung mit anschließender Spiegelung an der y-Achse:

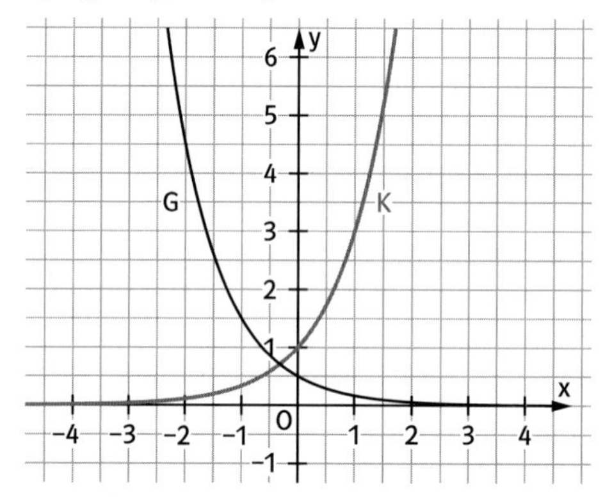

e) $y = 3^{x-1}$

Ordinatendrittelung:

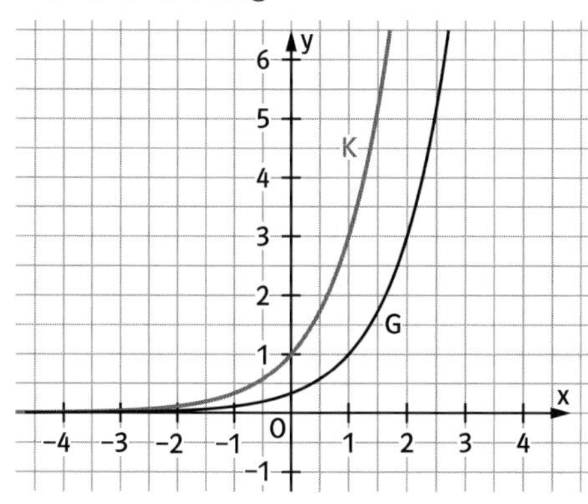

2 a) $a^1 = 3$, $f(x) = 3^x$

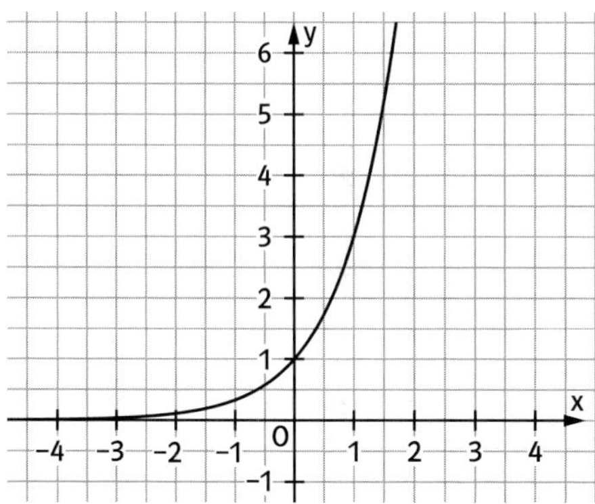

b) $a^1 = \frac{1}{4}$, $f(x) = \left(\frac{1}{4}\right)^x$

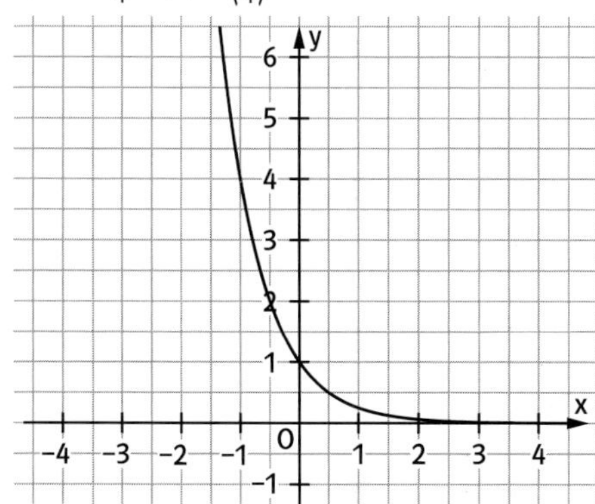

c) $a^2 = 6$, $a = \sqrt{6}$, $f(x) = \left(\sqrt{6}\right)^x$

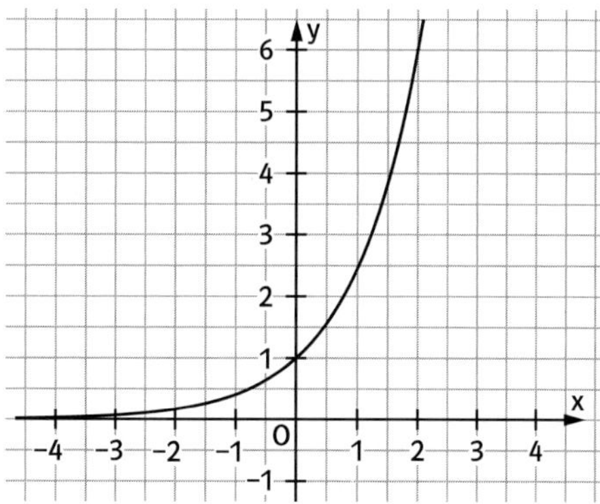

d) $a^{-1} = 3$, $a = \frac{1}{3}$, $f(x) = \left(\frac{1}{3}\right)^x$

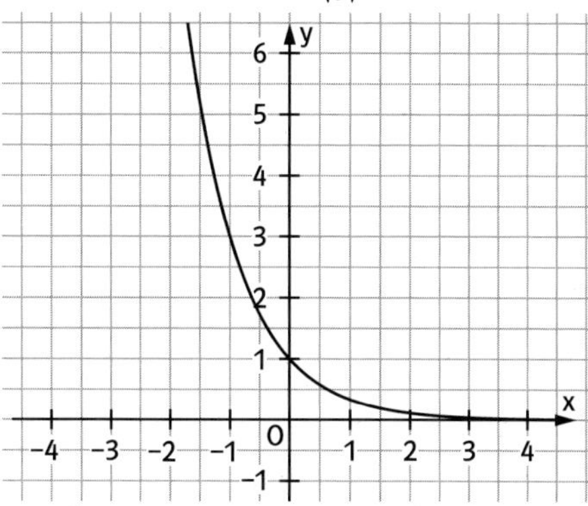

e) $a^{-\frac{1}{2}} = \frac{1}{16}$, $\sqrt{a} = 16$, $a = 256$, $f(x) = 256^x$

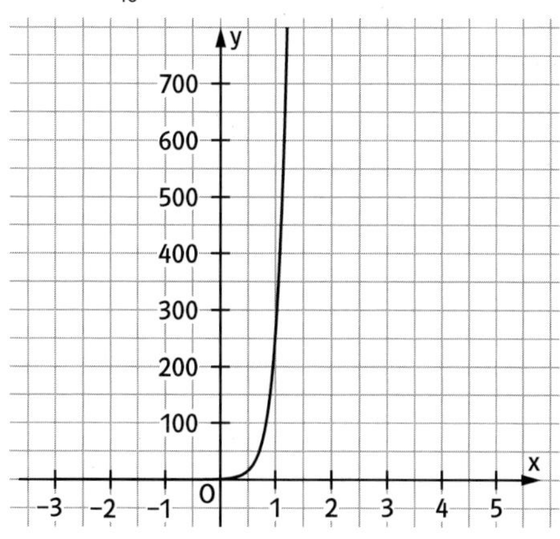

3 a) $c \cdot a^1 = 1$ und $c \cdot a^2 = 2$, $a = 2$, $c = \frac{1}{2}$, $f(x) = \frac{1}{2} \cdot 2^x$

b) $c \cdot a^{-1} = 5$ und $c \cdot a^0 = 7$, $c = 7$, $a = \frac{7}{5}$,
$f(x) = 7 \cdot \left(\frac{7}{5}\right)^4$

c) $c \cdot a^4 = 5$ und $c \cdot a^5 = 6$, $a = \frac{6}{5}$, $c = \frac{5^5}{6^4}$
$= \frac{3125}{1296}$, $f(x) = \frac{5^5}{6^4} \cdot \left(\frac{6}{5}\right)^x = 5 \cdot \left(\frac{6}{5}\right)^{x-4}$

4 a) $x = 13$ b) $x = -17$
c) $x = 23$ d) $x = 23$

5 a) Nach einem Jahr: $100\,€ \cdot 1{,}05 = 105\,€$
Nach zwei Jahren: $105\,€ \cdot 1{,}05 = 110{,}25\,€$
Nach drei Jahren: $110{,}25\,€ \cdot 1{,}05 = 115{,}76\,€$
b) $f(t) = 100 \cdot 1{,}05^t$ (t in Jahren; f(t) in €);
$f(30) = 432{,}19\,€$
c) Aus $200 = 100 \cdot a^{10}$ folgt:
$a = \sqrt[10]{2} = 2^{0{,}1} \approx 1{,}072$; der jährliche Zinssatz muss mindestens 7,2 % betragen.

6 a) $f(t) = 10\,000 \cdot 1{,}5^t$ (t in Wochen);
$f(6) - f(0) = 113\,906 - 10\,000 \approx 104\,000$

b) $\frac{f(10) - f(0)}{f(0)} \cdot 100\,\% \approx 5670\,\%$

7 a) $f(3) = 20 \cdot 0{,}95^3 = 17{,}1475$. Die Bestandsabnahme ist also $20 - 17{,}1475 \approx 2{,}85$.
b) $f(7) = 20 \cdot 0{,}95^7 \approx 13{,}9667 \approx 13{,}97$.
Bestandsabnahme pro Woche in Prozent:
$\frac{20 - 13{,}97}{20} \cdot 100\,\% \approx 30{,}2\,\%$

Seite 114

10 a) $f(x) = 3^{2x} \cdot 3^3 = 27 \cdot (3^2)^x = 27 \cdot 9^x$
b) $f(x) = 4 \cdot 256^x$
c) $f(x) = 2^{-x-1} = \frac{1}{2} \cdot \left(\frac{1}{2}\right)^x$
d) $f(x) = 2 \cdot \left(\frac{1}{2}\right)^x$
e) $f(x) = 4 \cdot \left(\frac{1}{2}\right)^x$
f) $f(x) = \frac{1}{27} \cdot \left(3^{\frac{1}{3}}\right)^x = \frac{1}{27} \cdot \left(\sqrt[3]{3}\right)^x$
g) $f(x) = 2^{\frac{1}{2}} \cdot \left(\left(\frac{1}{4}\right)^{\frac{1}{4}}\right)^x = \sqrt{2} \cdot \left(\left(\frac{1}{2}\right)^{\frac{1}{2}}\right)^x = 2 \cdot \left(\frac{1}{\sqrt{2}}\right)^x$
h) $f(x) = 3 \cdot 2^x$

11 a) $h(x) = -2^x$ b) $h(x) = 2^{-x}$
c) $h(x) = 2^{x-1}$ d) $h(x) = 2^x - 3$

12 a) $5^x = 125 \Rightarrow 5^x = 5^3 \Rightarrow x = 3$
b) $5^x = \frac{1}{25} \Rightarrow 5^x = 5^{-2} \Rightarrow x = -2$
c) $0{,}5^x = 2 \Rightarrow \left(\frac{1}{2}\right)^x = 2 \Rightarrow x = -1$
d) $3^{x-1} = 3^2 \Rightarrow x = 3$
e) $2^{3x-4} = 2^3 \Rightarrow x = \frac{7}{3}$

13 a) $f(t) = 51{,}8 \cdot 1{,}032^t$ (t in Jahren, f(t) in Millionen)
2005: $f(5) \approx 60{,}6$; 2020: $f(20) \approx 97{,}3$
b) 1998: $f(-2) \approx 48{,}6$
1995: $f(-5) \approx 44{,}3$; 1990: $f(-10) \approx 37{,}8$;
1980: $f(-20) \approx 27{,}6$

14 a) $f(h) = 1000 \cdot 0{,}88^h$, h in km, f(h) in hPa.
b) Feldberg: $f(1{,}493) = 1000 \cdot 0{,}88^{1{,}493} \approx 826$;
Zugspitze: $f(2{,}963) = 1000 \cdot 0{,}88^{2{,}963} \approx 685$;
Mt. Blanc: $f(4{,}807) = 1000 \cdot 0{,}88^{4{,}807} \approx 541$;
Mt. Everest: $f(8{,}848) = 1000 \cdot 0{,}88^{8{,}848} \approx 323$;

c) $\frac{f(h + 0{,}1) - f(h)}{f(h)} \cdot 100\,\%$
$= \frac{1000 \cdot 0{,}88^{h+0{,}1} - 1000 \cdot 0{,}88^h}{1000 \cdot 0{,}88^h} \cdot 100\,\%$
$= \frac{1000 \cdot 0{,}88^h \cdot (0{,}88^{0{,}1} - 1)}{1000 \cdot 0{,}88^h} \cdot 100\,\%$
$= (0{,}88^{0{,}1} - 1) \cdot 100\,\% \approx -1{,}27\,\%$

$\frac{f(h + 0{,}01) - f(h)}{f(h)} \cdot 100\,\%$
$= \frac{1000 \cdot 0{,}88^{h+0{,}01} - 1000 \cdot 0{,}88^h}{1000 \cdot 0{,}88^h} \cdot 100\,\%$
$= \frac{1000 \cdot 0{,}88^h \cdot (0{,}88^{0{,}01} - 1)}{1000 \cdot 0{,}88^h} \cdot 100\,\%$
$= (0{,}88^{0{,}01} - 1) \cdot 100\,\% \approx -0{,}128\,\%$

15 a) Wahr, da aus $3^x > 0$ und $c > 0$ auch $f(x) > 0$ folgt.
b) Falsch, die Graphen von f und g schneiden sich in $(0|1)$; für $x < 0$ und $x > 0$ hat $g(x) - f(x)$ verschiedene Vorzeichen.
c) Wahr, da $f(x + 2) = 3^{x+2} = 3^2 \cdot 3^x = 3^2 \cdot f(x)$
d) Wahr, da $f(2x) = 3^{2x} = (3^x)^2 = (f(x))^2$
e) Falsch, h muss $h(x) = c \cdot 3^{-x}$ lauten.
($(-3)^x$ ist keine Funktion mit dem Definitionsbereich $\mathbb{R}$.)

2 Die natürliche Exponentialfunktion und ihre Ableitung

Seite 115

Einstiegsproblem

Der blaue Graph ist der Graph der Funktion f mit $f(x) = 2^x$.

Der rote Graph ist der Graph der Ableitungsfunktion f′ von f.

Zur Frage nach k siehe Lehrtext.

Seite 116

1 a) $f'(x) = e^x$; $f''(x) = e^x$

b) $f'(x) = e^x + 1$; $f''(x) = e^x$

c) $f'(x) = e^x + 4x$; $f''(x) = e^x + 4$

d) $f'(x) = -e^x$; $f''(x) = -e^x$

e) $f'(x) = 2e^x + 6x$; $f''(x) = 2e^x + 6$

f) $f'(x) = -5e^x - 1{,}5x^2$; $f''(x) = -5e^x - 3x$

g) $f'(x) = -\frac{1}{2}e^x + \frac{3}{2}x^2$; $f''(x) = -\frac{1}{2}e^x + 3x$

h) $f'(x) = 2e^x + 2$; $f''(x) = 2e^x$

2 a) $t(x) = x + 1$

$n(x) = -x + 1$

b) $t(x) = e \cdot x \approx 2{,}72x$

$n(x) = -\frac{1}{e}x + e + \frac{1}{e} \approx -0{,}37x + 3{,}09$

c) $t(x) \approx 0{,}74x + 1{,}47$

$n(x) \approx -1{,}36x - 0{,}62$

d) $t(x) \approx -3{,}69x + 3{,}69$

$n(x) \approx 0{,}27x - 4{,}24$

e) $t(x) = (1 + e) \cdot x \approx 3{,}72x$

$n(x) \approx -0{,}27x + 3{,}99$

f) $t(x) \approx 10{,}78x - 10{,}78$

$n(x) \approx -0{,}09x + 10{,}96$

Seite 117

3 a) Tangente im Punkt $A(1|e)$: $y = e \cdot x$;

Tangente im Punkt $B(-1|e^{-1})$: $y = \frac{1}{e}x + \frac{2}{e}$.

b) Die Tangente in A schneidet x- und y-Achse im Ursprung.

Die Tangente in B schneidet die x-Achse in $S_x(-2|0)$, die y-Achse in $S_y\left(0\middle|\frac{2}{e}\right)$.

4 a) $f_1(x) = e^x$

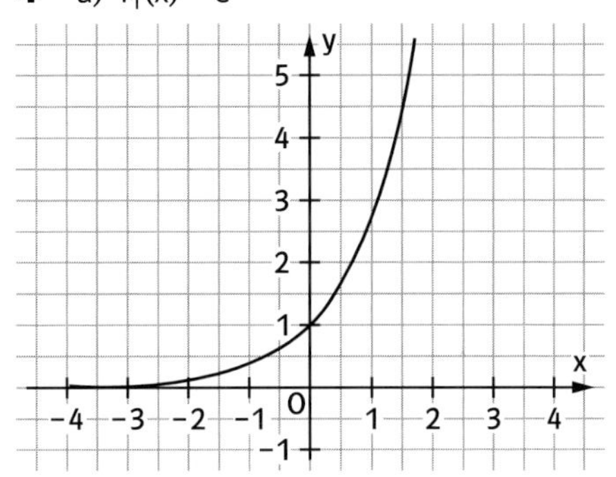

$f_2(x) = e^x + 1$

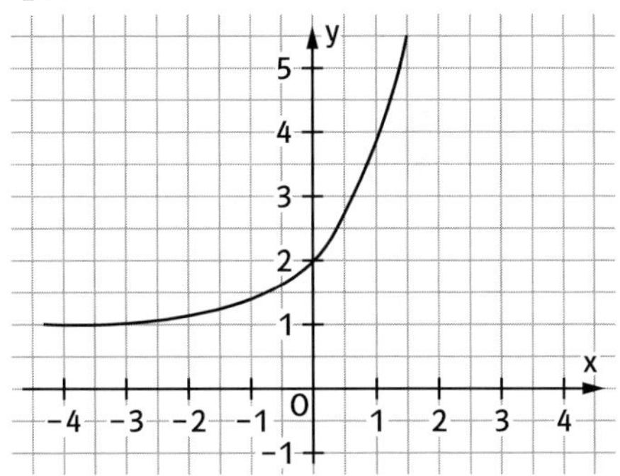

$f_3(x) = -e^x$

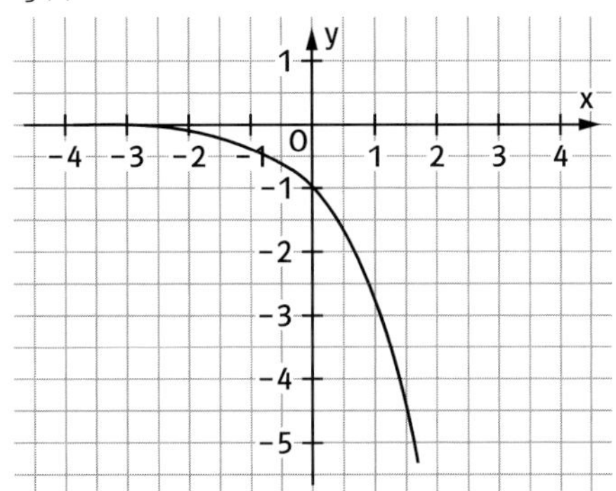

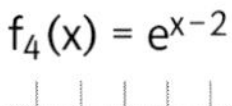

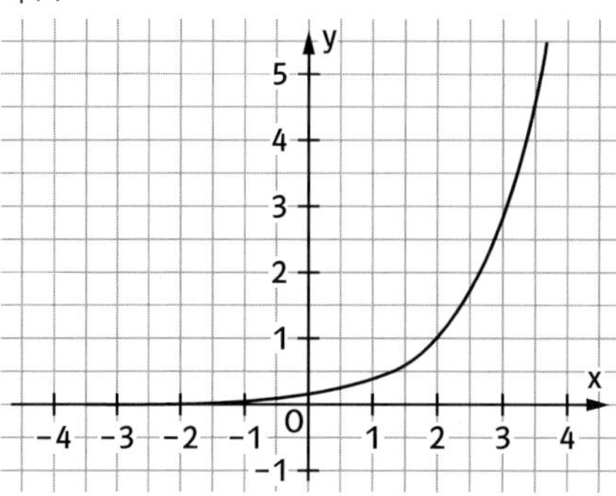

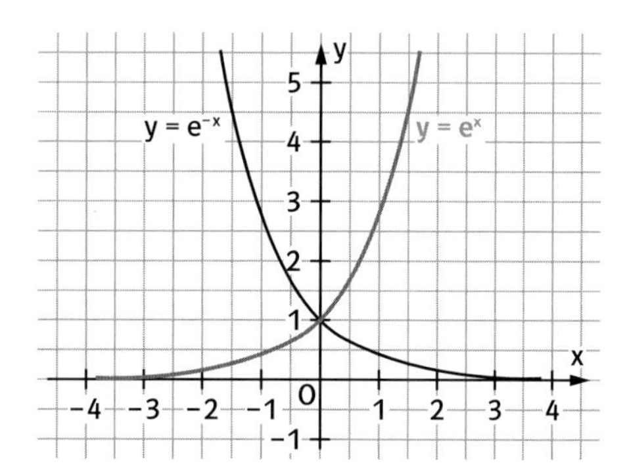

b) Der Graph von f_2 entsteht durch Verschiebung des Graphen von f_1 um eine Einheit nach oben (in positiver y-Richtung).
Der Graph von f_3 entsteht durch Spiegelung des Graphen von f_1 an der x-Achse.
Der Graph von f_4 entsteht durch Verschiebung des Graphen von f_1 um zwei Einheiten nach rechts (in positiver x-Richtung).

7 a) $f'(x) = e^x - 1$; $f''(x) = e^x$
$f'(x) = 0 \Rightarrow x = \ln(1) = 0$;
$f''(0) = e^0 = 1 > 0$
$f(0) = 1 \Rightarrow T(0|1)$
b) Da $f''(x) = e^x$ keine Nullstellen hat, hat der Graph von f keine Wendepunkte.

8 a)

x	−5	−4	−3	−2	−1	0
e^x	0,007	0,02	0,05	0,14	0,37	1
e^{-x}	148,4	54,6	20,1	7,39	2,72	1

x	1	2	3	4	5
e^x	2,72	7,39	20,1	54,6	148,4
e^{-x}	0,37	0,14	0,05	0,02	0,007

b) Der Graph von g entsteht aus dem Graphen von f durch Spiegelung an der y-Achse. Begründung: Bei der Spiegelung des Graphen einer Funktion h an der y-Achse entsteht der Graph einer Funktion $\overline{h}$ mit $\overline{h}(x) = h(-x)$. Da $f(-x) = e^{-x} = g(x)$, entsteht der Graph von g durch Spiegelung an der y-Achse aus dem Graphen von f.
c) Da der Graph von g durch Spiegelung des Graphen von f an der y-Achse entsteht, muss gelten $f'(a) = -g'(-a)$.
Wenn z.B. die Steigung von f an der Stelle $x = a$ $m = 4$ beträgt, so muss an der Stelle $x = -a$ die Steigung von g $m = -4$ betragen.
Mit $f'(x) = e^x$ gilt somit: $g'(x) = -f'(-x) = -e^{-x}$

9 a) $f \mapsto$ (A), da $f(1) = e$
b) $g \mapsto$ (C), da $f(1) = 2$
$h \mapsto$ (B), da $h'(x) < 0$

10 a) Tangente durch $O(0|0)$: $y = e \cdot x$
b) Da der Graph der natürlichen Exponentialfunktion linksgekrümmt ist, liegen alle Tangenten unterhalb des Graphen. Wenn $v \leq 0$, so kann man durch $P(u|v)$ eine Tangente nur an den Teil des Graphen legen, für den $x > u$ gilt. Wenn $0 < v < e^u$, so existiert eine Tangente an den Teil des Graphen mit $x < u$ und eine Tangente an den Teil des Graphen mit $x > u$.

Somit gilt zusammenfassend:
– Wenn $v > e^u$, so kann man durch $P(u|v)$ keine Tangente an den Graphen der natürlichen Exponentialfunktion legen.
– Wenn $v = e^u$ oder $v \leq 0$, so kann man durch $P(u|v)$ genau eine Tangente an den Graphen der natürlichen Exponentialfunktion legen.
– Wenn $0 < v < e^u$, so kann man durch $P(u|v)$ genau zwei Tangenten an den Graphen der natürlichen Exponentialfunktion legen.

11 a) Tangentengleichung im Kurvenpunkt $P(u|e^u)$: $y = e^u \cdot (x - u + 1)$.
Schnittpunkt mit der x-Achse: $S(u - 1|0)$.
b) Sei $P(u|e^u)$ ein beliebiger Punkt des Graphen der natürlichen Exponentialfunktion.
– Zeichne eine Parallele zur y-Achse durch P.
– Markiere den Schnittpunkt $T(u|0)$ dieser Parallelen mit der x-Achse.
– Zeichne um T einen Kreis vom Radius 1 LE.
– Markiere den Schnittpunkt $S(u - 1|0)$ dieses Kreises mit der x-Achse.
– Zeichne schließlich die Gerade durch S und P. Nach a) ist diese Gerade die Tangente an den Graphen in P.
c) Normalengleichung im Kurvenpunkt $P(u|e^u)$: $y = -\frac{1}{e^u} \cdot (x - u) + e^u$. Schnittpunkt der Normalen mit der x-Achse: $N(e^{2u} + u|0)$.

3 Exponentialgleichungen und natürlicher Logarithmus

Seite 118

Einstiegsproblem
Für $x \leq 0$ sind die Funktionen nicht definiert. Der Funktionswert an der Stelle $x = 1$ ist bei beiden Funktionen gleich: $\ln(1) = \log(1) = 0$.
Für $0 < x < 1$ sind beide Funktionen kleiner null, für $x > 1$ sind sie größer null:
$0 < x < 1 \Rightarrow \ln(x) < 0 \wedge \log(x) < 0$;
$x > 1 \Rightarrow \ln(x) > 0 \wedge \log(x) > 0$.
Beide Funktionen sind streng monoton steigend.
Es gilt: $\ln(x) < \log(x)$ für $x < 1$ und
$\ln(x) > \log(x)$ für $x > 1$.

Wenn K_0 das Startkapital ist, dann gilt für das Kapital K_n nach n Jahren bei einem Zinssatz von 2%: $K_n = 1{,}02^n \cdot K_0$. Eine Verdoppelung des Kapitals ist gegeben, wenn $2K_0 = K_n = 1{,}02^n \cdot K_0$, also $2 = 1{,}02^n$.

Nach den Logarithmenregeln gilt damit für n: $n = \log_{1,02}(2)$.

Es ist $n = \log_{1,02}(2) = \frac{\log(2)}{\log(1{,}02)} \approx 35$ und
$n = \log_{1,02}(2) = \frac{\ln(2)}{\ln(1{,}02)} \approx 35$.

Das Kapital verdoppelt sich nach ca. 35 Jahren.

Seite 119

1 a) $\ln(e) = 1$ b) $\ln(e^3) = 3$
c) $\ln(1) = 0$ d) $\ln\left(\frac{1}{e^2}\right) = -2$
e) $\ln(\sqrt{e}) = 0{,}5$ f) $e^{\ln(4)} = 4$
g) $3 \cdot \ln(e^2) = 6$ h) $e^{2\ln(3)} = e^{\ln(9)} = 9$
i) $e^{\frac{1}{2}\ln(9)} = 3$ j) $\ln(e^{3,5} \cdot \sqrt{e}) = 4$
k) $e^{\ln(2) + \ln(3)} = e^{\ln(2)} \cdot e^{\ln(3)} = 2 \cdot 3 = 6$
l) $\ln\left(\frac{1}{\sqrt{e}}\right) = \ln\left(e^{-\frac{1}{2}}\right) = -\frac{1}{2}$
m) $\ln(e \cdot \sqrt[5]{e}) = \ln\left(e^1 \cdot e^{\frac{1}{5}}\right) = \ln\left(e^{\frac{6}{5}}\right) = \frac{6}{5}$
n) $\ln\left(\frac{1}{x}\right) - \ln\left(\frac{1}{x^2}\right) - \ln(x)$
$= -\ln(x) + \ln(x^2) - \ln(x)$
$= -\ln(x) + 2 \cdot \ln(x) - \ln(x) = 0$

2 a) $x = \ln(15) \approx 2{,}71$
b) $z = \ln(2{,}4) \approx 0{,}875$
c) $x = \frac{1}{2} \cdot \ln(7) \approx 0{,}973$

d) $x = \frac{1}{4} \cdot \ln\left(\frac{16{,}2}{3}\right) \approx 0{,}422$

e) $-x = \ln(10) \Rightarrow x = -\ln(10) \approx -2{,}30$

f) $4 - x = \ln(1) = 0 \Rightarrow x = 4$

g) $4 - 4x = \ln(5) \Rightarrow -4x = \ln(5) - 4$

$\Rightarrow x = -\frac{\ln(5)}{4} + 1 \approx 0{,}598$

h) $x = -\ln\left(\frac{5}{2}\right) \approx 0{,}916$

i) $x = \frac{1}{2}$

j) $x = -\frac{1}{2} \cdot \left(\ln\left(\frac{3}{2}\right) + 3\right) \approx 1{,}70$

k) $x = -\frac{5}{3} \approx 1{,}67$

l) $x = (\ln(4) - 2) \cdot 2 \approx -1{,}23$

3 a) $f(0) = 1$. Es waren also zu Beobachtungsbeginn 1 Million Bakterien vorhanden.
b) $f(10) = e^{0{,}1 \cdot 10} = e^1 \approx 2{,}7$. Es waren nach 10 Tagen etwa 2,7 Millionen Bakterien.
c) $e^{0{,}1x} = 4 \Rightarrow 0{,}1x = \ln(4)$
$\Rightarrow x = 10 \cdot \ln(4) \approx 13{,}86$
Nach etwa 14 Tagen werden es 4 Millionen Bakterien sein.
$e^{0{,}1x} = 2 \Rightarrow 0{,}1x = \ln(2)$
$\Rightarrow x = 10 \cdot \ln(2) \approx 6{,}93$
Nach ca. 7 Tagen hat sich die Bakterienanzahl verdoppelt.
d) $e^{0{,}1x} = 6 \Rightarrow 0{,}1x = \ln(6)$
$\Rightarrow x = 10 \cdot \ln(6) \approx 17{,}92$
Nach etwa 18 Tagen hat die Bakterienanzahl um 5 Millionen zugenommen.

4 a) $x \approx 0{,}972$ b) $x \approx 2{,}847$
c) $x_1 \approx -3{,}981$, $x_2 \approx 1{,}749$
d) $x_1 \approx -0{,}237$, $x_2 \approx 1{,}352$

Seite 120

7 a) Fehler: $e^{2 \cdot \ln(2)} \neq e^2 \cdot e^{\ln(2)}$;
Richtig: $e^{2 \cdot \ln(2)} = e^{\ln(2) \cdot 2} = \left(e^{\ln(2)}\right)^2 = 2^2 = 4$.
b) Fehler: $\ln(2e^2) \neq \ln(2) \cdot \ln(e^2)$;
Richtig: $\ln(2e^2) = \ln(2) + \ln(e^2) = \ln(2) + 2$.
c) Fehler: e^3 konstanter Vorfaktor, also falsche Ableitungsregel. Richtig: $f'(x) = e^3$.
d) Fehler: Der Faktor e^2 ist eine Konstante.
Richtig: $f'(x) = e^2 \cdot e^x$

8 a) $f(x) = 2^x = e^{\ln(2) \cdot x}$
b) $f(x) = 2{,}5^x = e^{\ln(2{,}5) \cdot x}$
c) $f(x) = 4 \cdot 0{,}3^x = 4 \cdot e^{\ln(0{,}3) \cdot x}$
d) $f(x) = 7^{3x+2} - 3 = e^{\ln(7) \cdot (3x+2)} - 3$
$= e^{\ln(7) \cdot 3x + \ln(7) \cdot 2} - 3 \approx e^{5{,}84x + 3{,}89} - 3$

9 a) $h(0) = 2\,\text{cm}$ b) $k = \frac{1}{6} \cdot \ln(20) \approx 0{,}5$
c) $h(9) \approx 1{,}789\,\text{m}$
d) $h(t) = 3$ für $t = 10$ Wochen
e) $3{,}5 - 8{,}2 \cdot e^{-0{,}175t} = 3 \quad | -3{,}5$
$-8{,}2 e^{-0{,}175t} = -0{,}5 \quad | :(-8{,}2)$
$e^{-0{,}175t} \approx 0{,}060976$
$-0{,}175t \approx \ln(0{,}060976)$
$t = \frac{\ln(0{,}060976)}{-0{,}175} \approx 16$

Nach etwa 16 Wochen wäre die Pflanze bei dieser Modellierung 3 m hoch.

10 a) $v(0) = 0\,\frac{m}{s}$;
$v(10) = 2{,}5 \cdot (1 - e^{-1}) \approx 1{,}58\,\frac{m}{s}$
b)

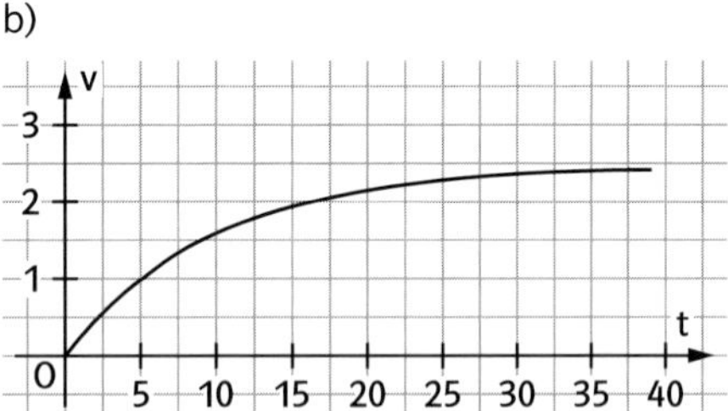

c) $v(t) = 2$ für $t = -10 \cdot \ln(0{,}2) \approx 16{,}1\,\text{s}$

11 a) $x = \frac{\ln(5)}{\ln(3)} \approx 1{,}465$

b) $x = \frac{\ln(7)}{\ln(2{,}5)} \approx 2{,}12$

c) $x = \frac{\ln(2{,}4)}{\ln(5)} + 2 \approx 2{,}544$

d) $x = \frac{\ln(10) - \ln(3)}{\ln(0{,}5)} \approx -1{,}737$

12 a) 1.1.2003: $f(92) = 96161$
1.1.2004: $f(457) = 199542 \approx 200000$
b) Million: $80000 \cdot e^{0{,}002 \cdot x} = 1000000$ für $x = \frac{\ln(12{,}5)}{0{,}002} \approx 1263$ Tage, also Mitte März 2006.

Milliarde: $80000 \cdot e^{0{,}002 \cdot x} = 1000000000$ für $x = \frac{\ln(12500)}{0{,}002} \approx 4716$ Tage, also Ende 2015.

c) $e^{0{,}002 \cdot x} = 2$ für $x = \frac{\ln(2)}{0{,}002} \approx 347$ Tage Verdoppelungszeit.

13 a) Falsch. Bei einer Verschiebung um drei Einheiten nach rechts erhält man $h(x) = e^{x-3}$. $g(x) = e^x + 3$ entspricht einer Verschiebung um 3 Einheiten nach oben.

b) a muss größer als null sein, damit es einen Schnittpunkt gibt. Die Aussage ist demnach in der Form nicht richtig.

c) Richtig, das liegt daran, dass der Graph zu $f(x) = e^x$ linksgekrümmt ist.

14 a) $f'(x) = e^x + 1$; $f''(x) = e^x$

Es gibt keine Extremstellen, da $f'(x) > 0$ für alle $x \in \mathbb{R}$.

b) $f'(x) = e^x - 4$; $f''(x) = e^x$

$f'(x) = 0 \Rightarrow x = \ln(4)$

$f''(\ln(4)) = e^{\ln(4)} = 4 > 0$; also hat f ein lokales Minimum bei $x = \ln(4)$.

$f(\ln(4)) = e^{\ln(4)} - 4 \cdot \ln(4)$

$= 4 - 4\ln(4) \approx -1{,}55$

$T(\ln(4) \mid 4 - 4 \cdot \ln(4))$

c) $f'(x) = e^x - e$; $f''(x) = e^x$

$f'(x) = 0 \Rightarrow e^x = e \Rightarrow x = 1$

$f''(1) = e^1 > 0$; also hat f ein lokales Minimum bei $x = 1$.

$f(1) = e^1 - e = 0 \Rightarrow T(1 \mid 0)$

d) Da $f'(x) = e^x + a$ gilt und $f'(x) = 0$ $\Rightarrow x = \ln(-a)$, muss $a < 0$ sein, damit die notwendige Bedingung für Extremstellen erfüllt werden kann. Da $f''(x) = e^x > 0$ gilt, hat der Graph für $a < 0$ stets einen Tiefpunkt.

4 Die natürliche Logarithmusfunktion

Seite 121

Einstiegsproblem

Nein, denn zu G gibt es keine Lösung. Zu allen anderen Funktionen sind die Umkehrfunktionen angegeben:

$A \mapsto D$; $B \mapsto B$; $C \mapsto E$; $F \mapsto H$.

Seite 122

1 $D_f = \{x \in \mathbb{R} \mid x < 0\}$; $W_f = \mathbb{R}$.

$D_g = \{x \in \mathbb{R} \mid x < 0\}$; $W_g = \mathbb{R}$.

$D_h = \{x \in \mathbb{R} \mid x < 0\}$; $W_h = \mathbb{R}$

$D_i = \{x \in \mathbb{R} \mid x < 0\}$; $W_i = \mathbb{R}$

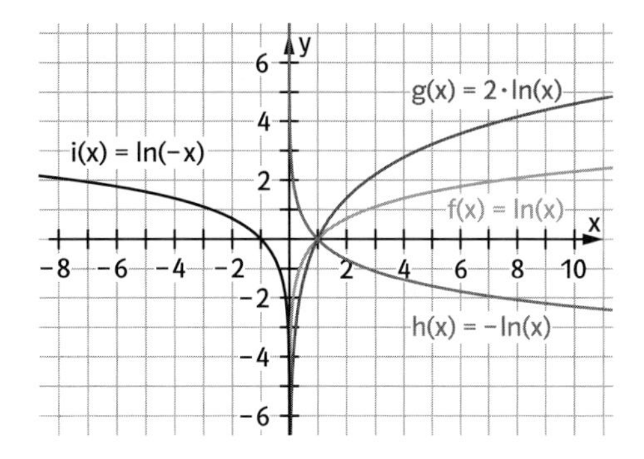

2 a) $x = 1$ b) $x = e^5$ c) $x = e^{-1}$
d) $x = 1$ e) $x = 10$ f) $x = 0{,}1$

3

x	−1	0	1	e	e^2	$\frac{1}{e}$	e^3	e^{-2}
ln(x)	–	–	0	1	2	−1	3	−2

4 a) $y = x - 1$ b) $y = \frac{1}{e}x$

c) $y = 0{,}5x + (\ln(2) - 1) \approx 0{,}5x - 0{,}307$

d) $y = 2x + (\ln(0{,}5) - 1) \approx 2x - 1{,}693$

6 Für $f(x) = \ln(x)$; $x > 0$, gilt $f'(x) = \frac{1}{x}$. Da $f'(x) \neq 0$ für $x \in D_f$, ist die notwendige Bedingung für Extremstellen nicht erfüllt.

$f''(x) = -\frac{1}{x^2} \neq 0$ für $x \in D_f$, also ist die notwendige Bedingung für Wendestellen nicht erfüllt.

$f''(x) = -\frac{1}{x^2} < 0$ für $x \in D_f$, also ist der Graph von f rechtsgekrümmt.

5 Ableiten von Funktionen der Form $f(x) = a \cdot e^{kx}$

Seite 123

Einstiegsproblem

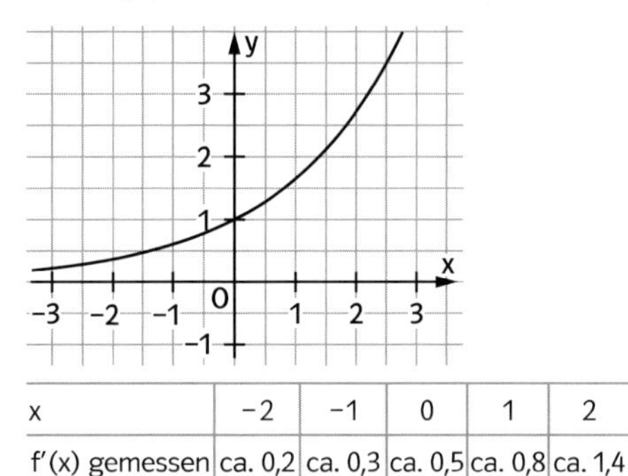

x	−2	−1	0	1	2
f′(x) gemessen	ca. 0,2	ca. 0,3	ca. 0,5	ca. 0,8	ca. 1,4
f(x) berechnet	0,3679	0,6065	1	1,6487	2,7183

Die Steigung des Graphen entspricht der Hälfte des Funktionswerts.

Seite 124

1 a) $f'(x) = 3e^{3x}$ b) $f'(x) = -0{,}8e^{-0{,}8x}$
c) $f'(x) = -e^{-x}$ d) $f'(x) = \frac{1}{2}e^{\frac{1}{2}x}$
e) $f'(x) = e^{\frac{1}{2}x}$ f) $f(x) = -\frac{1}{8}e^{-\frac{1}{4}x}$
g) $f'(x) = -e^{-0{,}05x}$ h) $f'(x) = 0{,}025e^{-0{,}25x}$

2 a) $f(x) = 2k \cdot e^{kx}$
b) $f(x) = -\frac{1}{4}b \cdot e^{-\frac{1}{4}x}$
c) $f(x) = \frac{1}{2}ak \cdot e^{\frac{1}{2}kx}$
d) $f(x) = -ak \cdot e^{-kx}$

3 a) $f(x) = e^{\ln(1{,}04)x}$;
$f'(x) = \ln(1{,}04) \cdot e^{\ln(1{,}04)x}$
b) $f(x) = 0{,}1 \cdot e^{\ln(3)x}$; $f'(x) = 0{,}1 \cdot \ln(3) \cdot e^{\ln(3)x}$
c) $f(x) = e^{\ln\left(\frac{3}{4}\right)x}$; $f'(x) = \ln\left(\frac{3}{4}\right) \cdot e^{\ln\left(\frac{3}{4}\right)x}$
e) $f(x) = 120 \cdot e^{\ln(0{,}99)x}$;
$f'(x) = 120 \cdot \ln(0{,}99) \cdot e^{\ln(0{,}99)x}$

4 a) $f'(x) = -e^{-x}$; $f'(0) = -1$;
$f'(1) = -e^{-1} \approx 0{,}37$
b) $f'(x) = 0{,}256 \cdot e^{0{,}08x}$; $f'(0) = 0{,}256$;
$f'(-1) = 0{,}256 \cdot e^{-0{,}08} \approx 0{,}24$
c) $f'(x) = -20 \cdot e^{-0{,}04x}$; $f'(0) = -20$;
$f'(25) = -20 \cdot e^{-1} \approx -7{,}36$
d) $f(x) = e^{0{,}5x}$; $f'(x) = 0{,}5 \cdot e^{0{,}5x}$; $f'(0) = 0{,}5$;
$f'(2) = \frac{1}{2}e \approx 1{,}36$

5 a) Tangente in P: $y = 0{,}5x + 1$;
Tangente in Q: $y = 0{,}5e \cdot x \approx 1{,}36x$
b) Tangente in P: $y = -1{,}2x + 1$; Tangente in Q: $y = -1{,}2 \cdot e^{1{,}2} \cdot x - 0{,}2 \cdot e^{1{,}2} \approx -3{,}98x - 0{,}66$
c) Tangente in $P(0|3)$: $y = 0{,}6x + 3$;
Tangente in $Q(2|3 \cdot e^{0{,}4})$:
$y = 0{,}6 \cdot e^{0{,}4} \cdot x + 1{,}8 \cdot e^{0{,}4} \approx 0{,}90x + 2{,}69$
d) Tangente in $P(0|-2)$: $y = -x - 2$;
Tangente in $Q(2|-2e)$: $y = -e \cdot x \approx -2{,}72x$

8 a) Graph von f: D; Graph von g: B; Graph von h: C; Graph von i: A
b) Graph von f′: II; Graph von g′: IV; Graph von h′: I; Graph von i′: III

9 a) $f'(x) = -0{,}396 \cdot e^{-0{,}0198t} < 0$ für $t \in \mathbb{R}$.
Also ist f streng monoton fallend, die Bevölkerungszahl nimmt ab.
b) Zu lösen ist: $10 = 20 \cdot e^{-0{,}0198t}$;
$t = \frac{\ln\left(\frac{1}{2}\right)}{-0{,}0198} \approx 35$. Halbierung im Jahr 2045.

10 a) $f'(x) = k \cdot e^{kx}$; $f'(3) = k \cdot e^{3k}$. Ansatz für Tangentengleichung: $y = ke^{3k} \cdot x + c$;
Bestimmung von c mit Punktprobe von $P(3|e^{3k})$: $e^{3k} = ke^{3k} \cdot 3 + c$;
$c = e^{3k} - 3k \cdot e^{3k} = e^{3k}(1 - 3k)$.
Tangentengleichung: $y = ke^{3k} \cdot x + e^{3k}(1 - 3k)$.
b) Der y-Achsenabschnitt $e^{3k}(1 - 3k)$ muss null sein, d.h. $(1 - 3k) = 0$ bzw. $k = \frac{1}{3}$.

6 Exponentielles Wachstum modellieren

Seite 125

Einstiegsproblem

Eine Simulation kann mit Excel oder mit dem GTR erfolgen:

```
100→N
                100
sum(randInt(1,6,
N)≠6)→N
                 88
                 71
                 67
```

Nach Eingabe der zwei Zeilen wiederholt Enter eingeben. Man stellt fest, dass immer etwa die gleiche Anzahl von Würfen nötig ist, bis noch höchstens 10 Würfel übrig sind.
Das kann man begründen:
Die Wahrscheinlichkeit, dass eine Sechs nicht aussortiert wird, beträgt $\frac{5}{6}$. Die Wahrscheinlichkeit, dass eine Sechs nach n Würfen nicht aussortiert wird, beträgt $\left(\frac{5}{6}\right)^n$.
Demnach sind nach n Würfen $100 \cdot \left(\frac{5}{6}\right)^n$ Sechsen zu erwarten.
Die Gleichung $100 \cdot \left(\frac{5}{6}\right)^n = 10$ hat die Lösung $n \approx 13$. Also werden nach etwa 13 Würfen etwa 10 Würfel übrig sein.

Man kann auch nach der Behandlung der Lerneinheit auf das Einstiegsproblem eingehen.

Die aus der Simulation erhaltenen Daten kann man modellieren und erhält dann eine Exponentialfunktion als sehr gute Modellierung. Der Wachstumsfaktor beträgt etwa $\frac{5}{6}$. Vgl. auch Aufgabe 7 (radioaktiver Zerfall).

Seite 127

1 a) Mittelwert der Quotienten $\frac{B(n)}{B(n-1)}$ ist 1,2636, also ist die Modellierung
$f(x) = 28 \cdot 1{,}2636^x = 28 \cdot e^{0{,}2340x}$.
Verdoppelungszeit:
$T_V = \frac{\ln(2)}{0{,}2340} = 2{,}96$ (Jahre).

b) Für den Datenpunkt (50 | 6,1) ergibt sich mit dem Ansatz $f(x) = 9{,}1e^{kx}$ aus der Gleichung: $9{,}1e^{k \cdot 50} = 6{,}1$: $k = -0{,}0079997$, also ist die Modellierung

$f(x) = 9{,}1 \cdot e^{-0{,}0079997x} = 9{,}1 \cdot 0{,}992^x$.

Halbwertszeit $T_H = \frac{\ln\left(\frac{1}{2}\right)}{-0{,}0079997} = 86{,}6$ (Jahre).

2 a) Hier wird nach Methode II (vgl. Beispiel im Schülerbuch Seite 126) verfahren, weil nur zwei Datenpunkte bekannt sind.
Ansatz: $f(x) = f(0) \cdot e^{kx}$ mit $f(0) = 1{,}82 \cdot 10^9$, wobei x die Jahre ab 1988 bedeutet.
$f(1) = 1{,}82 \cdot 10^9 e^k = 1{,}875 \cdot 10^9$.
Lösung der Gleichung: $k = 0{,}02977$ (gerundet); $f(x) = 1{,}82 \cdot 10^9 e^{0{,}02977x}$.
Das Ergebnis liefert auch der Rechner, wenn man die beiden Datenpunkte in Listen eingibt.
b) $f(12) = 2{,}6 \cdot 10^9$. Die Abweichung zeigt, dass sich das Bevölkerungswachstum etwas weniger stark als bei rein exponentiellem Wachstum entwickelte. Es könnten schon begrenzende Einflüsse wirksam geworden sein.
c) $1{,}82 \cdot 10^9 e^{0{,}02977x} = 4 \cdot 10^9$ hat die Lösung $x = 26{,}45$ (gerundet). Nach dem Modell erreicht die Bevölkerungszahl etwa im Jahre 2015 die 4-Milliarden-Grenze.
d) Man verwendet die Funktionsdarstellung $f(x) = 1{,}82 \cdot 10^9 e^{0{,}02977x}$ (x in Jahren, f(x) in Einwohnern). $f'(x) = 0{,}054 \cdot 10^9 e^{0{,}02977x}$,
$f'(12) = 0{,}077 \cdot 10^9$ (gerundet).
Die momentane Zunahmerate im Jahr 2000 beträgt etwa 77 Millionen Einwohner pro Jahr.

3 a) Man kann angenähert von exponentiellem Wachstum sprechen, da die Quotienten $\frac{B(n)}{B(n-1)}$ annähernd konstant sind
(B(n): Ausstellerzahl im Jahr n).
Dabei zählt n die Jahre seit 2002. Im ersten Jahr ist das Wachstum allerdings deutlich schwächer gewesen als in den Folgejahren.

b) Hier wird nach Methode I (vgl. Beispiel im Schülerbuch Seite 126) verfahren. Damit ergibt sich für das Modell die Gleichung $f(x) = 236 \cdot 1{,}19^x$ bzw. $236 \cdot e^{0{,}174x}$. Am Graphen der Modellfunktion f erkennt man: Die Jahre 2002 und 2007 werden durch das Modell gut angenähert, die Jahre dazwischen liefern zu kleine Werte. Die Verbindung der Punkte ist für die Realität eigentlich ohne Bedeutung, da kein kontinuierliches Wachstum vorliegt.
Die Ausstellerzahl in 2010 wäre nach dem Modell $B(8) \approx 949$. Durch den Umzug der Messe nach München wird diese Zahl wohl bedeutend größer sein, da dort ein größeres Platzangebot (mehr als doppelt so viel) besteht. Schon 2008 stieg die Ausstellerzahl daher auf 1053. Solche Änderungen machen die Modellierung für Prognosen dann unbrauchbar.

Jahr	n	B(n)	$\frac{B(n)}{B(n-1)}$	Modell
2002	0	236		236
2003	1	256	1,08	281
2004	2	291	1,14	334
2005	3	372	1,28	398
2006	4	454	1,22	473
2007	5	560	1,23	563
		Mittelwert 1,19		

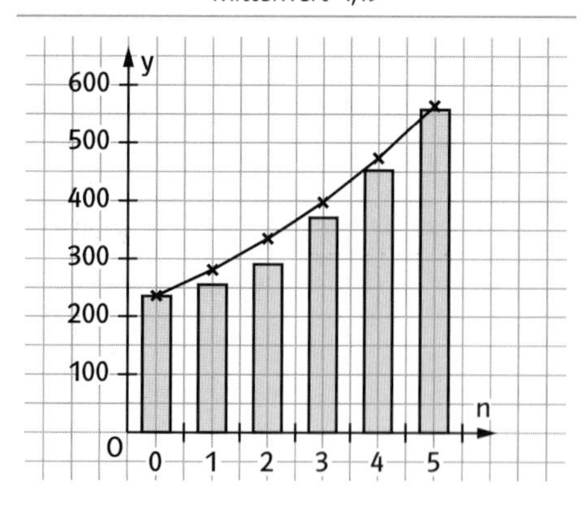

4 a) Ansatz $f(x) = B(0) \cdot a^x$ bzw. e^{kx} mit $B(0) = 1183$ (f(x) in Milliarden Euro, x in Jahren). Man erhält mithilfe der Mittelwerte der Quotienten $\frac{f(n)}{f(n-1)}$ die Gleichung $f(x) = 1183 \cdot 1{,}0344^x = 1183 \cdot e^{0{,}0338x}$.

b) Am Graphen von f (Kurve durch die Punkte) erkennt man: Die Jahre 2001 bis 2003 werden durch das Modell nicht besonders gut angenähert, das Wachstum war anfangs geringer und ab 2002 deutlich höher. Die Verbindung der Punkte zeigt das deutlich, sie ist für die Realität aber sonst ohne Bedeutung, da kein kontinuierliches Wachstum vorliegt.
Prognose für 2010: $f(11) = 1716$.
Verdoppelungszeit $T_V = \frac{\ln(2)}{k} \approx 21$ Jahre.
„Rückwärts"-Prognose für 1990: $f(-9) = 872$.
Wahrer Wert: 536

Jahr	n	B(n)	$\frac{B(n)}{B(n-1)}$	Modell
1999	0	1183		1183
2000	1	1193	1,01	1224
2001	2	1204	1,01	1266
2002	3	1253	1,04	1309
2003	4	1326	1,06	1354
2004	5	1395	1,05	1401
2005	6	1448	1,04	1449
		Mittelwert 1,0344		

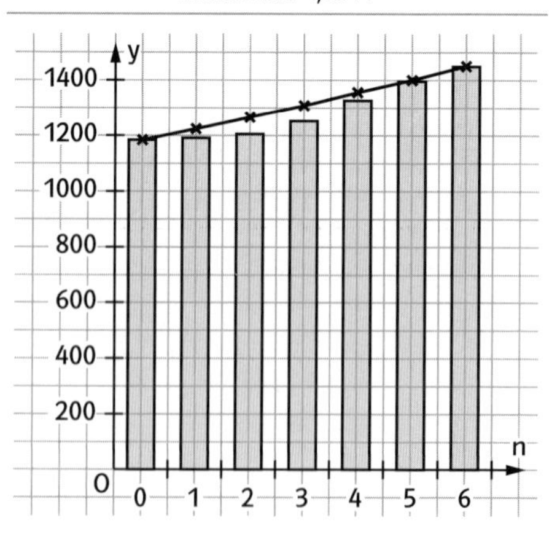

5 a) Ansatz: $B(x) = B(0) \cdot e^{k \cdot x}$ mit $B(0) = 4000$ (Lux).
Mit $B(1) = 80\,\%$ von $4000 = 3200$ erhält man die Gleichung $4000\,e^k = 3200$ mit der Lösung $k = -0{,}2231$ (gerundet), also $B(x) = 4000\,e^{-0{,}2231x}$.
$B(10) \approx 430$. In 10 m Wassertiefe beträgt die Beleuchtungsstärke etwa 430 Lux.

Halbwertstiefe: $T_H = \frac{\ln\left(\frac{1}{2}\right)}{k} \approx 3{,}1$ Meter.
b) Die Gleichung
$B'(x) = -892{,}4\,e^{-0{,}2231x} = -10$ hat die Lösung $x = 20{,}13$. In einer Tiefe von etwa 20,1 m beträgt die momentane Änderungsrate von B −10 Lux pro Meter.

Seite 128

7 a) In 56 Sekunden zerfällt etwa die Hälfte der Radon-Atome. Dabei spielt es keine Rolle, ab welchem Zeitpunkt man den Zerfall misst. Nach n Halbwertszeiten beträgt daher der Anteil des noch vorhandenen Radons $\left(\frac{1}{2}\right)^n = 2^{-n} = 100\,\% \cdot 2^{-n}$.
b) Beim Ansatz $f(t) = c \cdot e^{kt}$ ist $f(0) = c = 100\,\%$ und $f(56) = 50\,\%$. Das ergibt die Gleichung $100\,\% \cdot e^{56k} = 50\,\%$ mit der Lösung $k = -0{,}01238$. Damit ergibt sich: $f(t) = 100\,\% \cdot e^{-0{,}01238t}$.
c) 5 Minuten = 300 Sekunden,
$f(300) = 2{,}4\,\%$. Also sind 2,4 % des Edelgases nach 5 Minuten noch nicht zerfallen.
$f(t) = 1\,\%$ ergibt die Gleichung
$100\,\% \cdot e^{-0{,}01238t} = 1\,\%$ mit der Lösung $t = 372$. Nach 372 Sekunden ist die Aktivität auf 1 % des Anfangswertes gesunken.

d) $f(t) = 100\,\% \cdot e^{-0{,}01238t}$;
$f'(t) = -1{,}238\,\% \cdot e^{-0{,}01238t}$;
$f'(0) = -1{,}238$; $f'(T_H) = -0{,}619$;
$f'(2T_H) = -0{,}309$; $f'(3T_H) = -0{,}155$ (gerundet in % pro Sekunde); allgemein
$f'(n \cdot T_H) = \frac{f'(0)}{n+1}$. Die Änderungsrate hat also dieselbe Halbwertszeit wie die Bestandsfunktion.

Randaufgabe
Der Zerfallsprozess kann modelliert werden als Zufallsexperiment mit n Stufen (entsprechend n Sekunden). Auf jeder Stufe gibt es die zwei Ergebnisse „Zerfall" mit der Wahrscheinlichkeit p bzw. „Nichtzerfall" mit der Wahrscheinlichkeit $1 - p$. Ein Radonatom zerfällt daher mit der Wahrscheinlichkeit von $(1 - p)^{56} = 0{,}5$ in 56 Sekunden nicht, da die Halbwertszeit 56 s beträgt. Daraus ergibt sich $p = 0{,}0123$. Die Wahrscheinlichkeit, dass ein Radonatom nach n Sekunden nicht zerfallen ist, beträgt also
$(1 - p)^n = 0{,}9877^n = 100\,\% \cdot e^{-0{,}01238t}$ wie oben.

8 B(t) bezeichnet den Anteil des Verhältnisses von C14 zu C12 in einem abgestorbenen Organismus, t die Zeit in Jahren seit dem Absterben des Organismus.
$B(t) = B(0) \cdot e^{kt}$ mit $B(0) = 100\,\%$;
$B(5730) = 50\,\%$ ergibt die Gleichung
$100 \cdot e^{5730k} = 50$ mit der Lösung
$k = -0{,}00012097$ (gerundet).
Damit erhält man:
$B(t) = 100\,\% \cdot e^{-0{,}00012097t}$.
a) $B(35\,000) = 1{,}45\,\%$. Das Verhältnis von C14 zu C12 ist auf 1,45 % gesunken.
b) Die Gleichung $B(t) = 53\,\%$ hat die Lösung $t = 5248$. Demnach ist Ötzi vor 5248 Jahren gestorben. Rechnet man mit der Halbwertszeit von 5770 Jahren (5730 + 40) bzw. 5690 Jahren (5730 − 40), so ergibt sich ein Zeitraum von etwa 5210 bis 5285 bis zum Tod. Also ist eine Zeitangabe von etwa 5250 Jahren angemessen. Natürlich muss man auch berücksichtigen, dass die Messung von 53 % ungenau ist. Daher findet man in Veröffentlichungen einen Bereich von 5100 bis 5350 Jahren. Außerdem hat sich im Laufe der Zeit der Gehalt von C14 in der Atmosphäre leicht verändert. Der in der Aufgabe angegebene Wert weicht daher von wahren Messungen, die bei etwa 58 % liegen, etwas ab.

Ergänzung zur Radiokarbonmethode: Durch Stoffwechselprozesse bleibt der Anteil des radioaktiven Kohlenstoffisotops C14 in einem lebenden Organismus in konstantem Verhältnis zum gesamten Kohlenstoff im Organismus (im Wesentlichen C12). Mit dem Tod des Organismus wird der Kohlenstoff nicht mehr durch das Kohlendioxid in der Atmosphäre ersetzt, der Anteil von C14 am Kohlenstoff im Organismus sinkt durch Zerfall. Wegen der Halbwertszeit von etwa 5700 Jahren bei C14 ist die Methode begrenzt auf Altersbestimmungen von ungefähr 50 000 Jahren, in manchen Fällen bis zu 70 000 Jahren. Die Unsicherheit bei der Messung erhöht sich mit dem Alter der Probe.

Wiederholen – Vertiefen – Vernetzen

Seite 129

1 a) $y = 0{,}2x + 1$
b) $y = \frac{20}{e}x - \frac{40}{e} \approx 7{,}36x - 14{,}72$

2 Der Graph von f ist in Fig. 3 dargestellt. Da f monoton fallend ist, sind alle Funktionswerte von f′ negativ, also ist der Graph von $f_2 = f'$ in Fig. 4 dargestellt. f_3 mit $f_3(x) = x \cdot f(x)$ hat bei 0 eine Nullstelle, also ist der Graph von f_3 in Fig. 2 dargestellt. Da $f_4(x) = \frac{1}{f(x)} = f^{-1}(x) = e^x$, ist f_4 die natürliche Exponentialfunktion, ihr Graph ist in Fig. 1 dargestellt.

3 a) $T(t) = 60 \Rightarrow t = \frac{\ln\left(\frac{6}{7}\right)}{-0{,}045} \approx 3{,}43$

$T(t) = 50 \Rightarrow t = \frac{\ln\left(\frac{5}{7}\right)}{-0{,}045} \approx 7{,}48$

$T(t) = 40 \Rightarrow t = \frac{\ln\left(\frac{4}{7}\right)}{-0{,}045} \approx 12{,}44$

$T(t) = 30 \Rightarrow t = \frac{\ln\left(\frac{3}{7}\right)}{-0{,}045} \approx 18{,}83$

b) $T'(t) = 70 \cdot (-0{,}045) e^{-0{,}045t} = -3{,}15 \cdot e^{-0{,}045t}$
$T'(1) \approx -3{,}01$; $T'(5) \approx -2{,}52$; $T'(10) \approx -2{,}01$; $T'(30) \approx -0{,}82$

Das Minuszeichen zeigt an, dass die Temperatur abnimmt. Die Zahl gibt die Geschwindigkeit an. Die Geschwindigkeit der Temperaturabnahme wird immer kleiner.
c) Die Werte von T(t) werden kleiner als 20 (vgl. a) $T(30) \approx 18{,}83$).
Das ist nicht möglich, wenn die Raumtemperatur 20 °C beträgt. Die Funktion könnte für eine Außentemperatur/Raumtemperatur von 0 °C ein sinnvolles Modell sein, da $\lim_{t \to +\infty} T(t) = 0$ ist.

Seite 130

4 a) e^7 b) $4 \cdot e$ c) $2e^{-1}$ d) e^2
e) 6 f) $27 \cdot e^6$ g) $4 \cdot e^{1,2}$ h) $\frac{e^3}{3}$

5 a) $\ln(2)$ b) 0 c) 0 d) $\ln(x)$
e) 2 f) $\ln(6)$ g) −1 h) $3\ln(2)$

6 a) $x = \ln(4) \approx 1{,}39$
b) $4x + 1 = \ln(1) = 0 \Rightarrow x = -\frac{1}{4}$
c) $2x - 5 = \ln(2) \Rightarrow x = \frac{\ln(2) + 5}{2} \approx 2{,}85$
d) $x = \frac{\ln(2)}{\ln(4)} = \frac{1}{2}$
e) $x = \frac{\ln(32)}{\ln(2)} = 5$
f) $x = \frac{\ln(2)}{\ln(7)} = 3{,}56$
g) $4x + 1 = \ln(1) = 0 \Rightarrow x = -\frac{1}{4}$
h) $-x + 4 = \ln(1) = 0 \Rightarrow x = 4$
i) $-5x + 1 = \ln(e^7) = 7 \Rightarrow x = -\frac{6}{5}$
j) Die Teilaufgaben d) und e) kann man ohne Taschenrechner lösen, da man die ganzzahlige Lösung durch Ausprobieren finden kann. Die Aufgaben b), g), und h) lassen sich ohne Taschenrechner lösen, da man weiß, dass $\ln(1) = 0$ ist. Bei i) kann man einfach die Exponenten gleichsetzen und so ohne Taschenrechner die Lösung finden.

7 $a^x = b \Rightarrow \ln(a^x) = \ln(b)$
$\Rightarrow x \cdot \ln(a) = \ln(b) \Rightarrow x = \frac{\ln(b)}{\ln(a)}$

8 a) $g(x) = -e^x$ b) $g(x) = e^{-x}$
c) $g(x) = -e^{-x}$ d) $g(x) = e^{x-2}$

VI Integral

1 Rekonstruieren einer Größe

Seite 136

Einstiegsproblem

Der Aufzug fährt mit einer Maximalgeschwindigkeit von $2\frac{m}{s}$.
Zwischen 0 s und 5 s fährt der Aufzug 8 m nach oben.
Zwischen 5 s und 7 s steht der Aufzug.
Zwischen 7 s und 10 s fährt der Aufzug 4 m nach unten.
Die Stockwerkshöhe (in Metern) muss ein Teiler von 4 und 8 sein; sie beträgt vermutlich 4 m.

Seite 137

1 Fig. 3: Vier Karos (1 FE) entsprechen einem zurückgelegten Weg von 1 m; einer Karofläche entsprechen 0,25 m.
Orientierter Flächeninhalt A = 5 FE (20 Karos). Zurückgelegter Weg s = 5 m.
Fig. 4: Vier Karos (10 FE) entsprechen einem zurückgelegten Weg von 10 m; einer Karofläche entsprechen 2,5 m. Orientierter Flächeninhalt A = 50 FE (20 Karos).
Zurückgelegter Weg s = 50 m.
Fig. 5: Vier Karos (0,5 FE) entsprechen einem zurückgelegten Weg von 0,5 m; einer Karofläche entsprechen 0,125 m. Orientierter Flächeninhalt A = 2,5 FE (20 Karos).
Zurückgelegter Weg s = 2,5 m.

Seite 138

2 Individuelle Lösung, z. B.

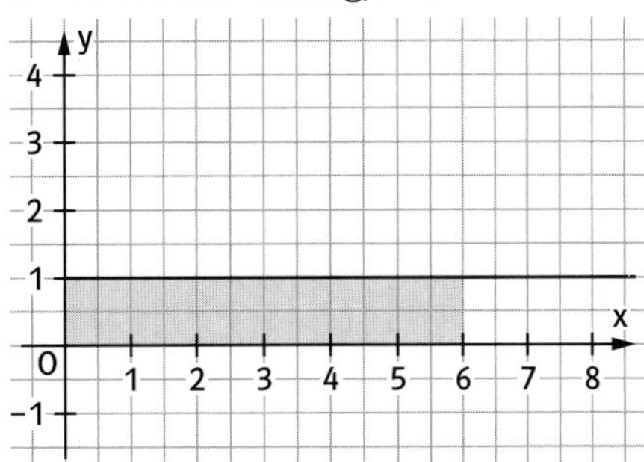

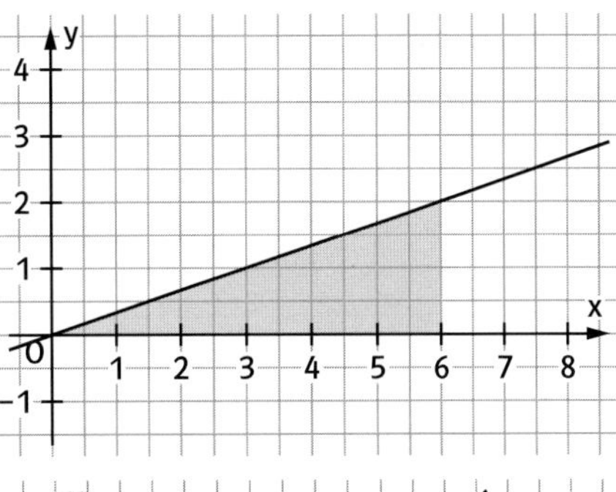

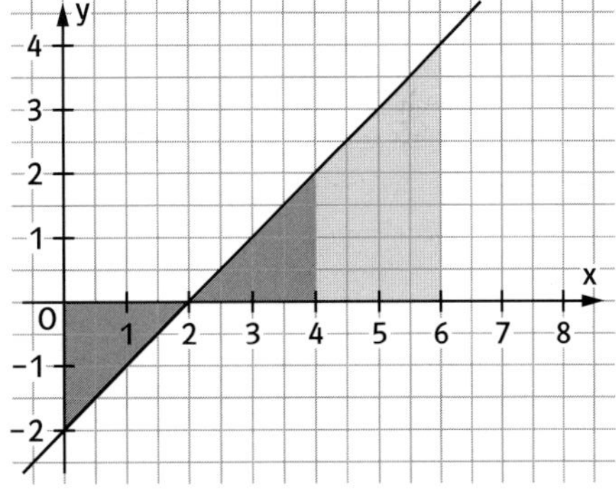

3 a) 4 Karos (20 Mio. FE) entsprechen 20 Millionen m^3 Wasser; 1 FE entspricht 1 Million m^3 Wasser. In den ersten 6 Stunden (8 Karos oder 40 FE) fließen 40 Millionen m^3 Wasser in das Becken.

b) Schnellste Zunahme der Wassermenge ist zwischen 2h und 4h. Wassermenge ist nach 6h maximal, nach 12h minimal. Nach etwa 12 Stunden wiederholt sich der Vorgang im Rhythmus von Ebbe und Flut.
c) Der Inhalt der Fläche zwischen dem Graphen von d und der x-Achse vergrößert sich in der Zeit von 0h bis 6h um 25%. Dies kann durch eine Streckung des Graphen in y-Richtung mit dem Streckfaktor 1,25 erreicht werden.

5 1 Karo entspricht einem Volumen von $0{,}5\,m^3$.

Zeitpunkt	2h	4h	6h	8h
Zufluss bis Zeitpunkt	$1\,m^3$	$4\,m^3$	$7\,m^3$	$8\,m^3$
Abfluss bis Zeitpunkt	$0{,}5\,m^3$	$2\,m^3$	$4{,}5\,m^3$	$8\,m^3$
Menge im Tank	$0{,}5\,m^3$	$2\,m^3$	$2{,}5\,m^3$	$0\,m^3$

6 1 Karo entspricht 500 Menschen.
a) 90 Minuten vor Spielbeginn warten 2000 Menschen. 70 Minuten vor Spielbeginn sind 5000 Menschen angekommen und 4000 eingelassen worden; es warten 1000 Menschen.
b) Die Warteschlange ist 30 Minuten vor Spielbeginn am längsten. Es warten dann 2500 Menschen.

2 Das Integral

Seite 139

Einstiegsproblem
Bei einem Kreis mit Radius r hat das einbeschriebene regelmäßige Sechseck den Umfang $U_6 = 6r$.
Für $r = 0{,}5$ gilt: $U_6 = 3$; $U_{12} \approx 3{,}1058$; $U_{24} \approx 3{,}1326$; $U_{48} \approx 3{,}139350$.
Der Umfang eines Kreises kann nur näherungsweise mit einem Iterationsverfahren berechnet werden. Bei der hier vorgestellten Formel erhält man eine Folge von streng monoton steigenden Näherungswerten U_6; U_{12}; U_{24}; … Diese Werte haben anschaulich den Umfang des Kreises mit Radius $r = 0{,}5$ als Grenzwert. Mit $U = 2\pi r$ ergibt sich für den Grenzwert die Zahl π.

Seite 141

1 a) $\int_2^5 x\,dx = 10{,}5$

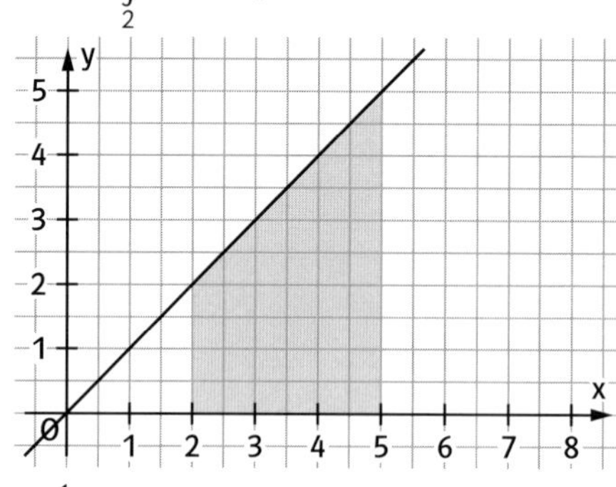

b) $\int_{-1}^{1} (2x + 1)\,dx = 2$

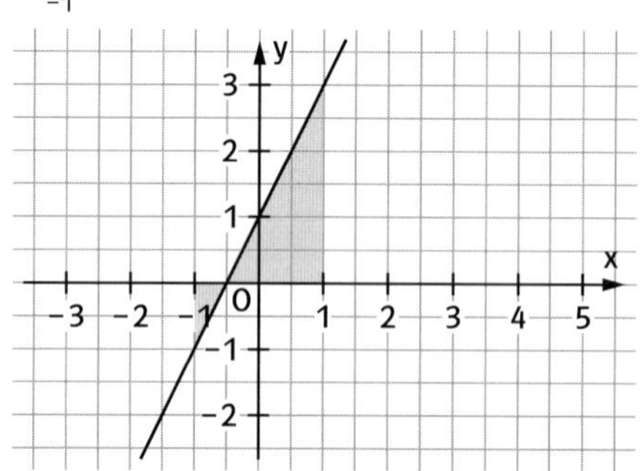

c) $\int_{-1}^{2} -2t\,dt = 1 - 4 = -3$

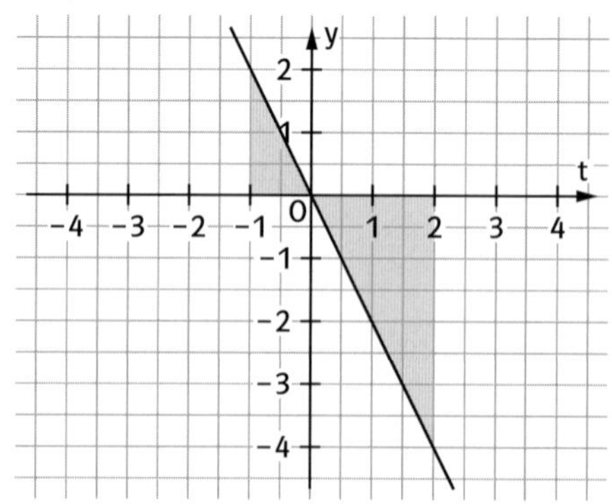

d) $\int_0^4 -2\,dx = -8$

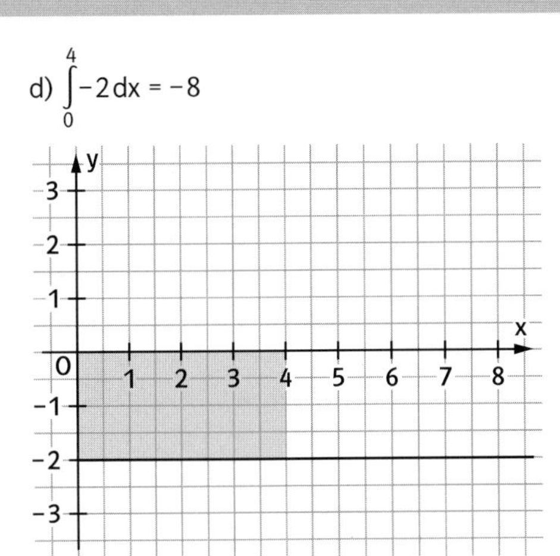

e) $\int_{-5}^{0} (-t-5)\,dt = -12{,}5$

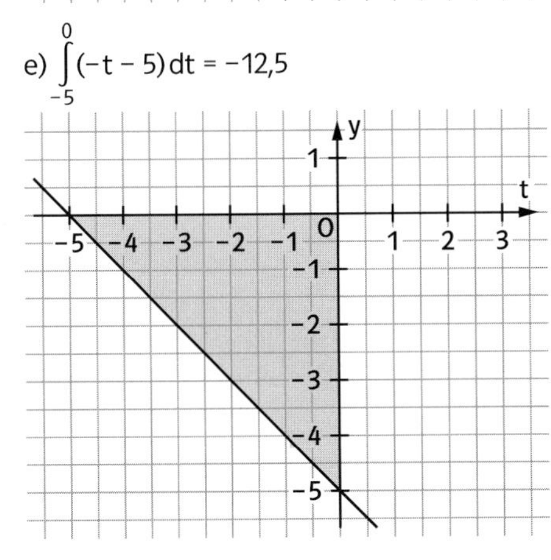

2 a) $\int_{-2}^{0} f(x)\,dx = -0{,}3 + 0{,}8 = 0{,}5$

b) $\int_{-1}^{2} f(x)\,dx = 0{,}8 + 2{,}9 = 3{,}7$

c) $\int_{0}^{3} f(x)\,dx = 2{,}9 - 1{,}1 = 1{,}8$

d) $\int_{-2}^{3} f(x)\,dx = -0{,}3 + 0{,}8 + 2{,}9 - 1{,}1 = 2{,}3$

3 Fig. 4: $A = \int_1^4 \frac{1}{x}\,dx$ ($\approx 1{,}3867$)

Fig. 5: Schnittstellen mit der x-Achse: $x_1 = -\sqrt{5}$; $x_2 = \sqrt{5}$

$A = \int_{-\sqrt{5}}^{\sqrt{5}} \left(-\frac{1}{2}x^2 + 2{,}5\right)dx$ ($\approx 7{,}454$)

Fig. 6: Schnittstelle mit der x-Achse: $x_1 = -1$

$A = -\int_{-4}^{-1} \left(\frac{1}{x^2} - 1\right)dx$ ($= 2{,}25$)

Seite 142

6 a) Das Integral ist positiv, da der Graph des Integranden im Intervall [10; 80] oberhalb der x-Achse verläuft.

b) Das Integral ist negativ, da der Graph des Integranden im Intervall [10; 11] unterhalb der x-Achse verläuft.

c) Das Integral ist negativ, da der Graph des Integranden symmetrisch zum Ursprung ist, aber von der Fläche unterhalb der x-Achse ein größerer Teil als von der Fläche oberhalb der x-Achse betrachtet wird.

d) Das Integral ist positiv, da der Graph des Integranden im Intervall [−3; 3] oberhalb der x-Achse verläuft.

e) Das Integral ist null, da der Graph des Integranden im Intervall [−2; 2] gleich große Flächen ober- und unterhalb der x-Achse begrenzt.

7 Individuelle Lösung, z. B.

a) $f(x) = 0{,}5x$

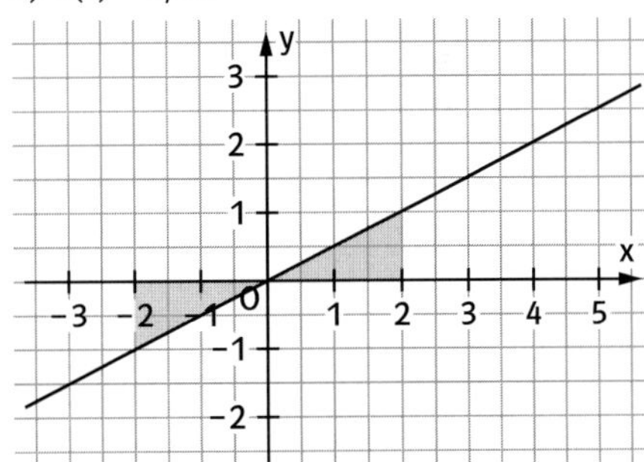

b) $f(x) = 0{,}5$

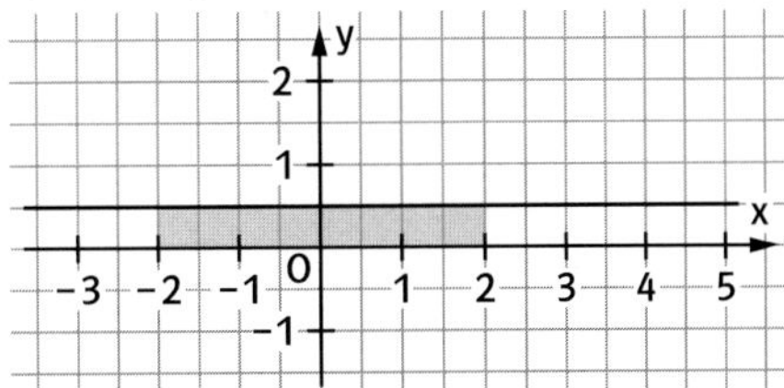

c) $f(x) = -1$

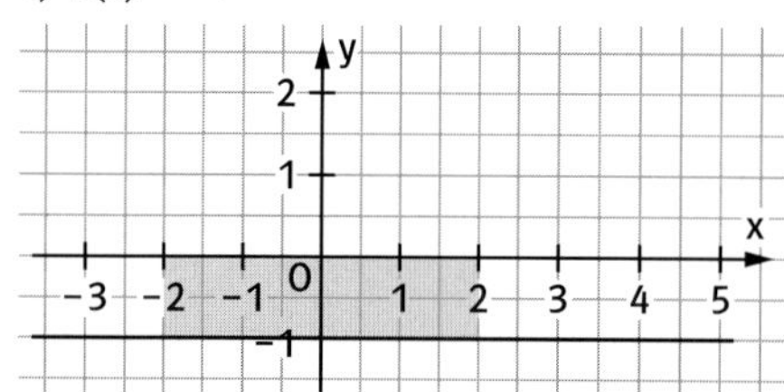

d) $f(x) = \frac{1}{4}\pi$

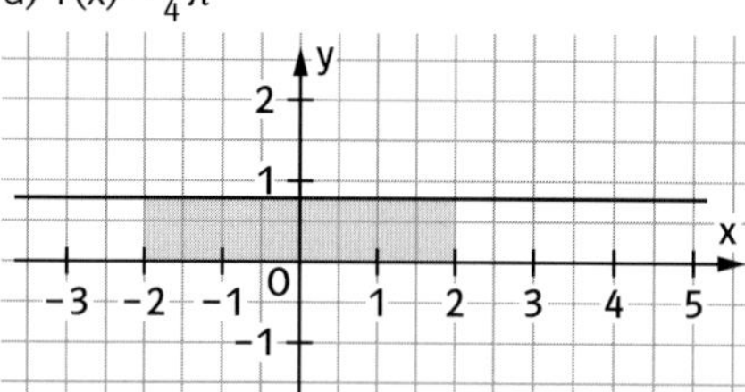

8 a)

$U_{10} = 0{,}2 \cdot 0^2 + 0{,}2 \cdot 0{,}2^2 + 0{,}2 \cdot 0{,}4^2 + 0{,}2 \cdot 0{,}6^2 + 0{,}2 \cdot 0{,}8^2 + 0{,}2 \cdot 1^2 + 0{,}2 \cdot 1{,}2^2 + 0{,}2 \cdot 1{,}4^2 + 0{,}2 \cdot 1{,}6^2 + 0{,}2 \cdot 1{,}8^2 = 2{,}28$

b)

$$U_n = \frac{2}{n} \cdot 0^2 + \frac{2}{n} \cdot \left(\frac{2}{n}\right)^2 + \frac{2}{n} \cdot \left(2 \cdot \frac{2}{n}\right)^2 + \frac{2}{n} \cdot \left(3 \cdot \frac{2}{n}\right)^2 + \ldots + \frac{2}{n} \cdot \left((n-1) \cdot \frac{2}{n}\right)^2$$

$$= \left(\frac{2}{n}\right)^3 \cdot [0^2 + 1^2 + 2^2 + 3^2 + \ldots + (n-1)^2]$$

$$= \frac{8}{n^3} \cdot \frac{1}{6} \cdot (n-1) \cdot n \cdot (2n-1)$$

$$= \frac{8}{6} \cdot \frac{n-1}{n} \cdot \frac{n}{n} \cdot \frac{2n-1}{n} = \frac{8}{6} \cdot \left(1 - \frac{1}{n}\right) \cdot 1 \cdot \left(2 - \frac{1}{n}\right)$$

$$\int_0^2 x^2\,dx = \lim_{n \to \infty} U_n = \frac{8}{6} \cdot 1 \cdot 1 \cdot 2 = \frac{8}{3} \approx 2{,}667$$

9

$$U_n = \frac{3}{n}\left[\frac{1}{5} \cdot 0^3 + \frac{1}{5} \cdot \left(\frac{3}{n}\right)^3 + \frac{1}{5} \cdot \left(2 \cdot \frac{3}{n}\right)^3 + \ldots + \frac{1}{5} \cdot \left((n-1) \cdot \frac{3}{n}\right)^3\right]$$

$$= \frac{3^4}{n^4} \cdot \frac{1}{5} \cdot [1^3 + 2^3 + 3^3 + \ldots + (n-1)^3]$$

$$= \frac{3^4}{n^4} \cdot \frac{1}{5} \cdot \frac{1}{4}(n-1)^2 \cdot (n)^2 = \frac{81}{20} \cdot \left(\frac{n-1}{n}\right)^2$$

$$= \frac{81}{20} \cdot \left(1 - \frac{1}{n}\right)\left(1 - \frac{1}{n}\right)$$

$$\lim_{n \to \infty} U_n = \frac{81}{20}$$

3 Der Hauptsatz der Differential- und Integralrechnung

Seite 143

Einstiegsproblem

Es gilt: $s'(t) = v(t)$ und $v'(t) = a(t)$.

Beschleunigung 0: $a(t) = 0$; $v(t) = 5$; $s(t) = 5 \cdot t$

Konstante Beschleunigung:

$a(t) = 6$; $v(t) = 6 \cdot t$; $s(t) = 3 \cdot t^2$

Seite 145

1 a) $F(x) = \frac{1}{3}x^3$ b) $F(x) = \frac{1}{4}x^4$

c) $F(x) = \frac{3}{2}x^2$ d) $F(x) = \frac{1}{6}x^6$

e) $F(x) = \frac{5}{3}x^3$ f) $F(x) = \frac{1}{5}x^5$

g) $F(x) = \frac{1}{40}x^4$ h) $F(x) = \frac{1}{2}x^2$

i) $F(x) = 2x$ j) $F(x) = \frac{1}{3}x^6$

2 a) $a = 3$

b) Für a ist jede reelle Zahl möglich.

c) Für a ist jede reelle Zahl möglich.

d) $a = 1$

3 a) $\int_0^4 x^2\,dx = \left[\frac{1}{3}x^3\right]_0^4 = \frac{1}{3}4^3 - \left(\frac{1}{3}0^3\right) = \frac{64}{3} = 21\frac{1}{3}$

b) $\int_2^4 x^2\,dx = \left[\frac{1}{3}x^3\right]_2^4 = \frac{1}{3}4^3 - \left(\frac{1}{3}2^3\right) = \frac{64}{3} - \frac{8}{3} = \frac{56}{3} = 18\frac{2}{3}$

c) $\int_{-1}^5 2x\,dx = [x^2]_{-1}^5 = 5^2 - (-1)^2 = 24$

d) $\int_{10}^{11} 0{,}5x\,dx = \left[\frac{1}{4}x^2\right]_{10}^{11} = \frac{1}{4}11^2 - \left(\frac{1}{4}10^2\right) = \frac{21}{4} = 5{,}25$

e) $\int_{10}^{20} 5\,dx = [5x]_{10}^{20} = 5 \cdot 20 - (5 \cdot 10) = 50$

f) $\int_0^1 x^3\,dx = \left[\frac{1}{4}x^4\right]_0^1 = \frac{1}{4}1^4 - \frac{1}{4}0^4 = \frac{1}{4}$

g) $\int_0^3 0{,}5x^2\,dx = \left[\frac{1}{6}x^3\right]_0^3 = \frac{1}{6}3^3 - \frac{1}{6}0^3 = 4{,}5$

h) $\int_{-2}^0 \frac{1}{3}x^3\,dx = \left[\frac{1}{12}x^4\right]_{-2}^0 = \frac{1}{12}0^4 - \left(\frac{1}{12}\cdot(-2)^4\right)$

$= -\frac{16}{12} = -\frac{4}{3}$

i) $\int_{-2}^{-1} \frac{1}{8}x^4\,dx = \left[\frac{1}{40}x^5\right]_{-2}^{-1} = \frac{1}{40}(-1)^5 - \left(\frac{1}{40}\cdot(-2)^5\right)$

$= -\frac{1}{40} + \frac{32}{40} = \frac{31}{40}$

j) $\int_{-4}^4 0{,}5x^2\,dx = \left[\frac{1}{6}x^3\right]_{-4}^4 = \frac{1}{6}4^3 - \frac{1}{6}\cdot(-4)^3$

$= \frac{64}{6} + \frac{64}{6} = \frac{64}{3} = 21\frac{1}{3}$

k) $\int_{-1}^1 x^5\,dx = \left[\frac{1}{6}x^6\right]_{-1}^1 = \frac{1}{6}1^6 - \left(\frac{1}{6}\cdot(-1)^6\right) = \frac{1}{6} - \frac{1}{6}$

$= 0$

l) $\int_{90}^{100} 1\,dx = [x]_{90}^{100} = 100 - 90 = 10$

Seite 146

4 a) $F(x) = x^2 + 99$
b) $F(x) = \frac{1}{3}x^3 + 99\frac{2}{3}$
c) $F(x) = 5x + 95$
d) $F(x) = -\frac{1}{2}x^2 + 100{,}5$
e) $F(x) = -10x + 110$

5 Nur (II) ist richtig.

6 a) $\int_0^4 -x\,dx = \left[-\frac{1}{2}x^2\right]_0^4 = -\frac{1}{2}4^2 - \left(-\frac{1}{2}0^2\right)$

$= -8$

b) $\int_{-1}^1 -2x\,dx = -[x^2]_{-1}^1 = -1^2 - (-(-1)^2)$

$= -1 + 1 = 0$

c) $\int_{-2}^2 -x^2\,dx = \left[-\frac{1}{3}x^3\right]_{-2}^2 = -\frac{1}{3}2^3 - \left(-\frac{1}{3}(-2)^3\right)$

$= -\frac{8}{3} - \frac{8}{3} = -\frac{16}{3}$

d) $\int_{-4}^{-2} -0{,}5x\,dx = \left[-\frac{1}{4}x^2\right]_{-4}^{-2}$

$= -\frac{1}{4}\cdot(-2)^2 - \left(-\frac{1}{4}\cdot(-4)^2\right)$

$= -1 + 4 = 3$

e) $\int_{-20}^{-10} -1\,dx = [-x]_{-20}^{-10} = -(-10) - (-(-20))$

$= 10 - 20 = -10$

f) $\int_{-1}^0 dx = \int_{-1}^0 1\,dx = [x]_{-1}^0 = 0 - (-1) = 1$

9 Die Funktion F mit $F(x) = 0{,}4x^2$ muss eine Stammfunktion des Integranden sein. Das ist nur bei III. der Fall.

10 $\int_0^3 \frac{1}{9}x^2\,dx = \left[\frac{1}{27}x^3\right]_0^3 = 1$

I. Der Graph von f verläuft oberhalb der x-Achse. Der Flächeninhalt zwischen dem Graphen von f und der x-Achse über dem Intervall [0; 3] beträgt 1 FE.
II. Das Auto hat zwischen 0 s und 3 s eine Wegstrecke von 1 m zurückgelegt.
III. Zwischen 0 h und 3 h wurden 1000 Tonnen Benzin produziert.

11 Für die Fallhöhe h in den ersten 3 Sekunden gilt: $h = \int_0^3 v(t)\,dt = 44{,}145\,m$.

12 Individuelle Lösung, z. B.
$f(x) = 0$; $f(x) = x$; $f(x) = -x$; $f(x) = x^3$;
$f(x) = a\cdot x^3$ $(a \in \mathbb{R})$; $f(x) = x^5$.

13 a) $\int_0^z x\,dx = \left[\frac{1}{2}x^2\right]_0^z = \frac{1}{2}z^2 = 18;\ z = 6$

b) $\int_1^z 4x\,dx = [2x^2]_1^z = 2z^2 - 2 = 30;\ z = 4$

c) $\int_z^{10} 2x\,dx = [x^2]_z^{10} = 100 - z^2 = 19;\ z = 9$

d) $\int_0^{2z} 0{,}4\,dx = [0{,}4x]_0^{2z} = 0{,}8z = 8;\ z = 10$

4 Bestimmung von Stammfunktionen

Seite 147

Einstiegsproblem

Funktion	Eine Stammfunktion
$f(x) = e^x$	$F(x) = e^x$
$g(x) = 3x + 1$	$G(x) = 1{,}5x^2 + x$
$h(x) = g(x) + f(x)$	$H(x) = G(x) + F(x)$
$i(x) = 0{,}4 \cdot g(x)$	$I(x) = 0{,}4 \cdot G(x)$
$j(x) = g(x) \cdot f(x)$	Eine Stammfunktion J eines Produktes j von Funktionen ist ohne weitere theoretische Hilfsmittel nur schwer zu bestimmen.
$k(x) = f(g(x))$	Eine Stammfunktion K einer Verkettung k von Funktionen ist ohne weitere theoretische Hilfsmittel schwer zu bestimmen.

Seite 149

1 a) $F(x) = \frac{1}{8}x^4$

b) $F(x) = -\frac{1}{4}x^{-1}$

c) $F(x) = -\frac{2}{5}x^{-1} = \frac{-2}{5x}$

d) $F(x) = \frac{1}{8}(2x + 2)^4$

e) $F(x) = \frac{1}{12}x^4$

f) $F(x) = -\frac{1}{x} + \frac{1}{2}x^2$

g) $F(x) = \frac{1}{6}x^6$

h) $F(x) = \frac{1}{6}(2x + 1)^3$

i) $F(x) = \frac{1}{3}e^{x+5}$

j) $F(x) = x + 2e^{0,5x}$

k) $F(x) = \frac{3}{2}e^{\frac{2}{3}x+1}$

l) $F(x) = \frac{5}{4}e^{2x-2}$

2 a) $F(x) = 5 \cdot \ln|x|$

b) $F(x) = 3 \cdot \ln|x + 5|$

c) $F(x) = -\frac{1}{2}\ln|x|$

d) $F(x) = \frac{1}{2}\ln|2x - 3|$

3 a) $\int_0^2 (2 + x)^3 dx = \left[\frac{1}{4}(2 + x)^4\right]_0^2 = 60$

b) $\int_2^3 \left(1 + \frac{1}{x^2}\right) dx = \left[x - \frac{1}{x}\right]_2^3 = \frac{7}{6}$

c) $\int_0^2 \frac{1}{(x + 1)^2} dx = \left[\frac{-1}{(x + 1)}\right]_0^2 = \frac{2}{3}$

d) $\int_0^9 \frac{2}{5}\sqrt{x}\, dx = \left[\frac{4}{15}x^{\frac{3}{2}}\right]_0^9 = 7{,}2$

e) $\int_{-0,5}^0 e^{2x+1} dx = \left[\frac{1}{2}e^{2x+1}\right]_{-0,5}^0 = \frac{1}{2}e - \frac{1}{2} \approx 0{,}859$

f) $\int_{-1}^0 e^{-x} dx = [-e^{-x}]_{-1}^0 = -e^0 - (-e^1)$
$= -1 + e \approx 1{,}72$

g) $\int_{-2}^2 e^{2+x} dx = [e^{2+x}]_{-2}^2 = e^4 - e^0 = e^4 - 1$
$\approx 53{,}60$

h) $\int_{-2}^2 e^x dx = [e^x]_{-2}^2 = e^2 - e^{-2} \approx 7{,}25$

4 a) $\int_1^5 \frac{3}{x} dx = [3\ln|x|]_1^5 = 3\ln(5) \approx 4{,}828$

b) $\int_1^2 \left(1 + \frac{1}{x}\right) dx = [x + \ln|x|]_1^2 = 1 + \ln(2)$
$\approx 1{,}693$

c) $\int_3^4 \frac{1}{2(x + 1)} dx = \left[\frac{1}{2}\ln|2(x + 1)|\right]_3^4$
$= \frac{1}{2}(\ln(10) - \ln(8)) \approx 0{,}112$

d) $\int_1^4 \frac{3}{(2x - 1)} dx = \left[\frac{3}{2}\ln|2x - 1|\right]_1^4$
$= \frac{3}{2}\ln(7) \approx 2{,}919$

5 a)

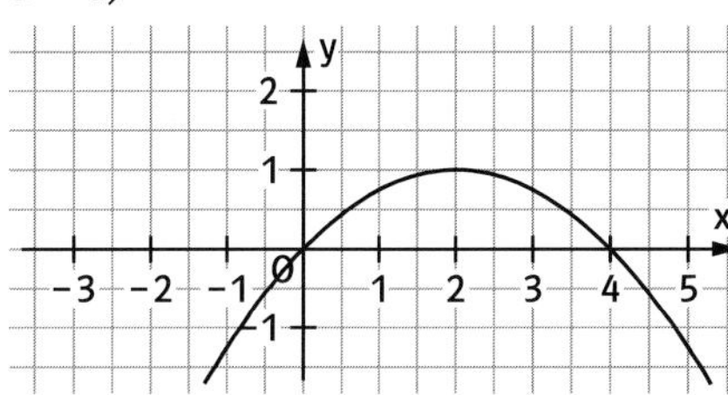

b)

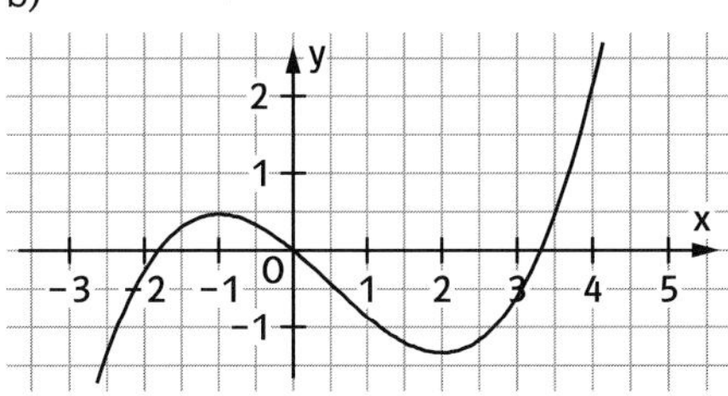

Seite 150

6 a) Für das dargestellte Intervall ist $f(x) > 0$, also $F'(x) > 0$; d.h., F ist streng monoton steigend. F(x) ist an der Stelle e am größten.
b) an der Stelle a,
c) an der Stelle a,
d) an der Stelle b.

7

	H	h	h'
a	+	0	0
b	+	+	0
c	+	0	–

11 a) $f(x) = \frac{1}{x^2} + \frac{2}{x^3} = x^{-2} + 2x^{-3}$;
$F(x) = -x^{-1} - x^{-2} = -\frac{1}{x} - \frac{1}{x^2}$
b) $f(x) = \frac{1}{2}x + \frac{1}{2x^2} = \frac{1}{2}x + \frac{1}{2}x^{-2}$;
$F(x) = \frac{1}{4}x^2 - \frac{1}{2}x^{-1} = \frac{1}{4}x^2 - \frac{1}{2x}$
c) $f(x) = \frac{1}{3x^3} + \frac{1}{3x^2} + \frac{1}{3} = \frac{1}{3}x^{-3} + \frac{1}{3}x^{-2} + \frac{1}{3}$;
$F(x) = -\frac{1}{6}x^{-2} - \frac{1}{3}x^{-1} + \frac{1}{3}x = -\frac{1}{6x^2} - \frac{1}{3x} + \frac{1}{3}x$
d) $f(x) = \frac{4x^2 + 4x}{x} = 4x + 4$; $F(x) = 2x^2 + 4x$

12 a) $F(x) = \frac{1}{3}(x + 2)^3 - \frac{5}{3}$
b) $F(x) = \ln|x + 1| + 1$
c) $F(t) = 4e^{0,5t} - 3$
d) $F(t) = \frac{1}{4}e^{2t+1} + \left(1 - \frac{e}{4}\right)$

13 Ist F eine Stammfunktion von f, dann gilt nach dem Hauptsatz:

$$\int_a^b f(x)\,dx + \int_b^c f(x)\,dx = [F(x)]_a^b + [F(x)]_b^c$$

$$= [F(b) - F(a)] + [F(c) - F(b)] = F(c) - F(a)$$

$$= \int_a^c f(x)\,dx.$$

14 a) $\int_{-1}^{3,3} 5x^2\,dx - 10\int_{-1}^{3,3} \frac{1}{2}x^2\,dx$

$$= \int_{-1}^{3,3} \left(5x^2 - 10 \cdot \frac{1}{2}x^2\right)dx = \int_{-1}^{3,3} 0\,dx = 0$$

b) $\int_0^1 \left(x - 2\sqrt{x^2 + 4}\right)dx + 2\int_0^1 \sqrt{x^2 + 4}\,dx$

$$= \int_0^1 \left(x - 2\sqrt{x^2 + 4} + 2\sqrt{x^2 + 4}\right)dx = \int_0^1 x\,dx$$

$$= \left[\frac{1}{2}x^2\right]_0^1 = \frac{1}{2}$$

c) $\int_3^{3,7} \frac{1}{x}\,dx + \int_{3,7}^4 \frac{1}{x}\,dx = \int_3^4 \frac{1}{x}\,dx = [\ln|x|]_3^4$

$$= \ln(4) - \ln(3) \approx 0,288$$

5 Integral und Flächeninhalt

Seite 151

Einstiegsproblem
Die Schnittstellen der Graphen von f und g sind $x_1 = -2$; $x_2 = -1$; $x_3 = 2$.

Gelbe Fläche: $A_G = \int_{-2}^{-1} \left(-\frac{1}{2}x^2 + 2\right)dx +$

$$\int_{-1}^{0} \left(\frac{1}{2}x^3 - 2x\right)dx = \frac{5}{6} + \frac{7}{8} = \frac{41}{24}$$

Rote Fläche: $A_R = \int_{-2}^{-1}\left(\frac{1}{2}x^3 - 2x\right)dx$

$- \int_{-2}^{-1}\left(-\frac{1}{2}x^2 + 2\right)dx = \frac{9}{8} - \frac{5}{6} = \frac{7}{24} \approx 0{,}29$

Blaue Fläche: $A_B = \int_{-2}^{2}\left(-\frac{1}{2}x^2 + 2\right)dx - \frac{41}{24}$

$- \int_{0}^{2}\left(\frac{1}{2}x^3 - 2x\right)dx = \frac{16}{3} - \frac{41}{24} + 2 = \frac{45}{8} \approx 5{,}625$

Seite 153

1 a) $A = \int_{-2}^{-1}(x^2 - 1)\,dx - \int_{-1}^{0}(x^2 - 1)\,dx$

$= \left[\frac{1}{3}x^3 - x\right]_{-2}^{-1} - \left[\frac{1}{3}x^3 - x\right]_{-1}^{0} = 2$

b) Nullstelle: $x = \frac{1}{2}$

$A = -\int_{\frac{1}{2}}^{2}\left(\frac{1}{x} - 2\right)dx = -\left[\ln|x| - 2x\right]_{\frac{1}{2}}^{2}$

$= -2\ln(2) + 3 \approx 1{,}61$

c) Berechnet werden soll die zwischen dem Graphen von $f(x) = -x^2 + 1$ und $g(x) = -3$ eingeschlossene Fläche über dem Intervall $[0; 2]$.

$A = \int_{0}^{2}[(-x^2 + 1) - (-3)]\,dx = \int_{0}^{2}(-x^2 + 4)\,dx$

$= \left[-\frac{1}{3}x^3 + 4x\right]_{0}^{2} = \frac{16}{3}$

d) $A = -\int_{0}^{1}(e^{x-1} - 1)\,dx + \int_{1}^{2}(e^{x-1} - 1)\,dx$

$= -[e^{x-1} - x]_{0}^{1} + [e^{x-1} - x]_{1}^{2}$

$= e^{-1} + e - 2 \approx 1{,}09$

2 a) Fläche I: $A = A_2 + A_3 = \int_{-1}^{1}f(x)\,dx = \frac{2}{3}$

Fläche II:
$A = A_2 + A_3 + A_4 + A_5 = \int_{-2}^{2}(f(x) - g(x))\,dx = 5\frac{1}{3}$

Fläche III: $A = A_3 = \int_{0}^{1}f(x)\,dx = \frac{1}{3}$

Fläche IV: $A = A_1 = -\int_{-2}^{-1}f(x)\,dx = -\frac{2}{3}$

b) Fläche I:

$A = A_1 + A_2 + A_3 + A_6 = \int_{-\sqrt{2}}^{\sqrt{2}}f(x)\,dx \approx 3{,}77$

Fläche II:
$A = A_2 + A_3 + A_4 + A_5 = \int_{-1}^{1}(f(x) - g(x))\,dx = 4$

Fläche III:
$A = A_3 + A_6 = \int_{0}^{\sqrt{2}}f(x)\,dx \approx 1{,}89$

Fläche IV:

$A = A_7 = -\int_{-2}^{-\sqrt{2}}f(x)\,dx \approx 0{,}55$

Seite 154

3 a) Nullstellen: $x_1 = 0;\ x_2 = 6;$

$A = -\int_{0}^{6}f(x)\,dx = 18$

b) Nullstellen: $x_1 = 0;\ x_2 = 2;$

$A = \int_{0}^{2}f(x)\,dx = 1\frac{1}{3}$

c) Nullstellen: $x_1 = -2;\ x_2 = 0;\ x_3 = 2;$

$A = -2\cdot\int_{0}^{2}f(x)\,dx = 8\frac{8}{15} \approx 8{,}53$

4 a) Für $-1 \le x \le 1$ gilt: $g(x) \ge f(x)$.

$A = \int_{-1}^{1}(g(x) - f(x))\,dx = 7\frac{1}{3}$

b) Für $0 \le x \le 1$ gilt: $g(x) \ge f(x)$.

$A = \int_{0}^{1}(g(x) - f(x))\,dx = 0{,}25$

5 a) $\int_{0}^{2}(g(x) - f(x))\,dx = 2\frac{2}{3}$

b) $\int_{0{,}5}^{2}(f(x) - g(x))\,dx = 1\frac{11}{16} \approx 1{,}69$

8 $A(t) = \int_{1}^{2}\frac{t}{x^2}\,dx = \left[-\frac{t}{x}\right]_{1}^{2} = \frac{t}{2}$

Aus $\frac{t}{2} = 8$ folgt $t = 16$.

9
$A(t) = -\int_{-t}^{t}(x^2 - t^2)\,dt = -\left[\frac{1}{3}x^3 - t^2x\right]_{-t}^{t} = \frac{4}{3}t^3$

Aus $\frac{4}{3}t^3 = 36$ folgt $t = 3$.

10 Es ist $f'(x) = a \cdot e^x$; $f'_a(0) = a$; Gleichung der Tangente an f_a im Punkt $P_a(0|a)$:
$y = a \cdot x + a$; Schnittpunkt der Tangente mit der x-Achse: $S(-1|0)$.

$$A = \int_{-1}^{0} a \cdot e^x - (a \cdot x + a)\,dx$$
$$= \int_{-1}^{0} a \cdot e^x - a \cdot x - a\,dx = \left[a \cdot e^x - \tfrac{1}{2} a \cdot x^2 - a x\right]_{-1}^{0}$$
$$= a - \left(\tfrac{a}{e} - \tfrac{a}{2} + a\right) = \tfrac{a}{2} - \tfrac{a}{e}.$$

11 Tangente t an $y = x^2$ im Punkt P $(a|f(a))$; t: $y = 2ax - a^2$; Schnittstelle der Tangente mit der x-Achse: $x_0 = \frac{a}{2}$.
Aus Symmetriegründen gilt:

$$A = \int_{0}^{a} \left(x^2 - (2ax - a^2)\right) dx$$
$$= \left[\tfrac{1}{3}x^3 - ax^2 + a^2 x\right]_0^a$$
$$= \tfrac{1}{3}a^3$$

6 Unbegrenzte Flächen – Uneigentliche Integrale

Seite 155

Einstiegsproblem

Stapelt man die ersten n ($n > 0$) Klötze aufeinander, so beträgt die Höhe des Turmes

$$H_n = 1 + \tfrac{1}{2} + \tfrac{1}{4} + \ldots + \left(\tfrac{1}{2}\right)^{n-1}.$$

Es gilt: $H_n < 2$ und $H_n \to 2$ für $n \to \infty$.

Begründung: $H_n = 2 - \left(\frac{1}{2}\right)^{n-1}$

Oder man argumentiert, dass jeder neu hinzukommende Klotz die „Resthöhe“ zur Höhe 2 halbiert. Der Flächeninhalt unter dem Graphen über dem Intervall $[1; \infty)$ ist demnach kleiner als 2.

Seite 157

1 Zu Fig. 1:

$$A(z) = \int_1^z \frac{1}{(1+x)^2}\,dx = \left[\frac{-1}{(x+1)}\right]_1^z = \frac{-1}{z+1} + \frac{1}{2};$$

$A(z) \to \frac{1}{2}$ für $z \to +\infty$.
Die Fläche hat den Inhalt $A = \frac{1}{2}$.
Zu Fig. 2:

$$A(z) = \int_2^z e^{-\frac{1}{2}x}\,dx = \left[-2e^{-\frac{1}{2}x}\right]_2^z = -2e^{-\frac{1}{2}z} + 2e^{-1}$$

$A(z) \to \frac{2}{e}$ für $z \to +\infty$.

Die Fläche hat den Inhalt $A = \frac{2}{e} \approx 0{,}736$.

Zu Fig. 3: $A(z) = \int_z^1 \frac{2}{x^3}\,dx = \left[\frac{-1}{x^2}\right]_z^1 = -1 + \frac{1}{z^2}$;
$A(z) \to \infty$ für $z \to 0$.
Die Fläche hat keinen endlichen Inhalt.

Zu Fig. 4: $A(z) = \int_z^4 \frac{4}{\sqrt{x}}\,dx = \left[8x^{\frac{1}{2}}\right]_z^4 = 16 - 8\sqrt{z}$;
$A(z) \to 16$ für $z \to 0$.
Die Fläche hat den Inhalt $A = 16$.

2 $A(z) = \int_z^0 2e^x\,dx = [2e^x]_z^0 = 2 - 2e^z$;
$A(z) \to 2$ für $z \to -\infty$.
Die Fläche hat den Inhalt $A = 2$.

4 a) I. $A(z) = \int_1^z \frac{1}{x^3}\,dx = \left[-\frac{1}{2x^2}\right]_1^z = \frac{-1}{2z^2} + \frac{1}{2}$;

$A(z) \to \frac{1}{2}$ für $z \to +\infty$.

Die Fläche hat den Inhalt $A = \frac{1}{2}$.

II. $A(z) = \int_1^z \frac{1}{x^2}\,dx = \left[\frac{-1}{x}\right]_1^z = \frac{-1}{z} + 1$;

$A(z) \to 1$ für $z \to +\infty$.

Die Fläche hat den Inhalt $A = 1$.

III. $A(z) = \int_1^z \frac{1}{\sqrt{x}}\,dx = [2\sqrt{x}]_1^z = 2\sqrt{z} - 2$;

$A(z) \to \infty$ für $z \to +\infty$.

Die Fläche hat keinen endlichen Inhalt.

b) I. $A(z) = \int_z^1 \frac{1}{x^3}\,dx = \left[-\frac{1}{2x^2}\right]_z^1 = -\frac{1}{2} + \frac{1}{2z^2}$;

$A(z) \to \infty$ für $z \to 0$.

Die Fläche hat keinen endlichen Inhalt.

II. $A(z) = \int_z^1 \frac{1}{x^2}dx = \left[-\frac{1}{x}\right]_z^1 = -1 + \frac{1}{z}$;

$A(z) \to \infty$ für $z \to 0$.

Die Fläche hat keinen endlichen Inhalt.

III. $A(z) = \int_z^1 \frac{1}{\sqrt{x}}dx = [2\sqrt{x}]_z^1 = 2 - 2\sqrt{z}$;

$A(z) \to 2$ für $z \to 0$.

Die Fläche hat den Inhalt $A = 2$.

5 a) Es ist $\int_1^a e^{-x}dx = e^{-1} - e^{-a}$ und $\int_1^\infty e^{-x}dx = e^{-1}$.

Für $a = 2$ beträgt der Anteil etwa 63,21%.
Für $a = 5$ beträgt der Anteil etwa 98,168%.
Für $a = 10$ beträgt der Anteil etwa 99,98766%.
Für $a = 20$ beträgt der Anteil etwa 99,999999439720%.
Für $a = 50$ beträgt der Anteil etwa 99,99999999999999999994757%.
Für $a = 100$ beträgt der Anteil etwa 100%.
Bemerkung: Der Prozentsatz bei $a = 100$ beträgt etwa 99,999…%, wobei nach dem Komma 40-mal die Ziffer 9 und dann die Ziffernfolge 898877… auftritt.

b) Es ist $\int_1^a x^{-2}dx = 1 - \frac{1}{a}$ und $\int_1^\infty x^{-2}dx = 1$.

Für $a = 2$ beträgt der Anteil 50%.
Für $a = 5$ beträgt der Anteil 80%.
Für $a = 10$ beträgt der Anteil 90%.
Für $a = 20$ beträgt der Anteil 95%.
Für $a = 50$ beträgt der Anteil 98%.
Für $a = 100$ beträgt der Anteil 99%.

6 a) Ist $W(h_2)$ die benötigte Arbeit (in J), so gilt:

$$W(h_2) = \int_{6{,}370\cdot 10^6}^{4{,}22\cdot 10^7} 6{,}67\cdot 10^{-11}\cdot 10^3\cdot 5{,}97\cdot 10^{24}\frac{1}{s^2}ds$$

$$\approx 5{,}3076\cdot 10^{10}.$$

Die benötigte Arbeit beträgt etwa $5{,}31\cdot 10^{10}$ J.

b) Ist $W(h)$ die benötigte Arbeit (in J), die benötigt wird, um Satelliten auf die Höhe h (in m) zu heben, so gilt

$$W(h) = \int_{6{,}370\cdot 10^6}^{h} 6{,}67\cdot 10^{-11}\cdot 10^3\cdot 5{,}97\cdot 10^{24}\frac{1}{s^2}ds$$

$$\approx 6{,}2512\cdot 10^{10} - \frac{3{,}9820}{h}\cdot 10^{17}.$$

Für $h \to +\infty$ gilt etwa $W(h) \to 6{,}2512\cdot 10^{10}$.

Die benötigte Arbeit beträgt etwa $6{,}25\cdot 10^{10}$ J.

7 Integral und Rauminhalt

Seite 158

Einstiegsproblem
Links: Es entsteht ein Zylinder mit der Höhe 1cm und dem Grundkreisradius 2cm.
Mitte: Es entsteht ein Kegel mit der Höhe 2cm und dem Grundkreisradius 2cm.
Rechts: Es entsteht ein Ring; Radius der Ringöffnung 1cm; Ringdicke 1cm.

Seite 159

1 a) $V = \pi\int_{-1}^{2}(x+1)dx = 4{,}5\pi \approx 14{,}14$

b) $V = \pi\int_1^3 \frac{1}{x^2}dx = \frac{2}{3}\pi \approx 2{,}09$

c) Nullstellen der Funktion: $x_1 = 2$; $x_2 = 4$.

$V = \pi\int_2^4 (x^2 - 6x + 8)^2 dx \approx 3{,}35$

2 a)

$V = \pi\int_0^4 4\,dx - \pi\int_0^4 x\,dx = 16\pi - 8\pi = 8\pi \approx 25{,}13$

b) $V = \pi\int_0^1 x^4 dx - \pi\int_0^1 x^6 dx = \frac{1}{5}\pi - \frac{1}{7}\pi \approx 0{,}18$

c) Schnittstellen der Graphen: $x_1 = -1$; $x_2 = 1$;

$V = \pi\int_{-1}^{1}(-x^2+2)^2 dx - \pi\int_{-1}^{1}1\,dx = \frac{56}{15}\pi \approx 11{,}73$

Seite 160

3 a) $V = \pi\int_1^3 (2e^{-0,4x})^2\,dx \approx 5,633$

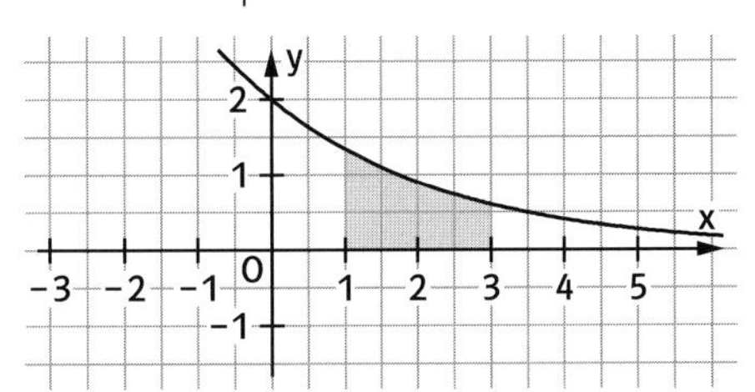

b) $V = \pi\int_0^{\pi} (\sin(x))^2\,dx \approx 4,935$

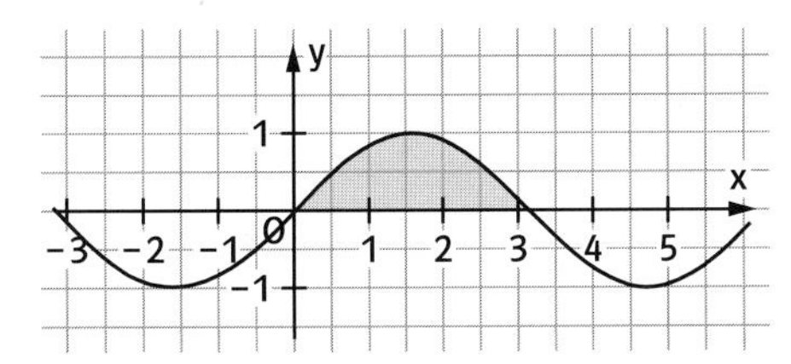

c) $V = \pi\int_2^5 \left(\frac{1}{(x-1)^2}\right)^2 dx \approx 1,031$

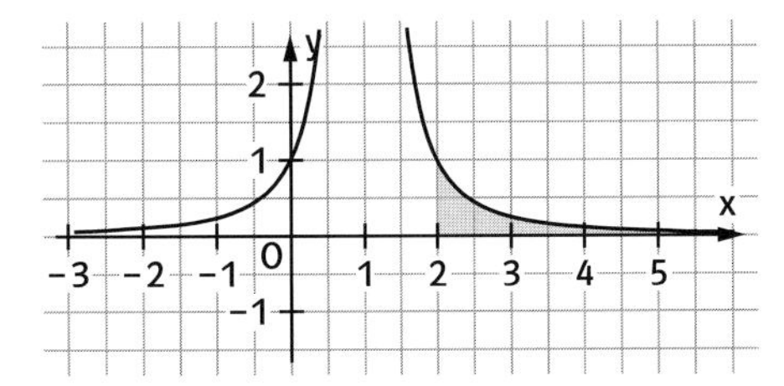

4 a) Nullstellen: $x_1 = 0$; $x_2 = 6$

$V = \pi\int_0^6 (f(x))^2\,dx \approx 203,58$

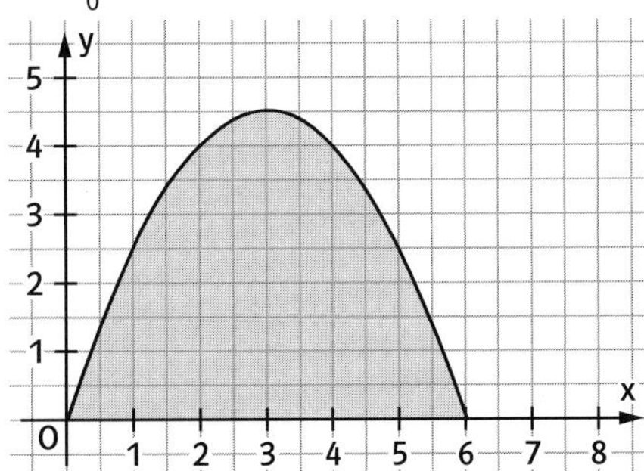

b) Nullstellen: $x_1 = 0$; $x_2 = -2$

$V = \pi\int_{-2}^0 (f(x))^2\,dx \approx 3,83$

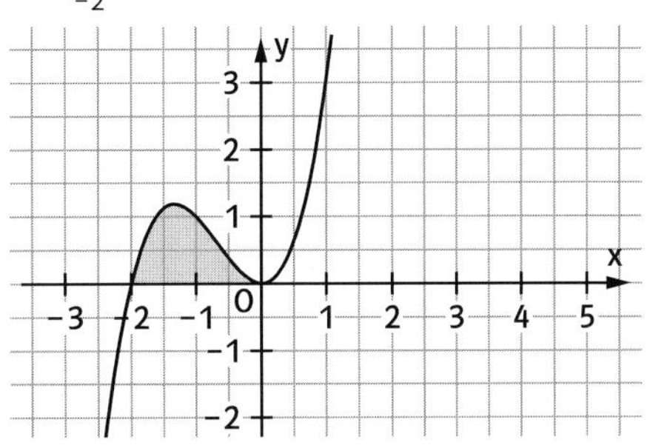

c) Nullstellen: $x_1 = 0$; $x_2 = 4$

$V = \pi\int_0^4 (f(x))^2\,dx \approx 67,02$

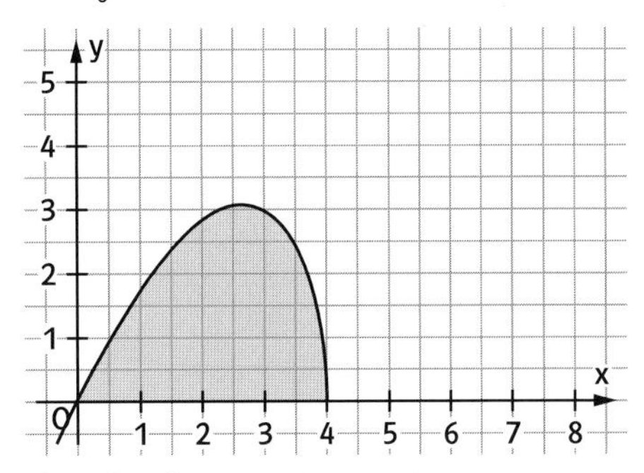

d) Nullstellen: $x_1 = 0$; $x_2 = 4$

$V = \pi\int_0^4 (f(x))^2\,dx \approx 1853,32$

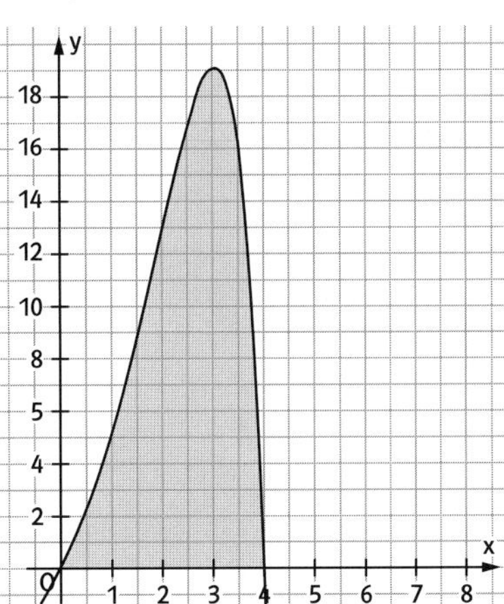

5 a) $V = \pi\int_{3}^{8}(f(x))^2\,dx - \pi\int_{3}^{8}(g(x))^2\,dx$

$\approx 86{,}39$

b) $V = \pi\int_{-1}^{1}(g(x))^2\,dx - \pi\int_{-1}^{1}(f(x))^2\,dx \approx 33{,}51$

6 Es handelt sich um einen Ring (oder Rohrstück) mit der Höhe 5 LE, der Wanddicke 0,5 LE, dem Innendurchmesser 3 LE und dem Außendurchmesser 4 LE.

Aufgabe im Kasten

In Aufgabe 6 ist $f(x) = 2$ und $g(x) = 1{,}5$.

$V_1 = \pi\int_{0}^{5}2^2\,dx = 20\pi$ ist das Volumen eines Zylinders mit dem Radius 2 und der Höhe 5;

$V_2 = \pi\int_{0}^{5}1{,}5^2\,dx = 11{,}25\pi$ ist das Volumen eines Zylinders mit dem Radius 1,5 und der Höhe 5. Die Differenz $V_1 - V_2 = 8{,}75\pi$ $\approx 27{,}5$ VE beschreibt das Volumen des Hohlzylinders, der entsteht, wenn man aus dem Inneren des größeren Zylinders den kleineren Zylinder herausnimmt.

Die Formel

$V = \pi\int_{0}^{5}(2-1{,}5)^2\,dx = \pi\int_{0}^{5}0{,}5^2\,dx = 1{,}25\pi$

$\approx 3{,}9$ VE

beschreibt keine Volumendifferenz, sondern das Volumen eines Zylinders mit Radius 0,5.

7 Volumen des Gefäßes bei einer Füllung bis zur Höhe z:

$V(z) = \pi\int_{0}^{z}(f(x))^2\,dx = \pi\int_{0}^{z}x\,dx = \pi\left[\frac{1}{2}x^2\right]_0^z = \frac{1}{2}\pi z^2$

$= 30;$

$z = \sqrt{\frac{60}{\pi}} \approx 4{,}37.$

9 a)

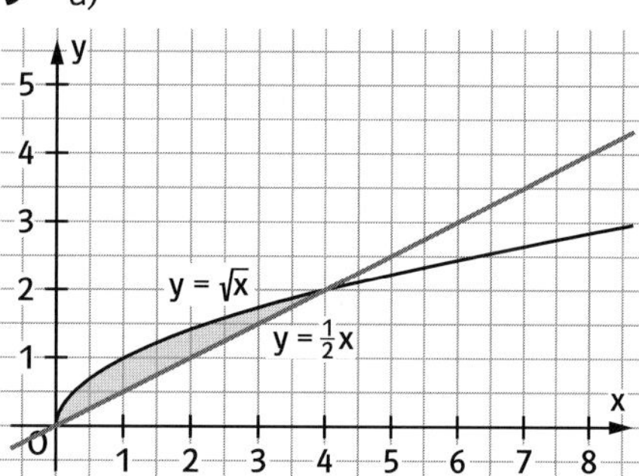

Integration von 0 bis 4 ergibt

$V = \frac{8}{3}\pi \approx 8{,}3776.$

b)

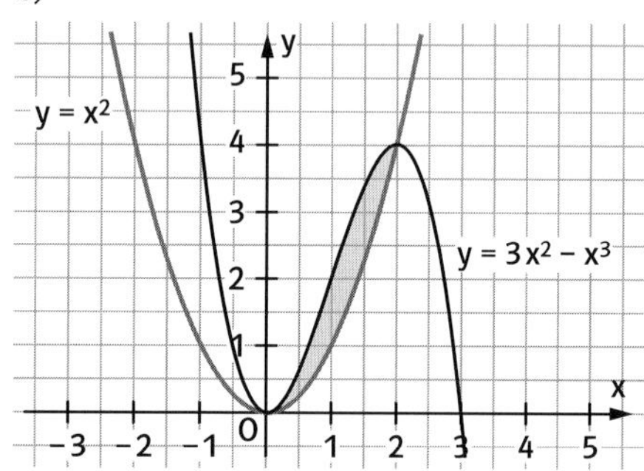

Integration von 0 bis 2 ergibt

$V = \frac{192}{35}\pi \approx 17{,}2339.$

c)

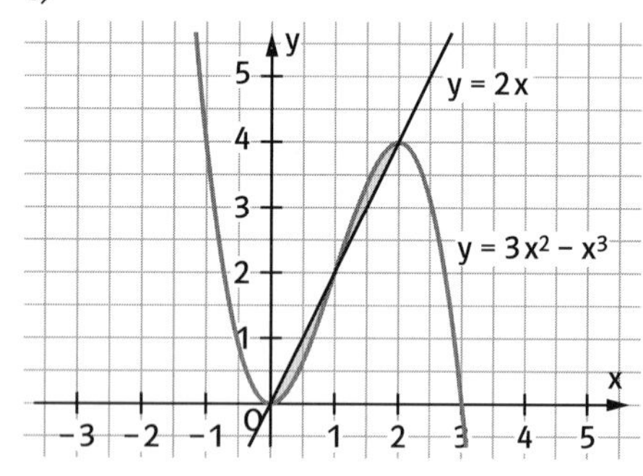

Integration von 0 bis 1 und von 1 bis 2 ergibt $V = 2\pi \approx 6{,}2832$.

10 Es entsteht derselbe Rotationskörper, wenn der Graph der Funktion mit $g(x) = f(x) - 1 = 2e^{0,1x} - 1$ um die x-Achse rotiert. $V = \pi\int_0^6 (2e^{0,1x} - 1)^2\,dx \approx 61{,}32$

11 $V(z) = \pi\int_1^z \frac{1}{x^2}\,dx = \pi\left[-\frac{1}{x}\right]_1^z = -\frac{\pi}{z} + \pi;$

Für $z = 10$ hat der Rotationskörper das Volumen $V = 0{,}9\pi$.

12 Volumen bei Rotation des Graphen von f: $V = \pi\int_a^b (f(x))^2\,dx$

Volumen bei Rotation des Graphen von $2\cdot f$: $V = \pi\int_a^b (2f(x))^2\,dx = 4\cdot\pi\int_a^b (f(x))^2\,dx$

Das Volumen vervierfacht sich.

Volumen bei Rotation des Graphen von $0{,}5\cdot f$:

$V = \pi\int_a^b (0{,}5\cdot f(x))^2\,dx = 0{,}25\cdot\pi\int_a^b (f(x))^2\,dx$

Das Volumen ist ein Viertel so groß.

Randaufgabe

Der Flächeninhalt verdoppelt bzw. halbiert sich.

Wiederholen – Vertiefen – Vernetzen

Seite 161

1 a) $F(x) = \frac{1}{9}x^3 - \frac{2}{x}$

b) $F(x) = 0{,}2e^x + 0{,}2e^{-x} = 0{,}2(e^x + e^{-x})$

c) $F(x) = \frac{1}{4}(0{,}1x + 1)^4$

2 a) Ja, da $F'(x) = f(x)$.

b) $F(x) = (e^x)^3$; $F'(x) = 3\cdot(e^x)^3 \neq f(x)$;

F ist keine Stammfunktion von f.

3 a) Ja, an der Stelle $x = 0$ hat jede Stammfunktion von f ein Minimum.

Begründung:

Es gilt $F'(0) = f(0) = 0$; $F' = f$ hat bei $x = 0$ einen VZW von – nach +.

b) F hat einen Hochpunkt an der Stelle a, wenn $f(a) = 0$ und f einen Vorzeichenwechsel bei a von + nach – hat. Dies ist der Fall, wenn der Graph von f die x-Achse von + nach – schneidet.

c) Der Graph jeder Stammfunktion von f hat

- an der Stelle $a = -1{,}5$ einen Hochpunkt,
- an der Stelle $b = 0$ einen Tiefpunkt,
- an der Stelle $c = 2{,}5$ einen Hochpunkt,
- an den Stellen $d = -1$ und $e = 1$ einen Wendepunkt.

4 Fig. 2: Die Größe hat abgenommen, da der Flächeninhalt unterhalb der x-Achse größer als der Flächeninhalt oberhalb der x-Achse ist.

Fig. 3: Die Größe hat zugenommen, da der Flächeninhalt oberhalb der x-Achse größer als der Flächeninhalt unterhalb der x-Achse ist.

5 a) Einer Karofläche entsprechen 1000 Anrufe. Es gingen bis 22 Uhr ca. 7000 Anrufe ein.

b) Um 22 Uhr ist die Warteschleife am größten.

6 a)

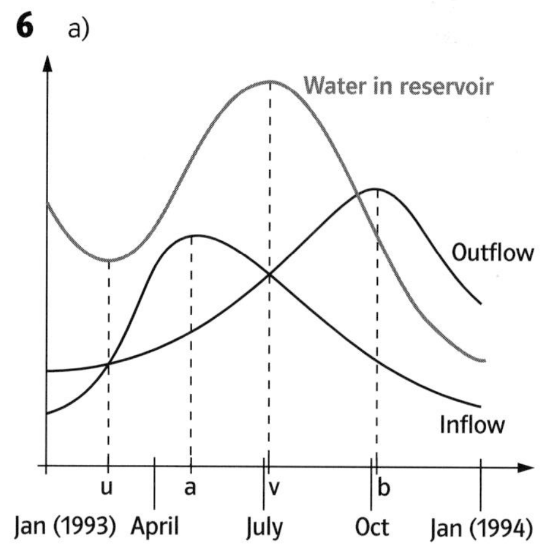

b) Absolutes Maximum der Wassermenge an der Stelle v (etwa Juli).
Relatives Minimum an der Stelle u (etwa März).
Absolutes Minimum am Jahresende 1993.
c) Schnellste Zunahme der Wassermenge an der Stelle a (etwa Mai).
Schnellste Abnahme der Wassermenge an der Stelle b (etwa Oktober).
d) Im Januar 1994 ist weniger Wasser im Reservoir als im Januar 1993, da der orientierte Flächeninhalt zwischen den Graphen von Inflow und Outflow negativ ist. Damit im Juli 1994 wieder der Stand von Januar 1993 erreicht wird, muss im ersten Halbjahr 1994 der Inflow überwiegen. Insgesamt muss der orientierte Flächeninhalt zwischen den Graphen von Inflow und Outflow zwischen Januar 1993 und Juli 1994 null sein.

Seite 162

7 Gleichung der Parabel (wenn der Scheitel bei $(0|-80)$ liegt): $f(x) = 0{,}05x^2 - 80$;
Querschnittsfläche

$$A = 100^2 - \left|\int_{-40}^{40} f(x)\,dx\right| \approx 5733{,}3;$$

Volumen $V = 0{,}5733\,m^3$; Masse $M = 1{,}32\,t$.

8 Gleichung der Parabel (Ursprung des Koordinatensystems in der Mitte des „Bodens"): $f(x) = -0{,}025x^2 + 250$.

$$A = 400 \cdot 350 - 100^2 - \int_{-100}^{100} f(x)\,dx$$

Querschnittsfläche $A = 9{,}667\,m^2$;
Volumen des Betons $V = 96{,}667\,m^3$;
(Masse $M = 222{,}3\,t$).

9 a) Tangente: $y = 3x - 4{,}5$; Schnittstelle der Tangente mit der x-Achse $x = 1{,}5$.

$$A = \int_0^3 f(x)\,dx - \tfrac{27}{8} = \tfrac{9}{2} - \tfrac{27}{8} = \tfrac{9}{8} = 1{,}125$$

b) Tangente: $y = -16x + 11{,}75$; Schnittstelle der Tangente mit der x-Achse $x = \frac{47}{64} \approx 0{,}734$.

$$A \approx \int_{0{,}5}^{2} f(x)\,dx - 0{,}396 = \tfrac{9}{8} - 0{,}439 \approx 0{,}686$$

10 a) Normale: $y = 0{,}5x - 1{,}5$;

$$A = \int_0^1 -f(x)\,dx + \tfrac{1}{2} \cdot 2 \cdot 1 = 1\tfrac{1}{3}$$

b) Normale: $y = -\frac{1}{3}x + \frac{4}{3}$;

$$A = \int_0^1 -f(x)\,dx + \tfrac{1}{2} \cdot 3 \cdot 1 = 1\tfrac{3}{4}$$

11 $W(0|0{,}1)$; Normale: $y = -x$; Schnittstellen der Normalen mit dem Graphen von f:
$x_1 = -\sqrt{2}$; $x_2 = \sqrt{2}$;

$$A = -2\int_0^{\sqrt{2}} (-x^3 + 2x)\,dx = 2.$$

12
Schnittstellen: $x_1 = 0$; $x_2 = \sqrt{m}$; $x_3 = -\sqrt{m}$

$$A_1 = \int_0^{\sqrt{m}} (mx - x^3)\,dx = \tfrac{1}{4}m^2 = 2{,}25;\ m = 3.$$

Dreiecksfläche: $A_D = \frac{1}{2} \cdot \sqrt{m} \cdot m \cdot \sqrt{m} = \frac{1}{2}m^2$.
Untere Restfläche:
$A_2 = \frac{1}{2}m^2 - \frac{1}{4}m^2 = \frac{1}{4}m^2 = A_1$.

VII Lineare Gleichungssysteme

1 Das Gauß-Verfahren

Seite 168

Einstiegsproblem
Durch das Gleichsetzen der Geradengleichungen erhält man den Schnittpunkt S(−10 | 12).

Seite 170

1 a) (3; −1; 2) b) $\left(-\frac{7}{3}; \frac{3}{4}; -2\right)$
c) (0; −4; 3,5)

2 a) (−0,5; 0,5; 3) b) $\left(\frac{22}{15}; \frac{3}{5}; 2\right)$
c) $\left(\frac{21}{4}; 4; -5\right)$

3 a) (4; 1; 1) b) $\left(\frac{5}{4}; \frac{1}{2}; 0\right)$
c) $\left(\frac{7}{4}; -\frac{7}{2}; 2\right)$

4 a) (1; 1; 1) b) (0; 1; 2)
c) $\left(-\frac{8}{7}; \frac{2}{7}; \frac{11}{7}\right)$

5 a) Richtig ist:
IIIa: $2x_2 + x_3 = -9$.
b) Richtig ist:
IIa: $10x_2 - 3x_3 = -16$.

7 Z.B.:
a) $x_1 + x_2 + x_3 = 6$, $x_1 - x_2 - x_3 = -4$, $x_1 - x_2 + x_3 = 2$
b) $x_1 + x_2 + x_3 = 4$, $x_1 - x_2 - x_3 = -8$, $x_1 - x_2 + x_3 = -6$
c) $x_1 + x_2 + x_3 = 3$, $x_1 - x_2 - x_3 = -1$, $x_1 - x_2 + x_3 = 1$
d) $x_1 + x_2 + x_3 = 9$, $x_1 - x_2 - x_3 = -9$, $x_1 - x_2 + x_3 = 3$

8 a) (4; 2; −1) b) (−2; 0,25; −2)
c) (−5; 0; 0)

9 a) $\left(-\frac{7}{15}; -\frac{26}{15}; \frac{14}{5}\right)$ b) (1; 0; −2)
c) (0,5; 2; 2)

Seite 171

10 a) $\left(-\frac{1}{2}; -\frac{38}{3}; -6\right)$ b) $\left(-1; 2; \frac{8}{3}\right)$
c) $\left(2; -8; \frac{49}{3}\right)$ d) (2; 1; 3)
e) (1; 0; 1) f) (0; 1; 2)

11 a) (2r; r) b) (−3r; 4r)
c) $\left(\frac{1}{2}r - 5; -8\right)$ d) (r; 0; 0)
e) (r + 1; r + 1; r − 1)
f) $\left(-\frac{19}{14} - \frac{9}{28}r; -\frac{1}{7} + \frac{1}{14}r; \frac{5}{2} + \frac{3}{4}r\right)$

12 a) Lösung: $\left(\frac{18}{5} + \frac{14}{5}r; \frac{18}{5} + \frac{24}{5}r; 6 + 4r\right)$, r = 0
b) Lösung: (5 − r; − 6 + 4,5r; −16 + 12,5r), r = 2
c) Lösung: $\left(2 - \frac{1}{2}r; -6 - r; \frac{3}{2} + \frac{3}{2}r\right)$, r = 4

2 Lösungsmengen linearer Gleichungssysteme

Seite 172

Einstiegsproblem
Genau eine Lösung. Unendlich viele Lösungen. Keine Lösung. (Von links nach rechts.)

Seite 173

1 a) L = {(6; 2; 3)} b) L = { }
c) $L = \left\{\left(5 + \frac{9}{2}t; 2 + 2t; t\right)\right\}$

2 a) L = { }
b) L = {(3 + 5t; 0,5 + 2t; t)}
c) L = { }

3 a) L = {(1; − 1; 3)}
b) L = {(2 − 1,5t; 1,5 + 0,75t; t)}
c) L = {(2 + t; 1 + 2t; t)}

Seite 174

4 a) L = { } b) L = {(3; 5; 7)}
c) L = { }

7 a) Ja, für $t = 2$ b) Ja, für $t = -11$
c) Nein d) Ja, für $t = 0$
e) Ja, für $t = 1$

8 Z.B.:
a) $x_1 + x_2 + x_3 = -3$
$x_1 - x_2 + x_3 = -9$
$x_1 + x_2 - x_3 = 5$

b) $x_1 + x_2 + x_3 = 1$
$x_1 + x_2 + x_3 = 2$
$x_1 + x_2 + x_3 = 3$

c) $3x_1 + 3x_2 - 3x_3 = 0$
$5x_1 + 2x_2 - 3x_3 = 0$
$8x_1 + 5x_2 - 6x_3 = 0$

d) $x_1 + x_2 - x_3 = 6$
$x_1 - x_2 + x_3 = 4$
$x_1 + x_2 - x_3 = 6$

9 a) Falsch. Z.B. hat
$x_1 + x_2 + x_3 = 1$
$x_1 + x_2 + x_3 = 8$
keine Lösung.
b) Falsch. Wenn z.B. eine Gleichung das Vielfache einer anderen Gleichung ist.
c) Falsch. Z.B. Aufgabe 1b).

10 a) L = {(0; 0; 0)}, dass dies die einzige Lösung ist, ergibt sich aus dem Rechenweg.
b) L = {(t; 2t; t)}
c) L = {(2 + t; −1 + 2t; t)}

3 Bestimmung ganzrationaler Funktionen

Seite 175

Einstiegsproblem
Ja. Zur Bestimmung einer Parabel werden drei Punkte benötigt.
A(−2|4), B(1|1), C(3,5|3)
$f(x) = a_2x^2 + a_1x + a_0$
LGS: $4a_2 - 2a_1 + a_0 = 4$
$a_2 + a_1 + a_0 = 1$
$12{,}25a_2 + 3{,}5a_1 + a_0 = 3$
$a_0 = \frac{74}{55}$; $a_1 = -\frac{37}{55}$; $a_2 = \frac{18}{55}$
$f(x) = \frac{18}{55}x^2 - \frac{37}{55}x + \frac{74}{55}$

Seite 176

1 Ansatz für alle Teilaufgaben:
$f(x) = a_2x^2 + a_1x + a_0$
a) LGS: $a_2 - a_1 + a_0 = 0$
$a_0 = -1$
$a_2 + a_1 + a_0 = 0$
$a_0 = -1$; $a_1 = 0$; $a_2 = 1$
Der Funktionsterm ist: $f(x) = x^2 - 1$.
b) LGS: $a_0 = 0$
$a_2 + a_1 + a_0 = 0$
$4a_2 + 2a_1 + a_0 = 3$
$a_0 = 0$; $a_1 = -1{,}5$; $a_2 = 1{,}5$
Der Funktionsterm ist: $f(x) = 1{,}5x^2 - 1{,}5x$.
c) LGS: $a_2 + a_1 + a_0 = 3$
$a_2 - a_1 + a_0 = 2$
$9a_2 + 3a_1 + a_0 = 2$
$a_0 = \frac{11}{4}$; $a_1 = \frac{1}{2}$; $a_2 = -\frac{1}{4}$
Der Funktionsterm ist:
$f(x) = -\frac{1}{4}x^2 + \frac{1}{2}x^2 + \frac{11}{4}$.

2 $f(x) = a_3x^3 + a_2x^2 + a_1x + a_0$
Punktsymmetrie: $a_2 = a_0 = 0$;
Tiefpunkt bei $x = 1$: $f'(1) = 0$; $f(2) = 2$.
LGS: $8a_3 + 2a_1 = 2$
$3a_3 + a_1 = 0$
$a_3 = 1$; $a_1 = -3$
Der Funktionsterm ist: $f(x) = x^3 - 3x$.

3 Ansatz für alle Teilaufgaben:
$f(x) = a_2x^2 + a_1x + a_0$
a) LGS: $a_2 - a_1 + a_0 = -3$
$a_2 + a_1 + a_0 = 1$
$4a_2 - 2a_1 + a_0 = 1$
$a_0 = -3$; $a_1 = 2$; $a_2 = 2$
Der Funktionsterm ist:
$f(x) = 2x^2 + 2x - 3$.
b) LGS: $4a_2 + 2a_1 + a_0 = 0$
$4a_2 - 2a_1 + a_0 = 0$
$a_0 = k$; $a_1 = 0$; $a_2 = -\frac{k}{4}$
Der Funktionsterm ist:
$f(x) = -\frac{k}{4}x^2 + k$, $k \in \mathbb{R}$.

c) LGS: $16a_2 - 4a_1 + a_0 = 0$
$a_0 = -4$
$a_0 = -4;\ a_1 = k;\ a_2 = \frac{1}{4}(k+1)$
Der Funktionsterm ist:
$f(x) = \frac{1}{4}(k+1)x^2 + kx - 4,\ k \in \mathbb{R}$.

4 Ansatz für alle Teilaufgaben:
$f(x) = a_3x^3 + a_2x^2 + a_1x + a_0$
a) LGS:
$$\begin{aligned} a_0 &= 1 \\ a_3 + a_2 + a_1 + a_0 &= 0 \\ -a_3 + a_2 - a_1 + a_0 &= 4 \\ 8a_3 + 4a_2 + 2a_1 + a_0 &= -5 \end{aligned}$$
$a_0 = 1;\ a_1 = -1;\ a_2 = 1;\ a_3 = -1$
Der Funktionsterm ist:
$f(x) = -x^3 + x^2 - x + 1$.
b) LGS:
$$\begin{aligned} a_0 &= -1 \\ a_3 + a_2 + a_1 + a_0 &= 1 \\ -a_3 + a_2 - a_1 + a_0 &= 7 \\ 8a_3 + 4a_2 + 2a_1 + a_0 &= 17 \end{aligned}$$
$a_0 = -1;\ a_1 = -\frac{11}{3};\ a_2 = 5;\ a_3 = \frac{2}{3}$
Der Funktionsterm ist:
$f(x) = \frac{2}{3}x^3 + 5x^2 - \frac{11}{3}x - 1$.

5 a) Tiefpunkt auf der y-Achse: $f'(0) = 0$
LGS:
$$\begin{aligned} 8a_3 + 4a_2 + 2a_1 + a_0 &= 0 \\ -8a_3 + 4a_2 - 2a_1 + a_0 &= 4 \\ -64a_3 + 16a_2 - 4a_1 + a_0 &= 8 \\ a_1 &= 0 \end{aligned}$$
$a_0 = \frac{16}{3};\ a_1 = 0;\ a_2 = -\frac{5}{6};\ a_3 = -\frac{1}{4}$
Der Funktionsterm ist:
$f(x) = -\frac{1}{4}x^3 - \frac{5}{6}x^2 + \frac{16}{3}$.
Der Graph dieser Funktion hat an der Stelle $x = 0$ einen Hochpunkt und keinen Tiefpunkt.
b) Tiefpunkt $T(1|1)$: $f(1) = 1$ und $f'(1) = 0$
LGS:
$$\begin{aligned} 8a_3 + 4a_2 + 2a_1 + a_0 &= 2 \\ 27a_3 + 9a_2 + 3a_1 + a_0 &= 9 \\ a_3 + a_2 + a_1 + a_0 &= 1 \\ 3a_3 + 2a_2 + a_1 &= 0 \end{aligned}$$
$a_0 = 0;\ a_1 = 3;\ a_2 = -3;\ a_3 = 1$
Der Funktionsterm ist: $f(x) = x^3 - 3x^2 + 3x$.
Der Graph dieser Funktion hat an der Stelle $x = 1$ einen Sattelpunkt und keinen Tiefpunkt.

6 $A(2|0)$: $f(2) = 0$; $W(2|0)$ Wendepunkt: $f''(2) = 0$; für $x = 3$ Maximum: $f'(3) = 0$
LGS:
$$\begin{aligned} 8a_3 + 4a_2 + 2a_1 + a_0 &= 0 \\ 12a_3 + 4a_2 &= 0 \\ 27a_3 + 6a_2 + a_1 &= 1 \end{aligned}$$
$a_0 = k;\ a_1 = -4{,}5k;\ a_2 = 3k;\ a_3 = -0{,}5k$
Der Funktionsterm ist:
$f(x) = -0{,}5kx^3 + 3kx^2 - 4{,}5kx + k$
$= k(-0{,}5x^3 + 3x^2 - 4{,}5x + 1),\ k \in \mathbb{R}$.
Alle Funktionen dieser Schar besitzen die angegebenen Eigenschaften.

9 $f(x) = a_4x^4 + a_3x^3 + a_2x^2 + a_1x + a_0$
$P(-4|6)$ Tiefpunkt: $f(-4) = 6$; $f'(-4) = 0$.
$Q(4|2)$ Wendepunkt mit waagerechter Tangente: $f(4) = 2$; $f''(4) = 0$; $f'(4) = 0$.
LGS:
$$\begin{aligned} 256a_4 - 64a_3 + 16a_2 - 4a_1 + a_0 &= 6 \\ -256a_4 + 48a_3 - 8a_2 + a_1 &= 0 \\ 256a_4 + 64a_3 + 16a_2 + 4a_1 + a_0 &= 2 \\ 192a_4 + 24a_3 + 2a_2 &= 0 \\ 256a_4 + 48a_3 + 8a_2 + a_1 &= 0 \end{aligned}$$
$a_0 = \frac{13}{4};\ a_1 = -\frac{3}{4};\ a_2 = \frac{3}{32};\ a_3 = \frac{1}{64};$
$a_4 = -\frac{3}{1024}$
Der Funktionsterm ist:
$f(x) = -\frac{3}{1024}x^4 + \frac{1}{64}x^3 + \frac{3}{32}x^2 - \frac{3}{4}x + \frac{13}{4}$.
Der Graph der Funktion f hat aber im Punkt $(-4|6)$ einen Hochpunkt.

Seite 177

10 a) LGS:
$$\begin{aligned} 9a_2 - 3a_1 + a_0 &= 3 \\ a_0 &= 0 \end{aligned}$$
$a_0 = 0;\ a_1 = 3k - 1;\ a_2 = k$
$f(x) = kx^2 + (3k-1)x;\ k \in \mathbb{R}$
Die Gleichung der jeweiligen Parabel erhält man aus der Lage des jeweiligen Scheitelpunktes durch eine weitere Gleichung oder indem man den Wert für k direkt abliest (Differenz des y-Werts des Scheitelpunktes zu dem des Punktes mit einem um 1 größeren x-Wert).
Rot: $S(0|0)$, $f(x) = \frac{1}{3}x^2$
Blau: $S(-2|4)$, $f(x) = -x^2 - 4x$
Schwarz: $S(-1|-1)$, $f(x) = x^2 + 2x$

b) LGS: $16a_2 - 4a_1 + a_0 = 1$
$4a_2 + 2a_1 + a_0 = 1$
$a_0 = -8k + 1;\ a_1 = 2k;\ a_2 = k$
$f(x) = kx^2 + 2kx - 8k + 1;\ k \in \mathbb{R}$
Rot: $S(-1|4)$, $f(x) = -\frac{1}{4}x^2 - \frac{1}{2}x + \frac{13}{4}$
Blau: $S(-1|3)$, $f(x) = -\frac{2}{9}x^2 - \frac{4}{9}x + \frac{25}{9}$
Schwarz: $S(-1|-1)$, $f(x) = \frac{2}{9}x^2 + \frac{4}{9}x - \frac{7}{9}$

c) LGS: $9a_2 - 3a_1 + a_0 = 3$
$9a_2 + 3a_1 + a_0 = 0$
$a_0 = -9k + \frac{3}{2};\ a_1 = -\frac{1}{2};\ a_2 = k$
$f(x) = kx^2 - \frac{1}{2}x + \frac{3}{2} - 9k;\ k \in \mathbb{R}$
Rot: $S(-1|4)$, $f(x) = -\frac{1}{4}x^2 - \frac{1}{2}x + \frac{15}{4}$
Blau: $S(1|-1)$, $f(x) = \frac{1}{4}x^2 - \frac{1}{2}x - \frac{3}{4}$
Schwarz: $S(1|2)$, $f(x) = -\frac{1}{8}x^2 - \frac{1}{2}x + \frac{21}{8}$

d) LGS: $16a_2 - 4a_1 + a_0 = 0$
$a_0 = 4$
$a_0 = 4;\ a_1 = 4k + 1;\ a_2 = k$
$f(x) = kx^2 + (4k + 1)x + 4,\ k \in \mathbb{R}$
Rot: $S(-1|4{,}5)$, $f(x) = -\frac{1}{2}x^2 - x + 4$
Blau: $S(-3|0)$, $f(x) = \frac{1}{3}x^2 + \frac{7}{3}x + 4$
Schwarz: $S(4|0)$, $f(x) = -\frac{1}{2}x^2 + 4$

11 Das Koordinatensystem sollte man so legen, dass man die Symmetrie ausnutzt:

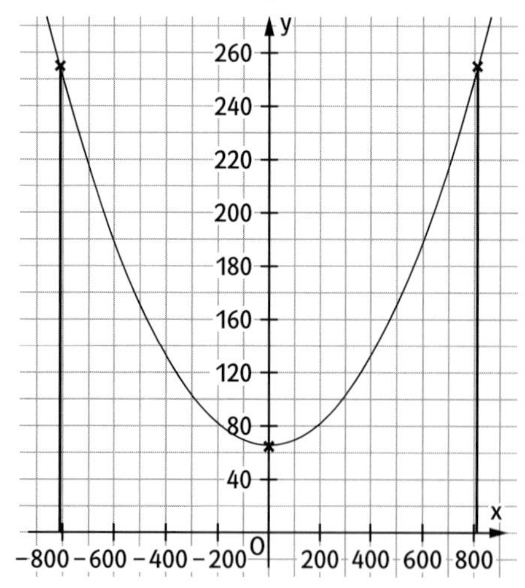

Ansatz: $f(x) = a_2x^2 + a_1x + a_0$
Gegeben sind die Punkte: $(-812|254)$, $(812|254)$ und $(0|65)$.
LGS: $659344a_2 - 812a_1 + a_0 = 254$
$659344a_2 + 812a_1 + a_0 = 254$
$a_0 = 65$
$a_0 = 65;\ a_1 = 0;\ a_2 = \frac{378}{1318688} = \frac{27}{94192}$
$f(x) = \frac{27}{94192}x^2 + 65$

12 An den Anschlusspunkten $P_1(-1|-1)$ und $P_2(1|1)$ müssen folgende Bedingungen erfüllt werden:
$f(-1) = -1$ und $f(1) = 1$ (keine Lücke),
$f'(-1) = 0$ und $f'(1) = 0$ (kein Knick),
$f''(-1) = 0$ und $f''(1) = 0$ (kein Krümmungssprung).
Sechs Bedingungen, deshalb Ansatz mit einer Funktion fünften Grades:
$f(x) = a_5x^5 + a_4x^4 + a_3x^3 + a_2x^2 + a_1x + a_0.$
LGS:
$$\begin{aligned} -a_5 + a_4 - a_3 + a_2 - a_1 + a_0 &= -1 \\ a_5 + a_4 + a_3 + a_2 + a_1 + a_0 &= 1 \\ 5a_5 - 4a_4 + 3a_3 - 2a_2 + a_1 &= 0 \\ 5a_5 + 4a_4 + 3a_3 + 2a_2 + a_1 &= 0 \\ -20a_5 + 12a_4 - 6a_3 + 2a_2 &= 0 \\ 20a_5 + 12a_4 + 6a_3 + 2a_2 &= 0 \end{aligned}$$
$a_0 = 0;\ a_1 = \frac{15}{8};\ a_2 = 0;\ a_3 = -\frac{5}{4};\ a_4 = 0;$
$a_5 = \frac{3}{8}$
Die gesuchte Funktion ist:
$f(x) = \frac{3}{8}x^5 - \frac{5}{4}x^3 + \frac{15}{8}x.$

13 Ansatz:
$f(x) = a_4x^4 + a_3x^3 + a_2x^2 + a_1x + a_0$
Symmetrie zur y-Achse: $a_3 = a_1 = 0$;
Wendepunkt $W(1|0)$: $f(1) = 0$; $f''(1) = 0$.
Aus Symmetriegründen folgt Wendepunkt $W(-1|0)$: $f(-1) = 0$; $f''(-1) = 0$.
Weiterhin muss gelten $f'(1) = -\frac{1}{f'(-1)}$.
LGS:
$$\begin{aligned} a_4 + a_2 + a_0 &= 0 \\ 12a_4 + 2a_2 &= 0 \\ 4a_4 + 2a_2 &= a \\ -4a_4 - 2a_2 &= -\frac{1}{a} \end{aligned}$$

Aus den beiden letzten Gleichungen folgt durch Addition:
$0 = a - \frac{1}{a} \Rightarrow a^2 = 1 \Rightarrow a = 1$ oder $a = -1$.
Für $a = 1$ erhält man mit dem LGS:
$a_0 = -\frac{5}{8};\ a_2 = \frac{3}{4};\ a_4 = -\frac{1}{8}$.
Für $a = -1$ erhält man mit dem LGS:
$a_0 = \frac{5}{8};\ a_2 = -\frac{3}{4};\ a_4 = \frac{1}{8}$.
Die gesuchten Funktionen sind:
$f_1(x) = -\frac{1}{8}x^4 + \frac{3}{4}x^2 - \frac{5}{8}$ und
$f_2(x) = \frac{1}{8}x^4 - \frac{3}{4}x^2 + \frac{5}{8}$.

Wiederholen – Vertiefen – Vernetzen

Seite 178

1 a) $L = \{(3; 2; -1)\}$
b) $L = \{\ \}$
c) $L = \{(0; 0; 0)\}$
d) $L = \left\{\left(\frac{25}{7}; -\frac{80}{7}; \frac{78}{7}\right)\right\}$
e) $L = \{(-0{,}25; 0{,}5; 0{,}75)\}$
f) $L = \{\ \}$

2 a) $L = \{\ \}$
b) $L = \{(100; -100; 100)\}$
c) $L = \{(-100; 100; 300)\}$

3 a) $L = \{(-1; -1; -1)\}$
b) $L = \{(1; k; 2) \mid k \in \mathbb{R}\}$
c) $L = \{(k; k; k) \mid k \in \mathbb{R}\}$

4 a)
$L = \left\{\left(\frac{18}{5} + \frac{14}{5}k; \frac{9}{5} + \frac{12}{5}k; 3 + 2k\right) \middle| k \in \mathbb{R}\right\}$
b) $L = \{\ \}$ für $r \neq 0$,
$L = \left\{\left(-\frac{2}{3} - \frac{1}{3}k; -\frac{4}{3} + \frac{1}{3}k; k\right) \middle| k \in \mathbb{R}\right\}$ für $r = 0$
c) $L = \left\{\left(2 + k; -\frac{5}{7} - \frac{3}{7}k; -\frac{4}{7} - \frac{1}{7}k\right) \middle| k \in \mathbb{R}\right\}$

5 x_1: pairs Gauss,
x_2: pairs Roebecks,
x_3: pairs K Scottish.

LGS:
$$\begin{aligned} x_1 + x_2 + x_3 &= 120 \\ 50x_1 + 50x_2 + 45x_3 &= 5700 \\ x_1 &= x_2 \end{aligned}$$
$L = \{(30; 30; 60)\}$

6 Ansatz:
$f(x) = a_4x^4 + a_3x^3 + a_2x^2 + a_1x + a_0$
LGS:
$$\begin{aligned} 16a_4 - 8a_3 + 4a_2 - 2a_1 + a_0 &= -1 \\ a_0 &= 2 \\ a_4 + a_3 + a_2 + a_1 + a_0 &= -1 \\ 16a_4 + 8a_3 + 4a_2 + 2a_1 + a_0 &= -1 \\ 81a_4 + 27a_3 + 9a_2 + 3a_1 + a_0 &= 2 \end{aligned}$$
$a_0 = 2;\quad a_1 = -\frac{18}{5};\quad a_2 = -\frac{3}{20};$
$a_3 = \frac{9}{10};\ a_4 = -\frac{3}{20}$
$f(x) = -\frac{3}{20}x^4 + \frac{9}{10}x^3 - \frac{3}{20}x^2 - \frac{18}{5}x + 2$

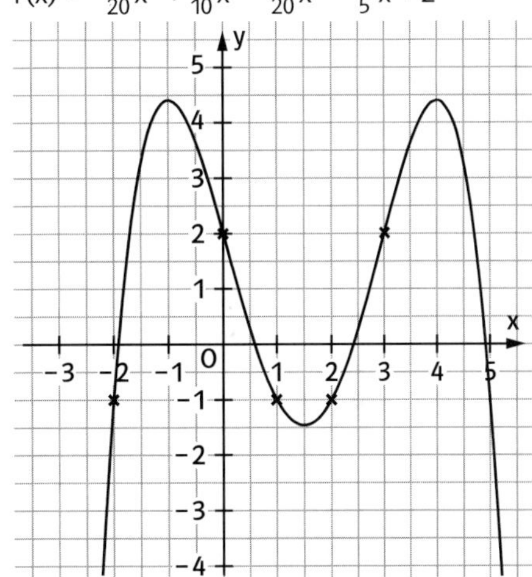

7 Ansatz: Ganzrationale Funktion vierten Grades $f(x) = a_4x^4 + a_3x^3 + a_2x^2 + a_1x + a_0$.
Mit den Punkten $A(-2|1)$, $B(0|3)$, $C(2|-1)$, $D(3|2)$ und $f'(0) = 0$ folgt das LGS:
$$\begin{aligned} 16a_4 - 8a_3 + 4a_2 - 2a_1 + a_0 &= 1 \\ a_0 &= 3 \\ 16a_4 + 8a_3 + 4a_2 + 2a_1 + a_0 &= -1 \\ 81a_4 + 27a_3 + 9a_2 + 3a_1 + a_0 &= 2 \\ 2a_1 &= 0 \end{aligned}$$

$a_0 = 3;\ a_1 = 0;\ a_2 = -\frac{281}{180};\ a_3 = -\frac{1}{8};\ a_4 = \frac{73}{360}$

$f(x) = \frac{73}{360}x^4 - \frac{1}{8}x^3 - \frac{281}{180}x^2 + 3$

8 Ansatz: Ganzrationale Funktion vierten Grades $f(x) = a_4x^4 + a_3x^3 + a_2x^2 + a_1x + a_0$
$f'(x) = 4a_4x^3 + 3a_3x^2 + 2a_2x + a_1$.
Mit den Punkten A(−2|−1), B(0|3), C(1|1) und D(3|2) des Graphen von f′ und Nullstelle x = 1 von f, also f(1) = 0, ergibt sich das LGS:

$$\begin{aligned} -32a_4 + 12a_3 - 4a_2 + a_1 &= -1 \\ a_1 &= 3 \\ 4a_4 + 3a_3 + 2a_2 + a_1 &= 1 \\ 108a_4 + 27a_3 + 6a_2 + a_1 &= 2 \\ a_4 + a_3 + a_2 + a_1 + a_0 &= 0 \end{aligned}$$

$a_0 = -\frac{49}{24};\quad a_1 = 3,\ a_2 = -\frac{23}{30};\quad a_3 = -\frac{3}{10};$

$a_4 = \frac{13}{120}$

$f(x) = \frac{13}{120}x^4 - \frac{3}{10}x^3 - \frac{23}{30}x^2 + 3x - \frac{49}{24}$

Seite 179

9 Ansatz:
$f(x) = a_4x^4 + a_3x^3 + a_2x^2 + a_1x + a_0$
Aus $f(1) = 0;\ f(5) = 0;\ f''(1) = 0;\ f'(1) = 0$ und $f(3) = 5$ erhält man das LGS:

$$\begin{aligned} a_4 + a_3 + a_2 + a_1 + a_0 &= 0 \\ 625a_4 + 125a_3 + 25a_2 + 5a_1 + a_0 &= 0 \\ 12a_4 + 6a_3 + 2a_2 &= 0 \\ 4a_4 + 3a_3 + 2a_2 + a_1 &= 0 \\ 81a_4 + 27a_3 + 9a_2 + 3a_1 + a_0 &= 5 \end{aligned}$$

$a_0 = -\frac{25}{16};\ a_1 = 5;\ a_2 = -\frac{45}{8};\ a_3 = \frac{5}{2};$

$a_4 = -\frac{5}{16}$

$f(x) = -\frac{5}{16}x^4 + \frac{5}{2}x^3 - \frac{45}{8}x^2 + 5x - \frac{25}{16}$

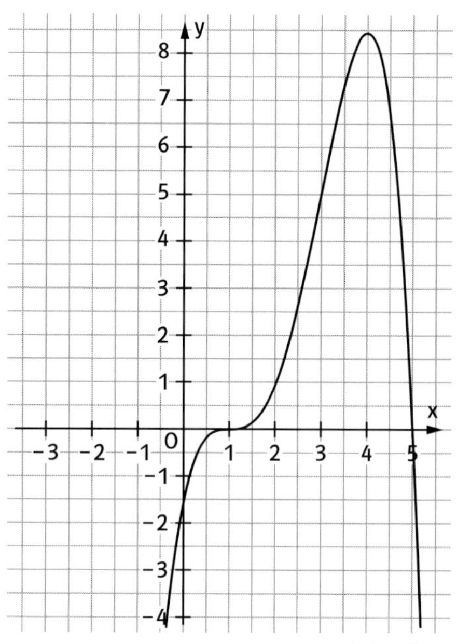

Das absolute Maximum liegt bei $\left(4\,\middle|\,\frac{135}{16}\right)$.

10 a) Ansatz: $f_2(x) = a_2x^2 + a_1x + a_0$
$f_2(0) = \cos(0) = 1,\ f_2'(0) = -\sin(0) = 0;$
$f_2''(0) = -\cos(0) = -1$
Es ergibt sich das LGS:

$$\begin{aligned} a_0 &= 1 \\ a_1 &= 0 \\ a_2 &= -0{,}5 \end{aligned}$$

$f_2(x) = -0{,}5x^2 + 1$
(Grafik siehe bei Teilaufgabe b)
b) Ansatz:
$f_4(x) = a_4x^4 + a_3x^3 + a_2x^2 + a_1x + a_0$
$f_4(0) = \cos(0) = 1,\ f_4'(0) = -\sin(0) = 0;$
$f_4''(0) = -\cos(0) = -1;\ f_4'''(0) = \sin(0) = 0;$
$f_4''''(0) = \cos(0) = 1$
Es ergibt sich das LGS:

$$\begin{aligned} a_0 &= 1 \\ a_1 &= 0 \\ a_2 &= -0{,}5 \\ a_3 &= 0 \\ a_4 &= \frac{1}{24} \end{aligned}$$

$f_4(x) = \frac{1}{24}x^4 - \frac{1}{2}x^2 + 1$

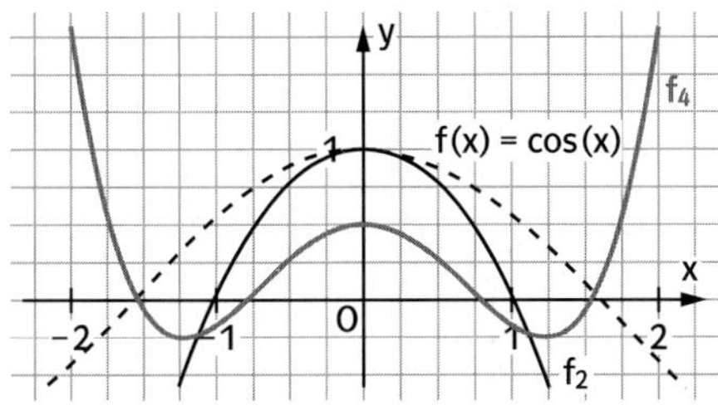

c) $f_4(1) - \cos(1) \approx 0{,}5417 - 0{,}5403 = 0{,}0014$

11 Ansatz:
$f(x) = a_4x^4 + a_3x^3 + a_2x^2 + a_1x + a_0$
$f'(x) = 4a_4x^3 + 3a_3x^2 + 2a_2x +$
a_1 $f''(x) = 12a_4x^2 + 6a_3x + 2a_2$
Aus den Bedingungen $f(-1) = 0$; $f(5) = 0$;
$f'(3{,}5) = 0$; $f''(1) = 0$; $f'(1) = 0$ folgt das LGS:

$$\begin{aligned} a_4 - a_3 + a_2 - a_1 + a_0 &= 0 \\ 625a_4 + 125a_3 + 25a_2 + 5a_1 + a_0 &= 0 \\ 171{,}5a_4 + 36{,}75a_3 + 7a_2 + a_1 &= 0 \\ 12a_4 + 6a_3 + 2a_2 &= 0 \\ 4a_4 + 3a_3 + 2a_2 + a_1 &= 0 \end{aligned}$$

$a_0 = k$; $a_1 = \frac{42}{115}k$; $a_2 = -\frac{48}{115}k$; $a_3 = \frac{22}{115}k$;
$a_4 = -\frac{3}{115}k$, $k \in \mathbb{R}$
$f(x) = -\frac{3}{115}kx^4 + \frac{22}{115}kx^3 - \frac{48}{115}kx^2 + \frac{42}{115}kx + k$,
$k \in \mathbb{R}$
$f(x) = \frac{k}{115}(-3x^4 + 22x^3 - 48x^2 + 42x + 115)$,
$k \in \mathbb{R}$
Die Graphen werden mit dem Faktor senkrecht zur x-Achse gestreckt.

12 Ansatz:
$f(x) = a_4x^4 + a_3x^3 + a_2x^2 + a_1x + a_0$
$f'(x) = 4a_4x^3 + 3a_3x^2 + 2a_2x +$
a_1 $f''(x) = 12a_4x^2 + 6a_3x + 2a_2$
Aus den Bedingungen $f(-2) = 0$;
$f(-1) = -1$; $f'(-2) = 0$; $f''(-1) = 0$;
$f'(-1) = -3$ folgt das LGS:

$$\begin{aligned} 16a_4 - 8a_3 + 4a_2 - 2a_1 + a_0 &= 0 \\ a_4 - a_3 + a_2 - a_1 + a_0 &= -1 \\ -32a_4 + 12a_3 - 4a_2 + a_1 &= 0 \\ 12a_4 - 6a_3 + 2a_2 &= 0 \\ -4a_4 + 3a_3 - 2a_2 + a_1 &= -3 \end{aligned}$$

$a_0 = 4$; $a_1 = 24$; $a_2 = 33$; $a_3 = 17$; $a_4 = 3$
$f(x) = 3x^4 + 17x^3 + 33x^2 + 24x + 4$

13 Man erhält das LGS:

$$\begin{aligned} 40x_1 + 50x_2 + 60x_3 + 70x_4 &= 55 \\ 26x_1 + 22x_2 + 25x_3 + 18x_4 &= 23 \\ 34x_1 + 28x_2 + 15x_3 + 12x_4 &= 22 \end{aligned}$$

$L = \left\{\left(-\frac{1}{14} + \frac{10}{7}k; \frac{9}{14} - \frac{13}{7}k; \frac{3}{7} - \frac{4}{7}k; k\right) \middle| k \in \mathbb{R}\right\}$
Da alle Anteile positiv sein müssen, erhält man für den Anteil k der Sorte IV:
$\frac{1}{20} \le k \le \frac{9}{26}$.

14 Man erhält das LGS:

$$\begin{aligned} x_1 + x_2 &= 500 \\ x_1 + x_4 &= 600 \\ x_3 + x_4 &= 300 \\ x_2 + x_3 &= 200 \end{aligned}$$

$L = \{(600 - k; -100 + k; 300 - k; k) \mid k \in \mathbb{R}\}$
a) Die Sperrung von AD führt zu $k = 0$ und damit zu $x_2 = -100$, was aber nicht möglich ist.
b) Da $k \le 300$ gilt, ist die minimale Verkehrsdichte auf AB 300, da sonst x_3 negativ wird.
c) Da $k \ge 100$ gelten muss, damit x_2 nicht negativ wird, ist die Verkehrsdichte auf CD maximal 200.

Seite 180

15 a) m: Anzahl der Pud des Maulesels,
e: Anzahl der Pud des Esels.
LGS: $e + 1 = 2(m - 1)$
$m + 1 = 3(e - 1)$
$L = \left\{\left(\frac{11}{5}; \frac{13}{5}\right)\right\}$
b) m: Anzahl der Männer,
f: Anzahl der Frauen.
$16f - 25m = 1$
$f = \frac{1 + 25m}{16}$
Die Zahl $1 + 25m$ ist durch 16 ohne Rest teilbar, wenn gilt: $m = 16n + 7$ mit
$n = 0, 1, 2, 3, \ldots$
Lösung mit der kleinsten Anzahl:
$m = 7$ und $f = 11$.

c) LGS:
$$\begin{aligned} x_1 + \tfrac{1}{2}x_2 \qquad &= 100 \\ x_2 + \tfrac{1}{3}x_3 &= 100 \\ \tfrac{1}{4}x_1 + \qquad x_3 &= 100 \end{aligned}$$

$L = \{(64; 72; 84)\}$

d) w: Anzahl weißer Tücher,
s: Anzahl schwarzer Tücher,
b: Anzahl blauer Tücher.

LGS:
$$\begin{aligned} 2w + 3s + 7b &= 140 \\ -w + s \qquad &= 2 \\ -s + b &= 3 \end{aligned}$$

$L = \left\{\left(\frac{33}{4}; \frac{41}{4}; \frac{53}{4}\right)\right\}$

16 b: Anzahl der Büffel,
h: Anzahl der Hammel,
s: Anzahl der Schweine.

LGS:
$$\begin{aligned} 2b + 5h - 13s &= 1000 \\ 3b - 9h + 3s &= 0 \\ -5b + 6h + 8s &= -600 \end{aligned}$$

$L = \{(1200; 500; 300)\}$

17
$$\begin{aligned} \alpha + \beta + \gamma &= 180° \\ \alpha - 2\beta \qquad &= 0° \\ \beta - \gamma &= 20° \end{aligned}$$

$L = \{(100°; 50°; 30°)\}$

18 a) e: Anzahl der Enten,
h: Anzahl der Hühner,
k: Anzahl der Kaninchen.

LGS:
$$\begin{aligned} 2e + 2h + 4k &= 120 \\ e + h + k &= 36 \\ 2e - h \qquad &= 0 \end{aligned}$$

$L = \{(4; 8; 24)\}$

4 Enten, 8 Hühner, 24 Kaninchen

b) g: Anzahl der Gänse,
h: Anzahl der Hühner,
k: Anzahl der Küken.

LGS:
$$\begin{aligned} 10g + 5h + k &= 100 \\ g + h + k &= 50 \end{aligned}$$

$L = \left\{\left(-30 + \frac{4}{5}k; 80 - \frac{9}{5}k; k\right) \middle| k \in \mathbb{R}\right\}$

Da die Anzahlen positiv sein müssen, folgt $38 \le k \le 44$. Da außerdem k durch 5 teilbar sein muss, bleibt nur $k = 40$. Es sind also 2 Gänse, 8 Hühner und 40 Küken.

19 m_1, m_2: Alter der Männer,
f_1, f_2: Alter der Frauen.

LGS:
$$\begin{aligned} m_1 + m_2 + f_1 + f_2 &= 290 \\ m_1 + m_2 - f_1 - f_2 &= 10 \\ f_1 - f_2 &= 0 \end{aligned}$$

$L = \{(150 - k; k; 70; 70) \mid k \in \mathbb{R}\}$

20 x_1: Anzahl der 10-ct-Marken,
x_2: Anzahl der 20-ct-Marken,
x_3: Anzahl der 30-ct-Marken,
x_4: Anzahl der 50-ct-Marken.

LGS:
$$\begin{aligned} x_1 + x_2 + x_3 + x_4 &= 10 \\ 10x_1 + 20x_2 + 30x_3 + 50x_4 &= 300 \end{aligned}$$

$L = \{(-10 + 3r + s; 20 - 4r - 2s; s; r) \mid r, s \in \mathbb{R}\}$

Aus $20 - 4r - 2s \ge 0$ folgt $4r + 2s \le 20$.
Daraus folgt, dass $r \le 5$ sein muss.
Für $r = 5$ lautet die Lösungsmenge:
$L = \{(5 + s; -2s; s; 5)\}$.
$-2s$ ist aber für jede Einsetzung von $s > 0$ negativ, also keine Lösung möglich.
Für $r = 4$ lautet die Lösungsmenge:
$L = \{(2 + s; 4 - 2s; s; 4)\}$.
Für $s = 1$ erhält man (3; 2; 1; 4).
Für $s = 2$ erhält man (4; 0; 2; 4).
$s \ge 3$ keine Lösung.
Analog untersucht man die Lösungsmenge für $r = 3; 2; 1; 0$.
Mögliche Aufteilungen:

x_1	x_2	x_3	x_4
0	0	10	0
0	2	7	1
0	4	4	2
0	6	1	3
1	0	8	1
1	2	5	2
1	4	2	3
2	0	6	2
2	2	3	3

x_1	x_2	x_3	x_4
3	0	4	3
3	2	1	4
4	0	2	4

21 x_1: Alter des Kapitäns,
x_2: Anzahl der Passagiere,
x_3: Anzahl des Servicepersonals,
x_4: Anzahl der Kabinen.
LGS:

$$\begin{aligned} x_2 - 2x_4 &= 0 \\ x_2 + x_3 - 3x_4 &= -30 \\ 5x_1 - x_2 - x_3 - x_4 &= 0 \\ x_1 - x_2 + x_3 + x_4 &= 20 \end{aligned}$$

$L = \{(50; 140; 40; 70)\}$
Der Kapitän ist 50 Jahre alt, es sind 140 Passagiere an Bord, das Servicepersonal besteht aus 40 Personen und das Schiff hat 70 Kabinen.

VIII Vektoren und Geraden

1 Punkte im Raum

Seite 186

Einstiegsproblem
Die Katze befindet sich in der x_1x_2-Ebene, der Vogel befindet sich über der Katze.

Seite 187

1

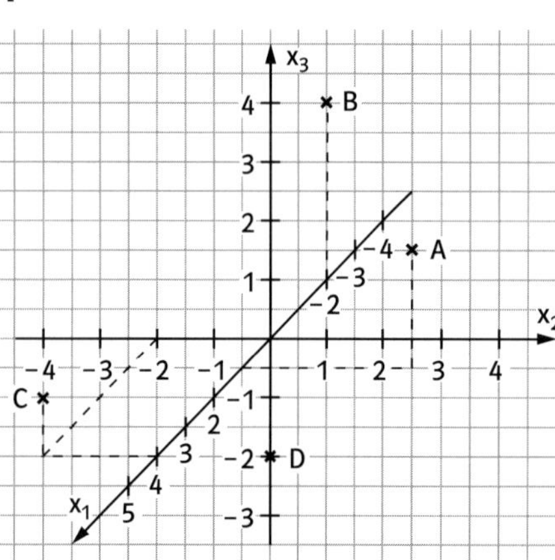

2 a), c)

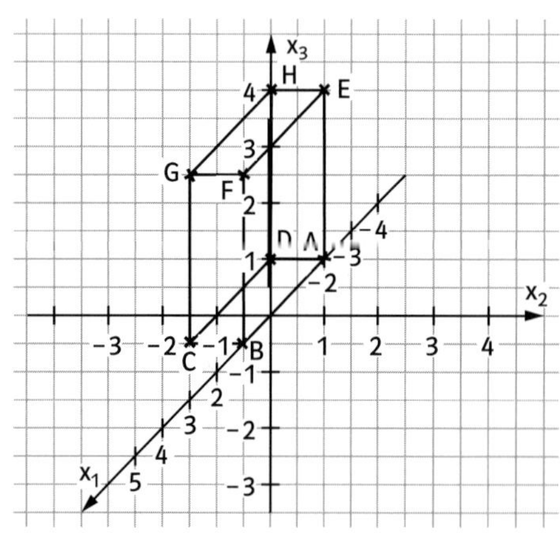

b) E(−2|0|3), F(1|0|3), D(−2|−1|0), H(−2|−1|3)

Seite 188

3 a) Diese Punkte liegen in der x_2x_3-Ebene (x_1x_3-Ebene, x_1x_2-Ebene).
b) Diese Punkte liegen auf der x_1-Achse.

4 P(2|3|0), Q(4|4|0), R(0|3|1), S(0|−2|−1), T(2|0|1), U(5|0|−2,5)

7 C(−3|7|2), D(−3|3|2), S(−1|5|6)

8 a) P(1|1,5|1), Q(1|3|1)
b) Zum Beispiel A(1|7|1), B(1|8|1), C(1|9|1).
c) Die x_1-Koordinate und die x_3-Koordinate sind stets 1. Die x_2-Koordinate ist eine (beliebig wählbare) reelle Zahl.

9 a) Zum Beispiel A(1|5|1) und B(1|−5|1).
b) Zum Beispiel A(1|1|4) und B(1|1|−4).

10 a) A(2|0|0), B(−1|2|1), C(−2|3|−4), D(3|4|2)
b) A(−2|0|0), B(1|2|−1), C(2|3|4), D(−3|4|−2)
c) A(2|0|0), B(−1|−2|−1), C(−2|−3|4), D(3|−4|−2)

11 a) Die Strecke muss ganz in der x_2x_3-Ebene liegen.
b) Strecken, die nicht in der Zeichenebene des Heftes liegen, also alle Strecken, die nicht in der x_2x_3-Ebene liegen.

2 Vektoren

Seite 189

Einstiegsproblem
Wegbeschreibung 1:
B4 C4 D4 E4 F4 G4 G3 G2 G1

Wegbeschreibung 2:
B4 B3 B2 B1 C1 D1 E1 F1 G1
Wegbeschreibung 3:
B4 C4 D4 D3 D2 D1 E1 F1 G1
Wegbeschreibung 4:
B4 B3 C3 C2 D2 D1 E1 F1 G1
Wegbeschreibung 5:
B4 C4 C3 D3 D2 E2 E1 F1 G1
Am besten merkt man sich Wegbeschreibungen 1 und 2.

Seite 191

1

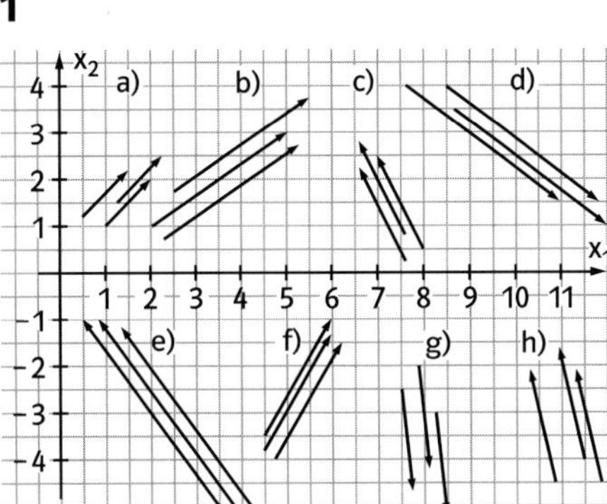

2

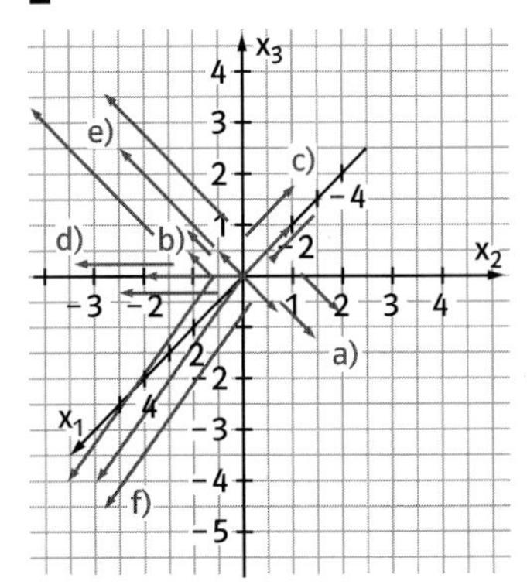

3 a) $\overrightarrow{AB} = \begin{pmatrix} 2 \\ 4 \\ 0 \end{pmatrix}$, $\overrightarrow{BA} = \begin{pmatrix} -2 \\ -4 \\ 0 \end{pmatrix}$

b) $\overrightarrow{AB} = \begin{pmatrix} -1 \\ 1 \\ 3 \end{pmatrix}$, $\overrightarrow{BA} = \begin{pmatrix} 1 \\ -1 \\ -3 \end{pmatrix}$

c) $\overrightarrow{AB} = \begin{pmatrix} 3 \\ -4 \\ 1 \end{pmatrix}$, $\overrightarrow{BA} = \begin{pmatrix} -3 \\ 4 \\ -1 \end{pmatrix}$

d) $\overrightarrow{AB} = \begin{pmatrix} 1 \\ -3 \\ -2 \end{pmatrix}$, $\overrightarrow{BA} = \begin{pmatrix} -1 \\ 3 \\ 2 \end{pmatrix}$

e) $\overrightarrow{AB} = \begin{pmatrix} 6 \\ 6 \\ -1 \end{pmatrix}$, $\overrightarrow{BA} = \begin{pmatrix} -6 \\ -6 \\ 1 \end{pmatrix}$

f) $\overrightarrow{AB} = \begin{pmatrix} 1{,}5 \\ -4{,}3 \\ 5 \end{pmatrix}$, $\overrightarrow{BA} = \begin{pmatrix} -1{,}5 \\ 4{,}3 \\ -5 \end{pmatrix}$

4 a) B(4|−2|6) b) B(−15|10|34)
c) A(−19|12|28) d) A(31|−70|−184)

5 a) P(−2|1|−3) b) P(2|0|−2)
c) P(1|−1|1) d) P(1|−3|−1)
Bezüglich des Vektors $\overrightarrow{BA}$: nur Vorzeichenwechsel bei den Koordinaten der Punkte der Teilaufgaben a)–d).

6

	$\overrightarrow{AB}$	$\overrightarrow{DC}$	$\overrightarrow{AD}$	$\overrightarrow{BC}$	Parallelogramm?
a)	$\begin{pmatrix} 7 \\ 3 \\ 2 \end{pmatrix}$	$\begin{pmatrix} 7 \\ 3 \\ 2 \end{pmatrix}$	$\begin{pmatrix} 4 \\ 1 \\ 0 \end{pmatrix}$	$\begin{pmatrix} 4 \\ 1 \\ 0 \end{pmatrix}$	ja, da $\overrightarrow{AB} = \overrightarrow{DC}$
b)	$\begin{pmatrix} 2 \\ 4 \\ 1 \end{pmatrix}$	$\begin{pmatrix} 2 \\ 4 \\ 1 \end{pmatrix}$	$\begin{pmatrix} 7 \\ 3 \\ 5 \end{pmatrix}$	$\begin{pmatrix} 7 \\ 3 \\ 5 \end{pmatrix}$	ja, da $\overrightarrow{AB} = \overrightarrow{DC}$
c)	$\begin{pmatrix} 4 \\ 7 \\ -6 \end{pmatrix}$	$\begin{pmatrix} -7 \\ -1 \\ -7 \end{pmatrix}$	$\begin{pmatrix} 6 \\ 2 \\ 1 \end{pmatrix}$	$\begin{pmatrix} -5 \\ -6 \\ 0 \end{pmatrix}$	nein

7 a) Viereck ABCD mit D(18|−14|56)
Viereck ABDC mit D(−18|22|−46)
b) Viereck ABCD mit D(−109|201|17)
Viereck ABDC mit D(111|−197|−11)

Seite 192

10 a) Individuelle Lösung.
b) Meersburg: Der Ballon landet in der Schweiz.
Wasserburg: Der Ballon schafft es gerade bis zum Strand südlich von Rheinspitz.

c) Individuelle Lösung (Koordinaten verdoppeln sich / Richtung des neuen Vektors ist der Richtung des alten Vektors entgegengesetzt).

11 a)

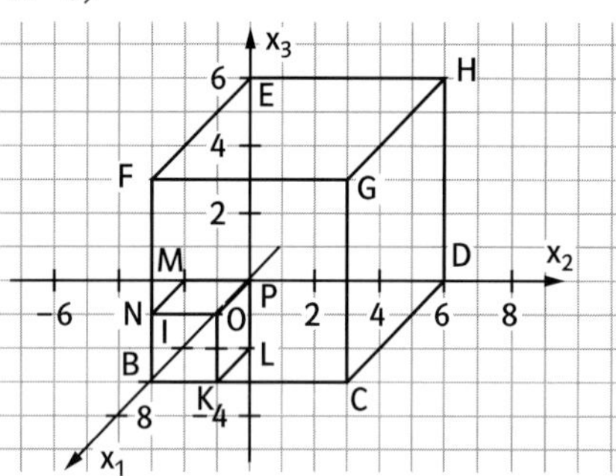

b) Großer Würfel:
A(0|0|0), B(6|0|0), C(6|6|0), D(0|6|0),
E(0|0|6), F(6|0|6), G(6|6|6), H(0|6|6)
Kleiner Würfel:
I(4|0|0), J(6|0|0) = B, K(6|2|0), L(4|2|0),
M(4|0|2), N(6|0|2), O(6|2|2), P(4|2|2)

c) $\vec{v_1} = \begin{pmatrix} -2 \\ -2 \\ 2 \end{pmatrix}$; $\vec{v_2} = \begin{pmatrix} -6 \\ -6 \\ 6 \end{pmatrix}$

12 a) Individuelle Lösung. (Mithilfe dieser drei Vektoren kann die gegebene Pyramide an unterschiedliche Positionen kopiert werden).
b) Man benötigt zwei Vektoren.

13 $M_1(2|4|-1)$, $M_2(2|6|0{,}5)$, $M_3(1|4|0{,}5)$, $M_4(2|2|0{,}5)$

a) $\overrightarrow{M_1M_2} = \begin{pmatrix} 0 \\ 2 \\ 1{,}5 \end{pmatrix}$ b) $\overrightarrow{M_2M_3} = \begin{pmatrix} -1 \\ -2 \\ 0 \end{pmatrix}$

c) $\overrightarrow{M_3M_4} = \begin{pmatrix} 1 \\ -2 \\ 0 \end{pmatrix}$ d) $\overrightarrow{M_4M_1} = \begin{pmatrix} 0 \\ 2 \\ -1{,}5 \end{pmatrix}$

3 Rechnen mit Vektoren

Seite 193

Einstiegsproblem

Befehl von A nach B: Gehe 2 Einheiten in x_1-Richtung und 3 Einheiten in entgegengesetzte x_2-Richtung (oder −3 Einheiten in x_2-Richtung).
Befehl von B nach C: Gehe 7 Einheiten in x_1-Richtung und 2 Einheiten in x_2-Richtung.
Befehl von C nach A: Gehe 9 Einheiten in entgegengesetzte x_1-Richtung und eine Einheit in x_2-Richtung.

Seite 195

1 a) $\begin{pmatrix} 7 \\ 1 \\ -2 \end{pmatrix}$ b) $\begin{pmatrix} 1 \\ 1 \\ 1 \end{pmatrix}$

c) $\begin{pmatrix} 0 \\ 1 \\ -9 \end{pmatrix}$ d) $\begin{pmatrix} 9 \\ -2 \\ 5 \end{pmatrix}$

2 a) $\begin{pmatrix} 7 \\ 14 \\ 35 \end{pmatrix}$ b) $\begin{pmatrix} -3 \\ 0 \\ -33 \end{pmatrix}$ c) $\begin{pmatrix} 10 \\ -5 \\ 5 \end{pmatrix}$

d) $\begin{pmatrix} 2 \\ 3 \\ 4 \end{pmatrix}$ e) $\begin{pmatrix} -7{,}5 \\ -8{,}25 \\ -9 \end{pmatrix}$ f) $\begin{pmatrix} 0 \\ 0 \\ 0 \end{pmatrix}$

3 a) $M(4|2|4)$ b) $M\left(-\frac{3}{2}\middle|1\middle|\frac{7}{2}\right)$
c) $M(-1|0|1)$ d) $M(3|2|3)$

4 a) $\frac{1}{4}\cdot\begin{pmatrix} 2 \\ 12 \\ 1 \end{pmatrix}$ b) $\frac{1}{10}\cdot\begin{pmatrix} 50 \\ 4 \\ 15 \end{pmatrix}$ c) $4\cdot\begin{pmatrix} -2 \\ 3 \\ 9 \end{pmatrix}$

d) $13\cdot\begin{pmatrix} 3 \\ 0 \\ -4 \end{pmatrix}$ e) $\frac{1}{24}\cdot\begin{pmatrix} 288 \\ -20 \\ -3 \end{pmatrix}$ f) $\frac{1}{66}\cdot\begin{pmatrix} 18 \\ -15 \\ 14 \end{pmatrix}$

5

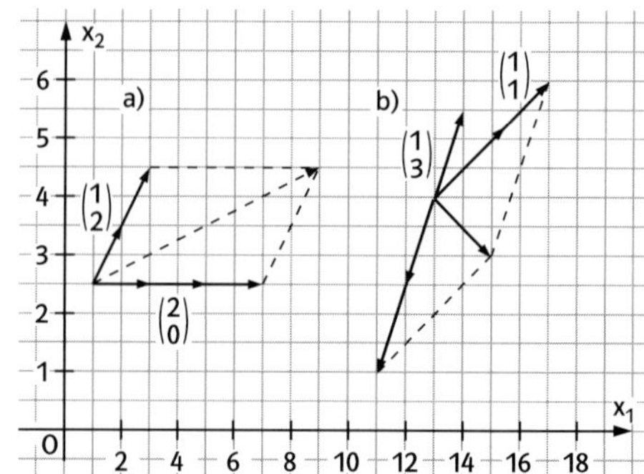

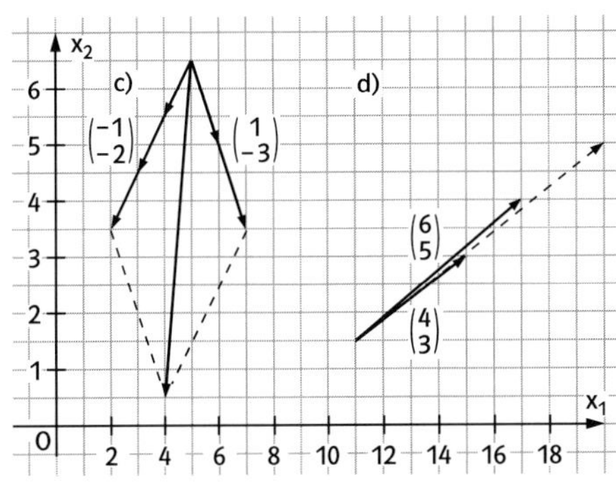

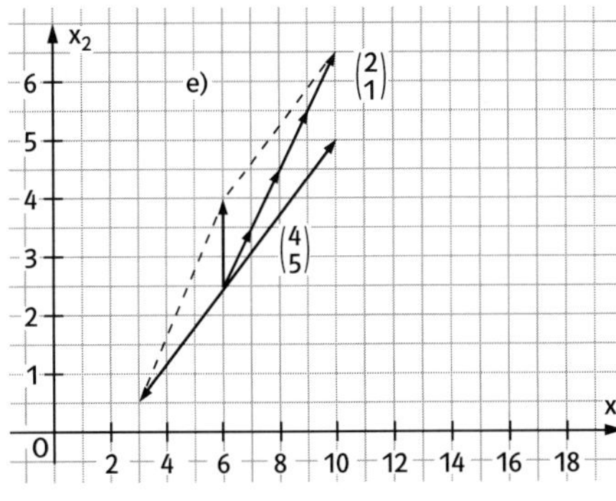

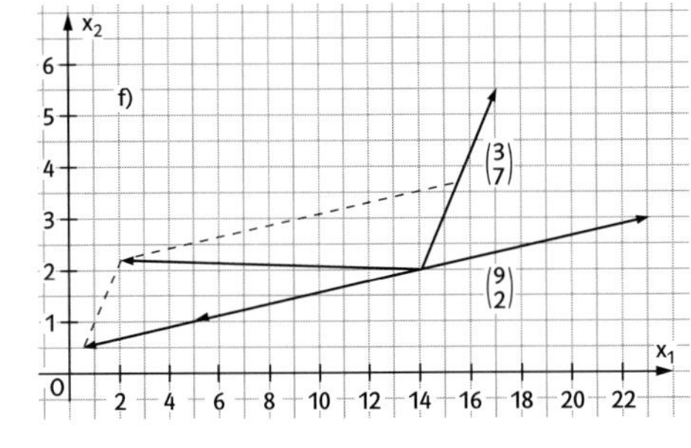

6 B(7|2|11)

7 a) $\begin{pmatrix} -1 \\ 2 \\ -7 \end{pmatrix}$ b) $\begin{pmatrix} 40 \\ -8 \\ 4 \end{pmatrix}$ c) $\begin{pmatrix} 40 \\ 20 \\ -10 \end{pmatrix}$

d) $\begin{pmatrix} 5 \\ 4 \\ 3 \end{pmatrix}$ e) $\begin{pmatrix} -2 \\ 16 \\ 10 \end{pmatrix}$ f) $\begin{pmatrix} 6{,}4 \\ 30 \\ 17 \end{pmatrix}$

8

a) $M_a(2|2)$, $M_b(0{,}5|1{,}5)$, $M_c(1{,}5|0{,}5)$
b) $M_a(2|2|3)$, $M_b(0{,}5|1{,}5|2)$, $M_c(1{,}5|0{,}5|1)$
c) $M_a(3|3{,}5)$, $M_b(1{,}5|4)$, $M_c(2{,}5|2{,}5)$
d) $M_a(2|3|3)$, $M_b(2|3|2{,}5)$, $M_c(1|1|0{,}5)$

Seite 196

11 a) $12\vec{a}$ b) $10\vec{d} - 10\vec{e} = 10(\vec{d} - \vec{e})$
c) $-2{,}7\vec{u} - 2{,}7\vec{v}$ d) $22{,}8\vec{a} + 8{,}4\vec{b} - 11{,}1\vec{c}$
e) $3\vec{a} + 2\vec{b}$ f) $-\vec{u} + \vec{v}$
g) $4\vec{a} + 8\vec{b}$ h) $-3\vec{a} + 3\vec{b}$
i) $9\vec{a} + 6\vec{b}$ j) $10\vec{a} - 2\vec{b}$
k) $2\vec{u} - 10\vec{v}$

12 a) $\overrightarrow{AG} = \vec{a} + \vec{b} + \vec{c}$
b) $\overrightarrow{BH} = -\vec{a} + \vec{b} + \vec{c}$
c) $\overrightarrow{EC} = \vec{a} + \vec{b} - \vec{c}$
d) $\overrightarrow{ME} = -\frac{1}{2}\vec{a} - \frac{1}{2}\vec{b} + \vec{c}$

13 a) D(8|10|12)
b) M(5,5|6|6,5)
c) B(7|5|2) und C(4|9|2)

14 a) $S\left(3\middle|4\frac{1}{3}\right)$ b) $S\left(\frac{1}{3}\middle|2\frac{2}{3}\middle|\frac{2}{3}\right)$

15 $\vec{a} = \begin{pmatrix} a_1 \\ a_2 \end{pmatrix}$, $\vec{b} = \begin{pmatrix} b_1 \\ b_2 \end{pmatrix}$, $\vec{c} = \begin{pmatrix} c_1 \\ c_2 \end{pmatrix}$

a) $(\vec{a} + \vec{b}) + \vec{c} = \left(\begin{pmatrix} a_1 \\ a_2 \end{pmatrix} + \begin{pmatrix} b_1 \\ b_2 \end{pmatrix}\right) + \begin{pmatrix} c_1 \\ c_2 \end{pmatrix}$

$= \begin{pmatrix} a_1 + b_1 \\ a_2 + b_2 \end{pmatrix} + \begin{pmatrix} c_1 \\ c_2 \end{pmatrix} = \begin{pmatrix} a_1 + b_1 + c_1 \\ a_2 + b_2 + c_2 \end{pmatrix}$

$= \begin{pmatrix} a_1 + (b_1 + c_1) \\ a_2 + (b_2 + c_2) \end{pmatrix} = \begin{pmatrix} a_1 \\ a_2 \end{pmatrix} + \begin{pmatrix} b_1 + c_1 \\ b_2 + c_2 \end{pmatrix}$

$= \begin{pmatrix} a_1 \\ a_2 \end{pmatrix} + \left(\begin{pmatrix} b_1 \\ b_2 \end{pmatrix} + \begin{pmatrix} c_1 \\ c_2 \end{pmatrix}\right) = \vec{a} + (\vec{b} + \vec{c})$

b) $r \cdot (s \cdot \vec{a}) = r \cdot \left(s \cdot \begin{pmatrix} a_1 \\ a_2 \end{pmatrix}\right) = r \cdot \begin{pmatrix} s \cdot a_1 \\ s \cdot a_2 \end{pmatrix}$

$= \begin{pmatrix} r \cdot s \cdot a_1 \\ r \cdot s \cdot a_1 \end{pmatrix} = \begin{pmatrix} s \cdot r \cdot a_1 \\ s \cdot r \cdot a_2 \end{pmatrix} = s \cdot \begin{pmatrix} r \cdot a_1 \\ r \cdot a_2 \end{pmatrix}$

$= s \cdot \left(r \cdot \begin{pmatrix} a_1 \\ a_2 \end{pmatrix}\right) = s \cdot (r \cdot \vec{a})$

c) $r\cdot(\vec{a}+\vec{b}) = r\cdot\left(\begin{pmatrix}a_1\\a_2\end{pmatrix}+\begin{pmatrix}b_1\\b_2\end{pmatrix}\right)$

$= r\cdot\begin{pmatrix}a_1+b_1\\a_2+b_2\end{pmatrix}$

$= \begin{pmatrix}r\cdot(a_1+b_1)\\r\cdot(a_2+b_2)\end{pmatrix} = \begin{pmatrix}r\cdot a_1+r\cdot b_1\\r\cdot a_2+r\cdot b_2\end{pmatrix}$

$= \begin{pmatrix}r\cdot a_1\\r\cdot a_2\end{pmatrix}+\begin{pmatrix}r\cdot b_1\\r\cdot b_2\end{pmatrix} = r\cdot\begin{pmatrix}a_1\\a_2\end{pmatrix}+r\cdot\begin{pmatrix}b_1\\b_2\end{pmatrix}$

$= r\cdot\vec{a}+r\cdot\vec{b}$

$(r+s)\cdot\vec{a} = (r+s)\begin{pmatrix}a_1\\a_2\end{pmatrix} = \begin{pmatrix}(r+s)\cdot a_1\\(r+s)\cdot a_2\end{pmatrix}$

$= \begin{pmatrix}r\cdot a_1+s\cdot a_1\\r\cdot a_2+s\cdot a_2\end{pmatrix} = \begin{pmatrix}r\cdot a_1\\r\cdot a_2\end{pmatrix} = \begin{pmatrix}s\cdot a_1\\s\cdot a_2\end{pmatrix}$

$= r\cdot\begin{pmatrix}a_1\\a_2\end{pmatrix}+s\cdot\begin{pmatrix}a_1\\a_2\end{pmatrix} = r\cdot\vec{a}+s\cdot\vec{a}$

4 Geraden

Seite 197

Einstiegsproblem

A: $\vec{p}+\vec{u}$ B: $\vec{p}+2\cdot\vec{u}$

C: $\vec{p}+3\cdot\vec{u}$ D: $\vec{p}-\vec{u}$

E: $\vec{p}-2\cdot\vec{u}$

Die Punkte A bis E liegen auf einer Geraden.

Seite 199

1 a) P(1|1|2), Q(1|−1|9), R(1|3|−5)

b) $g\colon \vec{x} = \begin{pmatrix}1\\-1\\9\end{pmatrix} + r\cdot\begin{pmatrix}0\\4\\-14\end{pmatrix}$

2 a) $g\colon \vec{x} = \begin{pmatrix}1\\2\\2\end{pmatrix} + t\cdot\begin{pmatrix}4\\-6\\5\end{pmatrix}$

$g\colon \vec{x} = \begin{pmatrix}5\\-4\\7\end{pmatrix} + r\cdot\begin{pmatrix}-8\\12\\-10\end{pmatrix}$

b) $g\colon \vec{x} = \begin{pmatrix}-3\\-2\\9\end{pmatrix} + t\cdot\begin{pmatrix}3\\2\\-6\end{pmatrix}$

$g\colon \vec{x} = \begin{pmatrix}0\\0\\3\end{pmatrix} + r\cdot\begin{pmatrix}1,5\\1\\-3\end{pmatrix}$

c) $g\colon \vec{x} = \begin{pmatrix}7\\-2\\7\end{pmatrix} + t\cdot\begin{pmatrix}-6\\3\\-6\end{pmatrix}$

$g\colon \vec{x} = \begin{pmatrix}1\\1\\1\end{pmatrix} + r\cdot\begin{pmatrix}2\\-1\\2\end{pmatrix}$

3 a) nein b) ja (t = −1)

c) ja (t = −1) d) nein

4 a) $g\colon \vec{x} = \begin{pmatrix}1\\-2\\9\end{pmatrix} + t\cdot\begin{pmatrix}2\\1\\-5\end{pmatrix}$

b) $g\colon \vec{x} = \begin{pmatrix}2\\1\\-5\end{pmatrix} + t\cdot\begin{pmatrix}0\\0\\1\end{pmatrix}$

5 a) z.B. P(1|−3|2) (t = 0)

Q(3|−1|4) (t = 1)

b) R(4|0|5) (t = 1,5)

c) S(0|−4|1) (t = −0,5)

d) Siehe Zeichnung.

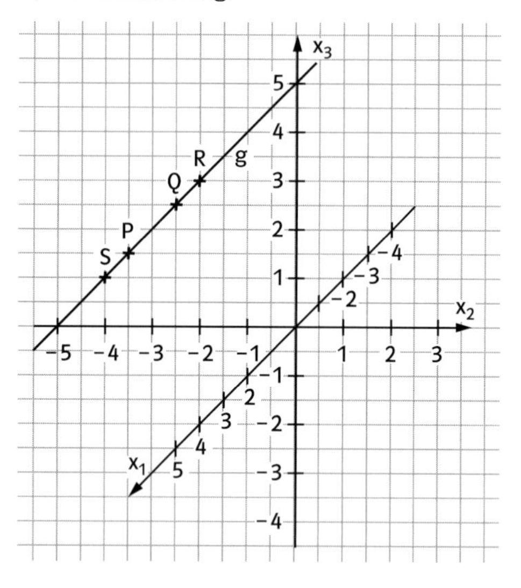

6 A (4|0|0), B (4|4|0), C (0|4|0), D (0|0|0), E (4|0|4), F (4|4|4), G (0|4|4), H (0|0|4)

a) $g\colon \vec{x} = \begin{pmatrix}4\\0\\0\end{pmatrix} + t\cdot\begin{pmatrix}-4\\4\\0\end{pmatrix}$

b) $g\colon \vec{x} = \begin{pmatrix}4\\4\\0\end{pmatrix} + t\cdot\begin{pmatrix}-4\\-4\\0\end{pmatrix}$

c) $g\colon \vec{x} = \begin{pmatrix}4\\0\\4\end{pmatrix} + t\cdot\begin{pmatrix}4\\-4\\0\end{pmatrix}$

d) $g\colon \vec{x} = \begin{pmatrix}4\\0\\0\end{pmatrix} + t\cdot\begin{pmatrix}-4\\4\\4\end{pmatrix}$

e) g: $\vec{x} = \begin{pmatrix} 4 \\ 4 \\ 0 \end{pmatrix} + t \cdot \begin{pmatrix} -4 \\ -4 \\ 0 \end{pmatrix}$

f) g: $\vec{x} = \begin{pmatrix} 0 \\ 4 \\ 0 \end{pmatrix} + t \cdot \begin{pmatrix} 0 \\ -4 \\ 0 \end{pmatrix}$

9 g: $\vec{x} = t \cdot \begin{pmatrix} 1 \\ 1 \end{pmatrix}$; h: $\vec{x} = t \cdot \begin{pmatrix} 1 \\ -1 \end{pmatrix}$

Seite 200

10 x_1-Achse: g: $\vec{x} = t \cdot \begin{pmatrix} 1 \\ 0 \\ 0 \end{pmatrix}$

x_2-Achse: g: $\vec{x} = t \cdot \begin{pmatrix} 0 \\ 1 \\ 0 \end{pmatrix}$

x_3-Achse: g: $\vec{x} = t \cdot \begin{pmatrix} 0 \\ 0 \\ 1 \end{pmatrix}$

11 a) Die Gerade ist eine der Winkelhalbierenden zwischen der x_1-Achse und der x_3-Achse.
b) Die Gerade ist eine der Winkelhalbierenden zwischen der x_2-Achse und der x_3-Achse.
c) Die Gerade ist eine Parallele zur x_2-Achse, die durch den Punkt (0|0|2) geht.

12 a)
g: $\vec{x} = \begin{pmatrix} -4 \\ 1 \\ 0 \end{pmatrix} + t \cdot \begin{pmatrix} 3 \\ 4 \\ 0 \end{pmatrix}$; h: $\vec{x} = \begin{pmatrix} -4 \\ 1 \\ 3 \end{pmatrix} + t \cdot \begin{pmatrix} 3 \\ 2 \\ -3 \end{pmatrix}$;

i: $\vec{x} = \begin{pmatrix} -4 \\ 5 \\ 3 \end{pmatrix} + t \cdot \begin{pmatrix} 0 \\ 4 \\ -3 \end{pmatrix}$; j: $\vec{x} = \begin{pmatrix} -1 \\ 1 \\ 0 \end{pmatrix} + t \cdot \begin{pmatrix} 0 \\ 4 \\ 3 \end{pmatrix}$

b)
g: $\vec{x} = \begin{pmatrix} -2 \\ 5 \\ 3 \end{pmatrix} + t \cdot \begin{pmatrix} 2 \\ -2 \\ 1 \end{pmatrix}$;

h: $\vec{x} = \begin{pmatrix} -2 \\ 5 \\ 3 \end{pmatrix} + t \cdot \begin{pmatrix} -1 \\ 1 \\ 0 \end{pmatrix}$;

i: $\vec{x} = \begin{pmatrix} -6 \\ 5 \\ 3 \end{pmatrix} + t \cdot \begin{pmatrix} 2 \\ 2 \\ -1 \end{pmatrix}$; j: $\vec{x} = \begin{pmatrix} -6 \\ 5 \\ 3 \end{pmatrix} + t \cdot \begin{pmatrix} 2 \\ -1 \\ -3 \end{pmatrix}$

13 a) z.B.: $\vec{x} = \begin{pmatrix} 2 \\ 3 \\ 4 \end{pmatrix} + t \cdot \begin{pmatrix} -1 \\ -4 \\ -2 \end{pmatrix}$;

$\vec{x} = \begin{pmatrix} 2 \\ 3 \\ 4 \end{pmatrix} + t \cdot \begin{pmatrix} 1 \\ 4 \\ 2 \end{pmatrix}$; $\vec{x} = \begin{pmatrix} 1 \\ -1 \\ 2 \end{pmatrix} + t \cdot \begin{pmatrix} 1 \\ 4 \\ 2 \end{pmatrix}$

b) Man erhält die Ortsvektoren von Punkten der Geraden, wenn man für t Zahlen einsetzt.

c) P(0|−5|0)

14 a) Ja b) Nein
c) Nein d) Ja

15 a) D(0|0|0), A(3|0|0), B(3|4|0), C(0|4|0), E(3|0|3,5), F(3|4|3,5), G(0|4|3,5), H(0|0|3,5)

b) g: $\vec{x} = \begin{pmatrix} 3 \\ 4 \\ 0 \end{pmatrix} + r \cdot \begin{pmatrix} -3 \\ -4 \\ 3{,}5 \end{pmatrix}$

c) $0 \le r \le 1$

5 Gegenseitige Lage von Geraden

Seite 201

Einstiegsproblem

Man kann nicht sicher sein, dass sich die Wege der beiden Flugzeuge gekreuzt haben, da die Flugzeuge möglicherweise eine unterschiedliche Flughöhe hatten.

Seite 204

1 Die Geraden g und h
a) sind identisch,
b) sind parallel,
c) sind identisch,
d) sind weder parallel noch identisch.

2 a) S(9|0|6) b) S(1|3|1)
c) S(3|−2|4) d) S(3|−13|9)

3 Die Geraden g und h schneiden sich im Punkt S(1|2|3) (s. Stützvektor).
Die Geraden h und i haben den gleichen Richtungsvektor.
Also müssen laut Aufgabenstellung die Geraden g und i zueinander windschief sein.

4

a) g und h sind parallel und verschieden.
b) g und h sind windschief.
c) g und h schneiden sich in $S(2|1|3)$.
d) g und h schneiden sich in $S(-5|-15|1)$.

7 a) Die Geraden $g: \vec{x} = \begin{pmatrix} 2 \\ 2 \\ 0 \end{pmatrix} + r \cdot \begin{pmatrix} -2 \\ 2 \\ 2 \end{pmatrix}$ und $h: \vec{x} = \begin{pmatrix} 0 \\ 1 \\ 2 \end{pmatrix} + s \cdot \begin{pmatrix} 1 \\ 3 \\ -2 \end{pmatrix}$ sind windschief.

b) Die Geraden $g: \vec{x} = \begin{pmatrix} 0 \\ 0 \\ 2 \end{pmatrix} + r \cdot \begin{pmatrix} 1{,}5 \\ 4 \\ -2 \end{pmatrix}$ und $h: \vec{x} = \begin{pmatrix} 3 \\ 0 \\ 0 \end{pmatrix} + s \cdot \begin{pmatrix} -3 \\ 4 \\ 1 \end{pmatrix}$ schneiden sich in $S\left(1 \middle| \frac{8}{3} \middle| \frac{2}{3}\right)$.

Seite 205

8 a) $h: \vec{x} = \begin{pmatrix} 1 \\ 0 \\ 0 \end{pmatrix} + t \cdot \begin{pmatrix} -7 \\ 3 \\ 1 \end{pmatrix}$; $i: \vec{x} = t \cdot \begin{pmatrix} 7 \\ 3 \\ 1 \end{pmatrix}$;
$j: \vec{x} = \begin{pmatrix} 0 \\ 0 \\ 1 \end{pmatrix} + t \cdot \begin{pmatrix} -7 \\ 3 \\ 1 \end{pmatrix}$

b) $h: \vec{x} = \begin{pmatrix} 2 \\ 2 \\ 1 \end{pmatrix} + t \cdot \begin{pmatrix} -1 \\ 2 \\ 0 \end{pmatrix}$; $i: \vec{x} = t \cdot \begin{pmatrix} 1 \\ 2 \\ 0 \end{pmatrix}$;
$j: \vec{x} = \begin{pmatrix} 1 \\ 0 \\ 0 \end{pmatrix} + t \cdot \begin{pmatrix} -1 \\ 2 \\ 0 \end{pmatrix}$

c) $h: \vec{x} = \begin{pmatrix} 2 \\ 3 \\ 6 \end{pmatrix} + t \cdot \begin{pmatrix} -1 \\ 0 \\ 5 \end{pmatrix}$; $i: \vec{x} = t \cdot \begin{pmatrix} 1 \\ 0 \\ 5 \end{pmatrix}$;
$j: \vec{x} = \begin{pmatrix} 0 \\ 1 \\ 0 \end{pmatrix} + t \cdot \begin{pmatrix} -1 \\ 0 \\ 5 \end{pmatrix}$

9 Die Gerade g ist parallel zur Strecke $\overline{AC}$.

10 a) Für $a = 2$ schneiden sich die Geraden im Punkt $S(-1|22|31)$. Für alle anderen Parameterwerte von a sind die Geraden windschief.
b) Für $a = 5$ schneiden sich die Geraden im Punkt $S(-7|-5|5)$. Für alle anderen Parameterwerte von a sind die Geraden windschief.

11 a) $a = -2$
b) $a = 2{,}5$

12 a) $S(5|4|-5)$
b) Die Geraden schneiden sich für jeden Parameterwert a im Punkt $S(5|4|-5)$.

13 a) $a = 2$
b) Schnittpunkt $S(1|0|2)$

14 a) Wahr. Wenn die Richtungsvektoren linear abhängig wären, könnten die Geraden nur parallel oder identisch sein.
b) Falsch. Die Geraden könnten sich auch schneiden.
c) Falsch. Die Geraden könnten auch zueinander windschief sein.
d) Wahr, s. Teilaufgabe a).

6 Längen messen – Einheitsvektoren

Seite 206

Einstiegsproblem
Flächeninhalt des Tuches:
$A = \left(\frac{1}{2} \cdot 4 \cdot \sqrt{3^2 + 5^2}\right) m^2 \approx 11{,}66\,m^2$.
Umfang des Tuches:
$U = \left(4 + \sqrt{3^2 + 5^2} + \sqrt{3^2 + 4^2 + 5^2}\right) m$
$\approx 16{,}90\,m$.

Seite 208

1 $|\vec{a}| = \sqrt{5}$; $|\vec{b}| = \sqrt{14}$; $|\vec{c}| = 1$; $|\vec{d}| = \frac{3}{10}$;
$|\vec{e}| = \sqrt{10}$; $|\vec{f}| = \frac{1}{4}\sqrt{26}$; $|\vec{g}| = 0{,}5$

Seite 209

2 a) $\sqrt{14}$ b) $\sqrt{62}$ c) $\sqrt{2}$

3 Mögliche Gleichung der Geraden:

$\vec{x} = \begin{pmatrix} 2 \\ 1 \\ 2 \end{pmatrix} + r \cdot \begin{pmatrix} \frac{2}{3} \\ \frac{2}{3} \\ \frac{1}{3} \end{pmatrix}$.

a) $P(10|9|6)$ und $Q(-6|-7|-2)$

b) $P\left(10\frac{2}{3} \middle| 9\frac{2}{3} \middle| 6\frac{1}{3}\right)$ und $Q\left(-6\frac{2}{3} \middle| -7\frac{2}{3} \middle| -2\frac{1}{3}\right)$

c) $P\left(11\frac{1}{3} \middle| 10\frac{1}{3} \middle| 6\frac{2}{3}\right)$ und $Q\left(-7\frac{1}{3} \middle| -8\frac{1}{3} \middle| -2\frac{2}{3}\right)$

d) $P(12|11|7)$ und $Q(-8|-9|-3)$

4 $g: \vec{x} = \begin{pmatrix} 3 \\ 7 \\ 8 \end{pmatrix} + t \cdot 800 \cdot \frac{1}{5} \cdot \begin{pmatrix} 3 \\ 4 \\ 0 \end{pmatrix}$

bzw. $\vec{x} = \begin{pmatrix} 3 \\ 7 \\ 8 \end{pmatrix} + t \cdot \begin{pmatrix} 480 \\ 640 \\ 0 \end{pmatrix}$

a) Nach einer halben Stunde:

$\overrightarrow{OQ} = \begin{pmatrix} 3 \\ 7 \\ 8 \end{pmatrix} + 0{,}5 \cdot \begin{pmatrix} 480 \\ 640 \\ 0 \end{pmatrix} = \begin{pmatrix} 243 \\ 327 \\ 8 \end{pmatrix}$;

$Q(243|327|8)$

b) Nach einer Stunde:

$\overrightarrow{OR} = \begin{pmatrix} 3 \\ 7 \\ 8 \end{pmatrix} + 1 \cdot \begin{pmatrix} 480 \\ 640 \\ 0 \end{pmatrix} = \begin{pmatrix} 483 \\ 647 \\ 8 \end{pmatrix}$; $R(483|647|8)$

8 a) nein b) ja

9 a) $s_a = 9$; $s_b = 3 \cdot \sqrt{22}$; $s_c = 3 \cdot \sqrt{3}$

b) $s_a = 9$; $s_b = 6 \cdot \sqrt{11}$; $s_c = 15$

c) Abstände für Teilaufgabe a):

6; $2 \cdot \sqrt{22}$; $2 \cdot \sqrt{3}$.

Abstände für Teilaufgabe b):

6; $4 \cdot \sqrt{11}$; 10.

10 a) Die Punkte A und B liegen auf der Geraden mit der Gleichung

$\vec{x} = \begin{pmatrix} 1 \\ 2 \\ 3 \end{pmatrix} + r \cdot \begin{pmatrix} -3 \\ -5 \\ -7 \end{pmatrix}$.

Die Punkte $P_1(-5|-8|-11)$ und $P_2\left(-1 \middle| -\frac{4}{3} \middle| -\frac{5}{3}\right)$ sind doppelt so weit von A wie von B entfernt.

b) Berechnet man die Koordinaten der Punkte, die von A den Abstand 10 und von B den Abstand 5 haben, so stellt man fest: Die gesuchten Punkte gibt es nicht.

Seite 210

11 Der Punkt $S(3|3|3)$ hat von den Ecken des Würfels den Abstand $3 \cdot \sqrt{3}$.

12 $p_3 = 3$ oder $p_3 = 7$

13 Mögliche Lösungen: $X_1(4|1|-6)$; $X_2(4|1|4)$; $X_3(-1|1|-1)$

14 $P_1(6|1|8)$ und $P_2(-2|-7|-6)$

15 a) Die Koordinaten des Startplatzes im Hafen sind $(0|0)$.

b) Die Wege kreuzen sich im Punkt $S(48|30)$. Das erste Schiff erreicht diese Stelle zum Zeitpunkt $t_1 = 1$. Das zweite Schiff erreicht diese Stelle zum Zeitpunkt $t_2 = 6$. Der Punkt S hat die Entfernung $6 \cdot \sqrt{89}$ vom Hafen.

16 Die Flugrichtung von F_1 verläuft von P nach Q auf der Geraden

$f_1: \vec{x} = \begin{pmatrix} 2 \\ 3 \\ 1 \end{pmatrix} + t \cdot \begin{pmatrix} -2 \\ -3 \\ 0{,}05 \end{pmatrix}$ und die Flugrichtung von F_2 von R nach T auf der Geraden

$f_2: \vec{x} = \begin{pmatrix} -2 \\ 3 \\ 0{,}05 \end{pmatrix} + t \cdot \begin{pmatrix} 4 \\ -6 \\ 0{,}02 \end{pmatrix}$.

a) F_1 fliegt in 20 Minuten $116\frac{2}{3}$ km und F_2 $83\frac{1}{3}$ km weit. Es gilt $\left|\begin{pmatrix} -2 \\ -3 \\ 0{,}05 \end{pmatrix}\right| = \sqrt{\frac{5201}{400}} \approx 3{,}6$

und $\left|\begin{pmatrix} 4 \\ -6 \\ 0{,}02 \end{pmatrix}\right| = \sqrt{\frac{130\,001}{2500}} \approx 7{,}2$.

Der Orstvektor bzgl. F_1 ist somit

$\vec{x} = \begin{pmatrix} 2 \\ 3 \\ 1 \end{pmatrix} + \frac{116\frac{2}{3}}{\sqrt{\frac{5201}{400}}} \cdot \begin{pmatrix} -2 \\ -3 \\ 0{,}05 \end{pmatrix} = \begin{pmatrix} -62{,}7 \\ -94{,}1 \\ 2{,}618 \end{pmatrix}$

und der Ortsvektor bzgl. F_2 ist

$\vec{x} = \begin{pmatrix} -2 \\ 3 \\ 0{,}05 \end{pmatrix} + \frac{83\frac{1}{3}}{\sqrt{\frac{130\,001}{2500}}} \cdot \begin{pmatrix} 4 \\ -6 \\ 0{,}02 \end{pmatrix} = \begin{pmatrix} 44{,}2 \\ -66{,}3 \\ 0{,}281 \end{pmatrix}$.

F1 befindet sich dann in einer Höhe von ca. 2618 m und F_2 in einer Höhe von ca. 281 m.

b) Nach 20 min sind die beiden Flugzeuge ca. 110,5 km voneinander entfernt.

17 a)

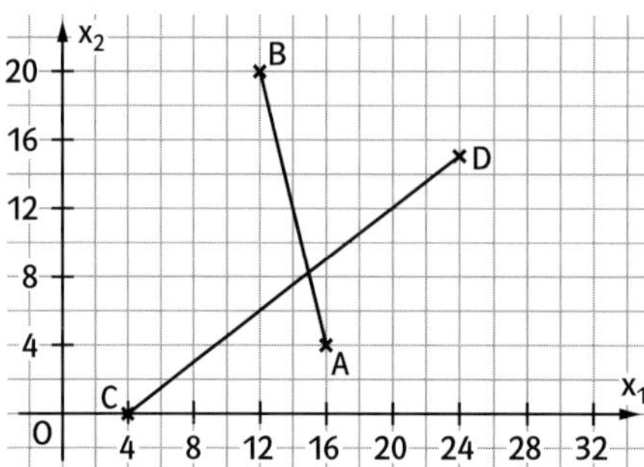

b) Die Fähre befindet sich im Punkt E(13 | 16).

c) Die Richtungsvektoren werden so angepasst, dass die Länge dem zurückgelegten Weg nach einer Stunde entspricht. Damit beschreiben die Ortsvektoren $\overrightarrow{OF_1}$ und $\overrightarrow{OF_2}$ die Position der Fähren zum Zeitpunkt t (in Stunden).

$\overrightarrow{OF_1} = \begin{pmatrix} 16 \\ 4 \end{pmatrix} + t \cdot 1{,}5 \cdot \begin{pmatrix} -4 \\ 16 \end{pmatrix}$;

$\overrightarrow{OF_2} = \begin{pmatrix} 4 \\ 0 \end{pmatrix} + t \cdot \begin{pmatrix} 20 \\ 15 \end{pmatrix}$

Für den Abstand d(t) der beiden Fähren erhält man:

$$d(t) = \left|\overrightarrow{OF_2} - \overrightarrow{OF_1}\right| = \left|\begin{pmatrix} -12 \\ -4 \end{pmatrix} + t \cdot \begin{pmatrix} 26 \\ -9 \end{pmatrix}\right|$$
$$= \sqrt{(-12 + 26t)^2 + (-4 - 9t)^2}$$
$$= \sqrt{757t^2 - 552t + 160}$$

Die nachfolgenden Berechnungen werden sinnvollerweise mit einem leistungsfähigen Taschenrechner vorgenommen.

d(t) wird minimal für $t^* \approx 0{,}36$.

$d(t^*) \approx 7{,}71$ (GTR).

Die beiden Fähren kommen sich nach 0,36 h (knapp 22 Minuten) am nächsten und sind dann etwa 7,71 km voneinander entfernt.

18 a) $\left|\overrightarrow{AC}\right| = \sqrt{165} \approx 12{,}85$.

Der Punkt C ist etwa 12,85 km vom Startplatz des Ballons entfernt.

b) $\overrightarrow{OB} = \begin{pmatrix} 2 \\ 5 \\ 0 \end{pmatrix} + t \cdot \begin{pmatrix} 2 \\ 3 \\ 1 \end{pmatrix}$;

$\overrightarrow{OF} = \begin{pmatrix} 10 \\ 15 \\ 1 \end{pmatrix} + t \cdot 30 \cdot \begin{pmatrix} -1 \\ -2 \\ 2 \end{pmatrix}$

$$d(t) = \left|\overrightarrow{OF} - \overrightarrow{OB}\right| = \left|\begin{pmatrix} 8 \\ 10 \\ 1 \end{pmatrix} + t \cdot \begin{pmatrix} -32 \\ -63 \\ 59 \end{pmatrix}\right|$$
$$= \sqrt{(8 - 32t)^2 + (10 - 63t)^2 + (1 + 59t)^2}$$
$$= \sqrt{8474t^2 - 1654t + 165}$$

Die nachfolgenden Berechnungen werden sinnvollerweise mit einem leistungsfähigen Taschenrechner vorgenommen.

d(t) wird minimal für $t^* \approx 0{,}098$.

$d(t^*) \approx 9{,}18$ (GTR).

Der Ballon und das Flugzeug kommen sich nach etwa 0,098 h (knapp 6 Minuten) am nächsten und sind dann 9,18 km voneinander entfernt.

Wiederholen – Vertiefen – Vernetzen

Seite 211

1 Die Punkte liegen auf „Raumdiagonalen“. Das heißt: Die senkrechten Projektionen dieser Geraden auf die Koordinatenebenen ergeben die jeweiligen Winkelhalbierenden zwischen den Achsen.

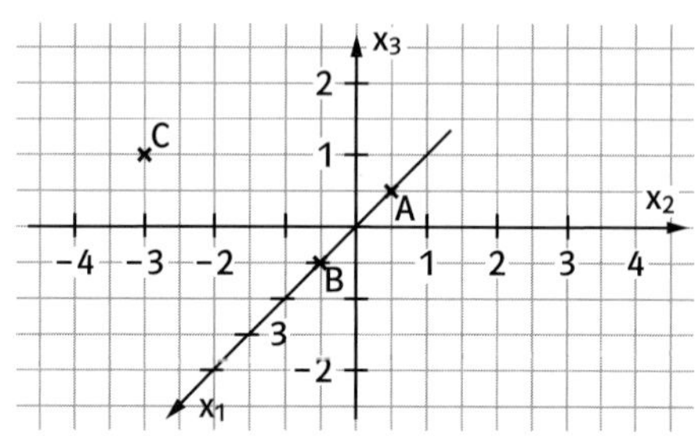

2 Individuelle Lösung (je nach Wahl des Koordinatensystems).

3 a) A′(2 | 0 | 0), B′(−1 | 2 | 1), C′(−2 | 3 | −4), D′(3 | 4 | 2)

b) A′(−2 | 0 | 0), B′(1 | 2 | −1), C′(2 | 3 | 4), D′(−3 | 4 | −2)

4 a) $\vec{x} = t \cdot \begin{pmatrix} 4 \\ 1 \end{pmatrix}$ b) $\vec{x} = \begin{pmatrix} 0 \\ -1 \\ 2 \end{pmatrix} + t \cdot \begin{pmatrix} -7 \\ 0 \\ 3 \end{pmatrix}$

5 a) g_a: $\vec{x} = s \cdot \begin{pmatrix} a \\ 0 \\ 0 \end{pmatrix}$

b) h_a: $\vec{x} = \begin{pmatrix} 2 \\ 0 \\ 1 \end{pmatrix} + r \cdot \begin{pmatrix} a \\ a \\ 0 \end{pmatrix}$

c) i_a: $\vec{x} = \begin{pmatrix} 0 \\ 0 \\ a \end{pmatrix} + r \cdot \begin{pmatrix} 0 \\ 1 \\ 0 \end{pmatrix}$

6 Die Geraden g: $\vec{x} = \begin{pmatrix} -3 \\ 0 \\ 0 \end{pmatrix} + s \cdot \begin{pmatrix} 0 \\ 6 \\ 5 \end{pmatrix}$ und
h: $\vec{x} = \begin{pmatrix} -6 \\ 4 \\ 0 \end{pmatrix} + t \cdot \begin{pmatrix} 4,5 \\ -3,5 \\ 2,5 \end{pmatrix}$ sind windschief.

7 g, h schneiden sich in $S\left(\frac{2}{3} \middle| \frac{7}{3} \middle| \frac{2}{3}\right)$.

g, i schneiden sich in $T\left(1 \middle| 3 \middle| \frac{1}{2}\right)$.

g, k sind windschief.
h, i schneiden sich in E.
h, k schneiden sich in B.
i, k sind windschief.

8 a) a, b beliebig, c = −2, d = 0
b) a = 4, b = 1, c = −2, d = 0
c) z.B. a beliebig, b = 2, c ≠ −2, d = 0
d) z.B. a = 4, b = 1, c = −2 , d ≠ 0

Seite 212

9 Definiert man ein Koordinatensystem so, dass der Ursprung mit der hinteren linken Würfelecke zusammenfällt und wählt man als Längeneinheit die Länge einer Würfelkante, dann sind folgende Geraden zu betrachten:
g: $\vec{x} = t \cdot \begin{pmatrix} 1 \\ 1 \\ 1 \end{pmatrix}$ und h: $\vec{x} = \begin{pmatrix} 1 \\ 0,5 \\ 0 \end{pmatrix} + t \cdot \begin{pmatrix} -1 \\ 0 \\ 1 \end{pmatrix}$;

g und h schneiden sich im Punkt S(0,5 | 0,5 | 0,5).

10 a) Die Geraden schneiden sich für t = −1. (Für jeden anderen Parameterwert von t sind die Geraden windschief.)
b) Schnitt für t = 2,5. (für t = −2 sind die Geraden zueinander parallel, ansonsten sind sie windschief.)

11 a = 1; Schnittpunkt $S\left(\frac{2}{3} \middle| \frac{2}{3} \middle| \frac{5}{3}\right)$
$\left(a = \frac{2}{3};\ S(1,5 | 1,5 | 1)\right)$

12 a) Der Punkt P hat die x_3-Koordinate 0.
b) Die Gerade h durchstößt die x_1x_2-Ebene im Punkt R(−12 | 38 | 0), die x_2x_3-Ebene im Punkt S(0 | 8 | 6) und die x_1x_3-Ebene im Punkt $T\left(3\frac{1}{5} \middle| 0 \middle| 7\frac{3}{5}\right)$.

c) z.B.: $\vec{x} = \begin{pmatrix} 0 \\ 0 \\ 1 \end{pmatrix} + r \cdot \begin{pmatrix} 1 \\ 0 \\ 0 \end{pmatrix}$

d) z.B.: $\vec{x} = \begin{pmatrix} 1 \\ 0 \\ 1 \end{pmatrix} + r \cdot \begin{pmatrix} 0 \\ 1 \\ 0 \end{pmatrix}$

13 a) D(−3 | −3 | 0);
b) Die Geraden sind zueinander windschief;
c)

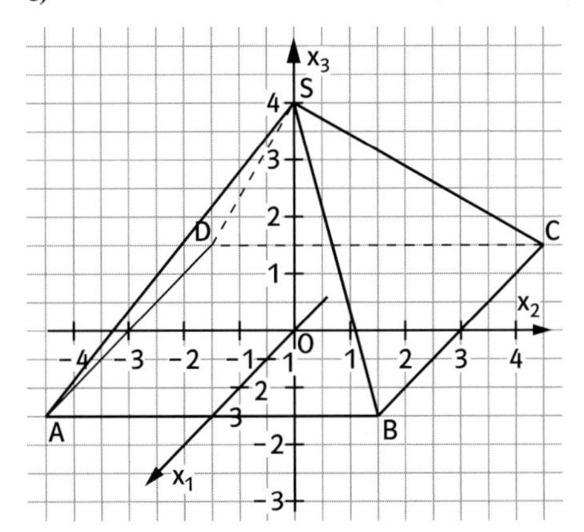

IX Ebenen

1 Ebenen im Raum – Parameterform

Seite 218

Einstiegsproblem

Ein dreibeiniger Tisch wackelt nur (bzw. fällt um), wenn die Tischbeine zueinander parallel sind und die Fixierungspunkte der Tischbeine an der Tischplatte auf einer Geraden liegen.

Seite 220

1 a) $E: \vec{x} = \begin{pmatrix} 3 \\ 0 \\ 2 \end{pmatrix} + r \cdot \begin{pmatrix} 2 \\ -1 \\ 5 \end{pmatrix} + s \cdot \begin{pmatrix} -3 \\ -2 \\ -2 \end{pmatrix}$

b) $E: \vec{x} = \begin{pmatrix} 1 \\ 0 \\ 0 \end{pmatrix} + r \cdot \begin{pmatrix} -1 \\ 1 \\ 0 \end{pmatrix} + s \cdot \begin{pmatrix} 0 \\ 0 \\ 1 \end{pmatrix}$

c) $E: \vec{x} = \begin{pmatrix} 2 \\ 1 \\ 7 \end{pmatrix} + r \cdot \begin{pmatrix} 9 \\ 2 \\ 5 \end{pmatrix} + s \cdot \begin{pmatrix} 1 \\ 2 \\ 6 \end{pmatrix}$

d) $E: \vec{x} = \begin{pmatrix} 1 \\ 0 \\ 3 \end{pmatrix} + r \cdot \begin{pmatrix} 0 \\ 3 \\ -3 \end{pmatrix} + s \cdot \begin{pmatrix} 0 \\ -3 \\ -3 \end{pmatrix}$

2 a) $E: \vec{x} = \begin{pmatrix} 2 \\ 0 \\ 3 \end{pmatrix} + r \cdot \begin{pmatrix} -1 \\ -1 \\ 2 \end{pmatrix} + s \cdot \begin{pmatrix} 1 \\ -2 \\ -3 \end{pmatrix}$;

$E: \vec{x} = \begin{pmatrix} 1 \\ -1 \\ 5 \end{pmatrix} + r \cdot \begin{pmatrix} -2 \\ 1 \\ 5 \end{pmatrix} + s \cdot \begin{pmatrix} -1 \\ 2 \\ 3 \end{pmatrix}$

b) $E: \vec{x} = r \cdot \begin{pmatrix} 2 \\ 1 \\ 5 \end{pmatrix} + s \cdot \begin{pmatrix} -3 \\ 1 \\ -3 \end{pmatrix}$;

$E: \vec{x} = \begin{pmatrix} 2 \\ 1 \\ 5 \end{pmatrix} + r \cdot \begin{pmatrix} 5 \\ 0 \\ 8 \end{pmatrix} + s \cdot \begin{pmatrix} 2 \\ 1 \\ 5 \end{pmatrix}$

c) $E: \vec{x} = \begin{pmatrix} 1 \\ 1 \\ 1 \end{pmatrix} + r \cdot \begin{pmatrix} 1 \\ 1 \\ 1 \end{pmatrix} + s \cdot \begin{pmatrix} -3 \\ 2 \\ 4 \end{pmatrix}$;

$E: \vec{x} = r \cdot \begin{pmatrix} 1 \\ 1 \\ 1 \end{pmatrix} + s \cdot \begin{pmatrix} 4 \\ -1 \\ -3 \end{pmatrix}$

d) $E: \vec{x} = \begin{pmatrix} 2 \\ 5 \\ 7 \end{pmatrix} + r \cdot \begin{pmatrix} 5 \\ 0 \\ -5 \end{pmatrix} + s \cdot \begin{pmatrix} 1 \\ 3 \\ 4 \end{pmatrix}$;

$E: \vec{x} = \begin{pmatrix} 1 \\ 2 \\ 3 \end{pmatrix} + r \cdot \begin{pmatrix} 1 \\ 0 \\ -1 \end{pmatrix} + s \cdot \begin{pmatrix} 6 \\ 3 \\ -1 \end{pmatrix}$

3 Wählt man das Koordinatensystem so, dass der Ursprung in der „hinteren", „linken" Ecke liegt und eine Einheit 1m entspricht, dann erhält man als eine mögliche Parametergleichung der Ebene

$E: \vec{x} = \begin{pmatrix} 0 \\ 4 \\ 4{,}5 \end{pmatrix} + r \cdot \begin{pmatrix} 4 \\ -4 \\ -1 \end{pmatrix} + s \cdot \begin{pmatrix} 0 \\ 2 \\ -2 \end{pmatrix}$.

4 a) A und C liegen in E.
B liegt nicht in E.

b) (1) $p = 0$ $(r = 1;\ s = -1)$
(2) $p = 3\frac{5}{9}$ $\left(r = 1\frac{1}{9};\ s = -\frac{5}{9}\right)$
(3) $p = 5$ $(r = -2;\ s = 2)$
(4) $p = -\frac{25}{12}$ $\left(r = \frac{1}{4};\ s = -1\frac{1}{6}\right)$

5 a) Nein b) Ja
c) Ja d) Ja

6 a) x_1x_2-Ebene: $\vec{x} = r \cdot \begin{pmatrix} 1 \\ 0 \\ 0 \end{pmatrix} + s \cdot \begin{pmatrix} 0 \\ 1 \\ 0 \end{pmatrix}$.

x_2x_3-Ebene: $\vec{x} = r \cdot \begin{pmatrix} 0 \\ 1 \\ 0 \end{pmatrix} + s \cdot \begin{pmatrix} 0 \\ 0 \\ 1 \end{pmatrix}$.

x_1x_3-Ebene: $\vec{x} = r \cdot \begin{pmatrix} 1 \\ 0 \\ 0 \end{pmatrix} + s \cdot \begin{pmatrix} 0 \\ 0 \\ 1 \end{pmatrix}$.

b) Individuelle Lösungen.

Z.B. $E_{12}: \vec{x} = \begin{pmatrix} 3 \\ 4 \\ 0 \end{pmatrix} + r \cdot \begin{pmatrix} 1 \\ 0 \\ 0 \end{pmatrix} + s \cdot \begin{pmatrix} 0 \\ 1 \\ 0 \end{pmatrix}$.

Z.B. $E_{23}: \vec{x} = \begin{pmatrix} 0 \\ 1 \\ 2 \end{pmatrix} + r \cdot \begin{pmatrix} 0 \\ 1 \\ 0 \end{pmatrix} + s \cdot \begin{pmatrix} 0 \\ 0 \\ 1 \end{pmatrix}$.

Z.B. $E_{13}: \vec{x} = \begin{pmatrix} 1 \\ 0 \\ 1 \end{pmatrix} + r \cdot \begin{pmatrix} 1 \\ 0 \\ 0 \end{pmatrix} + s \cdot \begin{pmatrix} 0 \\ 0 \\ 1 \end{pmatrix}$.

c) Bei einer Gleichung zur $x_m x_n$-Ebene sind bei den Spannvektoren die x_m-Koordinate und die x_n-Koordinate jeweils ungleich null und die dritte Koordinate gleich null. Beim Stützvektor ist die dritte Koordinate stets null.

7 a) Die Ebene E ist orthogonal zur x_1x_2-Ebene. Die Schnittgerade der Ebene E und der x_1x_2-Ebene ist die Winkelhalbierende zwischen der x_1-Achse und der x_2-Achse, auf der der Punkt P(1|1|0) liegt.
b) Individuelle Lösungen, z. B.

$E_1: \vec{x} = \begin{pmatrix} 2 \\ 3 \\ 4 \end{pmatrix} + r \cdot \begin{pmatrix} 1 \\ 1 \\ 1 \end{pmatrix} + s \cdot \begin{pmatrix} -1 \\ -1 \\ 1 \end{pmatrix}$

$E_2: \vec{x} = \begin{pmatrix} 4 \\ 5 \\ 3 \end{pmatrix} + r \cdot \begin{pmatrix} 2 \\ 2 \\ 2 \end{pmatrix} + s \cdot \begin{pmatrix} -3 \\ -3 \\ 3 \end{pmatrix}$

c) Individuelle Lösungen, z. B.

$E: \vec{x} = \begin{pmatrix} 1 \\ 1 \\ 1 \end{pmatrix} + r \cdot \begin{pmatrix} 1 \\ 1 \\ 1 \end{pmatrix} + s \cdot \begin{pmatrix} -1 \\ -1 \\ 1 \end{pmatrix}$

d) Individuelle Lösungen, z. B.

$E: \vec{x} = r \cdot \begin{pmatrix} 1 \\ 1 \\ 1 \end{pmatrix} + s \cdot \begin{pmatrix} 1 \\ 1 \\ 3 \end{pmatrix}$

Seite 221

9 a) Der Punkt darf nicht auf der Geraden liegen. Begründung: Drei Punkte, die nicht auf einer Geraden liegen, legen eine Ebene fest.
b) Z. B. P(0|0|0); $g: \vec{x} = \begin{pmatrix} 1 \\ 1 \\ 1 \end{pmatrix} + r \cdot \begin{pmatrix} 1 \\ 0 \\ 0 \end{pmatrix}$;

$E: \vec{x} = \begin{pmatrix} 0 \\ 0 \\ 0 \end{pmatrix} + r \cdot \begin{pmatrix} 1 \\ 1 \\ 1 \end{pmatrix} + s \cdot \begin{pmatrix} 0 \\ 1 \\ 1 \end{pmatrix}$.

Die Ebene E wurde festgelegt mithilfe des Punktes P, der nicht auf g liegt, und Q(1|1|1) und R(0|1|1), die auf g liegen.

10 a) $E: \vec{x} = \begin{pmatrix} 1 \\ 0 \\ 1 \end{pmatrix} + r \cdot \begin{pmatrix} 2 \\ 1 \\ 3 \end{pmatrix} + s \cdot \begin{pmatrix} 4 \\ -5 \\ 2 \end{pmatrix}$

b) $E: \vec{x} = \begin{pmatrix} 2 \\ 0 \\ 1 \end{pmatrix} + r \cdot \begin{pmatrix} 3 \\ 1 \\ 5 \end{pmatrix} + s \cdot \begin{pmatrix} 0 \\ 7 \\ 10 \end{pmatrix}$

c) $E: \vec{x} = \begin{pmatrix} 1 \\ 2 \\ 5 \end{pmatrix} + r \cdot \begin{pmatrix} -1 \\ 2 \\ 7 \end{pmatrix} + s \cdot \begin{pmatrix} 1 \\ 3 \\ -8 \end{pmatrix}$

d) $E: \vec{x} = \begin{pmatrix} 1 \\ 0 \\ 3 \end{pmatrix} + r \cdot \begin{pmatrix} 2 \\ 1 \\ 0 \end{pmatrix} + s \cdot \begin{pmatrix} 5 \\ 3 \\ -4 \end{pmatrix}$

11 a)
– Drei Punkte, die nicht auf einer Geraden liegen, legen eindeutig eine Ebene fest. Bei zwei sich schneidenden Geraden wählt man den Schnittpunkt und je einen Punkt auf einer Geraden. Diese Punkte legen eine einzige Ebene fest, in der die beiden Geraden liegen.
– Eine Ebene ist eindeutig festgelegt durch einen Stützvektor und zwei Spannvektoren. Sind zwei verschiedene, zueinander parallele Geraden gegeben, so wählt man auf jeder Geraden einen Punkt aus. Der Ortsvektor des einen Punktes kann als Stützvektor gewählt werden. Der Differenzvektor der Ortsvektoren beider Punkte kann als ein Spannvektor gewählt werden. Einer der beiden Richtungsvektoren der Geraden kann als zweiter Spannvektor gewählt werden.

b) Z. B.: $g: \vec{x} = t \cdot \begin{pmatrix} 1 \\ 0 \\ 0 \end{pmatrix}$; $h: \vec{x} = t \cdot \begin{pmatrix} 0 \\ 1 \\ 1 \end{pmatrix}$;

$E: \vec{x} = r \cdot \begin{pmatrix} 1 \\ 0 \\ 0 \end{pmatrix} + s \cdot \begin{pmatrix} 0 \\ 1 \\ 1 \end{pmatrix}$.

c) Z. B.: $g: \vec{x} = t \cdot \begin{pmatrix} 1 \\ 0 \\ 0 \end{pmatrix}$; $h: \vec{x} = \begin{pmatrix} 0 \\ 1 \\ 0 \end{pmatrix} + t \cdot \begin{pmatrix} 1 \\ 0 \\ 0 \end{pmatrix}$;

$E: \vec{x} = r \cdot \begin{pmatrix} 0 \\ 1 \\ 0 \end{pmatrix} + s \cdot \begin{pmatrix} 1 \\ 0 \\ 0 \end{pmatrix}$.

Randspalte
Die Gleichung in Teilaufgabe b) legt keine Ebene fest, da die beiden Richtungsvektoren Vielfache voneinander sind.

12 a) $E: \vec{x} = \begin{pmatrix} 3 \\ 4 \\ 3 \end{pmatrix} + r \cdot \begin{pmatrix} 2 \\ 3 \\ 1 \end{pmatrix} + s \cdot \begin{pmatrix} 1 \\ 0 \\ 1 \end{pmatrix}$

b) $E: \vec{x} = \begin{pmatrix} 0 \\ -2 \\ 0 \end{pmatrix} + r \cdot \begin{pmatrix} 1 \\ 1 \\ 1 \end{pmatrix} + s \cdot \begin{pmatrix} 1 \\ 2 \\ 3 \end{pmatrix}$

c) $E: \vec{x} = \begin{pmatrix} 7 \\ 10 \\ 9 \end{pmatrix} + r \cdot \begin{pmatrix} 2 \\ 5 \\ 1 \end{pmatrix} + s \cdot \begin{pmatrix} 1 \\ 0 \\ 1 \end{pmatrix}$

d) g_1, g_2 schneiden sich nicht.

13 a) $a = \frac{10}{3}$ b) $a = 2$ c) $a = 3$

14 a) E: $\vec{x} = r\cdot\begin{pmatrix}1\\-1\\1\end{pmatrix} + s\cdot\begin{pmatrix}1\\0\\1\end{pmatrix}$

Z.B.: g: $\vec{x} = \begin{pmatrix}1\\-1\\1\end{pmatrix} + s\cdot\begin{pmatrix}1\\0\\1\end{pmatrix}$;

h: $\vec{x} = s\cdot\begin{pmatrix}1\\0\\1\end{pmatrix}$

b) Z.B.: k: $\vec{x} = r\cdot\begin{pmatrix}1\\-1\\1\end{pmatrix}$; l: $\vec{x} = s\cdot\begin{pmatrix}1\\0\\1\end{pmatrix}$

2 Zueinander orthogonale Vektoren

Seite 222

Einstiegsproblem

Die Maße des Beets gehören nicht zu einem rechtwinkligen Dreieck.

Seite 223

1 a) Das Skalarprodukt der Richtungsvektoren ist 12. Die Geraden sind nicht zueinander orthogonal.
b) Die beiden Geraden sind zueinander orthogonal.

2 a) $b_1 = 6$ b) $a_2 = 5$ c) $b_3 = 1{,}5$

3 a) Z.B.: h: $\vec{x} = \begin{pmatrix}3\\3\\1\end{pmatrix} + t\cdot\begin{pmatrix}2\\0\\-7\end{pmatrix}$

b) Z.B.: h: $\vec{x} = \begin{pmatrix}1\\11\\-6\end{pmatrix} + t\cdot\begin{pmatrix}1\\1\\-1\end{pmatrix}$

c) Z.B.: h: $\vec{x} = t\cdot\begin{pmatrix}1\\1\\0\end{pmatrix}$

4 a) $\overrightarrow{AC}\cdot\overrightarrow{BC} = 0$
b) $\overrightarrow{AB}\cdot\overrightarrow{AC} = 0$
c) $\overrightarrow{AB}\cdot\overrightarrow{AD} = \overrightarrow{AB}\cdot\overrightarrow{BC} = \overrightarrow{BC}\cdot\overrightarrow{CD} = 0$
d) $\overrightarrow{AC}\cdot\overrightarrow{BD} = 0$ und
$\overrightarrow{AB}^2 = \overrightarrow{BC}^2 = \overrightarrow{CD}^2 = \overrightarrow{DA}^2$ und
$\overrightarrow{AC}^2 = \overrightarrow{BD}^2$

Seite 224

5 $\overrightarrow{AC} = \begin{pmatrix}5\\5\end{pmatrix}$; $\overrightarrow{BD} = \begin{pmatrix}3\\-3\end{pmatrix}$;
ja, denn $\overrightarrow{AC}\cdot\overrightarrow{BD} = 0$.

6

a)
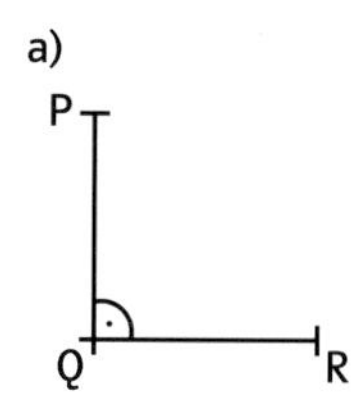

b)
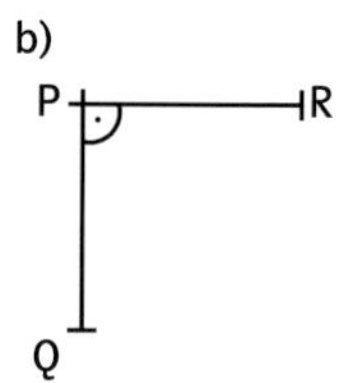

c)
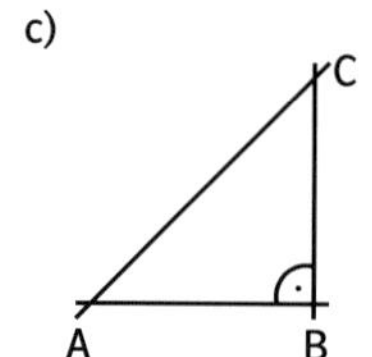

d)
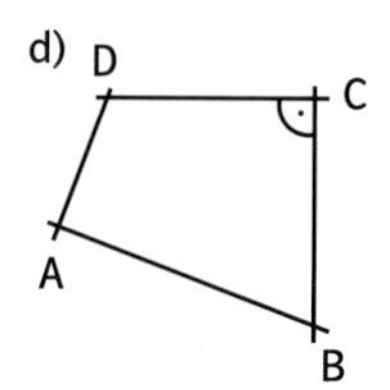

7 Es ist $\overline{AB} = \overline{AD} = 9$ und $\overrightarrow{AB}\cdot\overrightarrow{AD} = 0$, also gibt es ein solches Quadrat. C(9|6|8)

8 a) $r\cdot\begin{pmatrix}6\\3\\-4\end{pmatrix}$ b) $r\cdot\begin{pmatrix}7\\1\\17\end{pmatrix}$

c) $r\cdot\begin{pmatrix}5\\5\\-3\end{pmatrix}$; jeweils $r \in \mathbb{R}$

9 a) $b_2 = 30$; $b_3 = -\frac{3}{2}$; $c_1 = -8$
b) $b_1 = 7$; $b_2 = -8$; $c_1 = 3$

10 Das Viereck ABCD ist kein Rechteck.

14 a) E und g sind zueinander orthogonal.
b) E und g sind nicht zueinander orthogonal.

15 g: $\vec{x} = \begin{pmatrix}3\\1\\4\end{pmatrix} + t\cdot\begin{pmatrix}-1\\3\\1\end{pmatrix}$

16 Für $\vec{a} = \begin{pmatrix} a_1 \\ a_2 \\ a_3 \end{pmatrix}$, $\vec{b} = \begin{pmatrix} b_1 \\ b_2 \\ b_3 \end{pmatrix}$, $\vec{c} = \begin{pmatrix} c_1 \\ c_2 \\ c_3 \end{pmatrix}$ gilt

a) $\vec{a} \cdot \vec{b} = \begin{pmatrix} a_1 \\ a_2 \\ a_3 \end{pmatrix} \cdot \begin{pmatrix} b_1 \\ b_2 \\ b_3 \end{pmatrix} = a_1b_1 + a_2b_2 + a_3b_3$

$= b_1a_1 + b_2a_2 + b_3a_3 = \begin{pmatrix} b_1 \\ b_2 \\ b_3 \end{pmatrix} \cdot \begin{pmatrix} a_1 \\ a_2 \\ a_3 \end{pmatrix}$

$= \vec{b} \cdot \vec{a}$

b) $r \cdot \vec{a} \cdot \vec{b} = \begin{pmatrix} ra_1 \\ ra_2 \\ ra_3 \end{pmatrix} \cdot \begin{pmatrix} b_1 \\ b_2 \\ b_3 \end{pmatrix}$

$= ra_1b_1 + ra_2b_2 + ra_3b_3$

$= r(a_1b_1) + r(a_2b_2) + r(a_3b_3)$

$= r(a_1b_1 + a_2b_2 + a_3b_3)$

$= r \cdot \left[\begin{pmatrix} a_1 \\ a_2 \\ a_3 \end{pmatrix} \cdot \begin{pmatrix} b_1 \\ b_2 \\ b_3 \end{pmatrix} \right] = r \cdot (\vec{a} \cdot \vec{b})$

c) $(\vec{a} + \vec{b}) \cdot \vec{c} = \left[\begin{pmatrix} a_1 \\ a_2 \\ a_3 \end{pmatrix} + \begin{pmatrix} b_1 \\ b_2 \\ b_3 \end{pmatrix} \right] \cdot \begin{pmatrix} c_1 \\ c_2 \\ c_3 \end{pmatrix}$

$= \begin{pmatrix} a_1 + b_1 \\ a_2 + b_2 \\ a_3 + b_3 \end{pmatrix} \cdot \begin{pmatrix} c_1 \\ c_2 \\ c_3 \end{pmatrix}$

$= (a_1 + b_1) \cdot c_1 + (a_2 + b_2) \cdot c_2$

$+ (a_3 + b_3) \cdot c_3$

$= a_1c_1 + b_1c_1 + a_2c_2 + b_2c_2$

$+ a_3c_3 + b_3c_3$

$= \begin{pmatrix} a_1 \\ a_2 \\ a_3 \end{pmatrix} \cdot \begin{pmatrix} c_1 \\ c_2 \\ c_3 \end{pmatrix} + \begin{pmatrix} b_1 \\ b_2 \\ b_3 \end{pmatrix} \cdot \begin{pmatrix} c_1 \\ c_2 \\ c_3 \end{pmatrix}$

$= \vec{a} \cdot \vec{c} + \vec{b} \cdot \vec{c}$

d) $\vec{a} \cdot \vec{a} = \begin{pmatrix} a_1 \\ a_2 \\ a_3 \end{pmatrix} \cdot \begin{pmatrix} a_1 \\ a_2 \\ a_3 \end{pmatrix} = a_1a_1 + a_2a_2 + a_3a_3$

$= \left(\sqrt{a_1^2 + a_2^2 + a_3^2}\right)^2 = |\vec{a}|^2$

3 Normalengleichung und Koordinatengleichung einer Ebene

Seite 225

Einstiegsproblem

Betrachtet man alle Geraden, die durch den gemeinsamen „Punkt von Bleistift und Tisch" gehen und ganz in der Tischebene liegen, so erkennt man, dass nicht alle diese Geraden orthogonal zum Bleistift sind. Der Bleistift steht nicht senkrecht zum Tisch.

Seite 227

1 Z.B.

a) $\left[\vec{x} - \begin{pmatrix} -1 \\ 2 \\ 1 \end{pmatrix} \right] \cdot \begin{pmatrix} 3 \\ -2 \\ 7 \end{pmatrix} = 0$; $3x_1 - 2x_2 + 7x_3 = 0$

b) $\left[\vec{x} - \begin{pmatrix} 9 \\ 1 \\ -2 \end{pmatrix} \right] \cdot \begin{pmatrix} 0 \\ 8 \\ 3 \end{pmatrix} = 0$; $8x_2 + 3x_3 = 2$

c) $\vec{x} \cdot \begin{pmatrix} 7 \\ -7 \\ 3 \end{pmatrix} = 0$; $7x_1 - 7x_2 + 3x_3 = 0$

2 a) Nein b) Ja
c) Ja d) Nein

3 a) Z.B.:

Normalengleichung: $\left[\vec{x} - \begin{pmatrix} 1 \\ 1 \\ 1 \end{pmatrix} \right] \cdot \begin{pmatrix} 0 \\ 0 \\ 1 \end{pmatrix} = 0.$

Koordinatengleichung: $x_3 = 1$.

D liegt nicht in E.

b) Z.B.:

Normalengleichung: $\left[\vec{x} - \begin{pmatrix} -1 \\ 2 \\ 0 \end{pmatrix} \right] \cdot \begin{pmatrix} 1 \\ 0 \\ 2 \end{pmatrix} = 0.$

Koordinatengleichung: $x_1 + 2x_3 = -1$.

D liegt in E.

4 Z.B.

a) E: $9x_1 - 3x_2 + 7x_3 = 25$

b) E: $4x_1 - 4x_2 + 3x_3 = -8$

c) E: $3x_1 - 8x_2 + x_3 = 0$

7 Zum Beispiel: $\left[\vec{x} - \begin{pmatrix} 2 \\ 1 \\ 3 \end{pmatrix}\right] \cdot \begin{pmatrix} 3 \\ -1 \\ 6 \end{pmatrix} = 0$;

$3x_1 - x_2 + 6x_3 = 23$

$A\left(7\frac{2}{3} \mid 0 \mid 0\right)$, $B(0 \mid -23 \mid 0)$, $C\left(0 \mid 0 \mid 3\frac{5}{6}\right)$

8 Das sind alle Ebenen, deren Normalenvektor $\vec{n} = \begin{pmatrix} n_1 \\ n_2 \\ n_3 \end{pmatrix}$ die folgende Gleichung erfüllt: $2n_1 + n_2 + 3n_3 = 0$.

9 a) Individuelle Lösungen
(I: g und E sind zueinander senkrecht, wenn der Normalenvektor der Ebene E und der Richtungsvektor der Geraden g parallel sind.
II: g und E sind zueinander parallel, wenn der Normalenvektor der Ebene E und der Richtungsvektor der Geraden g senkrecht zueinander sind.)
b) Individuelle Lösungen

Seite 228

10 E: $\left[\vec{x} - \begin{pmatrix} 3 \\ 0 \\ 0 \end{pmatrix}\right] \cdot \begin{pmatrix} 1 \\ 0 \\ 0 \end{pmatrix} = 0$; E: $x_1 = 3$

11 a) Nur $E_2 \parallel E_4$, sonst schneiden sich je zwei dieser Ebenen.
b) Z.B.: $2x_1 - x_2 + 3x_3 = 22$

12 a) Die Gleichung lautet sonst
$0x_1 + 0x_2 + 0x_3 = d$.
Für $d = 0$ erfüllen die Koordinaten aller Punkte des Raumes die Gleichung.
Für $d \neq 0$ gibt es keinen Punkt, dessen Koordinaten die Gleichung erfüllen.
b) Die Ebenen haben den gleichen Normalenvektor. Sie sind deshalb zueinander parallel. Verschiedene Werte für d legen jeweils einen Punkt fest, der in der einen Ebene, aber nicht in der anderen Ebene liegt.

13 a) Für $a = 2$ z.B. $\begin{pmatrix} 3 \\ 5 \\ -2 \end{pmatrix}$, für $a = -1$ z.B. $\begin{pmatrix} -3 \\ 5 \\ 2 \end{pmatrix}$ und für $a = 5$ z.B. $\begin{pmatrix} 3 \\ 5 \\ -2 \end{pmatrix}$.
b) Die Ebenen sind zueinander parallel; ihre Normalenvektoren sind zueinander parallel.
c) Z.B.: E_a: $x_1 = a$ mit $a \in \mathbb{R}^+$. Diese Ebenen haben Normalenvektoren, die zu $\begin{pmatrix} 1 \\ 0 \\ 0 \end{pmatrix}$ parallel sind.
Die jeweilige Ebene E_a ist zur x_2x_3-Ebene parallel und geht durch den Punkt $P(a \mid 0 \mid 0)$.

14 Sie liegen
a) parallel zur x_1x_3-Ebene, da die Koordinaten von x_1 und x_3 gleich 0 sind,
b) parallel zur x_2x_3-Ebene, da die Koordinaten von x_2 und x_3 gleich 0 sind,
c) parallel zur x_1x_2-Ebene, da die Koordinaten von x_1 und x_2 gleich 0 sind.

15 a) Für $t = 0$ ist die Ebene parallel zur x_1x_3-Ebene.
b) Für $t = 1$ ist die Ebene parallel zur x_1x_2-Ebene. Für $t = -1$ ist die Ebene parallel zur x_2x_3-Ebene.

16 a) $a = -3$
b) $a = 5$
c) $a = -5$
d) Für $a = 0$ ist die Ebene E die x_1x_2-Ebene.

4 Lagen von Ebenen erkennen und Ebenen zeichnen

Seite 229

Einstiegsproblem
Individuelle Lösungen. (Es gibt unendlich viele weitere Stützmöglichkeiten.)

Seite 230

1 a)

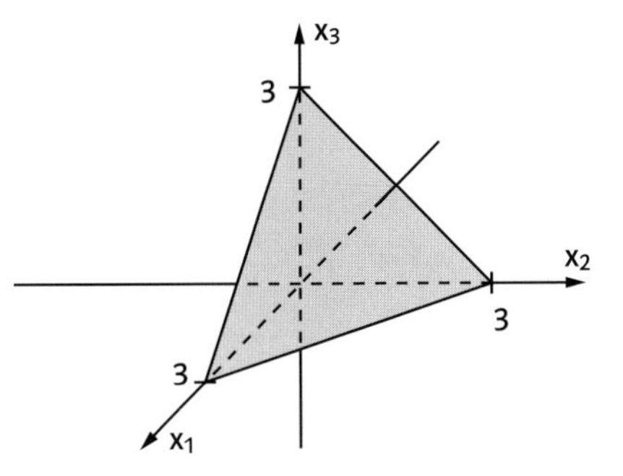

b)

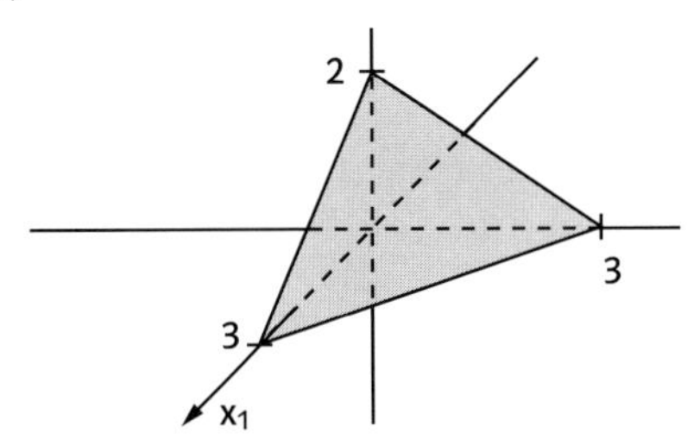

c)

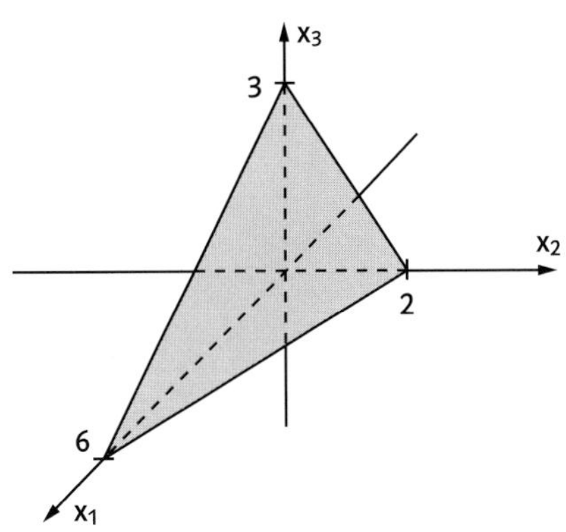

d) Die Ebene E ist parallel zur x_1-Achse und geht durch die Punkte A(0|−2|0) und B(0|0|1).

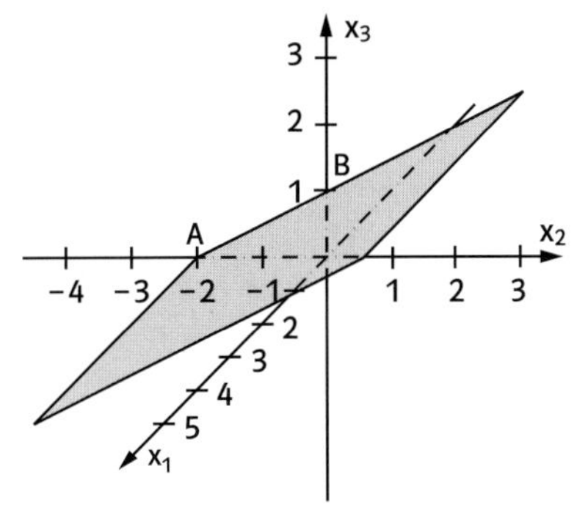

e) Die Ebene E ist parallel zur x_2x_3-Ebene und geht durch den Punkt P(2|0|0).

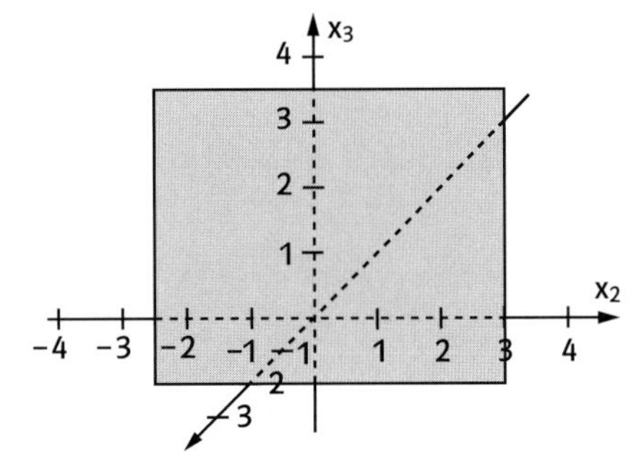

f) Die Ebene E ist parallel zur x_2-Achse und geht durch die Punkte A(−3|0|0) und B(0|0|2).

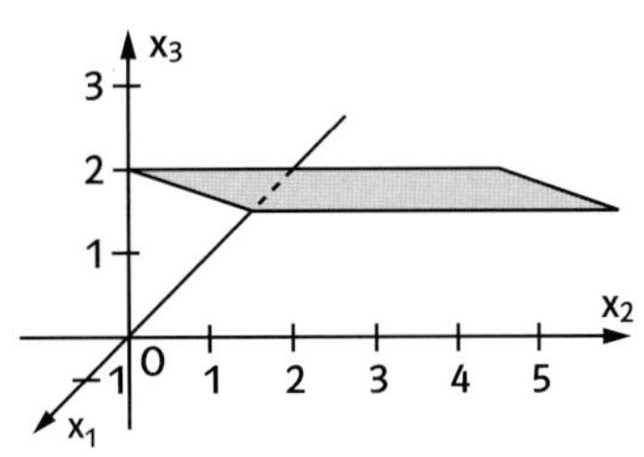

2 a) E ist die x_2x_3-Ebene.
b) E ist die x_1x_3-Ebene.
c) E ist die x_1x_2-Ebene.
d) Die Ebene E ist parallel zur x_2x_3-Ebene und geht durch den Punkt $P(5|0|0)$.
e) Die Ebene E ist parallel zur x_1x_3-Ebene und geht durch den Punkt $P(0|-3|0)$.
f) Die Ebene E ist parallel zur x_1x_2-Ebene und geht durch den Punkt $P(0|0|4)$.
g) Die Ebene E ist parallel zur x_3-Achse und geht durch die Punkte $A(3|0|0)$ und $B(0|3|0)$.
h) Die Ebene E ist parallel zur x_1-Achse und geht durch die Punkte $A(0|-7|0)$ und $B(0|0|-7)$.
i) Die Ebene E ist parallel zur x_2-Achse und geht durch die Punkte $A\left(\frac{1}{2}\middle|0\middle|0\right)$ und $B\left(0\middle|0\middle|\frac{1}{3}\right)$.
j) Die Ebene E ist parallel zur x_3-Achse und geht durch die Punkte $A\left(1\frac{2}{5}\middle|0\middle|0\right)$ und $B\left(0\middle|-\frac{5}{9}\middle|0\right)$.
k) Die Ebene E ist parallel zur x_3-Achse und geht durch die Punkte $A\left(\frac{1}{2}\middle|0\middle|0\right)$ und $B\left(0\middle|\frac{1}{7}\middle|0\right)$.
l) Die Ebene E ist parallel zur x_3-Achse und geht durch die Punkte $A(1|0|-1)$ und $B(-3|0|3)$.

3 Fig. 1: $15x_1 + 6x_2 + 10x_3 = 30$
Fig. 2: $12x_1 + 3x_2 - 4x_3 = 12$

4 $\left[\vec{x} - \begin{pmatrix}1\\-5\\-4\end{pmatrix}\right] \cdot \begin{pmatrix}20\\4\\5\end{pmatrix} = 0$

E: $\vec{x} = \begin{pmatrix}1\\0\\0\end{pmatrix} + r \cdot \begin{pmatrix}-1\\5\\0\end{pmatrix} + s \cdot \begin{pmatrix}-1\\0\\4\end{pmatrix}$

5 a) Eine Koordinatengleichung von E ist $6x_1 + 3x_2 - 2x_3 = 6$.

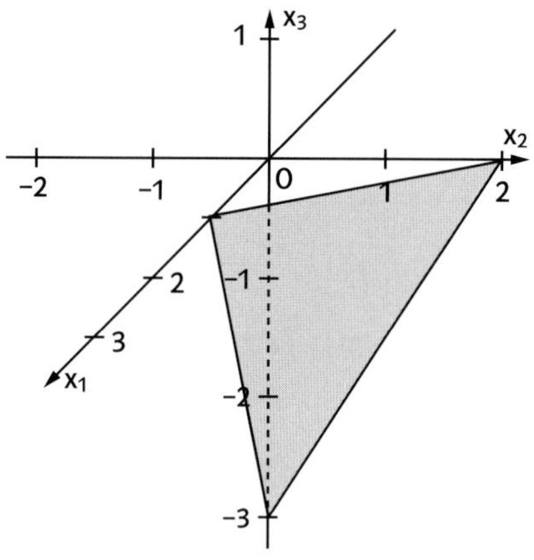

b) Eine Koordinatengleichung von E ist $x_1 + 4x_2 - x_3 = 4$.

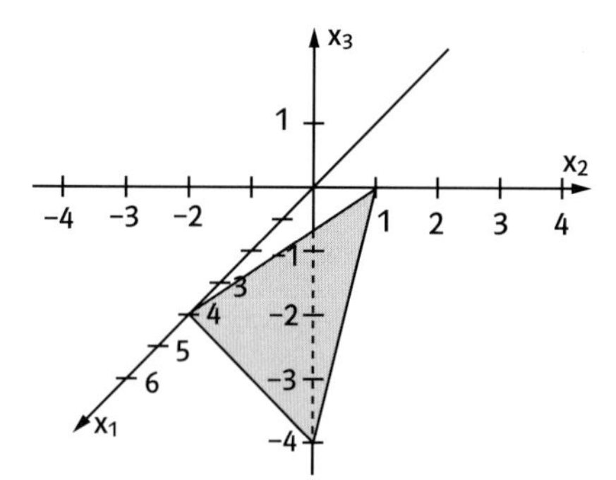

9 a) Die Ebene besitzt genau einen Spurpunkt. Weil auf der rechten Seite der Ebenengleichung 0 steht, fallen alle Spurpunkte im Ursprung zusammen.
b) $A(2|-2|0)$, $B(2|0|-2)$ und $C(0|2|-2)$

c)

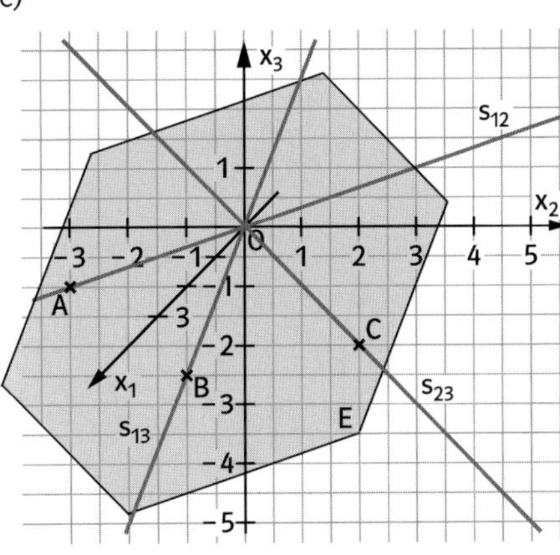

A(2 | −2 | 0); B(2 | 0 | −2); C(0 | 2 | −2)
Die Geraden
s_{12} geht durch A und den Ursprung,
s_{13} geht durch B und den Ursprung,
s_{23} geht durch C und den Ursprung.
Die Ebene E hat zu diesen Geraden parallele „Ränder".

10 a) Wahr: Die Normalenvektoren sind zueinander orthogonal.
b) Wahr: Eine Ebene kann höchstens zu einer Koordinatenebene parallel sein.

11 a) Zum Beispiel:

$$E: \vec{x} = \begin{pmatrix} 1 \\ 0 \\ 0 \end{pmatrix} + r \cdot \begin{pmatrix} -1 \\ 1 \\ 0 \end{pmatrix} + s \cdot \begin{pmatrix} -1 \\ 0 \\ 1 \end{pmatrix}$$

b) Zum Beispiel:

$$E: \vec{x} = \begin{pmatrix} 2 \\ 0 \\ 0 \end{pmatrix} + r \cdot \begin{pmatrix} -2 \\ 2 \\ 0 \end{pmatrix} + s \cdot \begin{pmatrix} -2 \\ 0 \\ 1 \end{pmatrix}$$

5 Gegenseitige Lage von Ebenen und Geraden

Seite 231

Einstiegsproblem
(I) Diese Gleichung gehört zu E.
(II) Diese Gleichung gehört zu h, denn h und E schneiden sich.
(III) Diese Gleichung gehört zu g, denn g und E haben keine gemeinsamen Punkte.

Seite 232

1 a) $S(3 | 4 | -1)$
b) $S\left(\frac{47}{11} \middle| \frac{72}{11} \middle| \frac{31}{11}\right)$
c) g und E sind zueinander parallel.
d) g liegt in E.
e) g und E sind zueinander parallel.
f) $S\left(-\frac{1}{6} \middle| -2\frac{1}{3} \middle| -10\frac{1}{2}\right)$

2 a) $S(5 | 9\ 10)$ b) g liegt in E.
c) $S(2 | 2 | 2)$

Seite 233

5 a) $D_{12}(4 | 2 | 0)$, $D_{13}(6 | 0 | -1)$, $D_{23}(0 | 6 | 2)$
b) D_{12} existiert nicht, $D_{13}\left(\frac{4}{3} \middle| 0 \middle| 2\right)$, $D_{23}(0 | -4 | 2)$
c) $D_{12}(9 | -13 | 0)$, $D_{13}\left(\frac{5}{2} \middle| 0 \middle| \frac{13}{2}\right)$, $D_{23}(0 | 5 | 9)$
d) $D_{12}(0 | -7 | 0)$, $D_{13}(7 | 0 | 7)$, $D_{23}(0 | -7 | 0)$

6 a) $S_1(0 | 0 | 0) = S_2(0 | 0 | 0) = S_3(0 | 0 | 0)$
b) $S_1(6 | 0 | 0)$, $S_2(0 | 5 | 0)$, $S_3(0 | 0 | 3)$
c) $S_1\left(\frac{7}{9} \middle| 0 \middle| 0\right)$, $S_2(0 | 1 | 0)$, $S_3\left(0 \middle| 0 \middle| -\frac{7}{11}\right)$
d) $S_1(0 | 0 | 0) = S_2(0 | 0 | 0) = S_3(0 | 0 | 0)$

7 $S_1\left(-2\frac{2}{3} \middle| 2\frac{2}{3} \middle| 5\frac{1}{3}\right)$, $S_2\left(-5\frac{1}{3} \middle| 5\frac{1}{3} \middle| 2\frac{2}{3}\right)$

8 Individuelle Lösungen

a) z.B. $g: \vec{x} = \begin{pmatrix} 1 \\ 3 \\ 0 \end{pmatrix} + t \cdot \begin{pmatrix} 1 \\ -1 \\ 1 \end{pmatrix}$;

$$E: \vec{x} = \begin{pmatrix} 1 \\ -1 \\ 4 \end{pmatrix} + r \cdot \begin{pmatrix} 2 \\ 0 \\ 1 \end{pmatrix} + s \cdot \begin{pmatrix} -1 \\ -1 \\ 3 \end{pmatrix}$$

b) z.B. $g: \vec{x} = \begin{pmatrix} 2 \\ 0 \\ 2 \end{pmatrix} + t \cdot \begin{pmatrix} -1 \\ 1 \\ -4 \end{pmatrix}$;

$$E: \vec{x} = \begin{pmatrix} 1 \\ -1 \\ 4 \end{pmatrix} + r \cdot \begin{pmatrix} 2 \\ 0 \\ 1 \end{pmatrix} + s \cdot \begin{pmatrix} -1 \\ -1 \\ 3 \end{pmatrix}$$

9 Es gilt $E: 6x_1 + 3x_2 + 2x_3 = 6$.
a) Der Richtungsvektor der Geraden g muss orthogonal zu $\begin{pmatrix} 6 \\ 3 \\ 2 \end{pmatrix}$ sein und kein Punkt von g darf in E liegen.

b) Der Richtungsvektor der Geraden g ist ein Vielfaches von $\begin{pmatrix} 6 \\ 3 \\ 2 \end{pmatrix}$ und der Punkt $S(-1|2|3)$ liegt auf der Geraden.

10 a) Nur h und E sind zueinander orthogonal.
b) Weder g noch h ist zu E orthogonal.
c) Nur g und E sind zueinander orthogonal.
d) Nur h und E sind zueinander orthogonal.
e) Weder g noch h ist zu E orthogonal.
f) Weder g noch h ist zu E orthogonal.

11 a) Die Ebene und die Gerade sind entweder zueinander (echt) parallel oder die Gerade liegt in der Ebene.
b) Die Aussage ist wahr. Da die Gerade nicht parallel zur Ebene E ist, noch in der Ebene E liegt, gibt es einen Schnittpunkt.
c) Die Aussage ist falsch. Siehe Begründung zur Teilaufgabe a).
d) Die Aussage ist wahr. Der Richtungsvektor der Geraden ist ein Normalenvektor der Ebene. Siehe auch Teilaufgabe c).

6 Gegenseitige Lage von Ebenen

Seite 234

Einstiegsproblem
Die Schülerinnen und Schüler sollen die Ebenen angeben, die sich schneiden bzw. zueinander parallel sind.

Seite 235

1 a) $g: \vec{x} = \frac{1}{5}\begin{pmatrix} 17 \\ 4 \\ 25 \end{pmatrix} + t \cdot \begin{pmatrix} 1 \\ -1 \\ 3 \end{pmatrix}$

b) $g: \vec{x} = \begin{pmatrix} -11 \\ 1 \\ 47 \end{pmatrix} + t \cdot \begin{pmatrix} -2 \\ -1 \\ 12 \end{pmatrix}$

c) $g: \vec{x} = \frac{1}{4}\begin{pmatrix} 30 \\ -5 \\ 20 \end{pmatrix} + t \cdot \begin{pmatrix} 26 \\ -15 \\ 12 \end{pmatrix}$

d) $g: \vec{x} = \begin{pmatrix} 5 \\ 0 \\ 5 \end{pmatrix} + t \cdot \begin{pmatrix} 29 \\ -18 \\ 21 \end{pmatrix}$

e) $g: \vec{x} = \begin{pmatrix} 16 \\ 1 \\ -34 \end{pmatrix} + t \cdot \begin{pmatrix} 1 \\ -1 \\ 3 \end{pmatrix}$

f) $g: \vec{x} = \begin{pmatrix} 9 \\ -2 \\ 5 \end{pmatrix} + t \cdot \begin{pmatrix} 9 \\ -5 \\ 3 \end{pmatrix}$

2 a) $g: \vec{x} = \begin{pmatrix} 0 \\ -7 \\ 0 \end{pmatrix} + t \cdot \begin{pmatrix} -1 \\ 13 \\ 7 \end{pmatrix}$

b) $g: \vec{x} = \begin{pmatrix} 1 \\ -2 \\ 0 \end{pmatrix} + t \cdot \begin{pmatrix} 6 \\ -2 \\ 7 \end{pmatrix}$

c) $g: \vec{x} = \begin{pmatrix} 8 \\ -7 \\ 0 \end{pmatrix} + t \cdot \begin{pmatrix} -5 \\ 4 \\ 1 \end{pmatrix}$

d) $g: \vec{x} = \frac{1}{4}\begin{pmatrix} 0 \\ 5 \\ 0 \end{pmatrix} + t \cdot \begin{pmatrix} -5 \\ 0 \\ 6 \end{pmatrix}$

Seite 236

3 a) $g: \vec{x} = \begin{pmatrix} 2 \\ 4 \\ 3 \end{pmatrix} + t \cdot \begin{pmatrix} 2 \\ -1 \\ 0 \end{pmatrix}$

b) $g: \vec{x} = t \cdot \begin{pmatrix} -3 \\ 5 \\ 2 \end{pmatrix}$

c) $g: \vec{x} = \begin{pmatrix} 3 \\ 5 \\ 7 \end{pmatrix} + t \cdot \begin{pmatrix} -1 \\ -2 \\ 2 \end{pmatrix}$

4 a) Die beiden Ebenen sind zueinander (echt) parallel.
b) Die beiden Ebenen sind identisch.

6 Individuelle Lösungen.
a) Z.B.: $E_1: \vec{x} = \begin{pmatrix} 1 \\ 0 \\ 1 \end{pmatrix} + s \cdot \begin{pmatrix} 1 \\ 1 \\ 0 \end{pmatrix} + r \cdot \begin{pmatrix} -1 \\ 1 \\ 0 \end{pmatrix}$

$E_2: \vec{x} = \begin{pmatrix} 1 \\ 0 \\ 1 \end{pmatrix} + s \cdot \begin{pmatrix} 0 \\ 1 \\ 1 \end{pmatrix} + r \cdot \begin{pmatrix} 0 \\ 1 \\ -1 \end{pmatrix}$

b) Z.B.: E_1: $\vec{x} = \begin{pmatrix}1\\2\\3\end{pmatrix} + s\cdot\begin{pmatrix}2\\1\\1\end{pmatrix} + r\cdot\begin{pmatrix}1\\1\\0\end{pmatrix}$

E_2: $\vec{x} = \begin{pmatrix}1\\2\\3\end{pmatrix} + s\cdot\begin{pmatrix}1\\0\\0\end{pmatrix} + r\cdot\begin{pmatrix}2\\2\\1\end{pmatrix}$

c) Z.B.: E_1: $\vec{x} = \begin{pmatrix}-2\\7\\-12\end{pmatrix} + s\cdot\begin{pmatrix}3\\-2\\3\end{pmatrix} + t\cdot\begin{pmatrix}2\\-2\\2\end{pmatrix}$

E_2: $\vec{x} = \begin{pmatrix}-2\\7\\-12\end{pmatrix} + s\cdot\begin{pmatrix}1\\-5\\5\end{pmatrix} + t\cdot\begin{pmatrix}4\\1\\0\end{pmatrix}$

d) Z.B.: E_1: $\vec{x} = r\cdot\begin{pmatrix}0\\0\\1\end{pmatrix} + s\cdot\begin{pmatrix}1\\0\\0\end{pmatrix}$

E_2: $\vec{x} = r\cdot\begin{pmatrix}0\\0\\1\end{pmatrix} + s\cdot\begin{pmatrix}1\\0\\1\end{pmatrix}$

e) Z.B.: E_1: $\vec{x} = r\cdot\begin{pmatrix}1\\1\\1\end{pmatrix} + s\cdot\begin{pmatrix}2\\1\\0\end{pmatrix}$

E_2: $\vec{x} = r\cdot\begin{pmatrix}3\\2\\0\end{pmatrix} + s\cdot\begin{pmatrix}0\\0\\1\end{pmatrix}$

f) Z.B.: E_1: $\vec{x} = r\cdot\begin{pmatrix}a\\0\\0\end{pmatrix} + s\cdot\begin{pmatrix}0\\-a\\0\end{pmatrix}$

E_2: $\vec{x} = r\cdot\begin{pmatrix}0\\-a\\0\end{pmatrix} + s\cdot\begin{pmatrix}a\\0\\0\end{pmatrix}$

7 a) g: $\vec{x} = \frac{1}{2}\begin{pmatrix}-5\\5\\20\end{pmatrix} + t\cdot\begin{pmatrix}-1\\0\\1\end{pmatrix}$

b) g: $\vec{x} = \begin{pmatrix}5\\-3\\7\end{pmatrix} + t\cdot\begin{pmatrix}2\\6\\-5\end{pmatrix}$

c) Beweisidee:

$2\overrightarrow{AB} + 3\overrightarrow{AE} - 3\overrightarrow{AF} = \vec{o}$;

$\overrightarrow{CD} + 3\overrightarrow{CH} - 3\overrightarrow{CG} = \vec{o}$; g: $\vec{x} = \begin{pmatrix}-2\\8\\10\end{pmatrix} + t\cdot\begin{pmatrix}0\\1\\0\end{pmatrix}$

d) g: $\vec{x} = \begin{pmatrix}2\\3\\0\end{pmatrix} + t\cdot\begin{pmatrix}13\\0\\-15\end{pmatrix}$

Seite 237

8 An den Koordinatengleichungen kann man Normalenvektoren ablesen. Man prüft, ob das Skalarprodukt dieser Vektoren null ist.

9 Aus der Koordinatengleichung von E_2 kann man einen Normalenvektor der Ebene ablesen. Wenn $\vec{n_1} = \begin{pmatrix}2\\-1\\3\end{pmatrix}$ kein Vielfaches dieses Vektors ist, schneiden sich die Ebenen.

10 LGS (1) gehört zu Fig. 2
LGS (2) gehört zu Fig. 1
LGS (3) gehört zu Fig. 3

11 LGS (1) gehört zu Fig. 5
LGS (2) gehört zu Fig. 6
LGS (3) gehört zu Fig. 8

LGS zu Fig 4, z.B.:
$$\begin{aligned}-3x_2 + 2x_3 &= 2\\ 3x_2 - 2x_3 &= 2\\ -6x_2 + 4x_3 &= 15\end{aligned}$$

LGS zu Fig. 7, z.B.:
$$\begin{aligned}x_1 &= 0\\ x_2 &= 0\\ x_3 &= 0\end{aligned}$$

7 Winkel zwischen Vektoren

Seite 238

Einstiegsproblem

$\overrightarrow{OP_1} = \begin{pmatrix}\frac{1}{2}\sqrt{3}\\ \frac{1}{2}\end{pmatrix}$, $\overrightarrow{OP_2} = \begin{pmatrix}\frac{1}{2}\sqrt{2}\\ \frac{1}{2}\sqrt{2}\end{pmatrix}$, $\overrightarrow{OP_3} = \begin{pmatrix}-\frac{1}{2}\\ \frac{1}{2}\sqrt{3}\end{pmatrix}$

$\overrightarrow{OP_1}\cdot\begin{pmatrix}1\\0\end{pmatrix} = \frac{1}{2}\sqrt{3}$; $\overrightarrow{OP_2}\cdot\begin{pmatrix}1\\0\end{pmatrix} = \frac{1}{2}\sqrt{2}$;

$\overrightarrow{OP_3}\cdot\begin{pmatrix}1\\0\end{pmatrix} = -\frac{1}{2}$

Das Ergebnis des Skalarproduktes ist gleich dem Kosinus des Winkels, den der jeweilige Vektor mit dem Vektor $\begin{pmatrix}1\\0\end{pmatrix}$ einschließt.

Seite 239

1 a) 71,6° b) 7,7°
c) 57,1° d) 90°

2 a) $\alpha = 78{,}7°$; $\beta = 42{,}3°$; $\gamma = 59{,}0°$;
$\overline{BC} = \sqrt{17}$; $\overline{AC} = 2\sqrt{2}$; $\overline{AB} = \sqrt{13}$

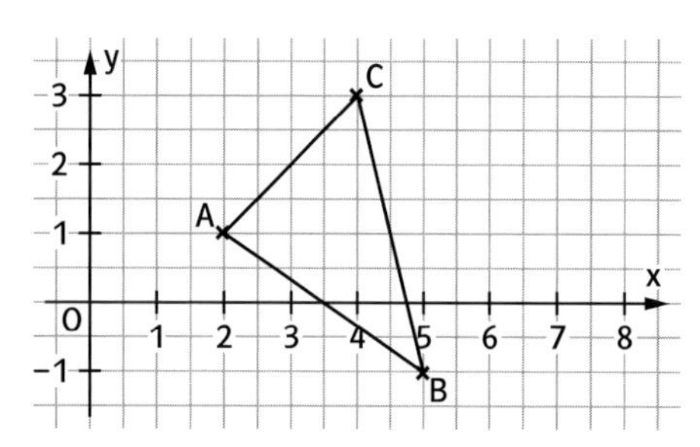

b) $\alpha = 94{,}6°$; $\beta = 38{,}5°$; $\gamma = 46{,}9°$;
$\overline{BC} = 2\sqrt{34}$; $\overline{AC} = \sqrt{53}$; $\overline{AB} = \sqrt{73}$

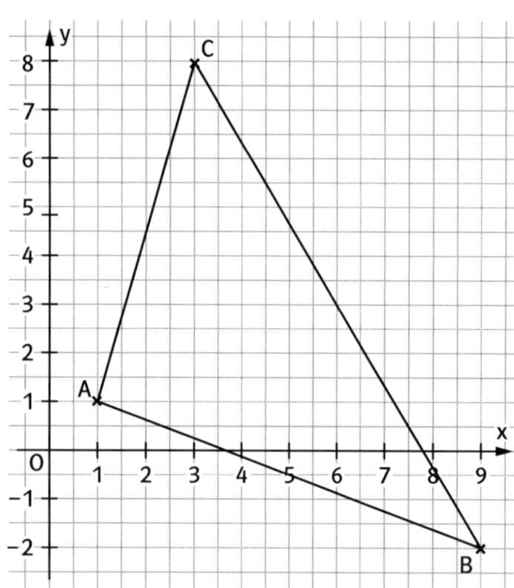

c) $\alpha = 50{,}8°$; $\beta = 78{,}5°$; $\gamma = 50{,}8°$;
$\overline{BC} = 2\sqrt{5}$; $\overline{AC} = 4\sqrt{2}$; $\overline{AB} = 2\sqrt{5}$
d) $\alpha = 50{,}8°$; $\beta = 39{,}2°$; $\gamma = 90°$;
$\overline{BC} = 2\sqrt{3}$; $\overline{AC} = 2\sqrt{2}$; $\overline{AB} = 2\sqrt{5}$

3 a) $a = 0{,}5$ b) $b = 3$ c) $c = 1$

4 Zwischen $\vec{a}$ und $\vec{b}$: 45°.
Zwischen $-\vec{a}$ und $\vec{b}$: 135°.
Zwischen $\vec{a}$ und $-\vec{b}$: 135°.
Zwischen $-\vec{a}$ und $-\vec{b}$: 45°.

6 Der Winkel zwischen den Vektoren $\overrightarrow{AB}$ und $\overrightarrow{AC}$ beträgt 60°.

Aus $\frac{\overrightarrow{AB} \cdot \overrightarrow{AC}}{|\overrightarrow{AB}| \cdot |\overrightarrow{AC}|} = \frac{1}{2}$ folgt $\overrightarrow{AB} \cdot \overrightarrow{AC} = 4{,}5$.

7 a)

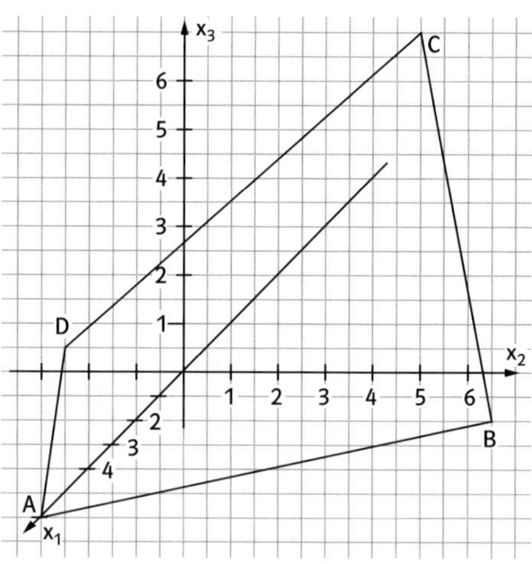

$\alpha = 81{,}4°$; $\beta = 81{,}3°$; $\gamma = 62{,}3°$; $\delta = 126{,}0°$
b) Die Winkelsumme beträgt 351,2°. Sie ist kleiner als 360°, weil die vier Punkte nicht in einer Ebene liegen. Der Winkelsummensatz für Vierecke gilt nur in der Ebene.
c) Man muss den Punkt E so wählen, dass er in der Ebene
E_{ABC}: $45x_1 + 24x_2 + 44x_3 = -46$ liegt,
z.B. $E\left(1 \middle| -2 \middle| -\frac{43}{44}\right)$.

8 a) Rotes Dreieck: Seitenlängen: $2\sqrt{5}$; $2\sqrt{5}$; $2\sqrt{2}$; Winkel: 71,6°; 71,6°; 36,9°.
b) Blaues Dreieck: Seitenlängen: $2\sqrt{5}$; $2\sqrt{5}$; $4\sqrt{2}$; Winkel: 50,8°, 50,8°, 78,5°.

8 Schnittwinkel

Seite 240

Einstiegsproblem
Wenn man wie von Michael vorgeschlagen vorgeht, dann ist der Winkel zwischen zwei Geraden nicht eindeutig definiert. Je nachdem, welche Richtungsvektoren man wählt, erhält man einen Winkel $\alpha < 90°$ oder den Nebenwinkel des Winkels α.

Seite 241

1 a) 17,5° b) 30,2°
c) 59,7° d) 88,1°

2 a) 14,7° b) 55,5°
c) 70,8° d) 90°

Seite 242

3 a) 46,8° b) 90°
c) 0° d) 0°

4 a) 26,6°
b) x_1x_2-Ebene: Gerade parallel zur x_1x_2-Ebene; x_1x_3-Ebene: 26,6°; x_2x_3-Ebene: 63,4°

6

Winkel zwischen $\vec{a}$ und $\vec{b}$	60°	90°	120°
a)	60°	90°	60°
b)	60°	90°	60°
c)	30°	0°	30°

7 a) $\sphericalangle(\overline{AD}, E_{ABC}) = 60{,}8°$;
$\sphericalangle(\overline{BD}, E_{ABC}) = 44{,}1°$; $\sphericalangle(\overline{CD}, E_{ABC}) = 76{,}0°$
b) $\sphericalangle(\overline{AC}, E_{ABD}) = 43{,}3°$; $\sphericalangle(\overline{BC}, E_{ABD}) = 25{,}7°$
$\sphericalangle(\overline{CD}, E_{ABD}) = 28{,}1°$
c) 76,0°
d) 37,5°

8 a) Z.B. g: $\vec{x} = t\cdot\begin{pmatrix}-3\\2\\5\end{pmatrix}$, h: $\vec{x} = t\cdot\begin{pmatrix}4\\2\\7\end{pmatrix}$
b) Z.B. E: $-3x_1 + 2x_2 + 5x_3 = 0$;
F: $4x_1 + 2x_2 + 7x_3 = 0$
c) Z.B. g: $\vec{x} = t\cdot\begin{pmatrix}-3\\2\\5\end{pmatrix}$,
E: $\vec{x} = t\cdot\begin{pmatrix}4\\2\\7\end{pmatrix} + s\cdot\begin{pmatrix}4\\41\\-14\end{pmatrix}$

Als 2. Spannvektor wählt man z.B. einen Vektor, der zu den Vektoren $\begin{pmatrix}-3\\2\\5\end{pmatrix}$ und $\begin{pmatrix}4\\2\\7\end{pmatrix}$ orthogonal ist.

9 a) Die Geraden schneiden sich nicht.
b) Die Geraden schneiden sich im Punkt (2|2|4). Der Schnittwinkel beträgt 13,3°.
c) Die Geraden schneiden sich nicht.
d) Die Geraden schneiden sich im Punkt (2|2|6). Der Schnittwinkel beträgt 90°.

Seite 243

10 a) Die Gerade g liegt in der Ebene E.
b) Die Gerade g und die Ebene E sind zueinander parallel.
c) 16,6°
d) 7,2°

11 E: $x_1 + x_2 + x_3 = 0$; Schnittwinkel: 54,7°

12 a) Gerade – Gerade: $\cos(\alpha) = |\vec{u_0}\cdot\vec{v_0}|$,
Ebene – Ebene: $\cos(\alpha) = |\overrightarrow{n_{10}}\cdot\overrightarrow{n_{20}}|$,
Gerade – Ebene: $\sin(\alpha) = |\vec{u_0}\cdot\vec{n_0}|$.
b) Die Aussage ist korrekt. Wenn man einen Winkel erhält, der größer als 90° ist, so ist der gesuchte Winkel der Nebenwinkel dieses Winkels.
c) Sind z.B. $\vec{u_1}$ und $\vec{u_2}$ Richtungsvektoren derselben Geraden g, so gibt es eine reelle Zahl k mit $\vec{u_2} = k\cdot\vec{u_1}$.
Berechnet wird z.B. der Schnittwinkel mit einer Geraden mit Richtungsvektor $\vec{v}$.
Für den Schnittwinkel α gilt also:
$$\cos(\alpha) = \frac{|\vec{u_1}\cdot\vec{v}|}{|\vec{u_1}|\cdot|\vec{v}|}.$$
Verwendet man statt $\vec{u_1}$ den Richtungsvektor $\vec{u_2}$, so erhält man:
$$\cos(\alpha) = \frac{|\vec{u_2}\cdot\vec{v}|}{|\vec{u_2}|\cdot|\vec{v}|} = \frac{|k\cdot\vec{u_1}\cdot\vec{v}|}{|k\cdot\vec{u_1}|\cdot|\vec{v}|} = \frac{|k|\cdot|\vec{u_1}\cdot\vec{v}|}{|k|\cdot|\vec{u_1}|\cdot|\vec{v}|} = \frac{|\vec{u_1}\cdot\vec{v}|}{|\vec{u_1}|\cdot|\vec{v}|}.$$
Das Ergebnis ist also dasselbe.

Ebenso kann man dies nachrechnen, wenn man auch für die zweite Gerade einen anderen Richtungsvektor verwendet.

13 a) Koordinatenursprung links hinten, unten. Vordere Hauswand: E_1: $x_1 = 10$.
Eckpunkte der vorderen Dachfläche:
A(10 | 0 | 3), B(10 | 6,5 | 3), C(8 | 3,25 | 6),
Ebenengleichung: E_2: $3x_1 + 2x_3 = 36$.
Winkel zwischen der vorderen (hinteren) Hauswand und der vorderen (hinteren) Dachfläche: 146,3°.
Rechte Hauswand: E_3: $x_2 = 6{,}5$.
Eckpunkte der rechten Dachfläche:
B(10 | 6,5 | 3), C(8 | 3,25 | 6), D(0 | 6,5 | 3),
Ebenengleichung: E_4: $12x_2 + 13x_3 = 117$.
Winkel zwischen einer seitlichen Dachfläche und einer seitlichen Hauswand: 132,7°.
b) Winkel zwischen benachbarten Dachflächen: 114,1°.

14 a) Der Koordinatenursprung wird in die Mitte der Bodenfläche gelegt. Die Kantenlänge des Würfels ist 2; E_1: $x_3 = 0$.
Vordere Seitenfläche: A(1 | −1 | 0), B(1 | 1 | 0), C(0 | 0 | 2), E_2: $2x_1 + x_3 = 2$.
Winkel zwischen Grundfläche und Seitenfläche: 63,4°.
b) Rechte Seitenfläche: E_3: $2x_2 + x_3 = 2$.
Winkel zwischen zwei Seitenflächen: 101,5°.

9 Beweise zur Parallelität und Orthogonalität

Seite 244

Einstiegsproblem

Das Regal sollte:
- parallel zum Fußboden
- orthogonal zur Wand
- orthogonal zur Schrankwand

sein.
Auch Betrachtungen zum Abstand sind möglich.

Seite 245

1 Behauptung:
$\overline{AB} \parallel \overline{CD}$ und $\overline{AC} \parallel \overline{BD}$
Nachweis:
$\overrightarrow{AB} = \vec{a}$
$\overrightarrow{AC} = \vec{b}$
$\overrightarrow{AD} = \vec{a} + \vec{b}$
$\overrightarrow{AM} = \frac{1}{2}(\vec{a} + \vec{b})$
$\overrightarrow{BM} = \frac{1}{2}(\vec{b} - \vec{a})$
$\overrightarrow{DB} = -\overrightarrow{MD} + \overrightarrow{MB} = -\frac{1}{2}\vec{a} - \frac{1}{2}\vec{b} - \frac{1}{2}\vec{b} + \frac{1}{2}\vec{a}$
$= -\vec{b}$
$\Rightarrow \overline{AC} \parallel \overline{BD}$
$\overrightarrow{CD} = \overrightarrow{MD} - \overrightarrow{MC} = \frac{1}{2}\vec{a} + \frac{1}{2}\vec{b} - \frac{1}{2}\vec{b} + \frac{1}{2}\vec{a} = \vec{a}$
$\Rightarrow \overline{AB} \parallel \overline{CD}$

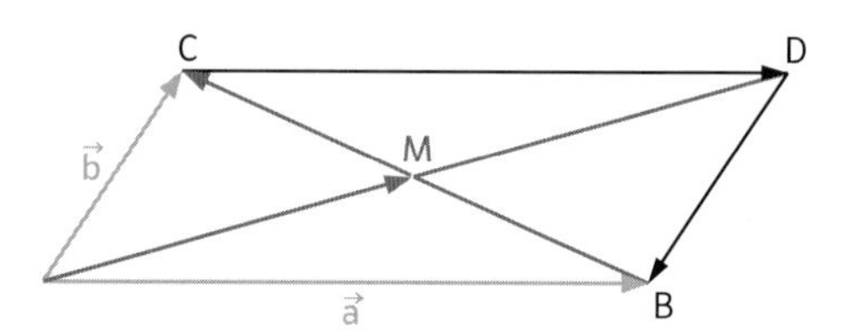

2 Behauptung:
$\overrightarrow{M_1M_2} = \overrightarrow{M_4M_3}$ und $\overrightarrow{M_1M_4} = \overrightarrow{M_2M_3}$.
Nachweis:
$\overrightarrow{M_1M_2} = \overrightarrow{M_1B} + \overrightarrow{BM_2} = \frac{1}{2}\vec{a} + \frac{1}{2}\vec{b}$
$\overrightarrow{M_4M_3} = \overrightarrow{M_4D} + \overrightarrow{DM_3} = \frac{1}{2}\vec{b} + \frac{1}{2}\vec{a}$
$\Rightarrow \overrightarrow{M_1M_2} = \overrightarrow{M_4M_3} \Rightarrow \overline{M_1M_2} \parallel \overline{M_4M_3}$
$\overrightarrow{M_1M_4} = \overrightarrow{M_1A} + \overrightarrow{AM_4} = -\frac{1}{2}\vec{a} + \frac{1}{2}\vec{b}$
$\overrightarrow{M_2M_3} = \overrightarrow{M_2C} + \overrightarrow{CM_3} = \frac{1}{2}\vec{b} - \frac{1}{2}\vec{a}$
$\Rightarrow \overrightarrow{M_1M_4} = \overrightarrow{M_2M_3} \Rightarrow \overline{M_1M_4} \parallel \overline{M_2M_3}$
$\Rightarrow M_1M_2M_3M_4$ ist ein Parallelogramm (q.e.d.).

3 $\overrightarrow{AB} = \vec{a}$; $\overrightarrow{AD} = \vec{b}$

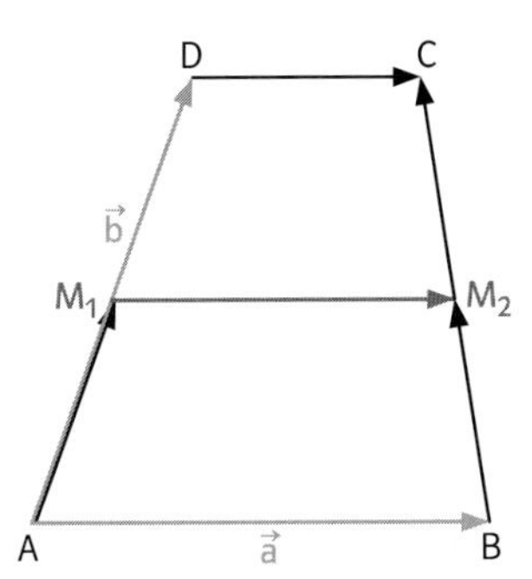

Voraussetzung:

$\overrightarrow{AM_1} = \overrightarrow{M_1D} = \frac{1}{2}\vec{b}$

$\overrightarrow{BM_2} = \overrightarrow{M_2C} = \frac{1}{2}\overrightarrow{BC}$

$\overrightarrow{DC} = t \cdot \overrightarrow{AB} = t \cdot \vec{a}$

Behauptung:

$\overrightarrow{M_1M_2} = k \cdot \overrightarrow{AB}$

Nachweis:

$\overrightarrow{M_1M_2} = -\frac{1}{2}\vec{b} + \vec{a} + \frac{1}{2}\overrightarrow{BC}$

$\overrightarrow{M_1M_2} = -\frac{1}{2}\vec{b} + \vec{a} + \frac{1}{2}(-\vec{a} + \vec{b} + \overrightarrow{DC})$

$\overrightarrow{M_1M_2} = -\frac{1}{2}\vec{b} + \vec{a} + \frac{1}{2}(-\vec{a} + \vec{b} + t \cdot \vec{a})$

$\overrightarrow{M_1M_2} = \left(\frac{1}{2} + \frac{1}{2}t\right)\vec{a}$

$\Rightarrow \overline{M_1M_2} \parallel \overline{AB}$ (q.e.d.)

Seite 246

4 $\overrightarrow{AB} = \vec{a}$; $\overrightarrow{AD} = \vec{b}$; $\overrightarrow{AE} = \vec{c}$

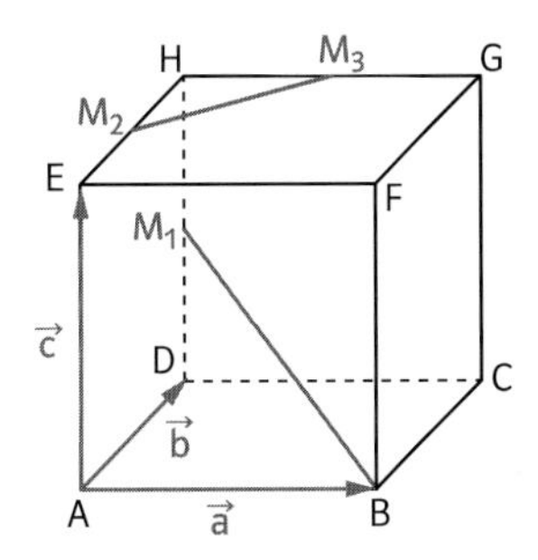

Voraussetzung:

$\vec{a} \cdot \vec{b} = 0,\ \vec{b} \cdot \vec{c} = 0,\ \vec{a} \cdot \vec{c} = 0$

$\overrightarrow{EM_2} = \overrightarrow{M_2H} = \frac{1}{2}\overrightarrow{EH}$

$\overrightarrow{HM_3} = \overrightarrow{M_3G} = \frac{1}{2}\overrightarrow{HG}$

$\overrightarrow{DM_1} = \overrightarrow{M_1H} = \frac{1}{2}\overrightarrow{DH}$

$|\vec{a}| = |\vec{b}| = |\vec{c}|$.

Behauptung:

$\overrightarrow{M_2M_3} \cdot \overrightarrow{M_1B} = 0.$

Nachweis:

$\overrightarrow{M_2M_3} = \frac{1}{2}\vec{b} + \frac{1}{2}\vec{a}$

$\overrightarrow{M_1B} = \vec{a} - \vec{b} - \frac{1}{2}\vec{c}$

$\overrightarrow{M_2M_3} \cdot \overrightarrow{M_1B}$

$= \left(\frac{1}{2}\vec{b} + \frac{1}{2}\vec{a}\right) \cdot \left(\vec{a} - \vec{b} - \frac{1}{2}\vec{c}\right)$

$= \frac{1}{2}\vec{a} \cdot \vec{b} - \frac{1}{2}\vec{b} \cdot \vec{b} - \frac{1}{4}\vec{b} \cdot \vec{c} + \frac{1}{2}\vec{a} \cdot \vec{a} - \frac{1}{2}\vec{a} \cdot \vec{b} - \frac{1}{4}$
$\vec{a} \cdot \vec{c}$

$= -\frac{1}{2}\vec{b} \cdot \vec{b} + \frac{1}{2}\vec{a} \cdot \vec{a}$

$= -\frac{1}{2}|\vec{b}|^2 + \frac{1}{2}|\vec{a}|^2$

$= 0$ (q.e.d.)

5 a) $\overrightarrow{AD} = \vec{p}$; $\overrightarrow{AC} = \vec{q}$; $\overrightarrow{AB} = \vec{s}$

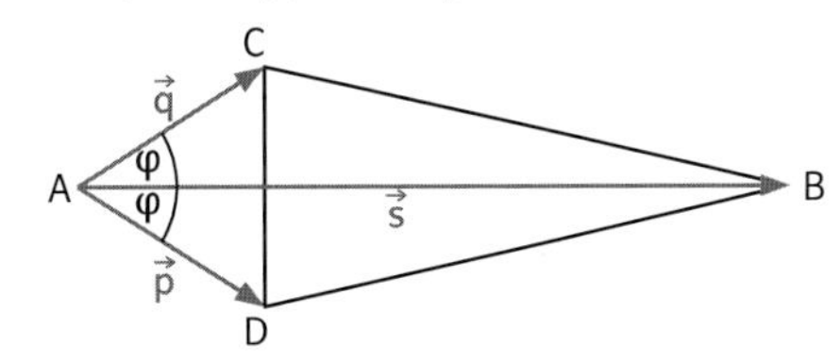

Voraussetzung:

$|\vec{p}| = |\vec{q}| = a$

$|\overrightarrow{CB}| = |\overrightarrow{DB}| \triangleq |\vec{s} - \vec{q}| = |\vec{s} - \vec{p}|$.

Behauptung:

$\overrightarrow{AB} \cdot \overrightarrow{CD} = 0.$

Nachweis:

$\overrightarrow{CD} = -\vec{q} + \vec{p}$

$\overrightarrow{AB} \cdot \overrightarrow{CD} = \vec{s} \cdot (-\vec{q} + \vec{p})$

$= -\vec{s} \cdot \vec{q} + \vec{s} \cdot \vec{q}$

$= -|\vec{s}| \cdot |\vec{q}| \cdot \cos(\varphi) + |\vec{s}| \cdot |\vec{p}| \cdot \cos(\varphi)$

$= -|\vec{s}| \cdot a \cdot \cos(\varphi) + |\vec{s}| \cdot a \cos(\varphi)$

$= 0$ (q.e.d.)

b) $\overrightarrow{AC} = \vec{a}$; $\overrightarrow{CB} = \vec{b}$; $\overrightarrow{AD} = \vec{c}$; $\overrightarrow{DB} = \vec{d}$

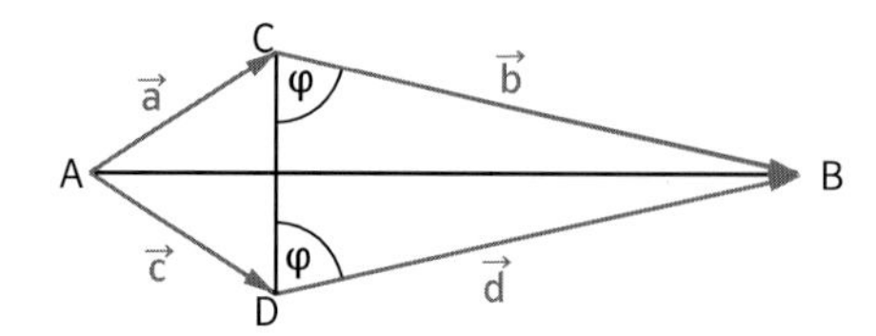

Voraussetzung:

$|\vec{a}| = |\vec{c}| = r$

$|\vec{b}| = |\vec{d}| = s.$

Behauptung:

$\overrightarrow{AB} \cdot \overrightarrow{CD} = 0.$

Nachweis:

$\overrightarrow{AB} = \vec{a} + \vec{b}$ oder $\overrightarrow{AB} = \vec{c} + \vec{d}$

$\overrightarrow{CD} = -\vec{a} + \vec{c}$

$\overrightarrow{AB} \cdot \overrightarrow{CD} = (\vec{a} + \vec{b}) \cdot (-\vec{a} + \vec{c})$
$= -|\vec{a}|^2 - \vec{a} \cdot \vec{b} + \vec{b} \cdot \vec{c} + \vec{a} \cdot \vec{c}$

$\overrightarrow{AB} \cdot \overrightarrow{CD} = (\vec{c} + \vec{d}) \cdot (-\vec{a} + \vec{c})$
$= |\vec{c}|^2 - \vec{a} \cdot \vec{c} + \vec{d} \cdot \vec{c} - \vec{a} \cdot \vec{d}$

$2\overrightarrow{AB} \cdot \overrightarrow{CD}$

$= |\vec{c}|^2 - |\vec{a}|^2 + \vec{b} \cdot (-\vec{a} + \vec{c}) + \vec{a} \cdot \vec{c} - \vec{a} \cdot \vec{c}$
$+ \vec{d} \cdot (-\vec{a} + \vec{c})$

$= 0 + \vec{b} \cdot (-\vec{a} + \vec{c}) + 0 + \vec{d} \cdot (-\vec{a} + \vec{c})$

$= \vec{b} \cdot (-\vec{a} + \vec{c}) - \vec{d} \cdot (-\vec{c} + \vec{a})$

$= |\vec{b}| \cdot |(-\vec{a} + \vec{c})| \cdot \cos(\varphi)$
$-|\vec{d}| \cdot |(-\vec{c} + \vec{a})| \cdot \cos(\varphi)$

$2\overrightarrow{AB} \cdot \overrightarrow{CD}$

$= r \cdot |(-\vec{a} + \vec{c})| \cdot \cos(\varphi) - r \cdot |$
$(-\vec{c} + \vec{a})| \cdot \cos(\varphi)$
$= 0$ (q.e.d.)

6

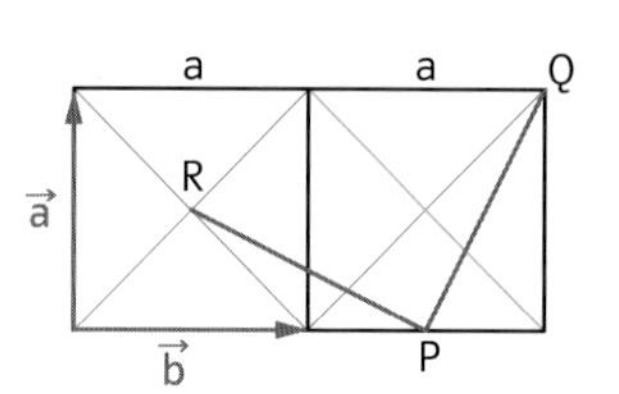

Voraussetzung:

$|\vec{a}| = |\vec{b}|$

$\vec{a} \cdot \vec{b} = 0.$

Behauptung:

$\overrightarrow{RP} \cdot \overrightarrow{PQ} = 0.$

Nachweis:

$\overrightarrow{RP} = -\frac{1}{2}\vec{a} + \vec{b}$

$\overrightarrow{PQ} = \frac{1}{2}\vec{b} + \vec{a}$

$\overrightarrow{RP} \cdot \overrightarrow{PQ} = \left(-\frac{1}{2}\vec{a} + \vec{b}\right) \cdot \left(\frac{1}{2}\vec{b} + \vec{a}\right)$
$= -\frac{1}{4}\vec{a} \cdot \vec{b} - \frac{1}{2}|\vec{a}|^2 + \frac{1}{2}|\vec{b}|^2 + \vec{a} \cdot \vec{b}$
$= 0 - \frac{1}{2}|\vec{a}|^2 + \frac{1}{2}|\vec{b}|^2 + 0$
$= 0$ (q.e.d.)

7 $\overrightarrow{AD} = \vec{a}$; $\overrightarrow{AD} = \vec{b}$

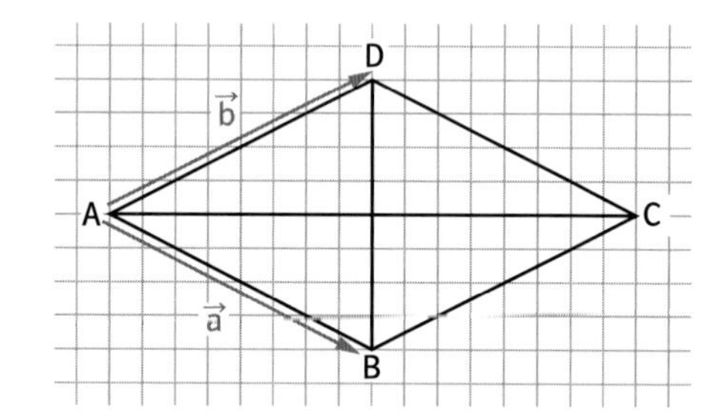

Voraussetzung:

$|\overrightarrow{AB}| = |\overrightarrow{BC}| = |\overrightarrow{AD}| = |\overrightarrow{DC}| = |\vec{a}| = |\vec{b}|$

oder

$\overrightarrow{AB} = \overrightarrow{DC} = \vec{a}$

$\overrightarrow{AD} = \overrightarrow{BC} = \vec{b}.$

Behauptung:

$\overrightarrow{AC} \cdot \overrightarrow{BD} = 0.$

Nachweis:

$\overrightarrow{AC} = \vec{b} + \vec{a}$

$\overrightarrow{BD} = -\vec{a} + \vec{b}$

$$\begin{aligned}\overrightarrow{AC} \cdot \overrightarrow{BD} &= (\vec{b} + \vec{a}) \cdot (-\vec{a} + \vec{b}) \\ &= -\vec{a} \cdot \vec{b} + \vec{b} \cdot \vec{b} - \vec{a} \cdot \vec{a} + \vec{a} \cdot \vec{b} \\ &= |\vec{b}|^2 - |\vec{a}|^2 = 0 \text{ (q.e.d.)}\end{aligned}$$

10 $\overrightarrow{AP} = \vec{a}$; $\overrightarrow{AQ} = \vec{b}$

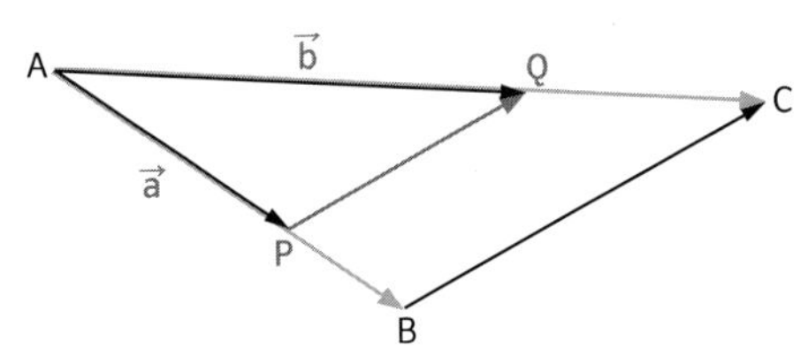

Voraussetzung:

$\overrightarrow{AP} = 2\overrightarrow{PB}$

$\overrightarrow{PB} = \frac{1}{2}\vec{a}$

$\overrightarrow{AQ} = 2\overrightarrow{QC}$

$\overrightarrow{QC} = \frac{1}{2}\vec{b}$.

Behauptung:

$r \cdot \overrightarrow{PQ} = \overrightarrow{BC}$.

Nachweis:

$\overrightarrow{PQ} = \overrightarrow{PA} + \overrightarrow{AQ} = \vec{b} - \vec{a}$

$$\begin{aligned}\overrightarrow{BC} &= \overrightarrow{BP} + \overrightarrow{PA} + \overrightarrow{AQ} + \overrightarrow{QC} \\ &= -\tfrac{1}{2}\vec{a} - \vec{a} + \vec{b} + \tfrac{1}{2}\vec{b} \\ &= -\tfrac{3}{2}\vec{a} + \tfrac{3}{2}\vec{b} = \tfrac{3}{2}(\vec{b} - \vec{a})\end{aligned}$$

$\overrightarrow{PQ} = \vec{b} - \vec{a} = \frac{2}{3}\overrightarrow{BC}$

$\frac{3}{2}\overrightarrow{PQ} = \overrightarrow{BC}$

$\Rightarrow \overline{PQ} \parallel \overline{BC}$ (q.e.d.)

Wiederholen – Vertiefen – Vernetzen

Seite 247

1 a) E ist die x_2x_3-Ebene.

b) Zum Beispiel:

$E_1: \vec{x} = \begin{pmatrix}1\\0\\0\end{pmatrix} + r \cdot \begin{pmatrix}0\\0\\9\end{pmatrix} + s \cdot \begin{pmatrix}0\\-7\\0\end{pmatrix}$ und

$E_2: \vec{x} = \begin{pmatrix}-1\\0\\0\end{pmatrix} + r \cdot \begin{pmatrix}0\\0\\9\end{pmatrix} + s \cdot \begin{pmatrix}0\\-7\\0\end{pmatrix}$

c) Zum Beispiel:

$E: \vec{x} = \begin{pmatrix}0\\1\\0\end{pmatrix} + r \cdot \begin{pmatrix}0\\0\\9\end{pmatrix} + s \cdot \begin{pmatrix}0\\-7\\0\end{pmatrix}$

d) Zum Beispiel: $E: \vec{x} = r \cdot \begin{pmatrix}0\\1\\9\end{pmatrix} + s \cdot \begin{pmatrix}0\\-7\\1\end{pmatrix}$

2 a) Die Gerade liegt in der x_2x_3-Ebene. Ersetzt man x_2 durch x und x_3 durch y, dann erhält man die Gleichung einer Geraden, analog den Überlegungen in der Sekundarstufe I.

b) Dies ist die Gleichung einer Ebene, die parallel zur x_1-Achse ist.

c) Schneidet die Ebene mit der Gleichung $3x_2 + 4x_3 = 5$ die x_2x_3-Ebene, so erhält man die Gerade aus Teilaufgabe a) als Schnittgerade.

3 a) Aus der Gleichung ist ersichtlich, dass die Ebene parallel zur x_3-Achse (x_2-Achse) ist.

b)

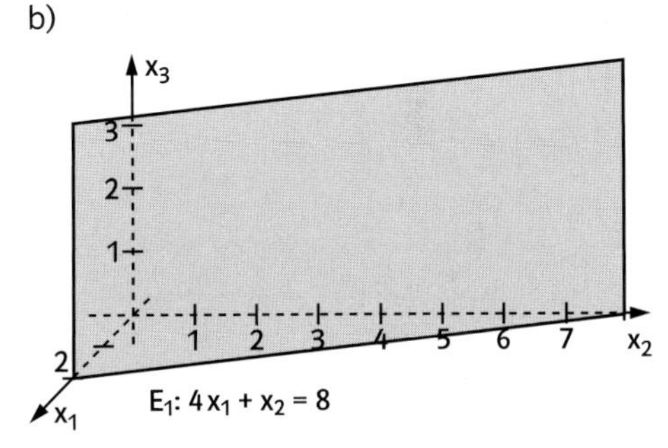

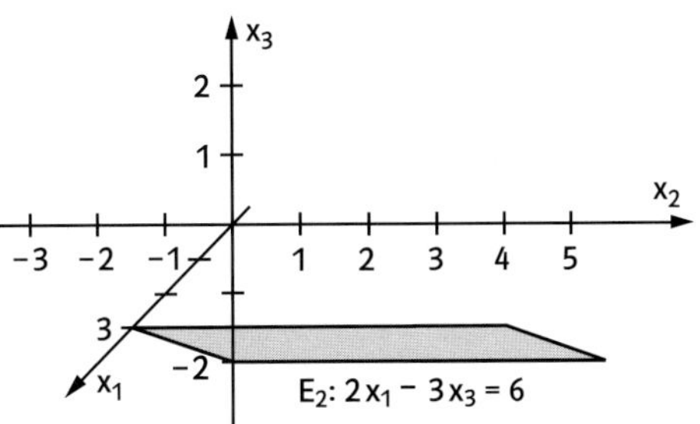

4 a) Aus $x_1 = x_2 = 0$ folgt $x_3 = 0$.
Aus $x_2 = x_3 = 0$ folgt $x_1 = 0$.
Aus $x_1 = x_3 = 0$ folgt $x_2 = 0$.
Daraus folgt: Alle Spurgeraden gehen durch $O(0|0|0)$.

b) s_{12}: $3x_1 + 4x_2 = 0$
s_{23}: $2x_2 + 3x_3 = 0$
s_{13}: $x_1 + 2x_3 = 0$

c) F: $3x_1 + 4x_2 + 6x_3 = 12$

$$S_{12}: \vec{x} = \begin{pmatrix} 4 \\ 0 \\ 0 \end{pmatrix} + t \cdot \begin{pmatrix} -4 \\ 3 \\ 0 \end{pmatrix}$$

$$S_{23}: \vec{x} = \begin{pmatrix} 0 \\ 3 \\ 0 \end{pmatrix} + t \cdot \begin{pmatrix} 0 \\ 3 \\ -2 \end{pmatrix}$$

$$S_{13}: \vec{x} = \begin{pmatrix} 4 \\ 0 \\ 0 \end{pmatrix} + t \cdot \begin{pmatrix} -4 \\ 0 \\ 2 \end{pmatrix}$$

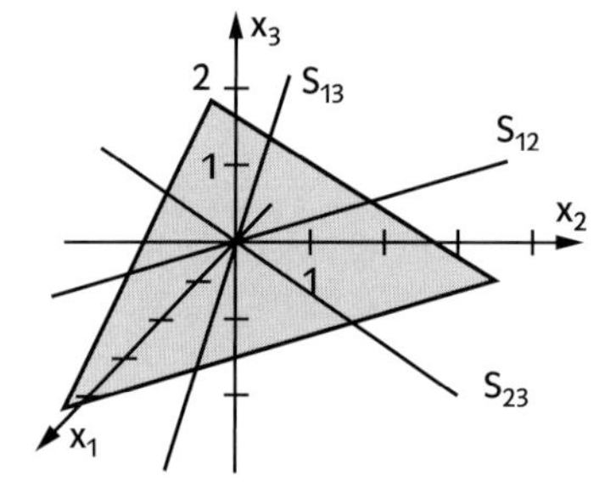

5 a)

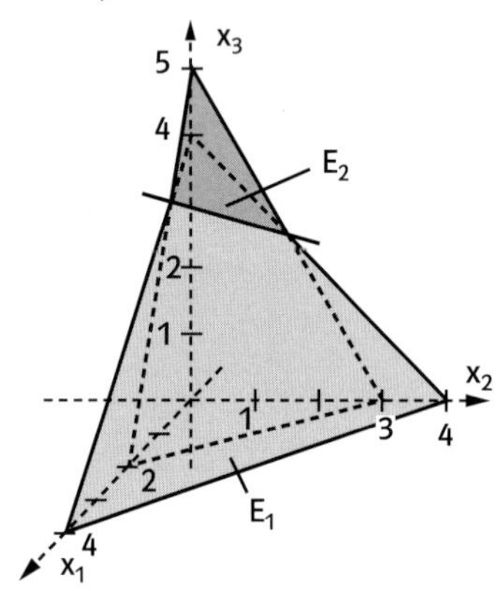

b)

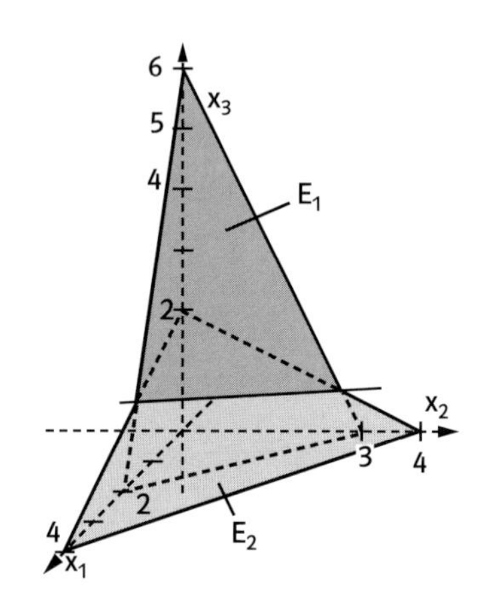

c)

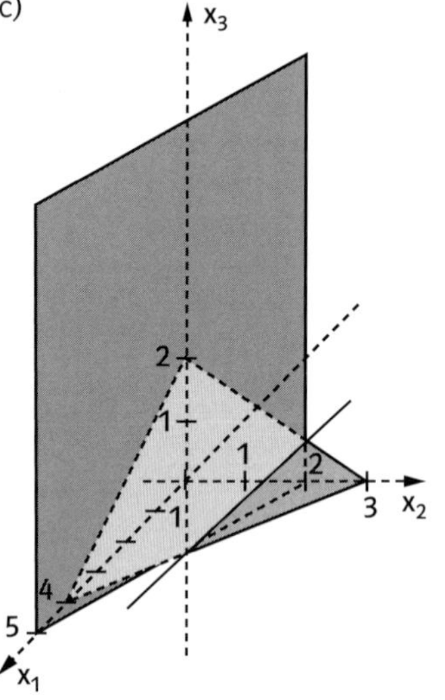

d)

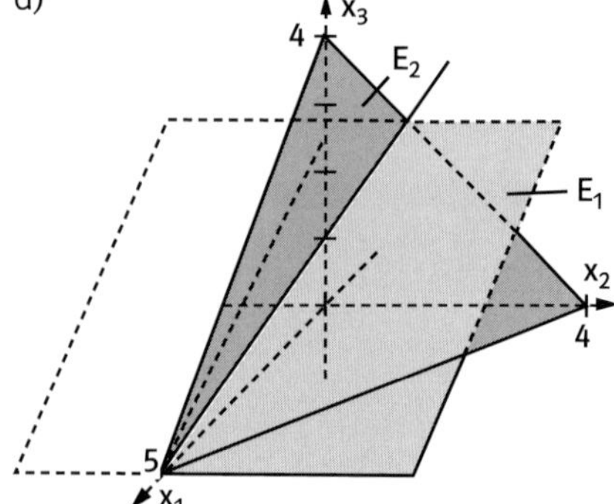

6 Schnittgerade g von E_1 und E_2:

$$g: \vec{x} = \begin{pmatrix} 2 \\ -3 \\ 0 \end{pmatrix} + t \cdot \begin{pmatrix} -7 \\ 8 \\ 11 \end{pmatrix}$$

a) $F: = \vec{x} = \begin{pmatrix} 2 \\ -3 \\ 0 \end{pmatrix} + s \cdot \begin{pmatrix} -7 \\ 8 \\ 11 \end{pmatrix} + t \cdot \begin{pmatrix} 2 \\ -1 \\ 2 \end{pmatrix}$

b) $F: \vec{x} = \begin{pmatrix} 2 \\ -3 \\ 0 \end{pmatrix} + s \cdot \begin{pmatrix} -7 \\ 8 \\ 11 \end{pmatrix} + t \cdot \begin{pmatrix} 5 \\ 3 \\ 1 \end{pmatrix}$

c) $F: x = \begin{pmatrix} 2 \\ -3 \\ 0 \end{pmatrix} + s \cdot \begin{pmatrix} -7 \\ 8 \\ 11 \end{pmatrix} + t \cdot \begin{pmatrix} 3 \\ 0 \\ 4 \end{pmatrix}$

Seite 248

7 a) $1 + c(1 - b) = 0$ und $c(a - 2) \neq 3$

b) $1 + c(1 - b) = 0$ und $c(a - 2) = 3$

c) $1 + c(1 - b) \neq 0$

8 a) Für $a \neq \frac{5}{3}$ hat der Schnittpunkt von g_a mit $E: -2x_1 - x_2 + 2x_3 = 2$ die Koordinaten $S_a\left(-\frac{18 + 8a}{3a + 5} \middle| \frac{42 - 14a}{3a + 5} \middle| \frac{8 - 12a}{3a + 5}\right)$.

Eine Gleichung der Geraden h erhält man z.B. mithilfe der Punkte $S_{-1}(-5|28|10)$ und $S_{-2}(2|-70|-32)$.

$$h: \vec{x} = \begin{pmatrix} -5 \\ 28 \\ 10 \end{pmatrix} + t \cdot \begin{pmatrix} -1 \\ 14 \\ 6 \end{pmatrix}$$

b) Für $a = \frac{5}{3}$ ist $g_a \parallel E$.

9 Die Punkte bilden

a) die Gerade durch B und C,

b) die Gerade durch A und durch den Mittelpunkt von BC,

c) einen Streifen,

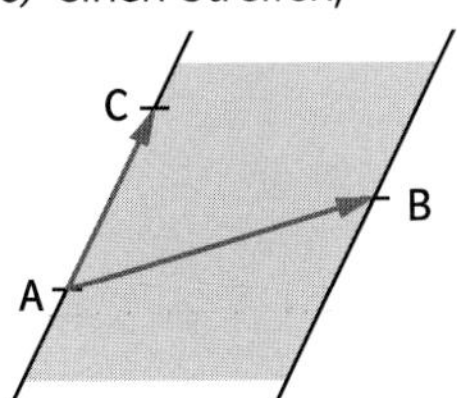

d) ein Parallelogramm.

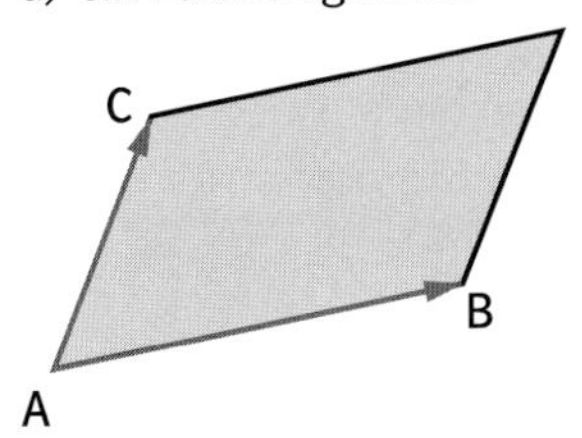

10 Voraussetzung:

$\overrightarrow{AM_1} = \overrightarrow{M_1B} = \frac{1}{2}\left(\vec{a} - \frac{1}{2}\vec{b}\right)$

$\overrightarrow{BM_2} = \overrightarrow{M_2C} = \frac{1}{2}\left(\vec{b} + \vec{c}\right)$

$\overrightarrow{CM_3} = \overrightarrow{M_3D} = \frac{1}{2}\left(-\vec{a} - \frac{1}{2}\vec{b}\right)$

$\overrightarrow{DM_4} = \overrightarrow{M_4A} = -\frac{1}{2}\vec{c}$.

Behauptung:

$\overrightarrow{M_1M_2} = \overrightarrow{M_4M_3}$ und $\overrightarrow{M_2M_3} = \overrightarrow{M_1M_4}$.

Nachweis:

$\overrightarrow{M_1M_2} = \overrightarrow{M_1B} + \overrightarrow{BM_2} = \frac{1}{2}\left(\vec{a} - \frac{1}{2}\vec{b}\right) + \frac{1}{2}\left(\vec{b} + \vec{c}\right)$
$= \frac{1}{2}\left(\vec{a} + \vec{c} + \frac{1}{2}\vec{b}\right)$

$\overrightarrow{M_4M_3} = \overrightarrow{M_4D} + \overrightarrow{DM_3} = \frac{1}{2}\vec{c} - \frac{1}{2}\left(-\vec{a} - \frac{1}{2}\vec{b}\right)$
$= \frac{1}{2}\vec{c} + \frac{1}{2}\vec{a} + \frac{1}{4}\vec{b} = \frac{1}{2}\left(\vec{a} + \vec{c} + \frac{1}{2}\vec{b}\right)$

$\Rightarrow \overline{M_1M_2} \parallel \overline{M_4M_3}$

$\overrightarrow{M_2M_3} = \overrightarrow{M_1M_4}$ analog $\Rightarrow \overline{M_2M_3} \parallel \overline{M_1M_4}$

(q.e.d.)

11 a) und c)

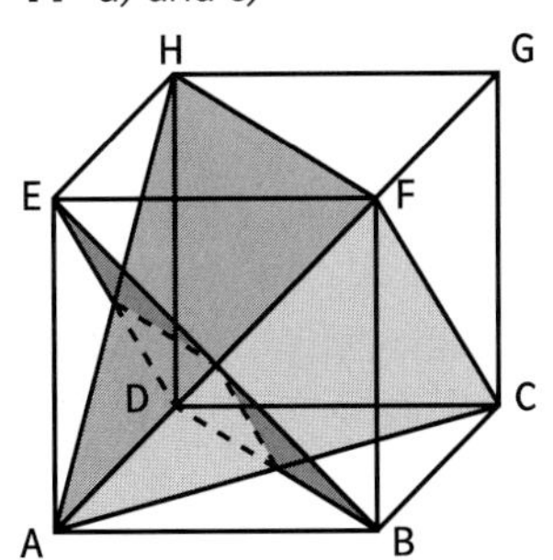

b) Es seien:

E_1 die Ebene, die durch $A(0|0|0)$, $C(-1|1|0)$ und $F(0|1|1)$ festgelegt ist.

E_2 die Ebene, die durch B, D und E festgelegt ist.
E_3 die Ebene, die durch A, F und H festgelegt ist.

Es gilt: $E_1: \vec{x} = r \cdot \begin{pmatrix} -1 \\ 1 \\ 0 \end{pmatrix} + s \cdot \begin{pmatrix} 0 \\ 1 \\ 1 \end{pmatrix}$;

$E_2: \vec{x} = \begin{pmatrix} 0 \\ 1 \\ 0 \end{pmatrix} + r \cdot \begin{pmatrix} 1 \\ 1 \\ 0 \end{pmatrix} + s \cdot \begin{pmatrix} 0 \\ -1 \\ 1 \end{pmatrix}$;

$E_3: \vec{x} = r \cdot \begin{pmatrix} 0 \\ 1 \\ 1 \end{pmatrix} + s \cdot \begin{pmatrix} -1 \\ 0 \\ 1 \end{pmatrix}$.

Eine Gleichung der Schnittgeraden von E_1 und E_2 ist $g: \vec{x} = \begin{pmatrix} -5 \\ 5 \\ 0 \end{pmatrix} + t \cdot \begin{pmatrix} 1 \\ 0 \\ 1 \end{pmatrix}$.

Eine Gleichung der Schnittgeraden von E_1 und E_3 ist $g: \vec{x} = t \cdot \begin{pmatrix} 0 \\ 1 \\ 1 \end{pmatrix}$.

Eine Gleichung der Schnittgeraden vo n E_2 und E_3 ist $g: \vec{x} = \begin{pmatrix} -\frac{1}{2} \\ 0 \\ \frac{1}{2} \end{pmatrix} + s \cdot \begin{pmatrix} 1 \\ 1 \\ 0 \end{pmatrix}$.

12 a)

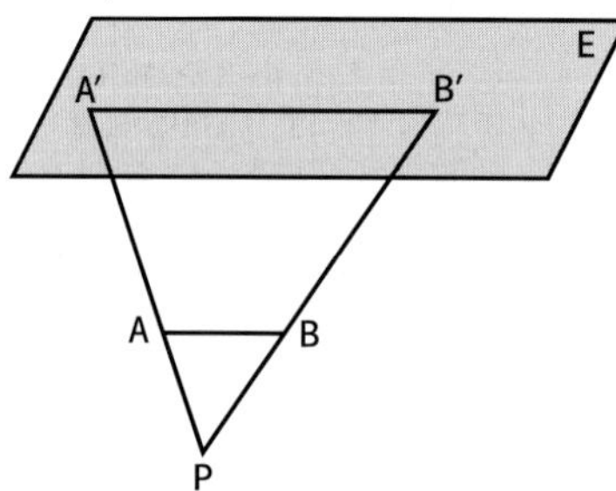

b) Es ist A′(0 | 2 | 3) und B′(0 | 10 | 9).
Der Schatten hat somit die Länge 10.

Seite 249

13 a) S(3 | 3 | 3)

b) $S_1\left(3 \,\middle|\, \frac{3}{5} \,\middle|\, 3\right)$, $S_2\left(3 \,\middle|\, 5\frac{2}{5} \,\middle|\, 3\right)$

S liegt auf der Geraden durch C und E.

c) S_1 und S_2 liegen in der Ebene durch C, E und H.

14 a)

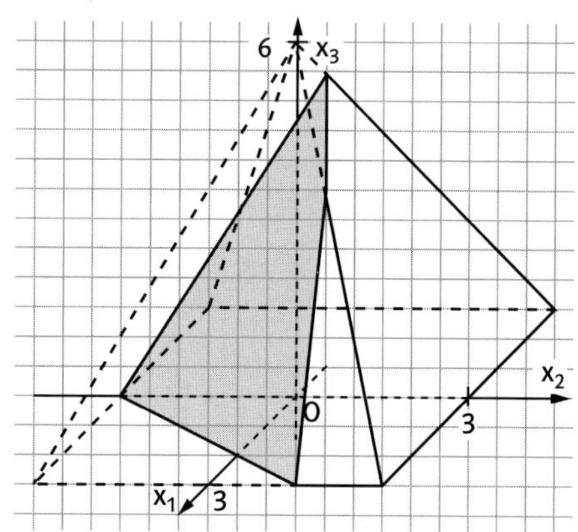

b)

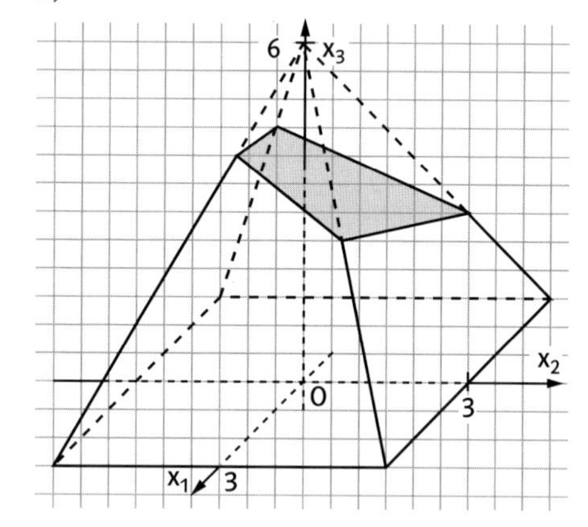

c)

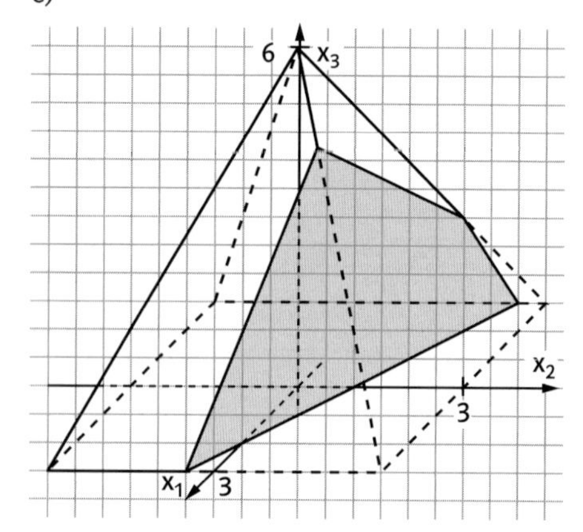

d)

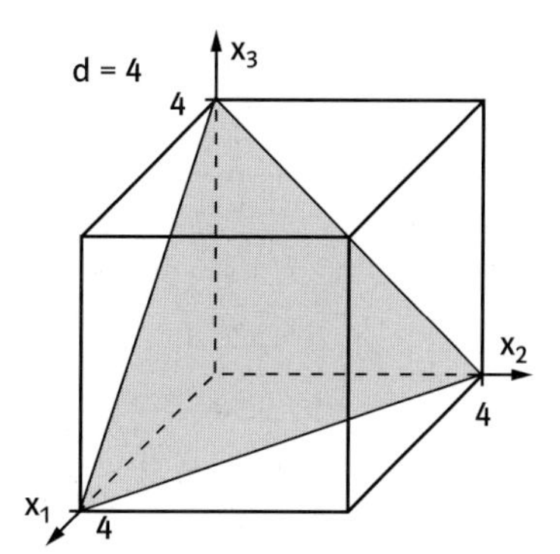
d = 4
x_3
4
x_2
4
x_1
4

e)

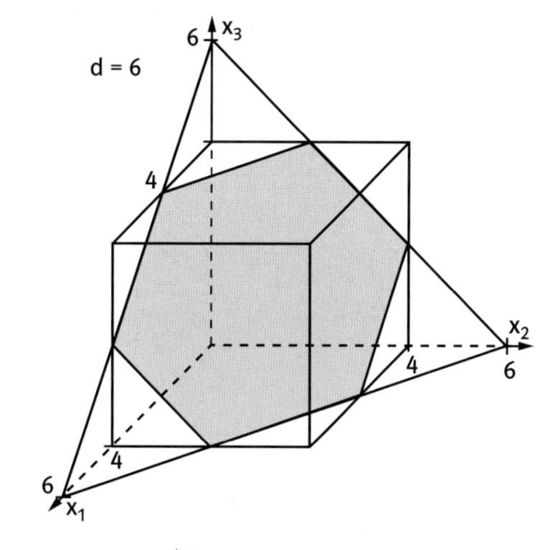
d = 6
6
x_3
4
x_2
4
6
4
6
x_1

15

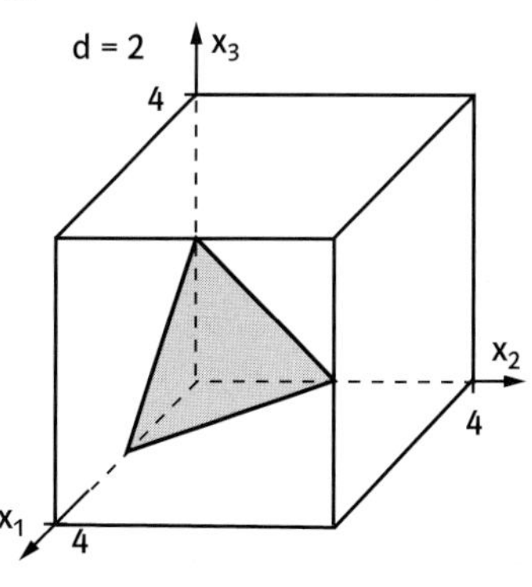
d = 2
x_3
4
x_2
4
x_1
4

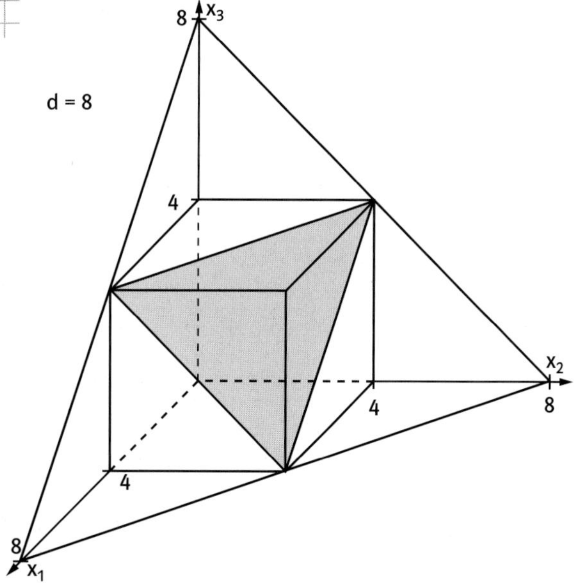
d = 8
8
x_3
4
x_2
4
8
4
8
x_1

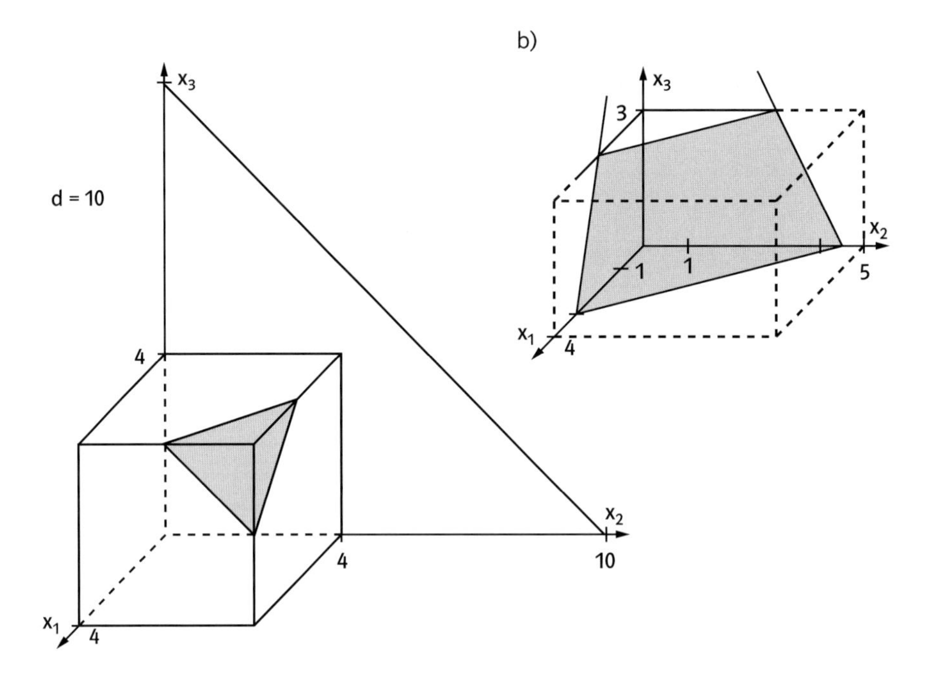

16 a)

c)

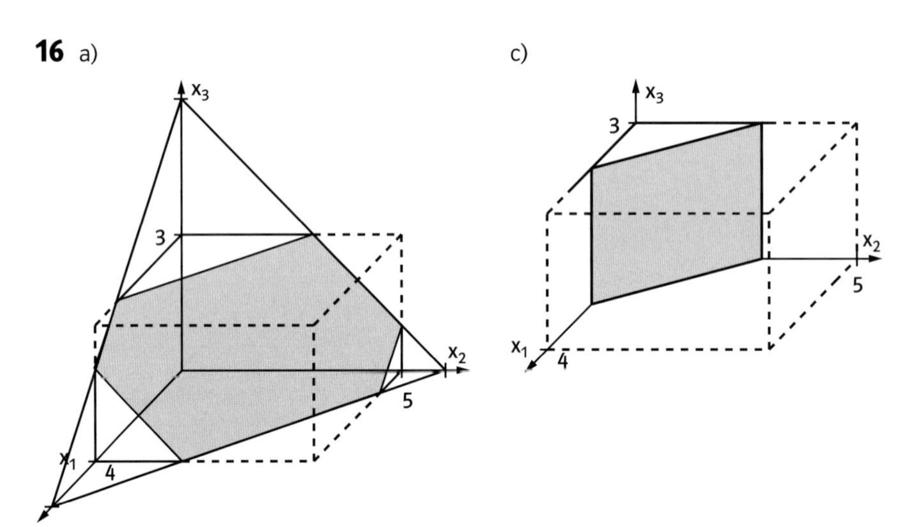

X Matrizen und Abbildungen

1 Beschreibung von einstufigen Prozessen durch Matrizen

Seite 258

Einstiegsproblem

	Omelettes	Rührkuchen	Vorrat
Eier	3	6	15
Milch	$\frac{1}{2}$	$\frac{1}{8}$	$\frac{3}{4}$
Mehl	250	375	1000

Seite 260

1 a) $\begin{pmatrix} 1 & 2 \\ 4 & 1 \end{pmatrix} \cdot \begin{pmatrix} 3 \\ 5 \end{pmatrix} = \begin{pmatrix} 13 \\ 17 \end{pmatrix}$

b) $\begin{pmatrix} 0 & 1 \\ 2 & 3 \\ 0 & 1 \end{pmatrix} \cdot \begin{pmatrix} 2 \\ 3 \end{pmatrix} = \begin{pmatrix} 3 \\ 13 \\ 3 \end{pmatrix}$

c) $\begin{pmatrix} 10 & 1 & 3 \\ 0 & 1 & 2 \\ 4 & 3 & 1 \end{pmatrix} \cdot \begin{pmatrix} 2 \\ 3 \\ 1 \end{pmatrix} = \begin{pmatrix} 26 \\ 5 \\ 18 \end{pmatrix}$

d) $\begin{pmatrix} 1 & 0 & -7 \\ -3 & 4 & 1 \\ 2 & 1 & 0 \end{pmatrix} \cdot \begin{pmatrix} -1 \\ 2 \\ 1 \end{pmatrix} = \begin{pmatrix} -8 \\ 12 \\ 0 \end{pmatrix}$

2 a) $A = \begin{pmatrix} 3 & 1 \\ 2 & 5 \end{pmatrix}$ und $a_{22} = 5$

b) Bedarfsvektor der Grundsubstanzen: $\begin{pmatrix} 4 \\ 7 \end{pmatrix}$.
Zur Herstellung je einer Einheit der Cremes müssen von S_1 vier Einheiten (denn $3 \cdot 1 + 1 \cdot 1 = 4$) und von S_2 sieben Einheiten ($2 \cdot 1 + 5 \cdot 1 = 7$) bereitgestellt werden.

3 Die Tabelle

	So 1	So 2	So 3
B	3	2	1
Sch	2	2	1
S	1	1	1
Ph	2	0	1

wird umgewandelt in die Bedarfsmatrix

$$A = \begin{pmatrix} 3 & 2 & 1 \\ 2 & 2 & 1 \\ 1 & 1 & 1 \\ 2 & 0 & 1 \end{pmatrix}.$$

5 a) $A = \begin{pmatrix} 92 & 92 & 99 \\ 403 & 466 & 520 \\ 30 & 32 & 50 \end{pmatrix}$

b) $\begin{pmatrix} 92 & 92 & 99 \\ 403 & 466 & 520 \\ 30 & 32 & 50 \end{pmatrix} \cdot \begin{pmatrix} 100 \\ 150 \\ 80 \end{pmatrix} = \begin{pmatrix} 30920 \\ 151800 \\ 11800 \end{pmatrix}$

Die Kosten belaufen sich auf 30 920 € für Gehäuse, 151 800 € für Komponenten und 11 800 € für Montage.

2 Rechnen mit Matrizen

Seite 261

Einstiegsproblem

Die täglichen Liefermengen

	A	B	C
Brot	200	180	180
Brötchen	400	250	350
Brezeln	350	150	200

werden versiebenfacht:

	A	B	C
Brot	1400	1260	1260
Brötchen	2800	1750	2450
Brezeln	2450	1050	1400

Seite 263

1 a) $A + B = \begin{pmatrix} 0 & 0 \\ 0 & 0 \end{pmatrix}$, $A - B = \begin{pmatrix} 2 & 4 \\ -2 & -4 \end{pmatrix}$,

$A - A = \begin{pmatrix} 0 & 0 \\ 0 & 0 \end{pmatrix}$, $C \cdot 7 = \begin{pmatrix} 0 & -21 \\ 28 & 7 \end{pmatrix}$,

$A - 4 \cdot C = \begin{pmatrix} 1 & 14 \\ -17 & -6 \end{pmatrix}$,

$5 \cdot B - 2 \cdot A + 3 \cdot C = \begin{pmatrix} -7 & -27 \\ 21 & 17 \end{pmatrix}$

b) A ist vom Typ 2×2, D ist vom Typ 3×3. Es können nur Matrizen desselben Typs addiert werden.

c) $r \cdot A = \begin{pmatrix} r & 2r \\ -r & -2r \end{pmatrix} = \begin{pmatrix} -1 & -2 \\ 1 & 2 \end{pmatrix}$ für $r = -1$.
Es gibt kein reelles r, das die Gleichung $r \cdot A = C$ erfüllt, denn z.B. $r = 0$ und $2r = -3$ führen zu verschiedenen Werten von r. Die s-Multiplikation ändert nicht den Typ einer Matrix. Damit gibt auch es kein reelles r, das die Gleichung $r \cdot A = D$ erfüllt.

d) Aus $D = F$ folgt mit Koeffizientenvergleich: $a^2 = 4$, also $a = -2$ oder $a = 2$
$b - 2 = 8$, also $b = 10$
$2c = 12$, also $c = 6$
$11d + 2 = 2$, also $d = 0$
$16 = e^2$ und $5e = 20$, also $e = 4$.

2 a) $2 \cdot \vec{a} + 2 \cdot \vec{b} = \begin{pmatrix} 2 \\ 4 \\ 6 \end{pmatrix} + \begin{pmatrix} -4 \\ 6 \\ 2 \end{pmatrix} = \begin{pmatrix} -2 \\ 10 \\ 8 \end{pmatrix}$

$2 \cdot (\vec{a} + \vec{b}) = 2 \cdot \begin{pmatrix} -1 \\ 5 \\ 4 \end{pmatrix} = \begin{pmatrix} -2 \\ 10 \\ 8 \end{pmatrix}$

$2 \cdot \vec{a} + 2 \cdot \vec{b} = 2 \cdot (\vec{a} + \vec{b})$

b) $\frac{1}{2} \cdot \vec{b} + \frac{3}{2} \cdot \vec{b} = \left(\frac{1}{2} + \frac{3}{2}\right) \cdot \vec{b}$

$= 2 \cdot \vec{b} = \begin{pmatrix} -4 \\ 6 \\ 2 \end{pmatrix}$

c) $\vec{a} + \vec{b} + \vec{c} = \begin{pmatrix} 1 \\ 2 \\ 3 \end{pmatrix} + \begin{pmatrix} -2 \\ 3 \\ 1 \end{pmatrix} + \begin{pmatrix} 0 \\ 1 \\ 4 \end{pmatrix} = \begin{pmatrix} -1 \\ 6 \\ 8 \end{pmatrix}$

$\vec{c} + \vec{b} + \vec{a} = \begin{pmatrix} 0 \\ 1 \\ 4 \end{pmatrix} + \begin{pmatrix} -2 \\ 3 \\ 1 \end{pmatrix} + \begin{pmatrix} 1 \\ 2 \\ 3 \end{pmatrix} = \begin{pmatrix} -1 \\ 6 \\ 8 \end{pmatrix}$

d) $2 \cdot \vec{a} - \vec{b} - 3 \cdot \vec{a} + 4 \cdot \vec{b}$

$= \begin{pmatrix} 2 \\ 4 \\ 6 \end{pmatrix} - \begin{pmatrix} -2 \\ 3 \\ 1 \end{pmatrix} - \begin{pmatrix} 3 \\ 6 \\ 9 \end{pmatrix} + \begin{pmatrix} -8 \\ 12 \\ 4 \end{pmatrix} = \begin{pmatrix} -7 \\ 7 \\ 0 \end{pmatrix}$

$-\vec{a} + 3 \cdot \vec{b} = \begin{pmatrix} -1 \\ -2 \\ -3 \end{pmatrix} + \begin{pmatrix} -6 \\ 9 \\ 3 \end{pmatrix} = \begin{pmatrix} -7 \\ 7 \\ 0 \end{pmatrix}$

3 Fehler im 1. Druck der 1. Auflage des Schülerbuchs. Die Aufgabenstellung, die Tabelle und Teilaufgabe a) müssten lauten:

„Eine Großküche beliefert die Unternehmen B, K und R täglich mit den Menüs I, II und III gemäß Tabelle.

	Menü I	Menü II	Menü III
B	260	320	110
K	65	80	45
R	85	70	55

a) Wie viele Menüs werden in einer Arbeitswoche an B, K und R ausgeliefert?"

Die Lösung lautet dann:

a) $5 \cdot \begin{pmatrix} 260 & 320 & 110 \\ 65 & 80 & 45 \\ 85 & 70 & 55 \end{pmatrix} = \begin{pmatrix} 1300 & 1600 & 550 \\ 325 & 400 & 225 \\ 425 & 350 & 275 \end{pmatrix}$

Es werden an B 1300 Menüs I, 1600 Menüs II und 550 Menüs III geliefert. An K werden 325 Menüs I, 400 Menüs II und 225 Menüs III geliefert. An R werden 425 Menüs I, 350 Menüs II und 275 Menüs III geliefert.

b) $\begin{pmatrix} 1300 & 1650 & 550 \\ 325 & 410 & 225 \\ 425 & 375 & 275 \end{pmatrix} - \begin{pmatrix} 1300 & 1600 & 550 \\ 325 & 400 & 225 \\ 425 & 350 & 275 \end{pmatrix}$

$= \begin{pmatrix} 0 & 50 & 0 \\ 0 & 10 & 0 \\ 0 & 25 & 0 \end{pmatrix}$.

B bestellte 50 Menüs II, K 10 Menüs II und R 25 Menüs II nach.

c)
$\begin{pmatrix} 260 & 320 & 110 \\ 65 & 80 & 45 \\ 85 & 70 & 55 \\ 30 & 35 & 25 \end{pmatrix} \cdot 5 \cdot 4 = \begin{pmatrix} 5200 & 6400 & 2200 \\ 1300 & 1600 & 900 \\ 1700 & 1400 & 1100 \\ 600 & 700 & 500 \end{pmatrix}$

In einem Monat mit 20 Arbeitstagen sind 8800 Menüs I, 10100 Menüs II und 4700 Menüs III herzustellen.

6 $6 \cdot \begin{pmatrix} 3 & 5 \\ -2 & 0 \end{pmatrix} - s \cdot \begin{pmatrix} a & 15 \\ b & c \end{pmatrix} = \begin{pmatrix} 0 & 0 \\ 0 & 0 \end{pmatrix}$.
Also ist
$18 - s \cdot a = 0$ und $30 - 15s = 0$ und
$-12 - s \cdot b = 0$ und $-s \cdot c = 0$.
Daraus folgt: $s = 2$ und $a = 9$ und $b = -6$ und $c = 0$.

3 Zweistufige Prozesse – Matrizenmultiplikation

Seite 264

Einstiegsproblem

	Blumenstrauß I	Blumenstrauß II
Rosen	1	3
Gerberas	2	4

	Gebinde
Blumenstrauß I	3
Blumenstrauß II	1

Für ein Gebinde benötigt man an Rosen:
$3 \cdot 1 + 1 \cdot 3 = 6$.
Für ein Gebinde benötigt man an Gerberas:
$3 \cdot 2 + 1 \cdot 4 = 10$.
Es werden für ein Gebinde 6 Rosen und 10 Gerberas benötigt, für 100 Gebinde sind es 600 Rosen und 1000 Gerberas.

Seite 266

1 a) $\begin{pmatrix} 4 & 5 & 8 \\ 6 & 9 & 13 \\ 0 & 15 & 10 \end{pmatrix}$ b) $\begin{pmatrix} 7 & 19 \\ 9 & 16 \end{pmatrix}$

c) $\begin{pmatrix} 9 & 3 & 5 \\ 14 & 10 & 6 \\ 7 & 9 & 5 \end{pmatrix}$

2 $A \cdot B = \begin{pmatrix} 26 & 34 & 42 \\ 66 & 90 & 114 \\ 106 & 146 & 186 \end{pmatrix}$

$B \cdot A = \begin{pmatrix} 76 & 100 \\ 166 & 226 \end{pmatrix}$ Somit ist $A \cdot B \neq B \cdot A$.

3 $A^2 = A^3 = \begin{pmatrix} 1 & 5 \\ 0 & 0 \end{pmatrix}$; $B^2 = \begin{pmatrix} 2 & 2 \\ 2 & 2 \end{pmatrix}$

$C^2 = \begin{pmatrix} 9 & 0 \\ 0 & 9 \end{pmatrix}$ $E^2 = \begin{pmatrix} 1 & 0 \\ 0 & 1 \end{pmatrix}$

4 $A = \begin{pmatrix} 1 & 2 & 3 \\ 1 & 1 & 2 \end{pmatrix}$; $B = \begin{pmatrix} 1 & 2 \\ 2 & 1 \\ 3 & 3 \end{pmatrix}$

Bedarfsmatrix für den Gesamtprozess:

$C = A \cdot B = \begin{pmatrix} 14 & 13 \\ 9 & 9 \end{pmatrix}$.

5 Es können berechnet werden:
$B \cdot A$; es entsteht eine 2×3-Matrix und
$C \cdot A$; es entsteht eine 1×3-Matrix.

8 a) $(A \cdot B) \cdot C = \begin{pmatrix} 3 & 3 \\ 7 & 7 \end{pmatrix} \cdot C = \begin{pmatrix} -9 & -6 \\ -21 & -14 \end{pmatrix}$

$A \cdot (B \cdot C) = A \cdot \begin{pmatrix} -3 & -2 \\ -3 & -2 \end{pmatrix} = \begin{pmatrix} -9 & -6 \\ -21 & -14 \end{pmatrix}$

b) $A \cdot (B + C) - A \cdot B - C \cdot A$
$= A \cdot B + A \cdot C - A \cdot B - C \cdot A = A \cdot C - C \cdot A$
$= \begin{pmatrix} -6 & -2 \\ -12 & -6 \end{pmatrix} - \begin{pmatrix} -6 & -8 \\ -3 & -6 \end{pmatrix} = \begin{pmatrix} 0 & 6 \\ -9 & 0 \end{pmatrix} \neq O$

9 a) $A = \begin{pmatrix} 1 & 5 & 2 \\ 0 & 2 & 4 \\ 1 & 0 & 2 \end{pmatrix}$; $B = \begin{pmatrix} 1 & 3 \\ 0{,}5 & 2 \\ 0 & 2{,}5 \end{pmatrix}$

Bedarfsmatrix für den Gesamtprozess

$C = A \cdot B = \begin{pmatrix} 3{,}5 & 18 \\ 1 & 14 \\ 1 & 8 \end{pmatrix}$.

$(0{,}3 \;\; 3 \;\; 2{,}1) \cdot \begin{pmatrix} 3{,}5 & 18 \\ 1 & 14 \\ 1 & 8 \end{pmatrix} = (6{,}15 \;\; 64{,}20)$.

Eine Einheit E_1 kostet 6,15 €, eine Einheit E_2 64,20 €.

b) Rohstoffbedarf der Zwischenprodukte

$A \cdot \begin{pmatrix} 2 \\ 1 \\ 3 \end{pmatrix} = \begin{pmatrix} 13 \\ 14 \\ 8 \end{pmatrix}$ und der Endprodukte:

$C \cdot \begin{pmatrix} 5 \\ 1 \end{pmatrix} = \begin{pmatrix} 35{,}5 \\ 19 \\ 13 \end{pmatrix}$.

Es sind also 48,5 Einheiten R_1, 33 Einheiten R_2 und 21 Einheiten R_3 nötig.

4 Inverse Matrizen

Seite 267

Einstiegsproblem

Die Lösung der Gleichung $\frac{2}{5} \cdot x = 4$ erhält man, indem man sie mit $\frac{5}{2}$ multipliziert und $x = 10$ erhält.

Die Gleichung $\begin{pmatrix} 1 & 1 \\ 1 & -1 \end{pmatrix} \cdot \begin{pmatrix} x_1 \\ x_2 \end{pmatrix} = \begin{pmatrix} 1 \\ 0 \end{pmatrix}$ löst man so:

$\begin{matrix} x_1 + x_2 = 1 \\ x_1 - x_2 = 0 \end{matrix}$, $x_1 = \frac{1}{2}$; $x_2 = \frac{1}{2}$. Eine Division bei der Matrizenrechnung existiert nicht.

Seite 269

1 a), b) Man zeigt durch Nachrechnen, dass gilt: $A \cdot B = E$.

2 a) $A^{-1} = \begin{pmatrix} -\frac{1}{3} & \frac{2}{3} \\ \frac{2}{3} & -\frac{1}{3} \end{pmatrix}$

b) $A^{-1} = \begin{pmatrix} 0{,}75 & -0{,}5 \\ -0{,}25 & 0{,}5 \end{pmatrix}$

c) $A_t^{-1} = \frac{1}{t^2 - 1}\begin{pmatrix} t & -1 \\ -1 & t \end{pmatrix}$

d) $A_t^{-1} = \frac{1}{2 + 2t}\begin{pmatrix} -t & 2 \\ 1 & 1 \end{pmatrix}$

3 a) $A^{-1} = \begin{pmatrix} 0{,}2 & 0{,}2 & 0{,}6 \\ 0{,}4 & -1{,}6 & -3{,}8 \\ 0{,}2 & -0{,}8 & -1{,}4 \end{pmatrix}$

b) $A^{-1} = \begin{pmatrix} 0 & \frac{1}{3} & \frac{1}{3} \\ \frac{2}{5} & -\frac{1}{5} & -\frac{3}{10} \\ \frac{1}{5} & \frac{1}{15} & -\frac{7}{30} \end{pmatrix} = \frac{1}{30}\cdot\begin{pmatrix} 0 & 10 & 10 \\ 12 & -6 & -9 \\ 6 & 2 & -7 \end{pmatrix}$

c) $A^{-1} = \begin{pmatrix} \frac{7}{25} & -\frac{2}{75} & \frac{16}{75} \\ \frac{4}{25} & -\frac{19}{75} & \frac{2}{75} \\ \frac{3}{25} & -\frac{8}{75} & -\frac{11}{75} \end{pmatrix} = \frac{1}{75}\begin{pmatrix} 21 & -2 & 16 \\ 12 & -19 & 2 \\ 9 & -8 & -11 \end{pmatrix}$

d) $A^{-1} = \begin{pmatrix} \frac{1}{3} & 0 & \frac{1}{3} \\ -\frac{1}{12} & \frac{5}{28} & -\frac{1}{84} \\ 0 & \frac{1}{7} & -\frac{1}{7} \end{pmatrix} = \frac{1}{84}\begin{pmatrix} 28 & 0 & 28 \\ -7 & 15 & -1 \\ 0 & 12 & -12 \end{pmatrix}$

4 $A^{-1} = \begin{pmatrix} 3 & -4 \\ -2 & 3 \end{pmatrix}$; $A^{-1}\cdot\begin{pmatrix} 10 \\ 7 \end{pmatrix} = \begin{pmatrix} 2 \\ 1 \end{pmatrix}$

Es können 2 Endprodukte x_1 und 1 Endprodukt x_2 hergestellt werden.

5 a) $A^{-1} = \begin{pmatrix} 0 & \frac{3}{14} & -\frac{1}{14} \\ 1 & -\frac{1}{7} & -\frac{2}{7} \\ 0 & -\frac{1}{14} & \frac{5}{14} \end{pmatrix}$

b) $A^{-1}\cdot\begin{pmatrix} 50 \\ 150 \\ 100 \end{pmatrix} = \begin{pmatrix} 25 \\ 0 \\ 25 \end{pmatrix}$

Es ergeben sich folgende Mengen an Endprodukten: 25 Einheiten x_1, 0 Einheiten x_2 und 25 Einheiten x_3.

6 $(A^{-1})^{-1} = A$; $E^{-1} = E$

Seite 270

9 a) $A^{-1}\cdot B = \begin{pmatrix} \frac{1}{2} & -\frac{3}{4} \\ -\frac{1}{10} & -\frac{19}{20} \end{pmatrix}$

b) $(A^2)^{-1}\cdot B = \begin{pmatrix} -0{,}025 & -0{,}2375 \\ 0{,}095 & -0{,}1975 \end{pmatrix}$

c) $B^{-1}\cdot A^{-1} = \begin{pmatrix} 0{,}0\overline{72} & -0{,}05 \\ -0{,}0\overline{18} & -0{,}05 \end{pmatrix}$

d) $(B\cdot A)^{-1} = \begin{pmatrix} -0{,}0\overline{45} & -0{,}02\overline{27} \\ -0{,}063 & 0{,}681 \end{pmatrix}$

10 Zeigen durch Nachrechnen. (Bei Teilaufgabe b) muss es lauten: $(A^{-1})^2 = (A^2)^{-1}$

11 a)

$\begin{pmatrix} a & b \\ c & d \end{pmatrix}\cdot\begin{pmatrix} 1 & 1 \\ 2 & 3 \end{pmatrix} = \begin{pmatrix} a + 2b & a + 3b \\ c + 2d & c + 3d \end{pmatrix} = \begin{pmatrix} 1 & 0 \\ 0 & 1 \end{pmatrix}$,

d.h. $a + 2b = 1 \wedge a + 3b = 0 \wedge$
$c + 2d = 0 \wedge c + 3d = 1$,

also für $a = 3 \wedge b = -1 \wedge c = -2 \wedge d = 1$

Mit $\begin{pmatrix} 1 & 1 \\ 2 & 3 \end{pmatrix}\cdot\begin{pmatrix} 3 & -1 \\ -2 & 1 \end{pmatrix} = E$

ist $\begin{pmatrix} 1 & 1 \\ 2 & 3 \end{pmatrix}^{-1} = \begin{pmatrix} 3 & -1 \\ -2 & 1 \end{pmatrix}$.

b) $\begin{pmatrix} a & b \\ c & d \end{pmatrix}\cdot\begin{pmatrix} 1 & 1 \\ 2 & 2 \end{pmatrix} = \begin{pmatrix} a + 2b & a + 2b \\ c + 2d & c + 2d \end{pmatrix} = \begin{pmatrix} 1 & 0 \\ 0 & 1 \end{pmatrix}$,

d.h. $a + 2b = 1 \wedge a + 2b = 0$.
Es gibt keine Zahlen a, b, c, d.

12 a) $A = \begin{pmatrix} 2 & 4 \\ 0 & 1 \end{pmatrix}$ b) $A\cdot B = E$

c) Die Gewürzmischung G_2 kommt nur in der Currymischung C_2 vor, und zwar so, dass die Anzahl von C_2 der Anzahl Teile von G_2 entspricht. Dies spiegelt sich jeweils in der zweiten Zeile der Matrizen wider, indem bei Multiplikation mit einem Vektor dessen erste Komponente nicht eingeht. Die für C_2 benötigten Teile von C_1 gehen in der Rechnung dadurch ein, dass entsprechend weniger Teile von C_1 hergestellt werden können, dies bewirkt das negative Element.

13 $A \cdot B \approx \begin{pmatrix} 1 & 0 & 0 \\ 0 & 1 & 0 \\ 0 & 0 & 1 \end{pmatrix}$

Das bedeutet $A^{-1} \approx B$ und $A \approx B^{-1}$.
Wie in der Aufgabe beschrieben, kann man durch A bzw. B die Normen ineinander umrechnen.

14 CODE: $\begin{pmatrix} 3 & 15 \\ 4 & 5 \end{pmatrix} \cdot \begin{pmatrix} 1 & 2 \\ 3 & 4 \end{pmatrix} = \begin{pmatrix} 48 & 66 \\ 19 & 28 \end{pmatrix}$.

Zur Entschlüsselung benötigt man die Inverse von A.

$\begin{pmatrix} 51 & 74 \\ 37 & 64 \\ 75 & 112 \\ 5 & 10 \end{pmatrix} \cdot A^{-1} = \begin{pmatrix} 9 & 14 \\ 22 & 5 \\ 18 & 19 \\ 5 & 0 \end{pmatrix}$ führt zu

9, 14, 22, 5, 18, 19, 5, 0, also zum Wort INVERSE.

$\begin{pmatrix} 16 & 30 \\ 74 & 112 \\ 81 & 114 \end{pmatrix} \cdot A^{-1} = \begin{pmatrix} 13 & 1 \\ 20 & 18 \\ 9 & 24 \end{pmatrix}$ wird zu

13, 1, 20, 18, 9, 24 und somit zum Wort MATRIX.

15 Angenommen es gibt eine weitere Matrix C, die zu A invers ist.

Dann gilt: $A \cdot C = E$

$\Rightarrow B \cdot A \cdot C = B \cdot E = B$

$\Rightarrow E \cdot C = B$

$\Rightarrow C = B$

Also hat die Matrix A, wenn sie eine Inverse besitzt, nur diese eine.

5 Populationsentwicklungen – Zyklisches Verhalten

Seite 271

Einstiegsproblem

Die Insektenverbreitung wiederholt sich zyklisch.

Seite 272

1 Übergangsdiagramm

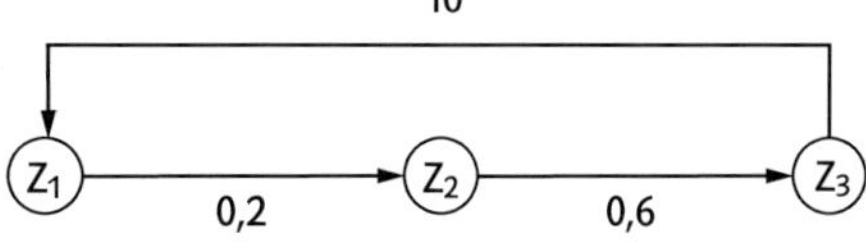

Zeitschritt	1	2	3	4	5
Z_1	50	600	180	60	720
Z_2	30	10	120	36	12
Z_3	60	18	6	72	21,6

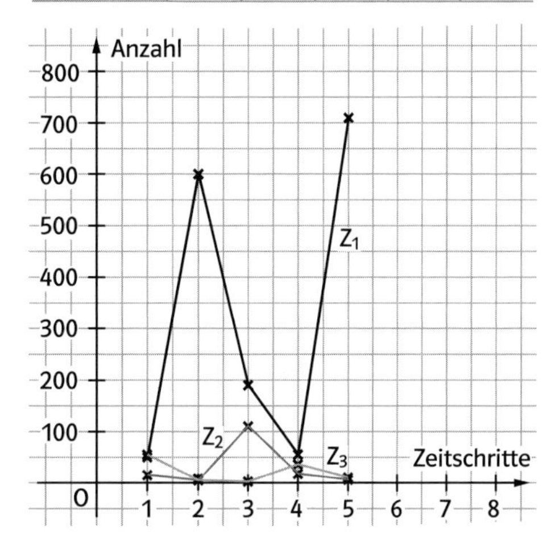

Seite 273

2

Zeitschritt	1	2	3	4	5	6
S_1	40	50	32	40	50	32
S_2	20	25	31 (ger.)	20	25	31 (ger.)
S_3	25	16	20	25	16	20

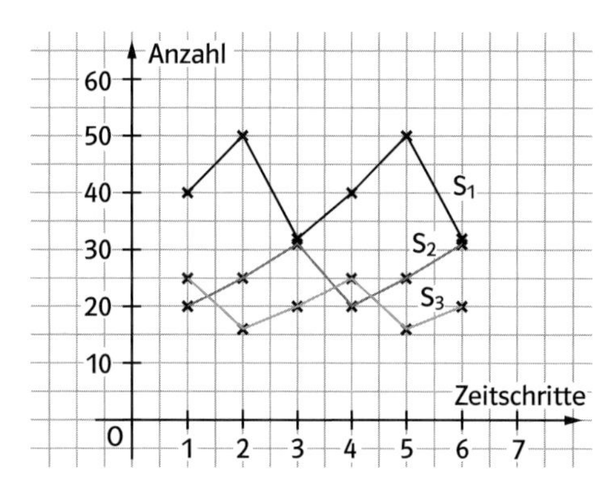

Mit a = 0,625 gilt: $a \cdot 0{,}8 \cdot 2 = 1$. Für diesen Wert von a verläuft die Entwicklung zyklisch.
Maximalzahl: 50 + 25 + 16 = 91 Säugetiere
b) Da $0{,}7 \cdot 0{,}8 \cdot 2 = 1{,}12 > 1$ ist, wird die Population langfristig zunehmen.
Gehört zur Startpopulation der 1. Zeitschritt, so erhält man nach sechs Zeitschritten jeweils gerundet (36, 39, 25).
c) Nach acht Zeitschritten leben 118 Tiere mit der Verteilung (63, 35, 20) im Park.

4 Mit $U^{-1} = \begin{pmatrix} 0 & \frac{5}{2} & 0 \\ 0 & 0 & \frac{10}{9} \\ \frac{1}{50} & 0 & 0 \end{pmatrix}$ gilt

$$U^{-1} \cdot \begin{pmatrix} 70 \\ 50 \\ 20 \end{pmatrix} = \begin{pmatrix} 125 \\ \frac{200}{9} \\ \frac{7}{5} \end{pmatrix}$$

5 a) Übergangsdiagramm:

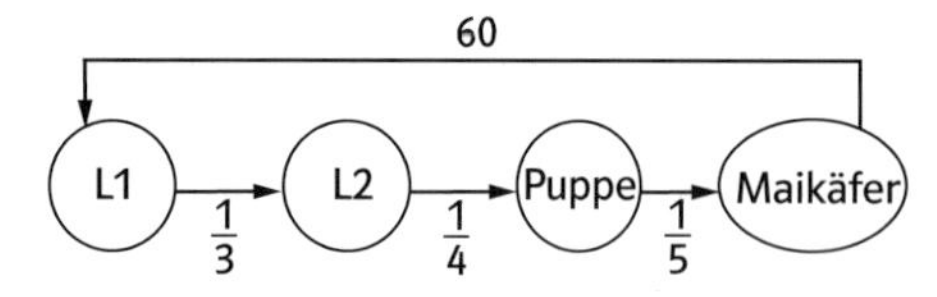

Übergangsmatrix:

$$U = \begin{pmatrix} 0 & 0 & 0 & 60 \\ \frac{1}{3} & 0 & 0 & 0 \\ 0 & \frac{1}{4} & 0 & 0 \\ 0 & 0 & \frac{1}{5} & 0 \end{pmatrix}$$

b) An $U^4 = E$ oder an $\frac{1}{3} \cdot \frac{1}{4} \cdot \frac{1}{5} \cdot 60 = 1$ erkennt man, dass die Entwicklung zyklisch verläuft. Der Zyklus dauert 4 Jahre.

6 a) u gibt an, wie die Anzahl der Jungtiere im nächsten Jahr von der Anzahl der ausgewachsenen Tiere im aktuellen Jahr abhängt (für u gilt $0 \le u \le 1$).
v gibt an, wie die Anzahl der Jungtiere im nächsten Jahr von der Anzahl der Alttiere im aktuellen Jahr abhängt (für v gilt $v > 0$).
b) Ist u = 0, so gilt mit $0{,}4 \cdot 0{,}25 \cdot v$:
Ist $v < 10$, so stirbt die Population aus,
ist $v = 10$, so entwickelt sie sich zyklisch,
ist $v > 10$, so nimmt die Population zu.
c) Nach der Forderung muss u = 0,75 sein (die Summe in der 2. Spalte muss 1 sein).
d) Aus $\begin{pmatrix} 0 & 0{,}75 & v \\ 0{,}4 & 0 & 0 \\ 0 & 0{,}25 & 0 \end{pmatrix} \cdot \begin{pmatrix} x_1 \\ x_2 \\ x_3 \end{pmatrix} = \begin{pmatrix} x_1 \\ x_2 \\ x_3 \end{pmatrix}$ erhält man ein LGS, das nur für v = 7 eine vom Nullvektor verschiedene Lösung besitzt.
Diese lautet dann $(10x_3, 4x_3, x_3)$.
Aus $10x_3 + 4x_3 + x_3 = 180$ folgt $x_3 = 8$. Also sind in der stabilen Verteilung 80 Jungtiere, 32 ausgewachsene Tiere und 8 Alttiere.

6 Geometrische Abbildungen

Seite 274

Einstiegsproblem
Es handelt sich um eine Punktspiegelung am Ursprung (0|0). Die Koordinaten der gespiegelten Punkte sind A'(1|1); B'(3|1); C'(4|2); D'(5|1); E'(7|1); F'(7|4); G'(6|4); H'(6|2); I'(5|2); J'(4|3); K'(3|2); L'(2|2); M'(2|4); N'(1|4).

Seite 275

1 a) A′(0 | 0); B′(5 | 15); C′(−10 | 30); D′(−7,5 | −15)

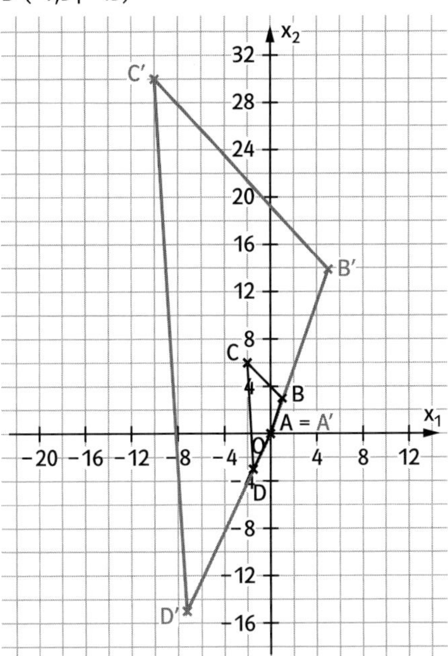

Die einzelnen Punkte wurden vom Ursprung aus gestreckt, das Viereck ist demnach größer.

b) A′(0 | 0); B′(3 | −1); C′(6 | 2); D′(−3 | 1,5)

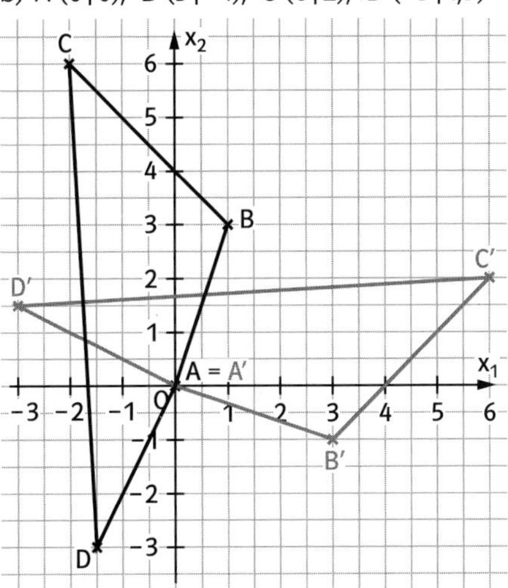

Die beiden Vierecke sind gleich groß. Das Bildviereck A′B′C′D′ ist aus dem Viereck ABCD durch eine Drehung mit dem Drehzentrum A entstanden (Drehung um 270° gegen den Uhrzeigersinn um den Ursprung).

c) A′(0 | 0); B′(4 | 0); C′(4 | 0); D′(−4,5 | 0)

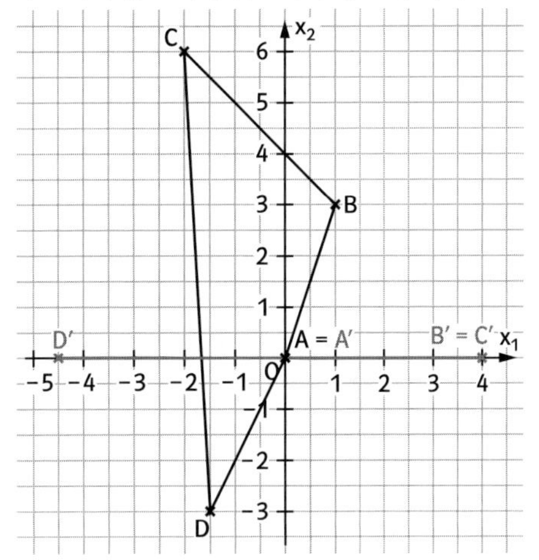

Das Viereck ABCD wird auf die x_1-Achse abgebildet.

d) A′(0 | 0); B′(2 | 15); C′(−16 | 18); D′(−4,5 | −16,5)

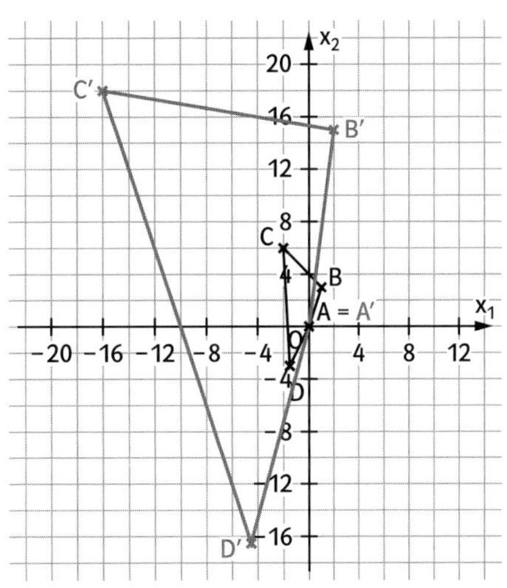

Das Viereck ABCD wird durch die Abbildung auf ein vergrößertes Viereck A′B′C′D′ abgebildet.

Seite 276

2 Ansatz: g: $x_1 = 2t$ und $x_2 = 5t$
h: $x_1 = 1 + 3t$ und $x_2 = 2 - 4t$

a) $g': \left\{\begin{matrix} x'_1 = 4t \\ x'_2 = 10t \end{matrix}\right\}$ $g': \vec{x'} = t \cdot \begin{pmatrix} 4 \\ 10 \end{pmatrix}$

g und g' liegen aufeinander, sie sind identisch ($g = g'$).

$h': \left\{\begin{matrix} x'_1 = 2 + 6t \\ x'_2 = 4 - 8t \end{matrix}\right\}$ $h': \vec{x'} = \begin{pmatrix} 2 \\ 4 \end{pmatrix} + t \cdot \begin{pmatrix} 6 \\ -8 \end{pmatrix}$

h und h' sind parallel zueinander ($h \parallel h'$).

b) $g': \left\{\begin{matrix} x'_1 = t \\ x'_2 = 2t + 3 \end{matrix}\right\}$ $g': \vec{x'} = \begin{pmatrix} 0 \\ 3 \end{pmatrix} + t \cdot \begin{pmatrix} 1 \\ 2 \end{pmatrix}$

g und g' schneiden sich ($g \nparallel g'$).

$h': \left\{\begin{matrix} x'_1 = -10t \\ x'_2 = 4 + 3t \end{matrix}\right\}$ $h': \vec{x'} = \begin{pmatrix} 0 \\ 4 \end{pmatrix} + t \cdot \begin{pmatrix} -10 \\ 3 \end{pmatrix}$

h und h' schneiden sich ($h \nparallel h'$).

c) $g': \left\{\begin{matrix} x'_1 = t \\ x'_2 = 24t \end{matrix}\right\}$ $g': \vec{x'} = t \cdot \begin{pmatrix} 1 \\ 24 \end{pmatrix}$

g und g' schneiden sich ($g \nparallel g'$).

$h': \left\{\begin{matrix} x'_1 = 1 + 13t \\ x'_2 = 10 - 10t \end{matrix}\right\}$ $h': \vec{x'} = \begin{pmatrix} 1 \\ 10 \end{pmatrix} + t \cdot \begin{pmatrix} 13 \\ -10 \end{pmatrix}$

h und h' schneiden sich ($h \nparallel h'$).

3 Ansatz für die Gerade g:
$x_1 = 1 + 2t$; $x_2 = 2 - 4t$ und $x_3 = 1 + t$

a) A'(4|12|8); B'(0|0|16); C'(−20|−12|4)

$g': \vec{x'} = \begin{pmatrix} 4 \\ 8 \\ 4 \end{pmatrix} + t \cdot \begin{pmatrix} 8 \\ -16 \\ 4 \end{pmatrix}$

Es handelt sich um eine Streckung mit dem Ursprung O(0|0|0) als Streckzentrum. Die Gerade g wird auf eine parallele Gerade g' abgebildet.

b) A'(6|3|0); B'(4|0|0); C'(−7|−3|0)

$g': \vec{x'} = \begin{pmatrix} 4 \\ 2 \\ 0 \end{pmatrix} + t \cdot \begin{pmatrix} -1 \\ -4 \\ 0 \end{pmatrix}$

Da die x_3-Komponente immer null ist, wird jeder Punkt und jede Gerade in die x_1x_2-Ebene abgebildet.

c) A'(1|3|12); B'(0|0|14); C'(−5|−3|11)

$g': \vec{x'} = \begin{pmatrix} 1 \\ 2 \\ 11 \end{pmatrix} + t \cdot \begin{pmatrix} 2 \\ -4 \\ 1 \end{pmatrix}$

Bei dieser Abbildung werden alle Punkte und Geraden um 10 Einheiten in die Richtung der x_3-Achse verschoben (senkrecht nach oben).

d) Siehe jeweils die Beschreibungen bei den Teilaufgaben a) bis c).

4 Fehler im 1. Druck der 1. Auflage: Die Kärtchen auf der Randspalte müssen lauten: $g_1: \vec{x} = t \cdot \begin{pmatrix} 1 \\ \frac{1+\sqrt{5}}{2} \end{pmatrix}$; $g_2: \vec{x} = t \cdot \begin{pmatrix} 1 - \sqrt{2} \\ 1 \end{pmatrix}$;

$g_4: \vec{x} = t \cdot \begin{pmatrix} 1 + \sqrt{2} \\ 1 \end{pmatrix}$; $g_5: \vec{x} = t \cdot \begin{pmatrix} 1 \\ \frac{1-\sqrt{5}}{2} \end{pmatrix}$

a) N ist Fixpunkt, da $x'_1 = 0$ und $x'_2 = 0$.
F ist kein Fixpunkt, da $F'(2|8) \neq F$ gilt.
T ist kein Fixpunkt, da $T'(2|16) \neq T$ gilt.
g_3 und g_6 sind Fixgeraden:

$g'_3: \vec{x'} = t \cdot \begin{pmatrix} 4 \\ 8 \end{pmatrix} = s \cdot \begin{pmatrix} 1 \\ 2 \end{pmatrix}$ und

$g'_6: \vec{x'} = t \cdot \begin{pmatrix} -4 \\ 8 \end{pmatrix} = s \cdot \begin{pmatrix} 1 \\ -2 \end{pmatrix}$

b) N ist Fixpunkt. F und T sind keine Fixpunkte. g_2 und g_4 sind Fixgeraden:

$g'_2: \vec{x'} = t \cdot \begin{pmatrix} 3 - 2\sqrt{2} \\ 1 - \sqrt{2} \end{pmatrix} = s \cdot \begin{pmatrix} 1 - \sqrt{2} \\ 1 \end{pmatrix}$,

denn $\begin{pmatrix} 3 - 2\sqrt{2} \\ 1 - \sqrt{2} \end{pmatrix} = (1 - \sqrt{2}) \cdot \begin{pmatrix} 1 - \sqrt{2} \\ 1 \end{pmatrix}$.

$g'_4: \vec{x'} = t \cdot \begin{pmatrix} 3 + 2\sqrt{2} \\ 1 + \sqrt{2} \end{pmatrix} = s \cdot \begin{pmatrix} 1 + \sqrt{2} \\ 1 \end{pmatrix}$,

denn $\begin{pmatrix} 3 + 2\sqrt{2} \\ 1 + \sqrt{2} \end{pmatrix} = (1 + \sqrt{2}) \cdot \begin{pmatrix} 1 + \sqrt{2} \\ 1 \end{pmatrix}$.

c) N ist Fixpunkt. F und T sind keine Fixpunkte. g_1 und g_5 sind Fixgeraden:

$g'_1: \vec{x'} = t \cdot \begin{pmatrix} \frac{1+\sqrt{5}}{2} \\ \frac{3+\sqrt{5}}{2} \end{pmatrix} = s \cdot \begin{pmatrix} 1 \\ \frac{1+\sqrt{5}}{2} \end{pmatrix}$,

denn $\begin{pmatrix} \frac{1+\sqrt{5}}{2} \\ \frac{3+\sqrt{5}}{2} \end{pmatrix} = \frac{1+\sqrt{5}}{2} \cdot \begin{pmatrix} 1 \\ \frac{1+\sqrt{5}}{2} \end{pmatrix}$

$g'_5: \vec{x'} = t \cdot \begin{pmatrix} \frac{1-\sqrt{5}}{2} \\ \frac{3-\sqrt{5}}{2} \end{pmatrix} = s \cdot \begin{pmatrix} 1 \\ \frac{1-\sqrt{5}}{2} \end{pmatrix}$,

denn $\begin{pmatrix} \frac{1-\sqrt{5}}{2} \\ \frac{3-\sqrt{5}}{2} \end{pmatrix} = \frac{1-\sqrt{5}}{2} \cdot \begin{pmatrix} 1 \\ \frac{1-\sqrt{5}}{2} \end{pmatrix}$

6

a) $\begin{cases} x_1' = x_1 + 2 \\ x_2' = x_2 - 5 \end{cases}$; A′(−1 | 0); B′(4 | 6); C′(6 | 1)

b) $\begin{cases} x_1' = -x_1 \\ x_2' = x_2 \end{cases}$; A′(3 | 5); B′(−2 | 11); C′(−4 | 6)

c) $\begin{cases} x_1' = -x_1 \\ x_2' = -x_2 \end{cases}$; A′(3 | −5); B′(−2 | −11); C′(−4 | −6)

d) $\begin{cases} x_1' = 7 \cdot x_1 \\ x_2' = 7 \cdot x_2 \end{cases}$; A′(−21 | 35); B′(14 | 77); C′(28 | 42)

e) Individuelle Lösungen

7 Die Figur 4 auf Seite 274 enthält ein geeignetes Beispiel. Bei einer Spiegelung an der x_1-Achse wird eine senkrechte Gerade auf sich selbst abgebildet. Die Abbildung hat aber nur den Schnittpunkt der Senkrechten mit der x_1-Achse als Fixpunkt.

8 A′(0 | 0); B′(2π | 0); C′(0 | 1); D′(2π | 1)
A bis D sind Fixpunkte der Abbildung.

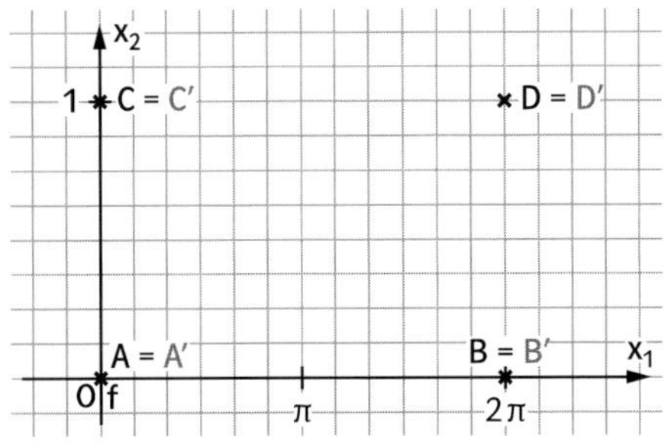

Untersuchung von Parallelen zu den Koordinatenachsen:
Parallelen zur x_2-Achse;
Beispiel: Senkrechte bei $x = \frac{\pi}{6}$.

$E\left(\frac{\pi}{6} \middle| \frac{1}{8}\right) \mapsto E'\left(\frac{\pi}{6} \middle| \frac{5}{8}\right)$

$F\left(\frac{\pi}{6} \middle| \frac{3}{8}\right) \mapsto F'\left(\frac{\pi}{6} \middle| \frac{7}{8}\right)$

$G\left(\frac{\pi}{6} \middle| \frac{1}{2}\right) \mapsto G'\left(\frac{\pi}{6} \middle| 1\right)$

$H\left(\frac{\pi}{6} \middle| \frac{3}{4}\right) \mapsto H'\left(\frac{\pi}{6} \middle| \frac{5}{4}\right)$

Die Gerade wird auf sich selbst abgebildet. Es ist eine Fixgerade.
Dies gilt für alle Parallelen zur x_2-Achse.

Parallelen zur x_1-Achse;
Beispiel: bei $x_2 = \frac{1}{8}$.

$I\left(\frac{\pi}{6} \middle| \frac{1}{8}\right) \mapsto I'\left(\frac{\pi}{6} \middle| \frac{5}{8}\right)$

$J\left(\frac{5}{6}\pi \middle| \frac{1}{8}\right) \mapsto J'\left(\frac{5}{6}\pi \middle| \frac{5}{8}\right)$

$K\left(\pi \middle| \frac{1}{8}\right) \mapsto K'\left(\pi \middle| \frac{1}{8}\right)$

$L\left(\frac{5}{3}\pi \middle| \frac{1}{8}\right) \mapsto L'\left(\frac{5}{3}\pi \middle| \frac{1}{8} - \frac{\sqrt{3}}{2}\right) \approx \left(\frac{5}{3}\pi \middle| -0{,}74\right)$

$M\left(\frac{1}{2}\pi \middle| \frac{1}{8}\right) \mapsto M'\left(\frac{1}{2}\pi \middle| \frac{9}{8}\right)$

$N\left(\frac{3}{2}\pi \middle| \frac{1}{8}\right) \mapsto N'\left(\frac{3}{2}\pi \middle| -\frac{7}{8}\right)$

$O\left(\frac{4}{3}\pi \middle| \frac{1}{8}\right) \mapsto O'\left(\frac{4}{3}\pi \middle| -0{,}74\right)$, x_2-Koordinate gerundet.

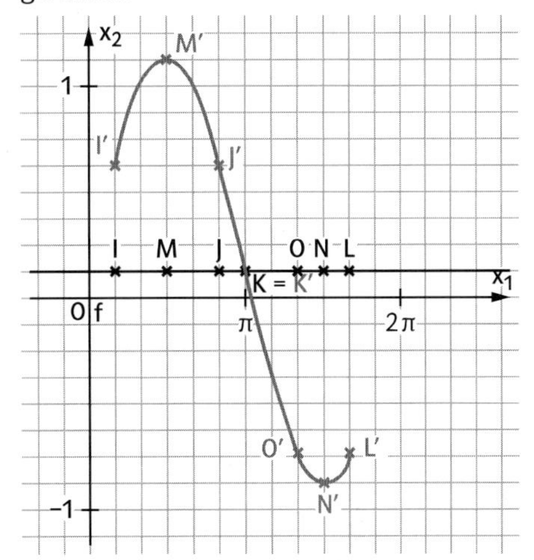

Wenn man die Parallele zur x_1-Achse mit $x_2 = \frac{1}{8}$ zeichnet und die berechneten Bildpunkte verbindet, erkennt man, dass die Gerade in eine Sinuskurvenform abgebildet wird.
Dies gilt für alle Parallelen zur x_1-Achse.

7 Darstellung von Abbildungen mit Matrizen

Seite 277

Einstiegsproblem
Die Matrizendarstellung (B) beschreibt die gegebene Abbildung. (Begründung etwa mithilfe des GTR).

Die Abbildung (D) stellt eine Streckung mit dem Streckfaktor k und dem Streckzentrum O(0|0) dar. Dies kann man an Beispielen erkennen, wenn man für k einen konkreten Wert einsetzt und einige Punkte der Ebene abbildet.
Für $k = 2$ wird die gegebene Abbildung beschrieben.

Seite 279

1 a) A′(35|63); B′(32|44); C′(52|97)
b) A′(31|−9); B′(−3|7); C′(−31|23)

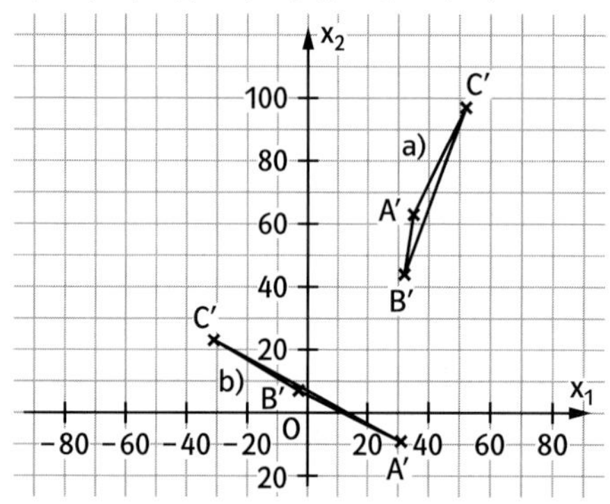

zu a): Das Dreieck ABC wurde an einer Achse gespiegelt, gedreht, verschoben und gestreckt (mit $|k| > 1$).
zu b): Das Dreieck ABC wurde gedreht, verschoben und gestreckt (mit $|k| > 1$).
c) A′(8|7|3); B′(12|17|21); C′(6|20|4).

2 a) $g': \vec{x}' = \begin{pmatrix} 4 \\ 1 \end{pmatrix} + t \cdot \begin{pmatrix} -1 \\ 19 \end{pmatrix}$

b) $g': \vec{x}' = \begin{pmatrix} 7 \\ 3 \end{pmatrix} + t \begin{pmatrix} 4 \\ 3 \end{pmatrix}$

c) $g': \vec{x}' = \begin{pmatrix} -1 \\ 21 \\ -2 \end{pmatrix} + t \begin{pmatrix} 6 \\ 15 \\ -5 \end{pmatrix}$

3 a) $\alpha: \vec{x}' = \begin{pmatrix} 2 & 1 \\ 1 & 2 \end{pmatrix} \cdot \vec{x} + \begin{pmatrix} 2 \\ 1 \end{pmatrix}$

b) P′(5|4); Q′(3,2|3,1); R′(6,5|5,5)
c) Der Flächeninhalt wird in etwa verdreifacht.

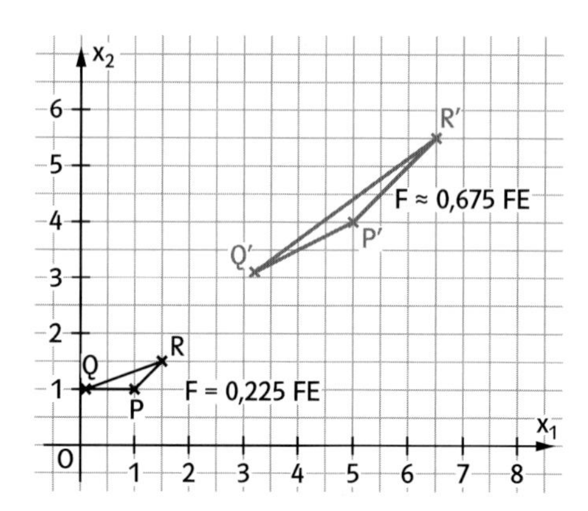

4 a) $\alpha: \vec{x}' = \begin{pmatrix} -1 & 3 & -2 \\ 1 & -2 & -3 \\ 0 & -3 & 0 \end{pmatrix} \cdot \vec{x} + \begin{pmatrix} 2 \\ 1 \\ 3 \end{pmatrix}$

b) P′(2|−3|0); Q′(−2|−8|−3); R′(19,5|−4|−12)

5 a) $\alpha: \vec{x}' = \begin{pmatrix} \frac{16}{9} & \frac{1}{9} \\ -\frac{7}{9} & \frac{8}{9} \end{pmatrix} \cdot \vec{x}$

b) D(1|4)
$A'\left(\frac{16}{9} \middle| -\frac{7}{9}\right)$; $B'\left(\frac{80}{9} \middle| -\frac{35}{9}\right)$; $C'\left(\frac{28}{3} \middle| -\frac{1}{3}\right)$; $D'\left(\frac{20}{9} \middle| \frac{25}{9}\right)$

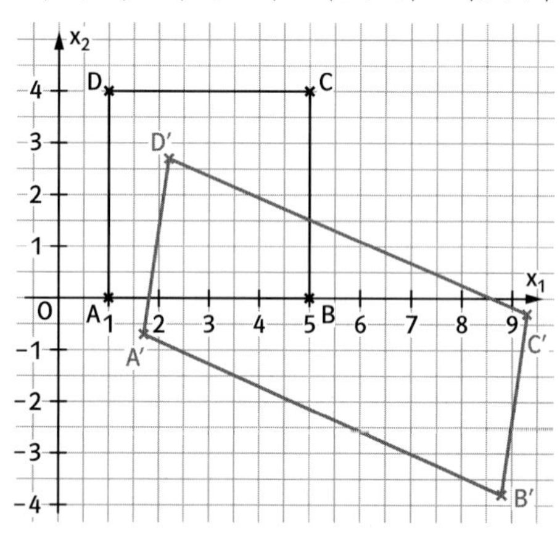

Es ist offensichtlich, dass das Bildviereck ein Parallelogramm aber kein Quadrat ist, da die Seiten nicht alle gleich lang sind und keine rechten Winkel vorliegen.

Seite 280

7 a) Verschiebevektor: $\vec{v} = \begin{pmatrix} -3 \\ 5 \\ 0 \end{pmatrix}$

Gesuchte Matrix: $A = \begin{pmatrix} a_1 & b_1 & c_1 \\ a_2 & b_2 & c_2 \\ a_3 & b_3 & c_3 \end{pmatrix}$

$\alpha: \vec{x'} = A\vec{x} + \vec{v}$

Da die Bilder der Einheitsvektoren gegeben sind, kann man die Matrix direkt bestimmen, da ihre Spalten die Bilder der Einheitsvektoren (ohne Verschiebungsvektor) direkt geben.

Aus $\begin{pmatrix} a_1 \\ a_2 \\ a_3 \end{pmatrix} + \vec{v} = \vec{e_1'}$ bzw.

$\begin{pmatrix} a_1 \\ a_2 \\ a_3 \end{pmatrix} + \begin{pmatrix} -3 \\ 5 \\ 0 \end{pmatrix} = \begin{pmatrix} -2 \\ 5 \\ 0 \end{pmatrix}$ folgt: $\begin{pmatrix} a_1 \\ a_2 \\ a_3 \end{pmatrix} = \begin{pmatrix} 1 \\ 0 \\ 0 \end{pmatrix}$

Entsprechend: $\begin{pmatrix} b_1 \\ b_2 \\ b_3 \end{pmatrix} = \begin{pmatrix} 2 \\ 3 \\ 0 \end{pmatrix}$, $\begin{pmatrix} c_1 \\ c_2 \\ c_3 \end{pmatrix} = \begin{pmatrix} 0 \\ 1 \\ 1 \end{pmatrix}$

Somit ist: $\alpha: \vec{x'} = \begin{pmatrix} 1 & 2 & 0 \\ 0 & 3 & 1 \\ 0 & 0 & 1 \end{pmatrix}\vec{x} + \begin{pmatrix} -3 \\ 5 \\ 0 \end{pmatrix}$

b) Verschiebungsvektor: $\vec{v} = \begin{pmatrix} 7 \\ 1 \end{pmatrix}$

$\alpha: \vec{x'} = \begin{pmatrix} a_1 & b_1 \\ a_2 & b_2 \end{pmatrix}\vec{x} + \begin{pmatrix} 7 \\ 1 \end{pmatrix}$

aus P: $\begin{cases} 2a_1 + 3b_1 + 7 = 19 & (1) \\ 2a_2 + 3b_2 + 1 = 6 & (2) \end{cases}$

aus Q: $\begin{cases} -a_1 + b_1 + 7 = 6 & (3) \\ -a_2 + b_2 + 1 = 1 & (4) \end{cases}$

Lösen des LGS aus (1) und (3) ergibt:
$a_1 = 3$ und $b_1 = 2$
Lösen des LGS aus (2) und (4) ergibt:
$a_2 = 1$ und $b_2 = 1$

Somit ist: $\alpha: \vec{x'} = \begin{pmatrix} 3 & 2 \\ 1 & 1 \end{pmatrix}\cdot\vec{x} + \begin{pmatrix} 7 \\ 1 \end{pmatrix}$

c) Das Dreieck OPQ ist spitzwinklig und gleichschenklig (es gilt $\overline{OP} = \overline{PQ} = \sqrt{13}$ LE). Diese Eigenschaften werden bei der Abbildung nicht erhalten. Das Dreick O'P'Q' ist stumpfwinklig und damit zwangsläufig nicht gleichschenklig.

8 $\alpha: \vec{x'} = \begin{pmatrix} 1 & \frac{3}{4} \\ 0 & \frac{1}{4} \end{pmatrix}\cdot\vec{x}$, denn $E_1(1|0)$ wird auf $E_1'(1|0)$ abgebildet (Punkt der x_1-Achse) und mit der Information, dass $P(1|4)$ auf $P'(4|1)$ abgebildet wird, erhält man ein LGS: $\begin{pmatrix} 1 & a \\ 0 & b \end{pmatrix}\cdot\begin{pmatrix} 1 \\ 4 \end{pmatrix} = \begin{pmatrix} 4 \\ 1 \end{pmatrix}$,

also $\begin{matrix} 1 + 4a = 4 \\ 4b = 1 \end{matrix} \Rightarrow a = \frac{3}{4};\ b = \frac{1}{4}$

9 a)
$g: \vec{x} = \overrightarrow{OP} + t\cdot(\overrightarrow{OQ} - \overrightarrow{OP}) = \begin{pmatrix} 3 \\ 1 \end{pmatrix} + t\cdot\begin{pmatrix} -10 \\ 5 \end{pmatrix}$

vereinfacht: $\vec{x} = \begin{pmatrix} 3 \\ 1 \end{pmatrix} + t\cdot\begin{pmatrix} -2 \\ 1 \end{pmatrix}$

$\alpha(\vec{x}) = \vec{x'} = \begin{pmatrix} 2 & 1 \\ -1 & -2 \end{pmatrix}\cdot\begin{pmatrix} 3 - 2t \\ 1 + t \end{pmatrix} + \begin{pmatrix} 1 \\ 1 \end{pmatrix}$

$= \begin{pmatrix} 8 \\ -4 \end{pmatrix} + t\cdot\begin{pmatrix} -3 \\ 0 \end{pmatrix}$

b) $P'(8|-4)$; $Q'(-7|-4)$

$g_{P'Q'}: \vec{x} = \overrightarrow{OP'} + t\cdot(\overrightarrow{OQ'} - \overrightarrow{OP'})$

$= \begin{pmatrix} 8 \\ -4 \end{pmatrix} + t\cdot\begin{pmatrix} -15 \\ 0 \end{pmatrix}$

vereinfacht: $\vec{x} = \begin{pmatrix} 8 \\ -4 \end{pmatrix} + t\cdot\begin{pmatrix} -3 \\ 0 \end{pmatrix}$ (wie in a))

c) Konkretes Beispiel mithilfe der Punkte P und Q.

$\overrightarrow{OM} = \begin{pmatrix} 3 \\ 1 \end{pmatrix} + \frac{1}{2}\cdot\begin{pmatrix} -10 \\ 5 \end{pmatrix} = \begin{pmatrix} -2 \\ 3{,}5 \end{pmatrix}$,

$M(-2|3{,}5)$ ist Mittelpunkt der Strecke $\overline{PQ}$.
Es ist $M'(0{,}5|-4)$.
Weiter erhält man

$\overrightarrow{OM'} = \begin{pmatrix} 8 \\ -4 \end{pmatrix} + \frac{1}{2}\cdot\begin{pmatrix} -15 \\ 0 \end{pmatrix} = \begin{pmatrix} 0{,}5 \\ -4 \end{pmatrix}$.

Demnach halbiert M' die Strecke $\overline{P'Q'}$.

Allgemein:

$\overrightarrow{OP} = \begin{pmatrix} p_1 \\ p_2 \end{pmatrix}$; $\overrightarrow{OQ} = \begin{pmatrix} q_1 \\ q_2 \end{pmatrix}$;

$\overrightarrow{OM} = \overrightarrow{OP} + \frac{1}{2}(\overrightarrow{OQ} - \overrightarrow{OP})$

also $\overrightarrow{OM} = \begin{pmatrix} p_1 \\ p_2 \end{pmatrix} + \frac{1}{2}\begin{pmatrix} q_1 - p_1 \\ q_2 - p_2 \end{pmatrix}$

$= \begin{pmatrix} \frac{1}{2}(p_1 + q_1) \\ \frac{1}{2}(p_2 + q_2) \end{pmatrix}$,

$M\left(\frac{1}{2}(p_1 + q_1) \middle| \frac{1}{2}(p_2 + q_2)\right)$ ist Mittelpunkt der Strecke $\overline{PQ}$.

Es ist

$M'\left(p_1 + q_1 + \frac{1}{2}(p_2 + q_2) + 1 \middle| -\frac{1}{2}(p_1 + q_1) - (p_2 + q_2) + 1\right)$.

$P'(2p_1 + p_2 + 1|-p_1 - 2p_2 + 1)$;

$Q'(2q_1 + q_2 + 1|-q_1 - 2q_2 + 1)$.

$g_{P'Q'}$:

$\vec{x} = \begin{pmatrix} 2p_1 + p_2 + 1 \\ -p_1 - 2p_2 + 1 \end{pmatrix}$

$+ t\begin{pmatrix} 2q_1 + q_2 + 1 - (2p_1 + p_2 + 1) \\ -q_1 - 2q_2 + 1 - (-p_1 - 2p_2 + 1) \end{pmatrix}$

$\overrightarrow{OM'} = \begin{pmatrix} 2p_1 + p_2 + 1 \\ -p_1 - 2p_2 + 1 \end{pmatrix}$

$+ \frac{1}{2}\begin{pmatrix} 2q_1 + q_2 - 2p_1 - p_2 \\ -q_1 - 2q_2 + p_1 + 2p_2 \end{pmatrix}$

$= \begin{pmatrix} p_1 + \frac{1}{2}p_2 + q_1 + \frac{1}{2}q_2 + 1 \\ -\frac{1}{2}p_1 - p_2 - \frac{1}{2}q_1 - q_2 + 1 \end{pmatrix}$.

Beide berechneten Mittelpunkte M′ stimmen überein, womit die Behauptung gezeigt wäre.

10 a) $g'\colon \vec{x'} = \begin{pmatrix} 1 \\ -2 \end{pmatrix} + t\cdot\begin{pmatrix} 1 \\ 3 \end{pmatrix}$

mit $g\colon \vec{x} = t\cdot\begin{pmatrix} 1 \\ 0 \end{pmatrix}$

b) $g'\colon \vec{x'} = \begin{pmatrix} 1 \\ -2 \end{pmatrix} + t\cdot\begin{pmatrix} -2 \\ 4 \end{pmatrix}$

mit $g\colon \vec{x} = t\cdot\begin{pmatrix} 0 \\ 1 \end{pmatrix}$

c) $g'\colon \vec{x'} = \begin{pmatrix} 1 \\ -2 \end{pmatrix} + t\cdot\begin{pmatrix} -1 \\ 7 \end{pmatrix}$

mit $g\colon \vec{x} = t\cdot\begin{pmatrix} 1 \\ 1 \end{pmatrix}$

d) $g'\colon \vec{x'} = \begin{pmatrix} 1 \\ 8 \end{pmatrix} + t\cdot\begin{pmatrix} 1 \\ 13 \end{pmatrix}$

mit $g\colon \vec{x} = \begin{pmatrix} 2 \\ 1 \end{pmatrix} + t\cdot\begin{pmatrix} 3 \\ 1 \end{pmatrix}$

11 a) $\alpha\colon \vec{x'} = \begin{pmatrix} 2 & -1 \\ -1 & 1 \end{pmatrix}\cdot\vec{x}$;
B′(10 | −5); C′(−5 | 5)

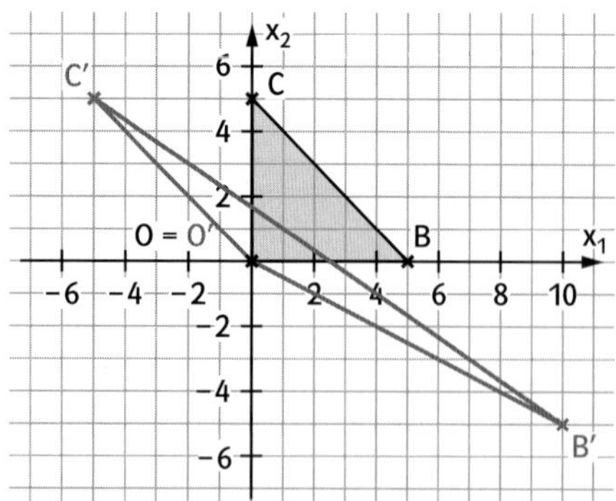

b) $\alpha\colon \vec{x'} = \begin{pmatrix} 1 & 0 \\ -1 & 2 \end{pmatrix}\cdot\vec{x}$; B′(5 | −5); C′(0 | 10)

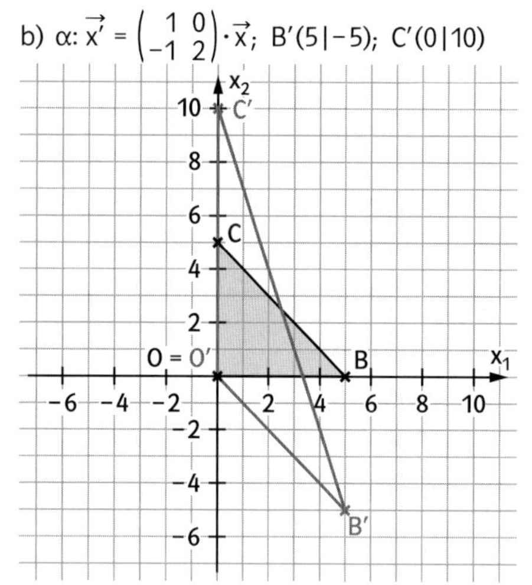

c) $\alpha\colon \vec{x'} = \begin{pmatrix} 1 & 2 \\ 0 & 1 \end{pmatrix}\cdot\vec{x}$; B′(5 | 0) = B; C′(10 | 5)

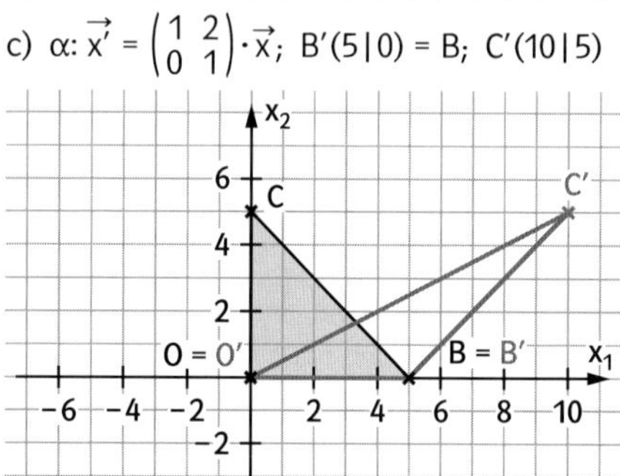

d) $\alpha\colon \vec{x'} = \frac{1}{3}\begin{pmatrix} 5 & -1 \\ -2 & 4 \end{pmatrix}\cdot\vec{x}$;

$B'\left(\frac{25}{3} \middle| -\frac{10}{3}\right)$; $C'\left(-\frac{5}{3} \middle| \frac{20}{3}\right)$

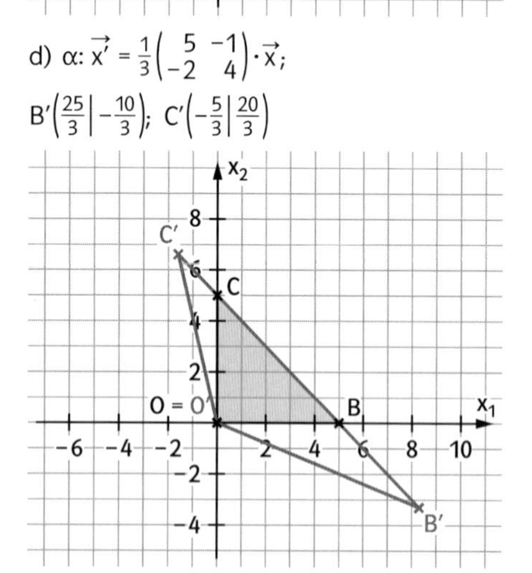

12 a) Wenn die Gleichung $A \cdot \vec{x} = \vec{x}$ erfüllt ist, wird $\vec{x}$ unter der Abbildung α mit $\alpha(\vec{x}) = A \cdot \vec{x}$ auf sich selbst abgebildet und ist somit ein Fixpunkt.

b) Ansatz:

$\alpha: \begin{pmatrix} 1 & -2 \\ 3 & 4 \end{pmatrix} \cdot \begin{pmatrix} x_1 \\ x_2 \end{pmatrix} = \begin{pmatrix} x_1 \\ x_2 \end{pmatrix}$

LGS: $\begin{matrix} x_1 - 2x_2 = x_1 \\ 3x_1 + 4x_2 = x_2 \end{matrix}$

also $\vec{x} = \begin{pmatrix} 0 \\ 0 \end{pmatrix}$ ist Fixpunkt von α.

$\beta: \begin{pmatrix} -3 & 4 \\ 4 & 3 \end{pmatrix} \cdot \begin{pmatrix} x_1 \\ x_2 \end{pmatrix} + \begin{pmatrix} -8 \\ 2 \end{pmatrix} = \begin{pmatrix} x_1 \\ x_2 \end{pmatrix}$

LGS: $\begin{matrix} -3x_1 + 4x_2 - 8 = x_1 \\ 4x_1 + 3x_2 + 2 = x_2 \end{matrix}$

also $x = \begin{pmatrix} -1 \\ 1 \end{pmatrix}$ ist Fixpunkt von β.

8 Verkettung von Abbildungen – Matrizenmultiplikation

Seite 281

Einstiegsproblem

Eine Drehung um 90° bildet P auf P′ ab:

$A \cdot \vec{p} = \begin{pmatrix} -p_2 \\ p_1 \end{pmatrix} = \vec{p'}$

P′ wiederum wird bei einer Drehung um 90° auf P″ abgebildet:

$A \cdot A \cdot \vec{p} = A \cdot \vec{p'} = \begin{pmatrix} -p_1 \\ -p_2 \end{pmatrix} = \vec{p''}$

Dies entspricht einer Multiplikation der Matrix B mit dem Vektor $\vec{p}$:

$B \cdot \vec{p} = \begin{pmatrix} -1 & 0 \\ 0 & -1 \end{pmatrix} \cdot \begin{pmatrix} p_1 \\ p_2 \end{pmatrix} = \begin{pmatrix} -p_1 \\ -p_2 \end{pmatrix}$

Das heißt, es gilt: $A \cdot A \cdot \vec{p} = B \cdot \vec{p}$

Analog erhält man:

$A \cdot A \cdot A \cdot \vec{p} = B \cdot A \cdot \vec{p} = C \cdot \vec{p} = \vec{p'''}$

$A \cdot A \cdot A \cdot A \cdot \vec{p} = C \cdot A \cdot \vec{p} = \vec{p} = E \cdot \vec{p}$

Da dies für beliebige Punkte P gilt, kann man folgern:

$A \cdot A = B$; $A \cdot A \cdot A = B \cdot A = C$;

$A \cdot A \cdot A \cdot A = C \cdot A = E$

Seite 282

1 a) „erst α dann β“:

$\beta \circ \alpha: \vec{x'} = B \cdot A \cdot x$ mit $B \cdot A = \begin{pmatrix} 0 & -4 \\ -1 & -3 \end{pmatrix}$

„erst β dann α“:

$\alpha \circ \beta: \vec{x'} = A \cdot B \cdot \vec{x}$ mit $A \cdot B = \begin{pmatrix} -3 & -1 \\ -4 & 0 \end{pmatrix}$

b) $\beta \circ \alpha: \vec{x'} = \begin{pmatrix} 0 & 2 \\ -2 & -1 \end{pmatrix} \cdot \vec{x} + \begin{pmatrix} 1 \\ 1 \end{pmatrix}$;

$\alpha \circ \beta: \vec{x'} = \begin{pmatrix} 0 & -1 \\ 4 & -1 \end{pmatrix} \cdot \vec{x} + \begin{pmatrix} 1 \\ 3 \end{pmatrix}$

Die Verkettungen sind weder in Teilaufgabe a) noch in Teilaufgabe b) identisch.

2 a) α: „um den Ursprung um 45° drehen“:

$\alpha: \vec{x'} = \begin{pmatrix} \frac{\sqrt{2}}{2} & -\frac{\sqrt{2}}{2} \\ \frac{\sqrt{2}}{2} & \frac{\sqrt{2}}{2} \end{pmatrix} \cdot \vec{x}$

β: „an der Geraden g: $\vec{x} = t \cdot \begin{pmatrix} 1 \\ -1 \end{pmatrix}$ spiegeln“

Der Winkel, den g mit der x-Achse einschließt, beträgt 135°.

$\beta: \vec{x'} = \begin{pmatrix} 0 & -1 \\ -1 & 0 \end{pmatrix} \cdot \vec{x}$

$\beta \circ \alpha: \vec{x'} = B \cdot A \cdot \vec{x}$ mit $B \cdot A = \begin{pmatrix} -\frac{\sqrt{2}}{2} & -\frac{\sqrt{2}}{2} \\ -\frac{\sqrt{2}}{2} & \frac{\sqrt{2}}{2} \end{pmatrix}$

$A'\left(-\frac{\sqrt{2}}{2} \middle| \frac{\sqrt{2}}{2}\right)$; $B'\left(-\frac{3\sqrt{2}}{2} \middle| -\frac{\sqrt{2}}{2}\right)$; $C'(-3\sqrt{2} \mid \sqrt{2})$

b) α: Streckung von O aus um den Faktor 2:

$\alpha: \vec{x'} = \begin{pmatrix} 2 & 0 \\ 0 & 2 \end{pmatrix} \cdot \vec{x}$

β: Spiegelung an der x_2-Achse:

$\beta: \vec{x'} = \begin{pmatrix} -1 & 0 \\ 0 & 1 \end{pmatrix} \cdot \vec{x}$

$\beta \circ \alpha: \vec{x'} = B \cdot A \cdot \vec{x}$ mit $B \cdot A = \begin{pmatrix} -2 & 0 \\ 0 & 2 \end{pmatrix}$

$A'(0 \mid 2)$; $B'(-4 \mid 2)$; $C'(-4 \mid 8)$

Seite 283

4 a) Die inverse Abbildung einer Spiegelung S an einer gegebenen Achse ist die Spiegelung selbst:

aus $S = S^{-1}$ und $S^{-1} \cdot S = E$

folgt $S \cdot S = E$.

b) Wenn 6-mal hintereinander um 60° gedreht wird, so beträgt die Gesamtdrehung 360°. Diese entspricht der Identitätsabbildung.

c) Aus $S^2 = E$ folgt $S^3 = S$ (vgl. Teilaufgabe b)).

5 a) $\alpha: \vec{x'} = \begin{pmatrix} 1 & 0 \\ 0 & k_1 \end{pmatrix} \cdot \vec{x}$; $\beta: \vec{x'} = \begin{pmatrix} k_2 & 0 \\ 0 & 1 \end{pmatrix} \cdot \vec{x}$

$\alpha \circ \beta = \beta \circ \alpha: \vec{x'} = \begin{pmatrix} k_2 & 0 \\ 0 & k_1 \end{pmatrix} \cdot \vec{x}$

b) $A'(0\,|\,-3)$; $B'(4{,}5\,|\,6)$; $C'(1{,}5\,|\,9)$

$A_{ABC} = 18$ FE; $A_{A'B'C'} = 20{,}25$ FE

Es gilt also

$A_{A'B'C'} = 0{,}75 \cdot 1{,}5 \cdot A_{ABC} = k_1 \cdot k_2 \cdot A_{ABC}$

6 a) $\overrightarrow{BA} = \begin{pmatrix} -3 \\ -3 \end{pmatrix}$; $\overrightarrow{BC} = \begin{pmatrix} 4 \\ -4 \end{pmatrix}$; also ist $\overrightarrow{BA} \cdot \overrightarrow{BC} = 0$.

Das Dreieck ABC ist rechtwinklig.

b) $\alpha: \vec{x'} = \begin{pmatrix} 1 & 0 \\ 0 & 2 \end{pmatrix} \cdot x$; $\beta: \vec{x'} = \vec{x} + \begin{pmatrix} 1 \\ 3 \end{pmatrix}$

$\alpha \circ \beta: \vec{x'} = \begin{pmatrix} 1 & 0 \\ 0 & 2 \end{pmatrix} \cdot \vec{x} + \begin{pmatrix} 1 \\ 6 \end{pmatrix}$

$A'(0\,|\,4)$; $B'(3\,|\,10)$; $C'(7\,|\,2)$

c) Das Dreieck ABC ist rechtwinklig, A'B'C' ist spitzwinklig; die Seiten AB und A'B' sind jeweils am kürzesten. Es gilt:

$\overline{AB} < \overline{BC} < \overline{AC}$ aber $\overline{A'B'} < \overline{A'C'} < \overline{B'C'}$.

7

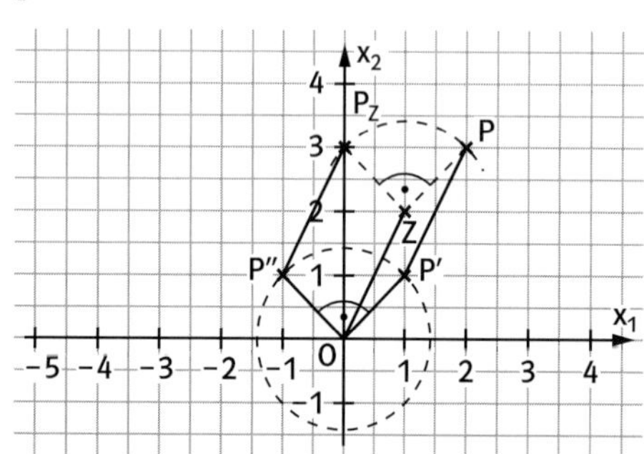

a) Verschieben von P um $-\overrightarrow{OZ}$ liefert P';
Drehen von P' um 90° um O liefert P'';
Verschieben von P'' um $\overrightarrow{OZ}$ liefert P_Z.
P_Z entspricht dem Bild von P bei einer Drehung um 90° um den Punkt Z.

b) $P'(1\,|\,1)$; $P''(-1\,|\,1)$; $P_Z(0\,|\,3)$

8 a) $A = \begin{pmatrix} \frac{1}{4} & -\frac{1}{4} \\ \frac{1}{4} & \frac{1}{4} \end{pmatrix}$

b) $A'(2{,}5\,|\,2)$; $B'(2\,|\,2{,}5)$; $C'(1{,}5\,|\,2)$; $D'(2\,|\,1{,}5)$

$A''(2{,}125\,|\,3{,}125)$; $B''(1{,}875\,|\,3{,}125)$;

$C''(1{,}875\,|\,2{,}875)$; $D''(2{,}125\,|\,2{,}875)$

c) Die Abbildung $\alpha \circ \alpha$ verkleinert die Seiten des Quadrats um den Faktor $\frac{1}{8}$, dreht das Quadrat um 90° und verschiebt es anschließend um den Vektor $\begin{pmatrix} 2 \\ 3 \end{pmatrix}$.

$\alpha \circ \alpha: \vec{x'} = \begin{pmatrix} 0 & -\frac{1}{8} \\ \frac{1}{8} & 0 \end{pmatrix} \cdot \vec{x} + \begin{pmatrix} 2 \\ 3 \end{pmatrix}$

d) Aus $A \cdot \vec{x} + \begin{pmatrix} 2 \\ 2 \end{pmatrix} = \vec{x}$ berechnet man $\vec{x} = \begin{pmatrix} 1{,}6 \\ 3{,}2 \end{pmatrix}$. Der Fixpunkt der Abbildung, also der Punkt, der auf sich selbst abgebildet wird, ist somit $F(1{,}6\,|\,3{,}2)$.

9 Inverse Matrizen – Umkehrabbildungen

Seite 284

Einstiegsproblem

Da der Ursprung ein Fixpunkt der Abbildung ist, hat α die Form $\alpha: \vec{x'} = A \cdot \vec{x}$.

Mithilfe der gegebenen Punkte und der zugehörigen Bildpunkte erhält man:

$A = \begin{pmatrix} 2 & -1 \\ 3 & 4 \end{pmatrix}$

Um die Punkte A, B und C zu bestimmen, müssen die Gleichungen $A \cdot \vec{a} = \vec{a'}$, $A \cdot \vec{b} = \vec{b'}$, $A \cdot \vec{c} = \vec{c'}$ gelöst werden.

Man erhält: $A(1\,|\,1)$; $B(3\,|\,1)$, $C(3\,|\,-2)$.

Diese Punkte errechnen sich auch durch die Umkehrabbildung $\alpha^{-1}: x = A^{-1}\vec{x'}$, mit

$A^{-1} = \frac{1}{11}\begin{pmatrix} 4 & 1 \\ -3 & 2 \end{pmatrix}$.

Seite 285

1 a) $A^{-1} = \begin{pmatrix} 1 & -1 \\ 0 & 1 \end{pmatrix}$ b) $A^{-1} = \frac{1}{10} \cdot \begin{pmatrix} 5 & 0 \\ -3 & 2 \end{pmatrix}$

c) $A^{-1} = -\frac{1}{24} \cdot \begin{pmatrix} 1 & -5 \\ -5 & 1 \end{pmatrix}$

d) $A^{-1} = \begin{pmatrix} \frac{1}{2} & \frac{5}{2} \\ \frac{1}{2} & \frac{3}{2} \end{pmatrix}$

Seite 286

2 a) $\alpha^{-1}\colon \vec{x'} = \frac{1}{5}\begin{pmatrix} 2 & -3 \\ 1 & 1 \end{pmatrix}\cdot\vec{x}$

b) $\alpha^{-1}\colon \vec{x'} = \begin{pmatrix} 2 & -1 \\ 1 & 3 \end{pmatrix}\cdot\vec{x}$

c) $\alpha^{-1}\colon \vec{x'} = \begin{pmatrix} 2 & -0{,}5 \\ -3 & 1 \end{pmatrix}\cdot\vec{x} - \begin{pmatrix} -3 \\ 5 \end{pmatrix}$

d) $\alpha^{-1}\colon \vec{x'} = \begin{pmatrix} 4 & -1 \\ 1 & 0 \end{pmatrix}\cdot\vec{x} + \begin{pmatrix} 8 \\ 1 \end{pmatrix}$

e) $\alpha^{-1}\colon \vec{x'} = \frac{1}{15}\begin{pmatrix} 11 & -6 & 2 \\ 2 & 3 & -1 \\ -8 & 3 & 4 \end{pmatrix}\cdot\vec{x}$

f) $\alpha^{-1}\colon \vec{x'} = \frac{1}{12}\begin{pmatrix} 3 & 3 & -3 \\ 2 & -10 & 6 \\ 1 & 1 & 3 \end{pmatrix}\cdot\vec{x}$

3 a) $\alpha\circ\gamma = \beta \Rightarrow \alpha^{-1}\circ\alpha\circ\gamma = \alpha^{-1}\circ\beta$
$\Rightarrow \gamma = \alpha^{-1}\circ\beta$
Somit ist $\gamma\colon \vec{x'} = A^{-1}\cdot B\cdot\vec{x} = \begin{pmatrix} -4 & -26 \\ 1{,}5 & 8{,}5 \end{pmatrix}\cdot\vec{x}$

b) $\beta\circ\gamma = \alpha \Rightarrow \gamma = \beta^{-1}\circ\alpha$
Somit ist $\gamma\colon \vec{x'} = B^{-1}\cdot A\cdot\vec{x} = \frac{1}{10}\begin{pmatrix} 17 & 52 \\ -3 & -8 \end{pmatrix}\cdot\vec{x}$

c) $\gamma\circ\alpha = \beta \Rightarrow \gamma = \beta\circ\alpha^{-1}$
Somit ist $\gamma\colon \vec{x'} = B\cdot A^{-1}\cdot\vec{x} = \begin{pmatrix} 2{,}5 & -4 \\ 0 & 2 \end{pmatrix}\cdot\vec{x}$

d) $\gamma\circ\beta = \alpha \Rightarrow \gamma = \alpha\circ\beta^{-1}$
Somit ist $\gamma\colon \vec{x'} = A\cdot B^{-1}\cdot\vec{x} = \begin{pmatrix} 0{,}4 & 0{,}8 \\ 0 & 0{,}5 \end{pmatrix}\cdot\vec{x}$

e) $\alpha\circ\gamma\circ\alpha = \beta \Rightarrow \gamma = \alpha^{-1}\circ\beta\circ\alpha^{-1}$
$\gamma\colon \vec{x'} = A^{-1}B\cdot A^{-1}\cdot x = \begin{pmatrix} 5 & -14 \\ -1{,}25 & 4 \end{pmatrix}\cdot\vec{x}$

f) $\alpha\circ\gamma\circ\beta = \alpha \Rightarrow \gamma\circ\beta = \alpha^{-1}\circ\alpha = id$
$\Rightarrow \gamma = \beta^{-1}$
$\gamma\colon \vec{x'} = B^{-1}\cdot\vec{x} = \frac{1}{10}\begin{pmatrix} 8 & 1 \\ -2 & 1 \end{pmatrix}\cdot\vec{x}$

g) $\alpha\circ\beta\circ\gamma = \alpha \Rightarrow \gamma = \beta^{-1}$
(weiter s. Teilaufgabe f))

h) $\alpha^{-1}\circ\gamma\circ\beta = \alpha \Leftrightarrow \gamma\circ\beta = \alpha\circ\alpha$
$\Leftrightarrow \gamma = \alpha\circ\alpha\circ\beta^{-1}$
$\gamma\colon \vec{x'} = A^2\cdot B\cdot\vec{x} = \begin{pmatrix} 0{,}8 & 4{,}6 \\ 0{,}4 & 2{,}8 \end{pmatrix}\cdot\vec{x}$

5 a) α ist umkehrbar, da die Determinante der dazugehörigen Matrix ungleich 0 ist:
$(-2)\cdot 1 - 1\cdot 1 = -3 \neq 0$
b) $\alpha^{-1}\colon \vec{x} = A^{-1}\vec{x'} - A^{-1}\cdot\vec{c'}$

$A^{-1} = \begin{pmatrix} -\frac{1}{3} & \frac{1}{3} \\ \frac{1}{3} & \frac{2}{3} \end{pmatrix}$; $A^{-1}\cdot\vec{c} = \begin{pmatrix} -\frac{1}{3} & \frac{1}{3} \\ \frac{1}{3} & \frac{2}{3} \end{pmatrix}\begin{pmatrix} 2 \\ 5 \end{pmatrix} = \begin{pmatrix} 1 \\ 4 \end{pmatrix}$

Die Umkehrabbildung lautet:
$\alpha^{-1}\colon \vec{x'} = \begin{pmatrix} -\frac{1}{3} & \frac{1}{3} \\ \frac{1}{3} & \frac{2}{3} \end{pmatrix}\cdot\vec{x} - \begin{pmatrix} 1 \\ 4 \end{pmatrix}$
Urbild von $P'(2|8)$: $P(1|2)$

c) Gesucht: Abbildung γ mit $\beta\circ\gamma = \alpha$
$\beta^{-1}\circ\beta\circ\gamma = \beta^{-1}\circ\alpha \Rightarrow \gamma = \beta^{-1}\circ\alpha$
Bestimmung von β^{-1}:
$B^{-1} = \begin{pmatrix} 2 & -1 \\ -5 & 3 \end{pmatrix}$, also ist $\beta^{-1}\colon \vec{x'} = \begin{pmatrix} 2 & -1 \\ -5 & 3 \end{pmatrix}\cdot\vec{x}$
$\gamma = \beta^{-1}\cdot\alpha\colon\ \vec{x'} = B^{-1}\cdot(A\vec{x} + \vec{c})$
$= B^{-1}\cdot A\cdot\vec{x} + B^{-1}\cdot\vec{c}$
Da $B^{-1}\cdot A = \begin{pmatrix} -5 & 1 \\ 13 & -2 \end{pmatrix}$ und $B^{-1}\cdot\vec{c} = \begin{pmatrix} -1 \\ 5 \end{pmatrix}$ ist, folgt:
$\gamma = \beta^{-1}\circ\alpha\colon\ \vec{x'} = \begin{pmatrix} -5 & 1 \\ 13 & -2 \end{pmatrix}\vec{x} + \begin{pmatrix} -1 \\ 5 \end{pmatrix}$

6 a) $\alpha\colon \vec{x'} = \begin{pmatrix} 3 & 0 & 0 \\ 0 & 3 & 0 \\ 0 & 0 & 3 \end{pmatrix}\cdot\vec{x}$;

$\alpha^{-1}\colon \vec{x'} = \begin{pmatrix} \frac{1}{3} & 0 & 0 \\ 0 & \frac{1}{3} & 0 \\ 0 & 0 & \frac{1}{3} \end{pmatrix}\cdot\vec{x}$

b) $\alpha\colon \vec{x'} = \begin{pmatrix} 0 & -1 \\ 1 & 0 \end{pmatrix}\cdot\vec{x}$; $\alpha^{-1}\colon \vec{x'} = \begin{pmatrix} 0 & 1 \\ -1 & 0 \end{pmatrix}\cdot\vec{x}$

c) $\alpha\colon \vec{x'} = \begin{pmatrix} 0 & 1 \\ 1 & 0 \end{pmatrix}\cdot\vec{x}$; $\alpha^{-1}\colon \vec{x'} = \begin{pmatrix} 0 & 1 \\ 1 & 0 \end{pmatrix}\cdot\vec{x}$

d) $\alpha\colon \vec{x'} = \begin{pmatrix} 2 & 0 \\ 0 & 2 \end{pmatrix}\cdot x + \begin{pmatrix} 2 \\ 5 \end{pmatrix}$;
$\alpha^{-1}\colon \vec{x'} = \begin{pmatrix} 0{,}5 & 0 \\ 0 & 0{,}5 \end{pmatrix}\cdot\vec{x} - \begin{pmatrix} 1 \\ 2{,}5 \end{pmatrix}$

7 a) $\alpha^{-1}\colon \vec{x'} = \frac{1}{5}\begin{pmatrix} 3 & -1 \\ -1 & 2 \end{pmatrix}\cdot\vec{x}$

b) $\beta^{-1}\colon \vec{x'} = \frac{1}{10}\begin{pmatrix} 8 & 1 \\ -2 & 1 \end{pmatrix}\cdot\vec{x}$

c) $\beta^{-1}\circ\alpha^{-1}\colon \vec{x'} = \frac{1}{50}\begin{pmatrix} 23 & -6 \\ -7 & 4 \end{pmatrix}\cdot\vec{x}$

d) $\alpha^{-1}\circ\beta^{-1}\colon \vec{x'} = \frac{1}{50}\begin{pmatrix} 26 & 2 \\ -12 & 1 \end{pmatrix}\cdot\vec{x}$

e) $(\alpha\circ\beta)^{-1}\colon \vec{x'} = \frac{1}{50}\begin{pmatrix} 23 & -6 \\ -7 & 4 \end{pmatrix}\cdot\vec{x}$

f) $(\beta\circ\alpha)^{-1}\colon \vec{x'} = \frac{1}{50}\begin{pmatrix} 26 & 2 \\ -12 & 1 \end{pmatrix}\cdot\vec{x}$

(Fehler im 1. Druck der 1. Auflage: Die zwei letzten Aufgaben sollten e) und f) statt d) und e) lauten.)

8 Begründung: Die Umkehrung der zusammengesetzten Abbildung $\alpha\circ\beta$ besteht darin, dass man zuerst die Abbildung 2^{-1} anwendet und dann die Abbildung β^{-1}, kur z $(\alpha\circ\beta)^{-1} = \beta^{-1}\circ\alpha^{-1}$ (vgl. auch das untenstehende Schema).

$\alpha\circ\beta$: $\vec{x} \xrightarrow{\beta} \vec{x}' \xrightarrow{\alpha} \vec{x}''$ und

$\beta^{-1}\circ\alpha^{-1}$: $\vec{x}'' \xrightarrow{\alpha^{-1}} x' \xrightarrow{\beta^{-1}} \vec{x}$

Ein genauer Beweis erfolgt über die Multiplikation der dazugehörigen Abbildungsmatrizen, es gilt $(A\cdot B)^{-1} = B^{-1}\cdot A^{-1}$.

9 a) Da eine Parallelprojektion eine Abbildung des $\mathbb{R}^3$ auf den $\mathbb{R}^2$ ist, ist sie nicht umkehrbar (denn man kann nicht jedem Bildpunkt ein eindeutiges Urbild zuordnen).

b) Drehung um den Ursprung um φ:

$A = \begin{pmatrix} \cos(\varphi) & -\sin(\varphi) \\ \sin(\varphi) & \cos(\varphi) \end{pmatrix}$;

$\det(A) = (\cos(\varphi))^2 + (\sin(\varphi))^2 = 1$

Spiegelung an einer Ursprungsgerade mit der Neigung φ zur x-Achse:

$A = \begin{pmatrix} \cos(2\varphi) & \sin(2\varphi) \\ \sin(2\varphi) & -\cos(2\varphi) \end{pmatrix}$;

$\det(A) = -(\cos(\varphi))^2 - (\sin(\varphi))^2 = -1$

c) α: Drehung um O um φ mit der Abbildungsmatrix A;

β: Spiegelung an der Ursprungsgeraden g mit dem Neigungswinkel ψ zur x-Achse mit dazugehöriger Abbildungsmatrix B

$\alpha\circ\gamma = \beta \Rightarrow \gamma = \alpha^{-1}\circ\beta$

Die Abbildung α^{-1} ist eine Drehung um O um den Winkel $-\varphi$. Es gilt:

$A^{-1}\cdot B$

$= \begin{pmatrix} \cos(-\varphi) & -\sin(-\varphi) \\ \sin(-\varphi) & \cos(-\varphi) \end{pmatrix} \cdot \begin{pmatrix} \cos(2\psi) & \sin(2\psi) \\ \sin(2\psi) & -\cos(2\psi) \end{pmatrix}$

$= \begin{pmatrix} \cos(2\psi-\varphi) & \sin(2\psi-\varphi) \\ \sin(2\psi-\varphi) & -\cos(2\psi-\varphi) \end{pmatrix}$

Da $A^{-1}\cdot B$ die zur Abbildung γ dazugehörige Matrix ist, ist γ eine Spiegelung an einer Ursprungsgeraden h, die einen Neigungswinkel von $\psi - \frac{\varphi}{2}$ zur x-Achse hat.

d) α: Spiegelung an der Ursprungsgeraden g mit dem Neigungswinkel φ zur x-Achse mit dazugehöriger Abbildungsmatrix A;

β: Drehung um O um ψ mit der Abbildungsmatrix B

$\gamma = \alpha^{-1}\circ\beta \Rightarrow \gamma = \alpha\circ\beta$, da $\alpha^{-1} = \alpha$ gilt (α Spiegelung). Da $\cos(-\psi) = \cos(\psi)$ und $\sin(-\psi) = -\sin(\psi)$, gilt:

$B = \begin{pmatrix} \cos(\psi) & -\sin(\psi) \\ \sin(\psi) & \cos(\psi) \end{pmatrix}$

$= \begin{pmatrix} \cos(-\psi) & \sin(-\psi) \\ -\sin(-\psi) & \cos(-\psi) \end{pmatrix}$.

Somit ist:

$A\cdot B$

$= \begin{pmatrix} \cos(2\varphi) & \sin(2\varphi) \\ \sin(2\varphi) & -\cos(2\varphi) \end{pmatrix} \cdot \begin{pmatrix} \cos(-\psi) & \sin(-\psi) \\ -\sin(-\psi) & \cos(-\psi) \end{pmatrix}$

$= \begin{pmatrix} \cos(2\varphi-\psi) & \sin(2\varphi-\psi) \\ \sin(2\varphi-\psi) & -\cos(2\varphi-\psi) \end{pmatrix}$

Die Abbildung γ ist somit eine Spiegelung an einer Ursprungsgeraden h mit dem Neigungswinkel $\varphi - \frac{\psi}{2}$ zur x-Achse.

10 α ist umkehrbar, denn $\det(A) = 2\cdot3 - (-5)\cdot(-1) = 1 \neq 0$.

a) Aus der Koordinatenform von g ergibt sich die Parameterform von g indem man setzt: $x_1 = 7t$, $x_2 = -2t + \frac{4}{7}$.

g: $\vec{x} = \begin{pmatrix} 0 \\ \frac{4}{7} \end{pmatrix} + t\cdot\begin{pmatrix} 7 \\ -2 \end{pmatrix}$

Bild von g: g': $\vec{x} = \frac{1}{7}\cdot\begin{pmatrix} -13 \\ 19 \end{pmatrix} + t\cdot\begin{pmatrix} 24 \\ -13 \end{pmatrix}$

Umkehrabbildung von α:

α^{-1}: $\vec{x} = \begin{pmatrix} 3 & 5 \\ 1 & 2 \end{pmatrix}\cdot\vec{x}' - \begin{pmatrix} 8 \\ 3 \end{pmatrix}$

Das Urbild h der Geraden h' unter α entspricht dem Bild der Geraden h' unter α^{-1}:

h: $\vec{x} = \begin{pmatrix} -5 \\ -2 \end{pmatrix} + t\cdot\begin{pmatrix} 21 \\ 8 \end{pmatrix}$

b) Bild der Geraden g unter α:

g': $x = \begin{pmatrix} 10 \\ -4 \end{pmatrix} + t\cdot\begin{pmatrix} -16 \\ 9 \end{pmatrix}$

Urbild der Geraden h' unter α (gleich dem Bild von h' unter α^{-1}):

h: $\vec{x} = \begin{pmatrix} 7 \\ 3 \end{pmatrix} + t\cdot\begin{pmatrix} 13 \\ 5 \end{pmatrix}$

11 Berechnen anhand eines Beispiels:
Gegeben ist die Abbildung $\alpha: \vec{x'} = A \cdot \vec{x}$ mit der Abbildungsmatrix
$A = \begin{pmatrix} 2 & -1 \\ 2 & 1 \end{pmatrix}$. Es gilt $\det(A) = 4$. Die Spalten der Matrix geben die Bilder der Einheitsvektoren wieder, d.h.:
$\vec{e}_1 = \begin{pmatrix} 1 \\ 0 \end{pmatrix} \overset{\alpha}{\longmapsto} \begin{pmatrix} 2 \\ 2 \end{pmatrix} = \vec{e_1'}$ und
$\vec{e}_2 = \begin{pmatrix} 0 \\ 1 \end{pmatrix} \overset{\alpha}{\longmapsto} \begin{pmatrix} -1 \\ 1 \end{pmatrix} = \vec{e_2'}$.
Die Einheitsvektoren spannen ein Quadrat mit der Fläche 1 auf.
Die Bildvektoren stehen ebenfalls senkrecht aufeinander, da $\vec{e_1'} \cdot \vec{e_2'} = 0$. Die Fläche des von ihnen aufgespannten Rechtecks beträgt: $|\vec{e_1'}| \cdot |\vec{e_2'}| = \sqrt{2^2 + 2^2} \cdot \sqrt{1^2 + 1^2} = 4$.
Somit hat sich die aufgespannte Fläche beim Abbilden unter α um den Faktor $4 = \det(A)$ verändert.

Wiederholen – Vertiefen – Vernetzen

Seite 287

1 Umsatz je Monat:

$$\begin{pmatrix} 200 & 210 & 110 & 240 \\ 220 & 200 & 90 & 260 \\ 190 & 230 & 120 & 220 \end{pmatrix} \cdot \begin{pmatrix} 120 \\ 80 \\ 160 \\ 110 \end{pmatrix} = \begin{pmatrix} 84\,800 \\ 85\,400 \\ 84\,600 \end{pmatrix}$$

Gesamtumsatz: $(1\ 1\ 1) \cdot \begin{pmatrix} 84\,800 \\ 85\,400 \\ 84\,600 \end{pmatrix} = 254\,800$

2 Die Grundstoff-Mischfarben-Matrix heißt A. B ist die Mischfarben-Farbgemisch-Matrix und C die Grundstoff-Farbgemisch-Matrix.

a) $C = A \cdot B = \begin{pmatrix} 2 & 3 & 3 \\ 1 & 4 & 3 \\ 5 & 8 & 8 \\ 3 & 9 & 7 \end{pmatrix}$

b) $B \cdot \begin{pmatrix} 30 \\ 40 \\ 20 \end{pmatrix} = \begin{pmatrix} 150 \\ 240 \\ 100 \end{pmatrix}$; $\quad C \cdot \begin{pmatrix} 30 \\ 40 \\ 20 \end{pmatrix} = \begin{pmatrix} 240 \\ 250 \\ 630 \\ 590 \end{pmatrix}$

Für den Auftrag sind 150 Einheiten von M1, 240 Einheiten von M_2 und 100 Einheiten von M_3 bereitzustellen, außerdem 240 Einheiten von G_1, 250 Einheiten von G_2, 630 Einheiten von G_3 und 590 Einheiten von G_4.

c) $(2\ \ 0{,}5\ \ 1\ \ 0{,}1) \cdot C = (9{,}8\ \ 16{,}9\ \ 16{,}2)$
Farbgemisch E_1 verursacht Rohstoffkosten von 9,80 €, E_2 von 16,90 € und E_3 von 16,20 €.

d) Herstellkosten je Einheit eines Farbgemisches:
$(9{,}8\ \ 16{,}9\ \ 16{,}2) + (0{,}5\ \ 0{,}5\ \ 1) \cdot B$
$+ (0{,}4\ \ 0{,}4\ \ 0{,}4)$
$= (11{,}7\ \ 21{,}8\ \ 20{,}1)$
Herstellkosten für den Auftrag:
$(11{,}7\ \ 21{,}8\ \ 20{,}1) \cdot \begin{pmatrix} 30 \\ 40 \\ 20 \end{pmatrix} = 1625$
Die Herstellkosten für den Auftrag aus Teilaufgabe b) betragen 1625 €.

3 a) An $U^2 = \begin{pmatrix} 0 & 20b & 0 \\ 0 & 0 & 5 \\ 0{,}25b & 0 & 0 \end{pmatrix}$ und
$U^3 = \begin{pmatrix} 5b & 0 & 0 \\ 0 & 5b & 0 \\ 0 & 0 & 5b \end{pmatrix}$ erkennt man, dass sich die Population für $b = 0{,}2$ zyklisch entwickelt.

b) Aus $20 \cdot 0{,}25 \cdot b = 2$ folgt $b = 0{,}4$.
Graph für die zeitliche Entwicklung von E.

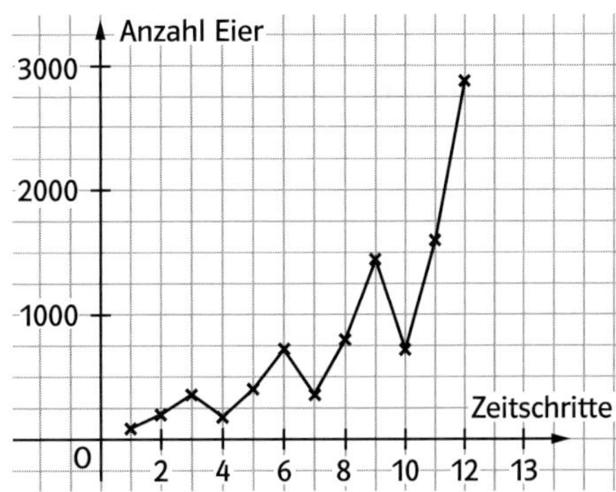

Gehört zur Startpopulation der 1. Zeitschritt, so gilt: $f(3) = 360$, $f(6) = 720$ und $f(9) = 1440$.
Da eine exponentielle Entwicklung vorliegt, erhält man die Exponentialfunktion
$f(x) = 180 \cdot 1{,}26^x = 180 \cdot e^{x \cdot \ln(1{,}26)}$

4 a) $U = \begin{pmatrix} 0 & 0 & 6 \\ \frac{1}{2} & 0 & 0 \\ 0 & \frac{1}{3} & 0 \end{pmatrix}$

b) Ja, die Startpopulation wiederholt sich nach 3 Zeitschritten. Die Käferzahl nimmt nur die Werte 40, 13 (gerundet) und 7 (gerundet) an.

c) Aus $U \cdot \vec{x} = \vec{x}$ erhält man das LGS

$\begin{pmatrix} 0 & 0 & 6 \\ \frac{1}{2} & 0 & 0 \\ 0 & \frac{1}{3} & 0 \end{pmatrix} \cdot \begin{pmatrix} x_1 \\ x_2 \\ x_3 \end{pmatrix} = \begin{pmatrix} x_1 \\ x_2 \\ x_3 \end{pmatrix}$ mit $x_3 = t$, $x_2 = 3t$

und $x = 6t$, also z.B. die Startpopulation

(60, 30, 10).

d) $U = \begin{pmatrix} 0 & 0 & 6 \\ \frac{1}{2} & 0 & 0 \\ 0 & \frac{1}{3} & 0 \end{pmatrix}$

Da $\frac{1}{2} \cdot \frac{1}{3} \cdot 7 = \frac{7}{6} > 1$ ist, nimmt die Population zu. Im 10. Zeitschritt wird mit 64 Käfern (gerundet) zum ersten Mal die Maximalzahl überschritten.

Seite 288

5 Affine Abbildungen

a) Angenommen α wäre eine affine Abbildung. Dann existiert eine Matrix A,

$A = \begin{pmatrix} a_1 & b_1 \\ a_2 & b_2 \end{pmatrix}$ und ein Vektor $\vec{c} = \begin{pmatrix} c_1 \\ c_2 \end{pmatrix}$,

sodass gilt: α: $\vec{x'} = A \cdot \vec{x} + \vec{c}$.

Einsetzen der Punkte und ihrer Bildpunkte in der Matrixgleichung der Abbildung liefert die Gleichungen:

P, P': $2a_1 + 4b_1 + c_1 = 5$ (I)
$2a_2 + 4b_2 + c_2 = 6$ (II)
Q, Q': $6a_1 + 10b_1 + c_1 = 7$ (III)
$6a_2 + 10b_2 + c_2 = 12$ (IV)
R, R': $a_1 + 5b_1 + c_1 = 4$ (V)
$a_2 + 5b_2 + c_2 = 5$ (VI)
S, S': $9a_1 + 7b_1 + c_1 = 3$ (VII)
$9a_2 + 7b_2 + c_2 = 4$ (VIII)

Aus den Gleichungen (I), (III) und (V) berechnet man $a_1 = \frac{4}{5}$, $b_1 = -\frac{1}{5}$ und $c_1 = \frac{21}{5}$.
Einsetzen dieser Werte in (VII) liefert:

$9a_1 + 7b_1 + c_1 = 10 \neq 3$. Da keine gemeinsame Lösung für die Gleichungen existiert, ist die Annahme falsch. Die Abbildung α kann nicht diese Form haben, ist somit nicht affin.

b) $A'(7|3)$; $B'(4|6)$; $C'(1|3)$

Die Abbildung ist nicht affin, denn sie ist nicht umkehrbar. Die Punkte z.B. $(1|1)$, $(1|-1)$, $(-1|1)$ und $(-1|-1)$ haben den gleichen Bildpunkt $(1|3)$; somit ist das Urbild von $(1|3)$ nicht eindeutig definiert (die Abbildung ist allerdings umkehrbar, wenn man den Definitionsbereich auf einen Quadranten beschränkt).

c) Für das Bild der Geraden g gilt:

$\begin{pmatrix} 2 & 1 \\ 4 & 2 \end{pmatrix} \cdot \begin{pmatrix} 3+t \\ -1-2t \end{pmatrix} + \begin{pmatrix} -5 \\ -10 \end{pmatrix} = \begin{pmatrix} 0 \\ 0 \end{pmatrix}$

α bildet die Gerade g auf einen Punkt, ist also weder geradentreu noch umkehrbar und somit nicht affin.

6 a) Bildpunkte sind alle Punkte, für deren x_1'-Koordinate gilt: $0 < x_1' \le 1$.

b) Für alle Punkte auf einer Geraden g mit $g \parallel x_2$-Achse gilt: $x_1 = a$ (fest), x_2 beliebig; somit gilt für die Bildpunkte $x_1' = \frac{1}{1+a^2}$ (fest), $x_2' = x_2$. Die Bildgerade g' ist also auch parallel zur x_2-Achse.

c) Für einen Fixpunkt $F(x_1|x_2)$ gilt $x_1' = x_1$ und $x_2' = x_2$, also gilt: $x_1 = \frac{1}{1+x_1^2}$ bzw.

$x_1^3 + x_1 - 1 = 0$.

Eine Gleichung 3. Grades hat mindestens eine reelle Lösung, z.B. a_1. Die Parallele zur x_2-Achse an der Stelle a_1 ist somit eine Fixpunktgerade.

d) $g \parallel x_1$-Achse; für einen Punkt P aus g gilt: $P(x_1|a)$ mit a fest.

Bildpunkt: $P'\left(\frac{1}{1+x_1^2}\middle|a\right)$.

Bild von g ist die Strecke $\overline{AB}$ aus g mit den Endpunkten $A(-1|a)$, $B(1|a)$.

7 $A = \begin{pmatrix} a_1 & b_1 \\ a_2 & b_2 \end{pmatrix}$;

$\vec{x} = \begin{pmatrix} p_1 \\ p_2 \end{pmatrix} + r\begin{pmatrix} u_1 \\ u_2 \end{pmatrix} = \begin{pmatrix} p_1 + ru_1 \\ p_2 + ru_2 \end{pmatrix}$

$$\begin{aligned} A \cdot \vec{x} &= \begin{pmatrix} a_1 & b_1 \\ a_2 & b_2 \end{pmatrix} \cdot \begin{pmatrix} p_1 + ru_1 \\ p_2 + ru_2 \end{pmatrix} \\ &= \begin{pmatrix} a_1(p_1 + ru_1) + b_1(p_2 + ru_2) \\ a_2(p_1 + ru_1) + b_2(p_2 + ru_2) \end{pmatrix} \\ &= \begin{pmatrix} a_1p_1 + b_1p_2 + r(a_1u_1 + b_1u_2) \\ a_2p_1 + b_2p_2 + r(a_2u_1 + b_2u_2) \end{pmatrix} \\ &= \begin{pmatrix} a_1p_1 + b_1p_2 \\ a_2p_1 + b_2p_2 \end{pmatrix} + r\begin{pmatrix} a_1u_1 + b_1u_2 \\ a_2u_1 + b_2u_2 \end{pmatrix} \\ &= \begin{pmatrix} a_1 & b_1 \\ a_2 & b_2 \end{pmatrix} \cdot \begin{pmatrix} p_1 \\ p_2 \end{pmatrix} + r\begin{pmatrix} a_1 & b_1 \\ a_2 & b_2 \end{pmatrix} \cdot \begin{pmatrix} u_1 \\ u_2 \end{pmatrix} \\ &= A \cdot \vec{p} + r(A \cdot \vec{u}) \end{aligned}$$

8 a) Fehler in der ersten Druckauflage im Schülerbuch.
Es muss heißen: Q'(−5|−2); R(5|3).

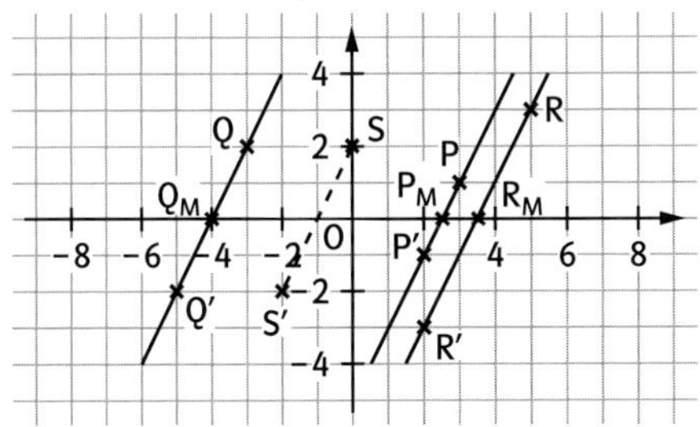

b) Die drei Geraden sind zueinander parallel.
c) Die Mittelpunkte der Geraden liegen auf der x_1-Achse.
d) $A = \begin{pmatrix} 1 & -1 \\ 0 & -1 \end{pmatrix}$
Schrägspiegelung zur x_1-Achse: Es wird an der x_1-Achse unter einem Winkel $\neq 90°$ gespiegelt, also nicht orthogonal sondern „schräg".
e) S'(−2|−2)

9 a) Es gilt: $\overrightarrow{AB} = \overrightarrow{DC} = \begin{pmatrix} 4 \\ 2 \end{pmatrix}$;
$\overrightarrow{AD} = \overrightarrow{BC} = \begin{pmatrix} -1 \\ 2 \end{pmatrix}$ und $\overrightarrow{AB} \cdot \overrightarrow{AD} = 0$
(d. h. $\sphericalangle$ BAD = 90°).
Das Viereck ABCD ist somit ein Rechteck.
b) A'(3|8); B'(5|22); C'(2|26); D'(0|12)
A'B'C'D' ist ein Parallelogramm aber kein Rechteck, denn es gilt:
$\overrightarrow{A'B'} = \overrightarrow{D'C'} = \begin{pmatrix} 2 \\ 14 \end{pmatrix}$ und
$\overrightarrow{A'D'} = \overrightarrow{B'C'} = \begin{pmatrix} -3 \\ 4 \end{pmatrix}$. Der Schnittwinkel α zwischen $\overrightarrow{A'B'}$ und $\overrightarrow{A'D'}$ beträgt 45°, da
$\cos(\alpha) = \frac{|\overrightarrow{A'B'} \cdot \overrightarrow{A'D'}|}{|\overrightarrow{A'B'}| \cdot |\overrightarrow{A'D'}|} = \frac{50}{10\sqrt{2} \cdot 5} = \frac{\sqrt{2}}{2}$.
c) $A_{ABCD} = \overline{AB} \cdot \overline{AD} = \sqrt{20} \cdot \sqrt{5} = 10$ FE;
$A_{A'B'C'D'} = |\overrightarrow{A'B'}| \cdot |\overrightarrow{A'D'}| \cdot \sin(\alpha)$
$= 10\sqrt{2} \cdot 5 \cdot \frac{\sqrt{2}}{2} = 50$ FE
d) $(1 - \lambda)(3 - \lambda) + 2 = 0 \Leftrightarrow \lambda^2 - 4\lambda + 5 = 0$
Die charakteristische Gleichung hat keine Lösungen, damit gibt es keine Eigenwerte also auch keine Eigenvektoren. Somit wird keine Gerade auf einer zu sich parallelen Geraden abgebildet.
e) Umkehrabbildung
$\alpha^{-1}: \vec{x}' = \frac{1}{5}\begin{pmatrix} 3 & 1 \\ -2 & 1 \end{pmatrix}\vec{x} - \begin{pmatrix} \frac{2}{5} \\ -\frac{3}{5} \end{pmatrix}$

Man berechnet: P(3|3); Q(3|1); R(1|1).
Das Dreieck PQR ist gleichschenklig und rechtwinklig; P'Q'R' ist allgemein, stumpfwinklig.

XI Wahrscheinlichkeit

1 Wahrscheinlichkeiten und Ereignisse

Seite 294

Einstiegsproblem

Bei dem Zahlenrad sind von 16 Zahlen 9 Sechsen. Da alle Felder gleich groß sind, beträgt die Wahrscheinlichkeit für „6" $\frac{9}{16}$.
Bei der Urne berechnet man die Wahrscheinlichkeit, keine 6 zu ziehen:

$\left(\frac{5}{6}\right)^3 = \frac{125}{216} \approx 0{,}5787$ (mit Zurücklegen)

$\frac{5}{6} \cdot \frac{4}{5} \cdot \frac{3}{4} = \frac{1}{2} = 0{,}5$ (ohne Zurücklegen)

Damit ist die Wahrscheinlichkeit, eine 6 zu ziehen:

$1 - \left(\frac{5}{6}\right)^3 \approx 0{,}4213$ (mit Zurücklegen)

$1 - \frac{1}{2} = 0{,}5$ (ohne Zurücklegen)

Bei den Würfeln ist die Wahrscheinlichkeit für Augensumme 6 nur $\frac{5}{36}$, da nur die Ausgänge (1,5), (2,4), (3,3), (4,2), (5,1) auf „6" führen und es insgesamt 36 gleichwahrscheinliche Ausgänge gibt.
Da $\frac{9}{16} > 0{,}5$, ist also eine Wette auf „6" am günstigsten beim Zahlenrad.

Seite 295

1 a) $\frac{4}{7} \cdot \frac{4}{7} = \frac{16}{49}$ $\left(\frac{4}{7} \cdot \frac{3}{6} = \frac{12}{42}\right)$.

b) $2 \cdot \frac{4}{7} \cdot \frac{3}{7} = \frac{24}{49}$ $\left(\frac{3}{7} \cdot \frac{4}{6} + \frac{4}{7} \cdot \frac{3}{6} = \frac{4}{7}\right)$

c) Wahrscheinlichkeit, mindestens eine rote Kugel zu ziehen: $\frac{4}{7} \cdot \frac{4}{7} + \frac{4}{7} \cdot \frac{3}{7} + \frac{3}{7} \cdot \frac{4}{7} = \frac{40}{49}$.

$\left(\frac{4}{7} \cdot \frac{3}{6} + \frac{4}{7} \cdot \frac{3}{6} + \frac{3}{7} \cdot \frac{4}{6} = \frac{6}{7}\right)$

Anderer Weg: Die Wahrscheinlichkeit, keine rote Kugel zu ziehen, beträgt $\frac{3}{7} \cdot \frac{3}{7} = \frac{9}{49}$ $\left(\frac{3}{7} \cdot \frac{2}{6} = \frac{1}{7}\right)$, also beträgt die Wahrscheinlichkeit, mindestens eine rote Kugel zu ziehen $1 - \frac{9}{49} = \frac{40}{49}$ $\left(1 - \frac{1}{7} = \frac{6}{7}\right)$.

d) Es ist höchstens eine blaue Kugel dabei, wenn mindestens eine rote Kugel dabei ist, also Ergebnis wie in Teilaufgabe c).

2 Ergebnismenge
S = {bbb, bbg, bgb, gbb, bgg, gbg, ggb, ggg}

a) dreimal gelb: $\frac{1}{4} \cdot \frac{1}{4} \cdot \frac{1}{4} = \frac{1}{64}$.

b) genau einmal blau:

$\frac{3}{4} \cdot \frac{1}{4} \cdot \frac{1}{4} + \frac{1}{4} \cdot \frac{3}{4} \cdot \frac{1}{4} + \frac{1}{4} \cdot \frac{1}{4} \cdot \frac{3}{4} = \frac{9}{64}$.

c) keinmal gelb: $\frac{3}{4} \cdot \frac{3}{4} \cdot \frac{3}{4} = \frac{27}{64}$;
also mindestens einmal gelb: $1 - \frac{27}{64} = \frac{37}{64}$.

d) genau zweimal blau:

$\frac{3}{4} \cdot \frac{3}{4} \cdot \frac{1}{4} + \frac{1}{4} \cdot \frac{3}{4} \cdot \frac{3}{4} + \frac{3}{4} \cdot \frac{1}{4} \cdot \frac{3}{4} = \frac{27}{64}$;

genau dreimal blau: $\frac{3}{4} \cdot \frac{3}{4} \cdot \frac{3}{4} = \frac{27}{64}$; also mindestens zweimal blau: $\frac{27}{64} + \frac{27}{64} = \frac{27}{32}$.

3 Man geht davon aus, dass die Wahrscheinlichkeit für Heilung $\frac{3}{4}$ beträgt.

a) Wahrscheinlichkeit, dass kein Patient geheilt wird: $\frac{1}{4} \cdot \frac{1}{4} \cdot \frac{1}{4} = \frac{1}{64}$.
Gegenereignis: Es wird mindestens ein Patient geheilt.

b) Wahrscheinlichkeit, dass genau ein Patient geheilt wird:

$\frac{3}{4} \cdot \frac{1}{4} \cdot \frac{1}{4} + \frac{1}{4} \cdot \frac{3}{4} \cdot \frac{1}{4} + \frac{1}{4} \cdot \frac{1}{4} \cdot \frac{3}{4} = \frac{9}{64}$.

Gegenereignis: Kein Patient oder mindestens zwei Patienten werden geheilt.

c) Wahrscheinlichkeit, dass nur ein Patient nicht geheilt wird:

$\frac{3}{4} \cdot \frac{3}{4} \cdot \frac{1}{4} + \frac{1}{4} \cdot \frac{3}{4} \cdot \frac{3}{4} + \frac{3}{4} \cdot \frac{1}{4} \cdot \frac{3}{4} = \frac{27}{64}$.

Gegenereignis: Alle Patienten oder höchstens ein Patient werden geheilt.

d) Wahrscheinlichkeit, dass alle Patienten geheilt werden: $\frac{3}{4} \cdot \frac{3}{4} \cdot \frac{3}{4} = \frac{27}{64}$, also werden höchstens zwei Patienten geheilt mit der Wahrscheinlichkeit $\frac{37}{64}$.
Gegenereignis: Alle Patienten werden geheilt.

4 Wahrscheinlichkeitsverteilung für die möglichen Punktzahlen:

Punktzahl	1	2	3	4	5	6
Wahrscheinlichkeit	$\frac{11}{36}$	$\frac{9}{36}$	$\frac{7}{36}$	$\frac{5}{36}$	$\frac{3}{36}$	$\frac{1}{36}$

So berechnet man z.B. die Wahrscheinlichkeit für 3 Punkte:
Man erhält 3 Punkte, wenn beide Würfel 3 zeigen oder einer 3 und der andere mehr als 3 zeigt, also beträgt die Wahrscheinlichkeit für 3 Punkte: $\frac{1}{6}\cdot\frac{1}{6}+\frac{1}{6}\cdot\frac{3}{6}+\frac{3}{6}\cdot\frac{1}{6}=\frac{7}{36}$
(siehe Baumdiagramm, Pfade für „< 3“ sind hier weggelassen).

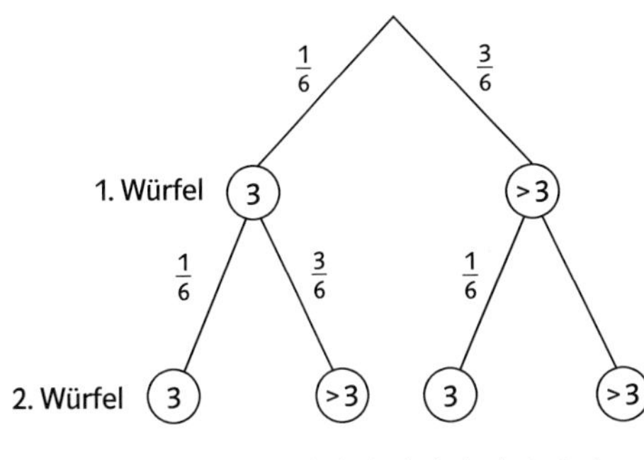

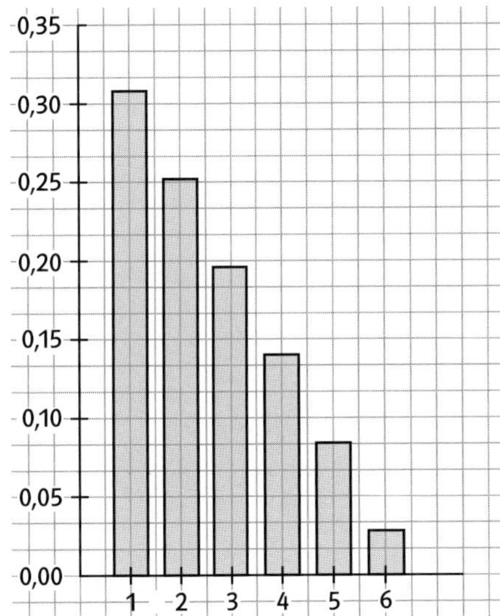

Seite 296

5 a) $E = \{1-1, 1-2, 2-1\}$.
F: Die zweite Kugel trägt eine 1.
$\overline{E}$: Die Summe der Zahlen auf den Kugeln beträgt mehr als 3 (oder: mindestens 4),
$P(E)=\frac{2}{9}$, $P(F)=\frac{1}{3}$.
b) $\frac{1}{6}$
c) $\frac{7}{18}$
Anmerkung: „oder“ bedeutet hier das nicht ausschließende oder im Gegensatz zu „entweder – oder“.

7 a) $1-\left(\frac{5}{6}\right)^5=\frac{4651}{7776}=0{,}5981$
b) $\frac{6}{6}\cdot\frac{5}{6}\cdot\frac{4}{6}\cdot\frac{3}{6}\cdot\frac{2}{6}=\frac{5}{54}$
c) $\left(\frac{5}{6}\right)^4\cdot\frac{1}{6}=\frac{625}{7776}=0{,}0804$

8 a) $0{,}515^4\cdot(1-0{,}515)=0{,}0341$
b) $(1-0{,}515)^4\cdot 0{,}515=0{,}0285$

9 a) $\frac{1}{13983816}$
b) Es gibt 44 Sechslinge, also beträgt die zugehörige Wahrscheinlichkeit $\frac{44}{13983816}$.
c) $\frac{43}{49}\cdot\frac{42}{48}\cdot\frac{41}{47}\cdot\frac{40}{46}\cdot\frac{39}{45}\cdot\frac{38}{44}=0{,}4360$
Nahezu die Hälfte aller Tipps hat also null Richtige.

10 a) Die Wahrscheinlichkeit, dass ein Atom nach einem Tag nicht zerfallen ist, beträgt 0,85.
Die Wahrscheinlichkeit, dass ein Atom nach n Tagen nicht zerfallen ist, beträgt $0{,}85^n$. Also beträgt die Wahrscheinlichkeit, dass ein Atom nach 10 Tagen nicht zerfallen ist: $0{,}85^{10}=0{,}1969$. Somit sind noch etwa 19,7% vorhanden. Für die Halbwertszeit t gilt: $0{,}85^t=0{,}5$, Lösung $t=4{,}27$. Die Halbwertszeit des Stoffes beträgt etwa 4,27 Tage.

b) Für die Wahrscheinlichkeit p, dass ein Atom von Jod-131 in den nächsten 24 Stunden zerfällt, gilt (vgl. Teilaufgabe a)):
$(1 - p)^8 = 0{,}5$, also $p = 0{,}083$ (gerundet).
Mit etwa 8,3 % Wahrscheinlichkeit zerfällt ein Atom von Jod-131 in den nächsten 24 Stunden.

Seite 297

11 Die relativen Häufigkeiten betragen für Helena 0,708; Susanne 0,644; Pascal 0,621.
Mögliche Wahrscheinlichkeitsverteilungen:

	Helena	Susanne	Pascal
Kopf	0,7	0,65	0,62
Seite	0,3	0,35	0,38

Dabei kann man Pascals Verteilung wegen der großen Wurfzahl als am verlässlichsten ansehen.

12 a) Schätzung 1 gehört wohl zum Lego-Vierer
Schätzung 3 gehört wohl zum Lego-Sechser
Schätzung 2 gehört wohl zum Lego-Achter
b, c) Hier sollten am Ende alle Ergebnisse zusammengetragen werden. Bei einem Kurs von 20 Schülern hat man insgesamt 1000 Würfe. Wenn man die Ergebnisse in 50er-Schritten aufsummiert und dazu die relativen Häufigkeiten berechnet, erkennt man, wie sich diese immer besser stabilisieren.

2 Berechnen von Wahrscheinlichkeiten mit Abzählverfahren

Seite 298

Einstiegsproblem
Man kann hier noch leicht alle Paarungen aufschreiben oder folgende Überlegungen anstellen:
(Mannschaften mit 1 bis 5 bezeichnet)
1) 1 spielt gegen 2, 3, 4, 5;
2 noch gegen 3, 4, 5 usw.,
also gibt es $4 + 3 + 2 + 1 = 10$ Paarungen.
2) Es gibt $5 \cdot 4$ Paarungen, bei denen aber jede doppelt vorkommt. Also: bei einfacher Zählung gibt es 10 Paarungen.

Seite 300

1 a) $2^6 = 64$ b) $4! = 24$
c) $3^5 = 243$ d) $\binom{10}{2} = 45$

2 a) $4^4 = 256$
b) (1) $\frac{1}{2} \cdot \frac{1}{4} \cdot \frac{1}{8} \cdot \frac{1}{8} = \frac{1}{512}$
(2) $4! \cdot \frac{1}{2} \cdot \frac{1}{4} \cdot \frac{1}{8} \cdot \frac{1}{8} = \frac{3}{64}$
(3) $1 - \left(\frac{1}{2}\right)^4 = \frac{15}{16}$

3 a) Weil jede Ziffer ein Ergebnis eines Spiels an der entsprechenden Stelle auf dem Tippschein bezeichnet.
b) Annahme: Bei jedem Spiel beträgt die Wahrscheinlichkeit für 0, 1, 2 jeweils $\frac{1}{3}$.
Dann ist die Wahrscheinlichkeit
$\left(\frac{1}{3}\right)^{11} = \frac{1}{3^{11}} = \frac{1}{177147}$
c) $2^{11} = 2048$

4 a) $6^5 = 7776$
b) „keine 6" ergibt sich in $5^5 = 3125$ Fällen.
Also ist die Wahrscheinlichkeit für mindestens eine 6: $\frac{7776 - 3125}{7776} = \frac{4651}{7776} \approx 59{,}8\,\%$
Alternativ mit Baumdiagramm:
$1 - \left(\frac{5}{6}\right)^5 = \frac{4651}{7776}$.
c) $6! = 6 \cdot 5 \cdot 4 \cdot 3 \cdot 2 \cdot 1 = 720$

5 $12 \cdot 11 \cdot 10 = 1320$

Seite 301

8 a) $5! = 120$ b) $\frac{1}{5}$

c) $\frac{1}{5 \cdot 4} = \frac{1}{20}$

9 a) $6 \cdot 5 \cdot 4 \cdot 3 = 360$

b) $\frac{4}{6}$ c) $\frac{1}{\binom{6}{4}} = \frac{1}{15}$

10 a) $\frac{1}{\binom{45}{6}} = \frac{1}{8\,145\,060}$

b) $\binom{5}{2} = 10$ c) $\binom{1000}{2} = 499\,500$

11 a) $\frac{6}{49} \cdot \frac{5}{48} \cdot \frac{4}{47} \cdot \frac{3}{46} \cdot \frac{43}{45} \cdot \frac{42}{44} = \frac{43}{665\,896}$

b) rrrrff, rrrfrf, rrfrrf, rfrrrf, frrrrf

rrrffr, rrfrfr, rfrrfr, frrrfr,

rrffrr, rfrfrr, frrfrr,

rffrrr, frfrrr,

ffrrrr

Es gibt $\binom{6}{4} = 15$ Möglichkeiten, die 4r und 2f auf 6 Stellen zu verteilen.

c) Jede Kombination aus Teilaufgabe b) hat dieselbe Wahrscheinlichkeit wie bei Teilaufgabe a). Wahrscheinlichkeit für 4 Richtige also $15 \cdot \frac{43}{665\,896} \approx 0{,}097\%$.

Alternative: Man tippt vier von sechs Richtigen, das geht auf $\binom{6}{4}$ Möglichkeiten, und zwei von 43 Falschen, das geht auf $\binom{43}{2}$ Möglichkeiten. Daher gibt es $\binom{6}{4} \cdot \binom{43}{2}$ Möglichkeiten, vier Richtige zu tippen. Da es insgesamt $\binom{49}{6}$ Möglichkeiten gibt, ist die Wahrscheinlichkeit für 4 Richtige $\frac{\binom{6}{4} \cdot \binom{43}{2}}{\binom{49}{6}}$

$= \frac{645}{665\,896}$ (s.o.).

d) $\binom{6}{2} \cdot \frac{6}{49} \cdot \frac{5}{48} \cdot \frac{43}{47} \cdot \frac{42}{46} \cdot \frac{41}{45} \cdot \frac{40}{44} = \frac{44\,075}{332\,948} \approx 13{,}2\,\%$;

alternativ $\frac{\binom{6}{2} \cdot \binom{43}{4}}{\binom{49}{6}}$.

e) $\frac{\binom{6}{3} \cdot \binom{43}{3} + \binom{6}{4} \cdot \binom{43}{2} + \binom{6}{5} \cdot \binom{43}{1} + 1}{\binom{49}{6}} \approx 0{,}0186$

50 Spiele: $1 - (0{,}9814)^{50} \approx 0{,}6089$

100 Spiele: $1 - (0{,}9814)^{100} = 0{,}8470$

1000 Spiele: $1 - (0{,}9814)^{1000} \approx 0{,}9999$

12 $(a + b)^2 = 1a^2 + 2ab + 1b^2$

$(a + b)^3 = 1a^3 + 3a^2b + 3ab^2 + 1b^3$

$(a + b)^4 = 1a^4 + 4a^3b + 6a^2b^2 + 4ab^3 + 1b^4$

Die Koeffizienten sind Binomialkoeffizienten.

$(a + b)^5 = 1a^5 + 5a^4b + 10a^3b^2 + 10a^2b^3 + 5ab^4 + 1b^5$

Randspalte

Das Gesetz für das Pascal'sche Zahlendreieck:

Man addiert zwei benachbarte Zahlen, um die darunterstehende Zahl zu erhalten.

Formel: $\binom{n}{k} + \binom{n}{k-1} = \binom{n+1}{k}$

3 Gegenereignis – Vereinigung – Schnitt

Seite 302

Einstiegsproblem

Die Bildfolge soll auf die Problematik bei der Verwendung des Wortes „oder" vorbereiten.

Seite 303

1 a) $\left(\frac{1}{6}\right)^3 = \frac{1}{216}$ b) $\left(1 - \frac{1}{6}\right)^3 = \frac{125}{216}$

c) $1 - \left(1 - \frac{1}{6}\right)^3 = \frac{91}{216}$ d) $1 - \left(\frac{1}{6}\right)^3 = \frac{215}{216}$

2 E: „Zahl ist Primzahl", E = {2, 3 ,5, 7, 11, 13, 17, 19}

F: „Zahl ist durch 5 teilbar", F = {0, 5, 10, 15}

a) $E \cap F = \{5\}$, also $P(E \cap F) = \frac{1}{20}$

b) $E \cup F = \{0, 2, 3, 5, 7, 10, 11, 13, 15, 17, 19\}$, also $P(E \cup F) = \frac{11}{20}$

c) U: „Zahl ist ungerade",

U = {1, 3, 5, 7, 9, 11, 13, 15, 17, 19}

$\overline{F} = \{1, 2, 3, 4, 6, 7, 8, 9, 11, 12, 13, 14, 16, 17, 18, 19\}$
$U \cap \overline{F} = \{1, 3, 7, 9, 11, 13, 17, 19\}$
$P(U \cap \overline{F}) = \frac{8}{20}$
d) $\overline{U} \cup F = \{0, 2, 4, 5, 6, 8, 10, 12, 14, 15, 16, 18\}$
$P(\overline{U} \cup F) = \frac{12}{20}$
e) $\overline{E \cup F} = \{1, 4, 6, 8, 9, 12, 14, 16, 18\}$.
Die Zahl auf der Kugel ist keine Primzahl und sie ist nicht durch 5 teilbar.
$P(\overline{E \cup F}) = \frac{9}{20}$

3 $\overline{A}$: „Mindestens ein Pilz ist giftig"
$\overline{B}$: „Mindestens zwei Pilze sind giftig"
$\overline{C}$: „Alle Pilze sind giftig"

5 Zunächst sollte man die Anzahlen der Ergebnisse bei den auftretenden Ereignissen notieren, z. B. wie in der Tabelle.

	Oberstufe (O)	5 – 10	Gesamt
Fremdsprache Französisch (F)	48	144	192
Fremdsprache nicht Französisch	80	368	448
Gesamt	128	512	640

a) $\overline{O}$: „Die Schülerin bzw. der Schüler ist nicht in der Oberstufe", $P(\overline{O}) = \frac{512}{640}$
b) $O \cup F$: „Die Schülerin bzw. der Schüler ist in der Oberstufe oder sie/er hat die Fremdsprache Französisch", dazu gehören 272. Das sind 128 der Oberstufe und 144 dazu, die nicht in der Oberstufe sind, aber Französisch lernen.
c) $\overline{O \cap F}$: „Der Schüler oder die Schülerin ist nicht in der Oberstufe, oder er/sie lernt nicht Französisch als Fremdsprache)",
$P(\overline{O \cap F}) = \frac{592}{640}$.

6 Individuelle Lösungen

4 Wahrscheinlichkeiten bestimmen durch Simulation

Seite 304

Einstiegsproblem
Das Experiment führt man am besten direkt durch (z. B. 20 Schüler würfeln je 10-mal mit fünf Würfeln) oder durch eine Excel-Simulation:

B14 | fx =ZÄHLENWENN(B13:IQ13;3)

	A	B	C	D	E	F
1		Wurf-1	Wurf-2	Wurf-3	Wurf-4	Wurf-5
2	Würfel-1	4	4	4	4	4
3	Würfel-2	5	5	3	3	6
4	Würfel-3	4	4	1	5	2
5	Würfel-4	6	4	2	3	1
6	Würfel-5	1	6	5	6	5
7	Einsen	1	0	1	0	1
8	Zweien	0	0	1	0	1
9	Dreien	0	0	1	2	0
10	Vieren	2	3	1	1	1
11	Fünfen	1	1	1	1	1
12	Sechsen	1	1	0	1	1
13	verschieden	4	3	5	4	5
14	3 verschiede	86				

Simulation für 250 Würfe mit jeweils fünf Würfeln.
Als Schätzwert für die unbekannte Wahrscheinlichkeit erhält man etwa 34 %.
Variante: exakte Berechnung für *drei* verschiedene Augenzahlen beim Würfeln mit drei Würfeln z. B. mithilfe eines Baumdiagramms: $\frac{6}{6} \cdot \frac{5}{6} \cdot \frac{4}{6} = \frac{5}{9} \approx 56\,\%$.

Seite 306

1 Siehe Abb. (Tabellenanfang).
Die defekten Bauteile werden durch den Befehl =WENN(Bx<B1;1;0) ermittelt. (x steht für eine beliebige Zeile in der Rechnung).
Die relative Häufigkeit (z. B.) bei Teilaufgabe c) wird durch den Befehl
=SUMME(C3:C102)/100 ermittelt.

F3 =SUMME(C3:C102)/100

	A	B	C	D	E	F
1	p =	6%		a)	b)	c)
2	Bauteil Nr.	Zufallszahl	defekt?	relative Häufigkeit		
3	1	0,8860963	0	0,1	0,04	0,06
4	2	0,0514324	1			
5	3	0,2518677	0			
6	4	0,5208627	0			
7	5	0,6668418	0			
8	6	0,9525569	0			

2 Lösung für 1000 Wurfsimulationen siehe Abb. (Tabellenanfang):
Die Augensumme wird durch den Befehl =Summe(Bx:Dx) ermittelt.
Die Anzahlen (z. B.) für Augensumme 9 wird durch den Befehl =ZÄHLENWENN(E2:E1001;9) ermittelt.

F2 =ZÄHLENWENN(E2:E1001;9)

	A	B	C	D	E	F	G
1	Wurf	Würfel 1	Würfel 2	Würfel 3	Augensumme	Anzahl(AS9)	Anzahl(AS10)
2	1	6	4	6	16	98	119
3	2	5	2	4	11		
4	3	3	2	4	9		
5	4	3	3	2	8		
6	5	5	1	6	12		
7	6	1	4	5	10		
8	7	4	6	6	16		
9	8	2	3	6	11		

Der Unterschied kommt dadurch zustande, dass es für das Ergebnis 3 + 3 + 3 nur eine Möglichkeit gibt (alle Würfel zeigen 3). Beim Zählen der „Arten" muss die Reihenfolge der Würfe berücksichtigt werden.

3 Lösung für 1000 Simulationen siehe Abb. (Tabellenanfang):
Die Trefferzahl wird durch den Befehl =ZÄHLENWENN(Bx:Fx;"<0,85") ermittelt.
Die relativen Häufigkeiten werden durch die Befehle
=ZÄHLENWENN(G2:G1001;"=4")/1000 bzw.
=ZÄHLENWENN(G2:G1001;">=4")/1000
ermittelt.

I2 =ZÄHLENWENN(G2:G1001;">=4")/1000

	A	B	C	D	E	F	G	H	I
1	Sim.	Schuss 1	Schuss 2	Schuss 3	Schuss 4	Schuss 5	Treffer	genau 4	mind. 4
2	1	0,68496	0,91622	0,92664	0,47491	0,2121	3	0,406	0,834
3	2	0,61391	0,03516	0,61003	0,10596	0,57686	5		
4	3	0,89663	0,63497	0,41747	0,20342	0,72359	4		
5	4	0,87759	0,8902	0,0228	0,74747	0,96293	2		
6	5	0,0708	0,68171	0,18805	0,34138	0,55425	5		
7	6	0,70572	0,61917	0,7866	0,22274	0,41974	5		

4 a) und b) siehe Abbildungen (Tabellenanfang) für 50 Simulationen und Startzahl 13.
Bei a) sieht man, dass die Folge ungeeignet ist, weil sich ab x_4 immer dieselbe Zahl ergibt. Bei b) wird der Maximumstest nicht bestanden.

L15

	A	B	C	D	E	F	G	H	I	J
1	Nr.	Zahl	1.Zi	2.Zi	3.Zi	Max?	a	b	c	
2	1	13	0	1	3	0	1000	5	500	
3	2	565	5	6	5	1				
4	3	325	3	2	5	0		Anzahl		
5	4	125	1	2	5	0		1		
6	5	125	1	2	5	0		0,02		
7	6	125	1	2	5	0		rel.H. der Mittenmax.		
8	7	125	1	2	5	0				
9	8	125	1	2	5	0				
10	9	125	1	2	5	0				

L14

	A	B	C	D	E	F	G	H	I	J
1	Nr.	Zahl	1.Zi	2.Zi	3.Zi	Max?	a	b	c	
2	1	13	0	1	3	0	1000	9	877	
3	2	994	9	9	4	0				
4	3	823	8	2	3	0		Anzahl		
5	4	284	2	8	4	1		22		
6	5	433	4	3	3	0		0,44		
7	6	774	7	7	4	0		rel.H. der Mittenmax.		
8	7	843	8	4	3	0				
9	8	464	4	6	4	1				
10	9	53	0	5	3	1				

c) Individuelle Ergebnisse, die „gute" Folgen von Zufallszahlen liefern können.
Anmerkung: Die drei Ziffern werden durch die Befehle
=(Bx-REST(Bx;100))/100 bzw.
=(Bx-Cx*100-REST(Bx;10))/10 bzw.
=Bx-Cx*100-Dx*10
extrahiert. Ob ein Max. in der Mitte liegt, wird durch =WENN(UND(Dx>Cx;Dx>Ex);1;0) ermittelt. Die Anzahl wird durch =SUMME(F2:F51) bestimmt.

6 Lösung siehe Abb. für 100 Simulationen (Tabellenanfang).
Die Tabelle ist nach unten bis Fluggast 20 fortzusetzen, nach rechts bis zur Simulation Z-100. Für jeden Fluggast (von 1 bis 20) wird eine Zufallsziffer im Bereich 0 bis 9 erzeugt. 0 bedeutet „erscheint nicht". Oben in Zeile 1 ab Spalte E bis CZ wird durch =ZÄHLENWENN(x3:x22;">0") gezählt, wie viele Fluggäste erscheinen. Die rel. Häufigkeit der „20 Mitflieger" wird durch =ZÄHLENWENN(E1:CZ1;20)/100 bestimmt.

B1 | =ZÄHLENWENN(E1:CZ1;20)/100

	A	B	C	D	E	F	G	H
1	20 Mitflieger	0,14		Mitflieger	19	16	17	16
2	mind. 18 Mitflieger	0,56		Fluggast	Z-1	Z-2	Z-3	Z-4
3				1	7	0	6	5
4				2	5	8	6	0
5				3	3	4	9	8
6				4	4	4	6	0
7				5	8	1	4	2
8				6	1	9	1	4
9				7	9	9	6	8
10				8	5	4	6	7

7 Vinzenz erzeugt in Zeile 2 zunächst für die vier Würfel je eine Zufallszahl im Bereich 1 bis 6. In F2 wird gezählt, wie viele der Würfel mehr als 4 Augen anzeigen. Zeile 2 wird z.B. bis Wurf 100 nach unten ausgefüllt, um 100 Würfe zu simulieren.
In G2 wird dann noch mit =ZÄHLENWENN(F2:F101;>=2)/100 die relative Häufigkeit für das Ereignis "mindestens zwei Würfel zeigen mehr als 4" bestimmt.

F3 | =ZÄHLENWENN(B3:E3;">4")

	A	B	C	D	E	F
1	Wurf	Würfel-1	Würfel-2	Würfel-3	Würfel-4	Anzahl>4
2	1	2	6	6	4	2
3	2	1	1	3	6	1
4	3	1	3	6	1	1
5	4	4	1	2	2	0
6	5	1	6	2	4	1
7	6	1	3	4	3	0
8	7	1	1	4	6	1

8 Lösung siehe Abbildung: Die relativen Häufigkeiten werden mit = SUMME(C2:Cx)/Ax bestimmt.

a) + b)

D1 | rel. H.

	A	B	C	D
1	Wurf	zeigt	Sechs?	rel. H.
2	1	3	0	0
3	2	3	0	0
4	3	1	0	0
5	4	5	0	0
6	5	6	1	0,2
7	6	6	1	0,33333
8	7	3	0	0,28571
9	8	3	0	0,25
10	9	2	0	0,22222
11	10	4	0	0,2
12	11	2	0	0,18182
13	12	1	0	0,16667

c)

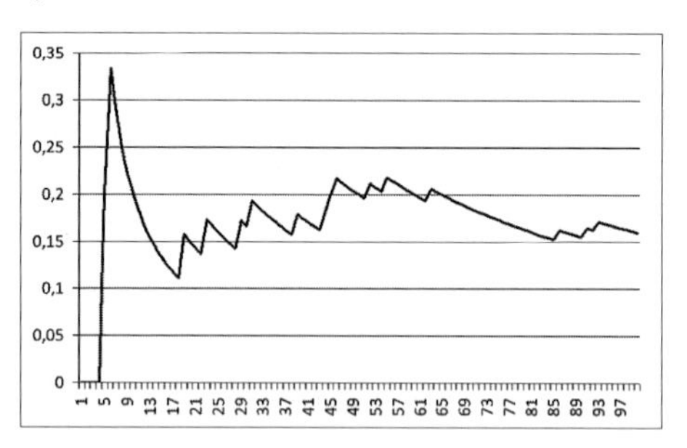

Man erkennt, dass sich die relativen Häufigkeiten, dass eine Sechs fällt, der Wahrscheinlichkeit $\frac{1}{6}$ annähern. Das empirische Gesetz der großen Zahlen wird veranschaulicht.

5 Daten darstellen und auswerten

Seite 307

Einstiegsproblem
Während auf der rechten Fahrspur während des ganzen Tages zwischen 7 und 19 Uhr die Verkehrsdichte „nahezu konstant" ist, werden die Überholspuren in den Zeiten des Berufsverkehrs („rush-hours") besonders

stark frequentiert. Sie „schlucken" dann etwa das Doppelte des Verkehrsaufkommens der Normalspur, wobei auf der zweiten Überholspur wegen der höheren Geschwindigkeit (bei gleichem Sicherheitsabstand) noch mehr Fahrzeuge passieren. Nachts fahren dagegen die meisten Fahrzeuge auf der Normalspur.

Seite 309

1 a) Individuelle Lösungen bei Schätzungen.
Mittelwerte: 8,20 und 6,76
Standardabweichung: 3,1686 und 2,719 63
b) Mittelwerte: 8,20 und 6,30
Standardabweichung: 3,2187 und 2,685 14

2 a) Mittelwert: 2,07
Standardabweichung 0,639 609 26

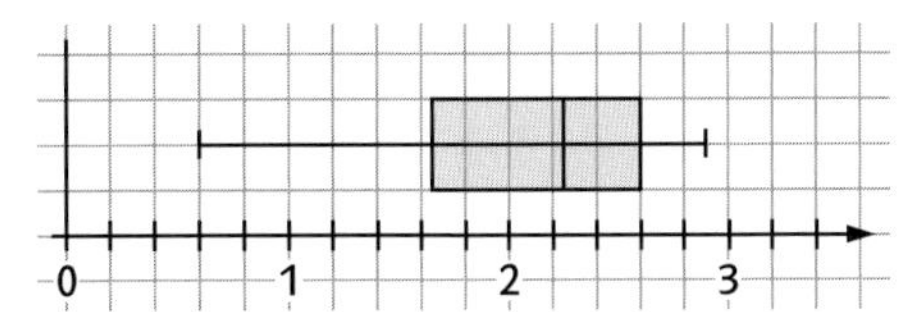

b) Im Intervall [1,43; 3,71] liegen 17 von 20 Werten, das sind 85 %.

3 a) Jahrgangsstufe 5
Mittelwert $\overline{x}$ = 10,6
Standardabweichung: s = 0,423

Jahrgangsstufe 12
Mittelwert $\overline{x}$ = 19
Standardabweichung: s = 0,685
b) In der Jahrgangsstufe 12 findet man häufiger Schülerinnen oder Schüler mit unterschiedlichen Laufbahnen: Wiederholer, Überspringer oder ähnliches. Dadurch können mehr und größere Abweichungen beim Alter vorkommen.

6 a) Fehlstunden: Mittelwert 10,10;
Standardabweichung 11,19
Zeugnisnoten: Mittelwert 2,96;
Standardabweichung 0,429
b) Fehlstunden

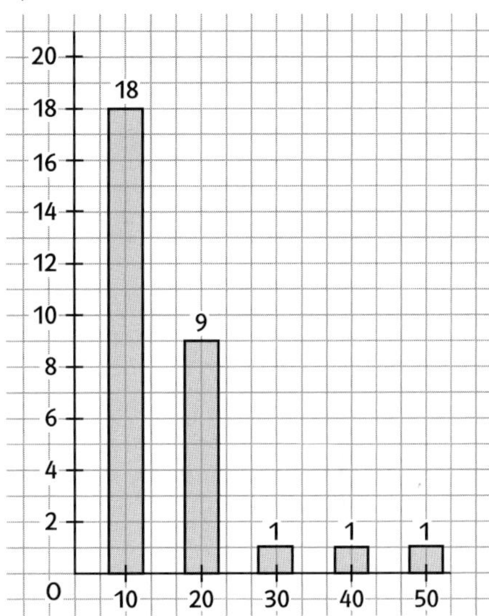

c) Fehlstunden

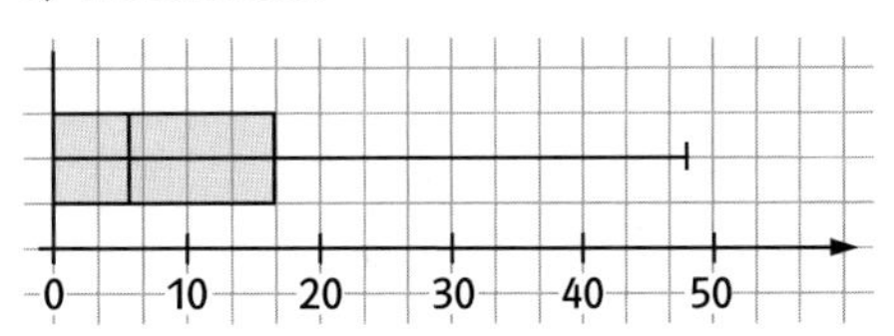

Noten

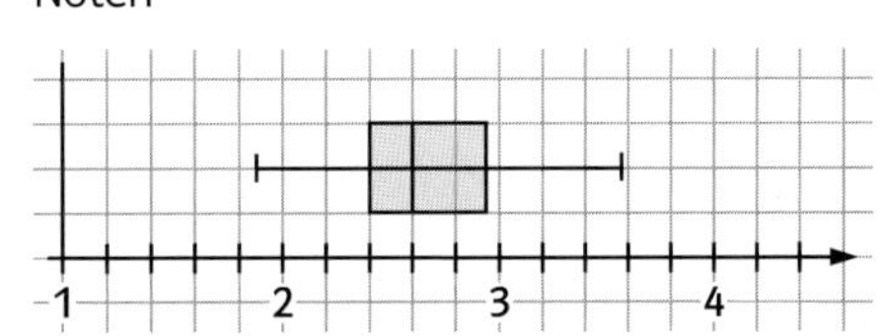

6 Erwartungswert und Standardabweichung bei Zufallswerten

Seite 310

Einstiegsproblem
Die Wahrscheinlichkeiten für rot bzw. blau betragen 0,25 bzw. 0,75. Bei Lotterie 1 zahlt man z.B. in 100 Spielen 50 € Einsatz und

kann etwa 25-mal 1€ Auszahlung erwarten, d.h., man wird etwa 25€ verlieren. Bei Lotterie 2 zahlt man etwa 25-mal 1€ und erhält etwa 75-mal 0,2€, wird also etwa 10€ verlieren. Lotterie 2 ist zwar günstiger, aber man verliert bei beiden Lotterien.

Seite 312

1 $\mu = (-10)\cdot\frac{1}{4} + 0\cdot\frac{1}{6} + 5\cdot\frac{1}{2} + 10\cdot\frac{1}{12} = \frac{5}{6}$,

$\sigma^2 = (-10-\mu)^2\cdot\frac{1}{4} + (0-\mu)^2\cdot\frac{1}{6} + (5-\mu)^2\cdot\frac{1}{2}$
$+ (10-\mu)^2\cdot\frac{1}{12} = \frac{1625}{36}$; $\sigma \approx 6{,}7$

2 Wahrscheinlichkeitsverteilung

k	0	1	2	3
P(X = k)	11,76%	36,74%	38,23%	13,27%

$\mu = 0{,}3674\cdot 1 + 0{,}3823\cdot 2 + 0{,}1327\cdot 3 = 1{,}53$
Diesen Wert erhält man auch intuitiv als $3\cdot 0{,}51$.
$\sigma^2 = 0{,}1176\cdot(0-1{,}53)^2 + 0{,}3674\cdot(1-1{,}53)^2$
$+ 0{,}3823\cdot(2-1{,}53)^2 + 0{,}1327\cdot(3-1{,}53)^2$
$\sigma \approx 0{,}87$
Interpretation:
Für die einzelne Geburt hat der Erwartungswert nur die Bedeutung, dass wohl eher zwei Rüden als nur einer zu erwarten sind. Erst wenn man viele Geburten mit drei Welpen betrachtet, ist die Bedeutung von X, dass man durchschnittlich etwa 1,53 Rüden zu erwarten hat.
Die Standardabweichung zeigt, dass 0 oder 3 Rüdengeburten eher unwahrscheinlich sind.

3 $\mu = 0\cdot 0{,}436 + 1\cdot 0{,}413 + 2\cdot 0{,}132$
$+ 3\cdot 0{,}0177 + 4\cdot 0{,}000\,969 +$
$5\cdot 1{,}85\cdot 10^{-5} + 6\cdot 7{,}15\cdot 10^{-8} = 0{,}734$
Man hat durchschnittlich pro Tipp nur etwa 0,7 Richtige zu erwarten.
Der Erwartungswert ist aber nur eine Prognose für den Mittelwert und kennzeichnet nur das, was bei einer großen Anzahl von Spielen auf lange Sicht im Mittel zu erwarten ist.
$\sigma^2 = (0-0{,}734)^2\cdot 0{,}436 + (1-0{,}734)^2\cdot 0{,}413$
$+ (2-0{,}734)^2\cdot 0{,}132 + (3-0{,}734)^2\cdot 0{,}0177$
$+ (4-0{,}734)^2\cdot 0{,}000\,969 +$
$(5-0{,}734)^2\cdot 1{,}85\cdot 10^{-5} +$
$(6-0{,}724)^2\cdot 7{,}15\cdot 10^{-8}$
$\sigma \approx 0{,}76$
Man wird wahrscheinlich nur 0 bis 1 Richtige haben.

4 X: Geldwert der gezogenen Münzen (in Euro)
Wahrscheinlichkeitsverteilung von X:

k	1	1,5	2	2,5	3	4
P(X = k)	22%	20%	$3\frac{1}{3}$%	32%	$13\frac{1}{3}$%	$9\frac{1}{3}$%

$m \approx \mu = 2{,}16$; $\sigma = 0{,}91$

5 a) $\mu = -0{,}3$; $\sigma = 1{,}32$
b) Der Einsatz müsste 0,7€ betragen.
Möglicher Lösungsweg:
Man ersetzt in der Tabelle die Werte wie angegeben;

g	−e	1 − e	2 − e	5 − e
P(X = g)	$\frac{2}{3}$	$\frac{1}{6}$	$\frac{1}{10}$	$\frac{1}{15}$

dabei ist e der gesuchte Einsatz in €. Damit ergibt sich die Gleichung:
$-\frac{2}{3}e + \frac{1}{6}(1-e) + \frac{1}{10}(2-e) + \frac{1}{15}(5-e) = 0$
mit der Lösung $e = 0{,}7$.
c) Die maximale Auszahlung betrage m€, dann muss für m die Gleichung gelten:
$-\frac{2}{3} + \frac{1}{10} + \frac{m-1}{15} = 0$ mit der Lösung $m = 9{,}5$.

6 a) Wahrscheinlichkeitsverteilung:

r	0	1	2	3
P(X = r)	$\frac{1}{8}$	$\frac{3}{8}$	$\frac{3}{8}$	$\frac{1}{8}$

Erwartungswert:
$\mu = 0\cdot\frac{1}{8} + 1\cdot\frac{3}{8} + 2\cdot\frac{3}{8} + 3\cdot\frac{1}{8} = \frac{12}{8} = 1{,}5$

Standardabweichung:

$$\sigma = \sqrt{(0-1{,}5)^2 \cdot \frac{1}{8} + (1-1{,}5)^2 \cdot \frac{3}{8} + (2-1{,}5)^2 \cdot \frac{3}{8} + (3-1{,}5)^2 \cdot \frac{1}{8}}$$

$= \frac{1}{2}\sqrt{3}$

$\approx 0{,}87$

b)

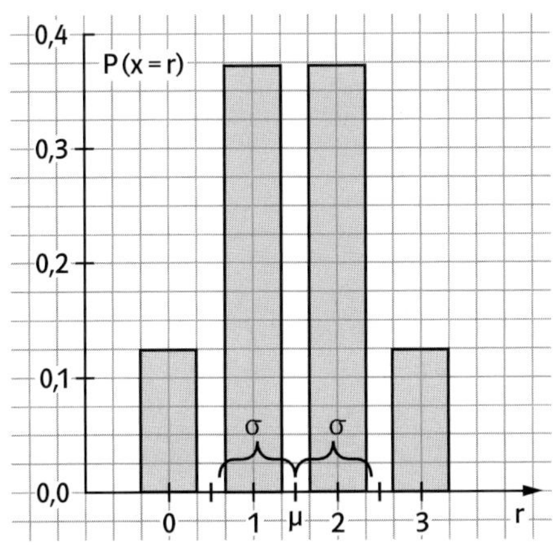

c) (dreimaliges „Werfen" einer Zufallszahl 0 oder 1, welche Anzahl Wappen simuliert)

```
+randInt(0,1,100
)+randInt(0,1,10
0)→L1
{2 1 3 3 1 2 2 ...
{mean(L1),stdDev
(L1)}
{1.63 .88369060...
```

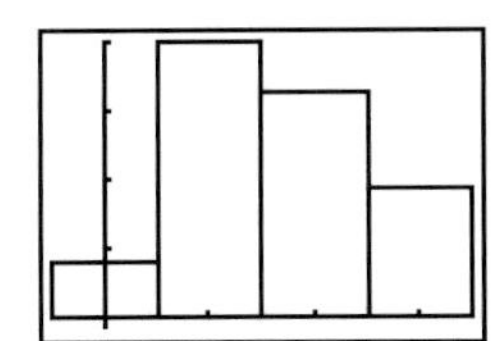

```
WINDOW
 Xmin=-.5
 Xmax=3.5
 Xscl=1
 Ymin=-1
 Ymax=40
 Yscl=10
 Xres=
```

$\overline{x} = 1{,}63$; $s = 0{,}88$

Mittelwert und Erwartungswert sowie die Standardabweichungen liegen nahe beieinander.

Die Graphen ähneln sich auch.
Die Zufallsgröße X modelliert das Zufallsexperiment und ermöglicht Prognosen.

Seite 313

9 a) Wahrscheinlichkeitsverteilung für den Zufallsversuch (vergleiche Beispiel 1 im Schülerbuch):

Augensumme	2	3	4	5	6	7
Wahrscheinlichkeit	$\frac{1}{36}$	$\frac{2}{36}$	$\frac{3}{36}$	$\frac{4}{36}$	$\frac{5}{36}$	$\frac{6}{36}$

Augensumme	8	9	10	11	12
Wahrscheinlichkeit	$\frac{5}{36}$	$\frac{4}{36}$	$\frac{3}{36}$	$\frac{2}{36}$	$\frac{1}{36}$

Damit ergibt sich die Wahrscheinlichkeitsverteilung für die Zufallsgröße Auszahlungsbetrag X:

a	5	6	7	8	9	15	20	55	120
P(X = a)	$\frac{4}{36}$	$\frac{5}{36}$	$\frac{6}{36}$	$\frac{8}{36}$	$\frac{4}{36}$	$\frac{2}{36}$	$\frac{4}{36}$	$\frac{2}{36}$	$\frac{1}{36}$

b) $\mu = 5 \cdot \frac{4}{36} + 6 \cdot \frac{5}{36} + 7 \cdot \frac{6}{36} + 8 \cdot \frac{8}{36} + 9 \cdot \frac{4}{36}$
$+ 15 \cdot \frac{2}{36} + 20 \cdot \frac{4}{36} + 55 \cdot \frac{2}{36} + 120 \cdot \frac{1}{36}$

$\approx 14{,}78$

Die Bank muss mindestens 14,78 Cent verlangen.

10 Man berechnet den Erwartungswert. Aus einem Baumdiagramm ergibt sich die Wahrscheinlichkeitsverteilung für die Anzahl X der geheilten Patienten:

g	0	1	2	3
P(X = g)	0,008	0,096	0,384	0,512

Damit ergibt sich:
$E(X) = 0 \cdot 0{,}008 + 1 \cdot 0{,}096 + 2 \cdot 0{,}384 + 3 \cdot 0{,}512 = 2{,}4$.

Einfache (intuitive) Alternative: Man erwartet 80 % von 3, d.h. 2,4 geheilte Patienten.

11 Die Mannschaften werden mit A und B bezeichnet. Nach drei Spielen ist Schluss bei Ausgang AAA und BBB (das heißt A bzw. B gewinnt dreimal).
Nach vier Spielen ist Schluss bei Ausgang BAAA, ABAA, AABA beziehungsweise ABBB, BABB, BBAB.
Nach fünf Spielen ist Schluss bei Ausgang BBAAA, BABAA, BAABA, ABBAA, ABABA, AABBA beziehungsweise AABBB, ABABB, ABBAB, BAABB, BABAB, BBAAB.
Daher hat die Zufallsvariable X (Anzahl der Spiele) die Verteilung

s	3	4	5
P(X = s)	$\frac{1}{4}$	$\frac{3}{8}$	$\frac{3}{8}$

und den Erwartungswert
$\mu = 3\cdot\frac{1}{4} + 4\cdot\frac{3}{8} + 5\cdot\frac{3}{8} = \frac{33}{8} \approx 4{,}125$
sowie die Standardabweichung $\sigma = 0{,}78$.

12 Wahrscheinlichkeitsverteilung für „Gewinn in Dollar":

g	−1	0	1	2
P(X = g)	$\frac{125}{216}$	$\frac{75}{216}$	$\frac{15}{216}$	$\frac{1}{216}$

Auf lange Sicht entspricht der Gewinn dem Erwartungswert
$\mu = \frac{125}{216}\cdot(-1\$) + \frac{75}{216}\cdot 0\$ + \frac{15}{216}\cdot 1\$ + \frac{1}{216}\cdot 2\$ = -\frac{108}{216}\$ = -0{,}50\$.$
Daher kann der Spieler durchschnittlich pro Spiel 50 Cent Verlust erwarten.

13 X: Gewinn in €
a) Wahrscheinlichkeitsverteilung von X:

g	1000	300	20	0
P(X = g)	0,0001	0,0004	0,0020	0,9975

$\mu = 0{,}62$ €; $\sigma = 14{,}7$ €
b) Es sei x die Anzahl der erforderlichen Lösungen.
Wahrscheinlichkeitsverteilung von X:

g	1000	300	20	0
P(X = g)	$\frac{1}{x}$	$\frac{4}{x}$	$\frac{200}{x}$	$\frac{x-205}{x}$

$E(X) = \frac{1000}{x} + \frac{1200}{x} + \frac{4000}{x} = \frac{6200}{x} = 0{,}45.$
Somit ist $x \approx 13778$.
Es müssten etwa 13 800 Lösungen eingehen.

7 Bernoulli-Experimente und Binomialverteilung

Seite 314

Einstiegsproblem
Wahrscheinlichkeit, dass Sarah genau 2 Freiwürfe verwandelt:
$3\cdot 0{,}6^2\cdot 0{,}4 = 0{,}432.$
Wahrscheinlichkeit, dass Mario genau 2 Freiwürfe verwandelt:
$3\cdot 0{,}8^2\cdot 0{,}2 = 0{,}384.$
Man würde eher auf Sarah wetten.

Seite 315

1 Binomialverteilung (die Wahrscheinlichkeitsverteilung von X)

r	P(X = r)
0	0,0081
1	0,0756
2	0,2646
3	0,4116
4	0,2401

$P(X \geq 3) = 0{,}6517$; $P(X \leq 2) = 0{,}3483$

2 Es liegt eine Bernoulli-Kette vor.
Treffer: „Wappen fällt", $p = \frac{1}{2}$; $n = 6$.
X sei die Anzahl der Wappen.
a) $P(X = 3) = 0{,}3125$
b) $P(X \geq 3) = 0{,}6563$
c) $P(X \leq 3) = 0{,}6563$

3 Es liegt eine Bernoulli-Kette vor.
Treffer: „Antwort richtig", $p = \frac{1}{3}$; $n = 8$.
X sei die Anzahl der richtigen Antworten.
a) $P(X = 4) = 0{,}1707$ b) $P(X \geq 4) = 0{,}2586$
c) $P(X \leq 3) = 0{,}7414$ d) $P(X > 4) = 0{,}0879$

4 Es liegt eine Bernoulli-Kette vor.
Treffer: „Flasche enthält weniger als $495\,cm^3$",
$p = 0{,}02$; $n = 20$.
X sei die Anzahl der Flaschen, die weniger als $495\,cm^3$ enthalten.
a) $P(X = 2) = 0{,}0528$
b) $P(X \geq 2) = 0{,}0599$
c) $P(X \leq 2) = 0{,}9929$

Seite 316

5 a) Ergebnisse z.B. „Wappen", „Zahl",
Treffer (z.B.): „Wappen", $p = \frac{1}{2}$
b) Ergebnisse z.B. „eine Sechs fällt", „keine Sechs fällt",
Treffer (z.B.): „eine Sechs fällt", $p = \frac{1}{6}$
c) Ergebnisse z.B. „Bauteil funktioniert", „Bauteil defekt";
Treffer (z.B.): „Bauteil funktioniert";
p kann aus einer Statistik bestimmt werden.
d) Ergebnisse z.B. „Das Medikament heilt die Krankheit", „Das Medikament heilt die Krankheit nicht",
Treffer (z.B.): „Das Medikament heilt die Krankheit"; p kann aus einer Statistik bestimmt werden.

8 Vollständiger Baum bei einer Bernoulli-Kette mit Länge $n = 4$:

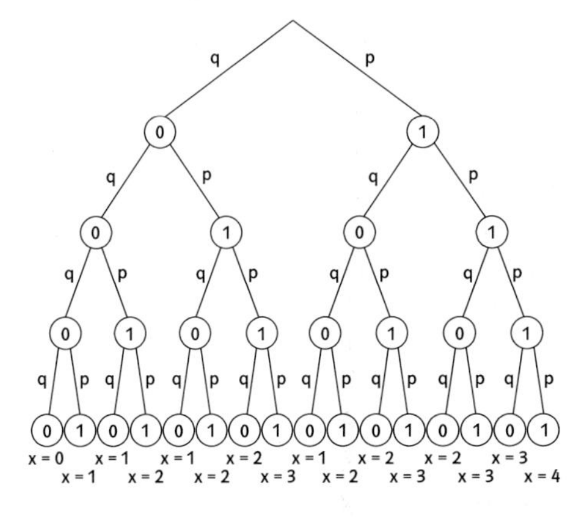

Es bezeichne X die Zahl der Einsen.
Dann liest man ab:

$\binom{4}{0} = 1$ (ein Pfad zu X = 0)

$\binom{4}{1} = 4$ (vier Pfade zu X = 1)

$\binom{4}{2} = 6$ (sechs Pfade zu X = 2)

$\binom{4}{3} = 4$ (drei Pfade zu X = 3)

$\binom{4}{4} = 1$ (ein Pfad zu X = 4)

9 a) Es liegt eine Bernoulli-Kette vor.
Dabei entspricht Treffer: „Sechs gewürfelt", $p = \frac{1}{6}$; $n = 5$.

r	0	1	2
P(X = r) (gerundet)	0,4019	0,4019	0,1608

r	3	4	5
P(X = r) (gerundet)	0,0322	0,0032	0,0001

$E(X) = \frac{5}{6}$.
b) Individuelle Lösungen.
Die relativen Häufigkeiten sollten allerdings nahe bei der in Teilaufgabe a) ermittelten Verteilung liegen. Größere Abweichungen können trotzdem noch auftreten.
c) Individuelle Lösungen.
Die relativen Häufigkeiten sollten allerdings nahe bei der in Teilaufgabe b) ermittelten Verteilung liegen. Größere Abweichungen sollten nur noch bei $r > 2$ auftreten.

10 a) Treffer: „Wappen liegt unten",
Trefferwahrscheinlichkeit $p = \frac{1}{2}$,
Länge der Kette $n = 5$
b) Treffer: „eine Sechs fällt",
Trefferwahrscheinlichkeit $p = \frac{1}{6}$,
Länge der Kette $n = 6$
c) Hier liegt keine Bernoulli-Kette vor, denn beim Ziehen der Lottozahlen ändert sich bei jeder Kugelentnahme die Wahrscheinlichkeit, d.h. die einzelnen Durchführungen sind nicht unabhängig.

Allgemein ist das Ziehen aus einer Urne ohne Zurücklegen keine Bernoulli-Kette, weil die Ziehungen nicht unabhängig voneinander sind.
d) Streng genommen liegt auch hier keine Bernoulli-Kette vor, denn eine Person kann nur einmal ausgewählt werden, d.h. die Wahrscheinlichkeit für die Auswahl einer Person mit Handybesitz ändert sich jedesmal. Allerdings ist die Änderung so geringfügig, dass man mit guter Näherung doch von einer Bernoulli-Kette sprechen kann. Immer wenn man aus einer sehr großen Grundgesamtheit (hier Telefonteilnehmer) eine relativ kleine Anzahl auswählt (1000 ist hier relativ klein), so kann man näherungsweise von einer Bernoulli-Kette ausgehen. Hier bedeutet dann Treffer, dass ein Teilnehmer mit Handy ausgewählt wird. Die Trefferwahrscheinlichkeit p ist unbekannt. Sie kann einer Statistik entnommen werden, oder die Umfrage dient dazu, p als Schätzwert zu bestimmen. Länge der Kette $n = 1000$.

Seite 317

11 a) siehe Fig.

1
1 1
1 2 1
1 3 3 1
1 4 6 4 1
1 5 10 10 5 1
1 6 15 20 15 6 1
1 7 21 35 35 21 7 1
1 8 28 56 70 56 28 8 1

b) $\binom{4}{1} = 4$, $\binom{5}{3} = 10$, $\binom{5}{5} = 1$, $\binom{6}{0} = 1$, $\binom{7}{3} = 35$
c) Im Baumdiagramm einer Bernoulli-Kette der Länge n ist die Zahl der Pfade mit r Einsen ebenso groß wie die Zahl der Pfade mit $n - r$ Einsen. Denn bei $n - r$ Einsen gibt es r Nullen. Die Zahl der Pfade mit r Nullen ist aber auch $\binom{n}{r}$. Denn welches Ergebnis des Bernoulli-Versuchs man mit 1 (Treffer) bzw. 0 (kein Treffer) bezeichnet, ist willkürlich (vgl. Aufgabe 10).
Anschauliche Bedeutung: Das Pascal'sche Dreieck ist „symmetrisch".
d) Die Summe der Zahlen in der n-ten Zeile des Pascal'schen Dreiecks (wobei n die Nummer jeweils hinter der linken 1 ist) beträgt 2^n.
Begründung (nicht verlangt):
Stellt man sich die n Versuche der Bernoullikette nacheinander ausgeführt vor, so ist jedes Mal die Alternative Treffer – kein Treffer. Auf diese Weise entstehen die 2^n Ergebnisse im zugehörigen Baumdiagramm.
Andere Interpretation: Die Summe einer Zeile des Pascal'schen Dreiecks ergibt die Anzahl, auf wie viele Arten man die Zahlen 0 und 1 auf n Stellen anordnen kann. Das geht auf 2^n Arten. Denn das liefern ja die Pfade des zugehörigen Baumdiagramms.
e) Individuelle Lösungen.

12 a) $(a + b)^2 = 1a^2 + 2ab + 1b^2$,
$(a + b)^3 = 1a^3 + 3a^2b + 3ab^2 + 1b^3$,
$(a + b)^4 = 1a^4 + 4a^3b + 6a^2b^2 + 4ab^3 + 1b^4$
Die auftretenden Koeffizienten sind gerade die Zahlen im Pascal'schen Dreieck.
b) $(a + b)^5$
$= (a + b)^4 \cdot (a + b)$
$= (1 \cdot a^4 + 4 \cdot a^3b + 6 \cdot a^2b^2 + 4 \cdot ab^3 + 1 \cdot b^4) \cdot (a + b)$
$= 1 \cdot a^5 + (1 + 4)a^4b + (4 + 6)a^3b^2 + (6 + 4)a^2b^3 + (4 + 1)ab^4 + 1 \cdot b^5$
$= 1 \cdot a^5 + 5 \cdot a^4b + 10 \cdot a^3b^2 + 10 \cdot a^2b^3 + 5 \cdot ab^4 + 1 \cdot b^5$.
Jeweils zwei Terme ergeben zusammen (außer bei a^5 und b^5) den Koeffizienten für die nächste Zeile. Dabei werden gerade die Zahlen aus dem Pascal'schen Dreieck erzeugt.
c) $(a + b)^6 = 1 \cdot a^6 + 6 \cdot a^5b + 15 \cdot a^4b^2 + 20 \cdot a^3b^3 + 15 \cdot a^2b^4 + 6 \cdot ab^5 + 1 \cdot b^6$.

d) $(x+3)^4 = x^4 + 12x^3 + 54x^2 + 108x + 81$
$(a-b)^3 = a^3 - 3a^2b + 3ab^2 - b^3$
$(x-1)^5 = x^5 - 5x^4 + 10x^3 - 10x^2 + 5x - 1$
$(2-x)^4 = x^4 - 8x^3 + 24x^2 - 32x + 16$

8 Wahrscheinlichkeiten berechnen mit der Binomialverteilung

Seite 318

Einstiegsproblem

Nur die rechts abgebildete Wahrscheinlichkeitsverteilung gehört zu einer Bernoulli-Kette (Länge $n = 5$, Trefferwahrscheinlichkeit $p = 0{,}4$). Die mittlere Verteilung gehört nicht zu einer Bernoulli-Kette, weil $n = 5$ sein müsste, aber damit wegen der Bernoulli-Formel nicht alle Werte gleich sein können. Bei der linken Verteilung sind die Werte für X: −1, 0, 1, 2, 3, 4. Das können aber keine Trefferzahlen sein.

Seite 319

1

a) $P(X = 4) = 0{,}1876$
$P(X \leq 4) = 0{,}8358$
b) Das Gegenereignis zu „$X \geq 3$" ist „$X \leq 2$", also gilt:
$P(X \geq 3) = 1 - P(X \leq 2) = 0{,}6020$
c) $P(1 \leq X \leq 5)$
$= P(X \leq 5 \text{ und } X \geq 1)$
$= P(X \leq 5) - P(X = 0) = 0{,}9037$
$P(X \leq 1 \text{ oder } X \geq 5)$
$= P(X \leq 1) + P(X \geq 5)$
$= P(X \leq 1) + 1 - P(X \leq 4) = 0{,}3314$

2 a) $n = 20;\ p = \frac{1}{3}$
$P(X = 4) = 0{,}0911$
$P(X \leq 4) = 0{,}1515$
$P(X \geq 3) = 1 - P(X \leq 2) = 0{,}9824$
$P(1 \leq X \leq 5) = P(X \leq 5) - P(X = 0) = 0{,}2969$
$P(X \leq 1 \text{ oder } X \geq 5) = P(X \leq 1) + P(X \geq 5)$
$= P(X \leq 1) + 1 - P(X \leq 4) = 0{,}8518$

b) $n = 100;\ p = 0{,}03$
$P(X = 4) = 0{,}1706$
$P(X \leq 4) = 0{,}8179$
$P(X \geq 3) = 1 - P(X \leq 2) = 0{,}5802$
$P(1 \leq X \leq 5) = P(X \leq 5) - P(X = 0) = 0{,}8716$
$P(X \leq 1 \text{ oder } X \geq 5)$
$= P(X \leq 1) + P(X \geq 5)$
$= P(X \leq 1) + 1 - P(X \leq 4) = 0{,}3768$

3 a) X: Anzahl der keimenden Blumenzwiebeln.
X lässt sich beschreiben als Bernoulli-Kette der Länge $n = 16$,
Treffer: „Blumenzwiebel keimt",
Trefferwahrscheinlichkeit: $p = 0{,}9$.
Somit lässt sich X mithilfe einer Binomialverteilung mit den Parametern $n = 16$ und $p = 0{,}9$ modellieren.
b)
I: $P(X = 16) = 0{,}1853$
II: $P(X = 14) = 0{,}2745$
III: $P(X \geq 14) = 1 - P(X \leq 13) = 0{,}7892$
IV: $P(X \leq 13) = 0{,}2108$
V: $P(12 \leq X \leq 15) = 0{,}7979$

Seite 320

4 a) X: Anzahl der Personen, die in der Kantine essen.
X lässt sich beschreiben als Bernoulli-Kette der Länge $n = 20$,
Treffer: „ein Angestellter der Firma nimmt am Kantinenessen teil",
Trefferwahrscheinlichkeit: $p = 0{,}75$.
Somit lässt sich X mithilfe einer Binomialverteilung mit den Parametern $n = 20$ und $p = 0{,}75$ modellieren
b)
I: $P(X = 15) = 0{,}2023$
II: $P(X < 15) = P(X \leq 14) = 0{,}3828$
III: $P(X > 15) = 1 - P(X \leq 15) = 0{,}4148$
IV: $P(10 < X < 16) = P(X \leq 15) - P(X \leq 10)$
$= 0{,}5713$
V: $P(X < 10 \text{ oder } X > 16)$
$= P(X \leq 9) + 1 - P(X \leq 16) = 0{,}2291$

c) Die Kantine stellt somit etwas mehr Essen bereit, als durchschnittlich gekauft werden. Um zu beurteilen, ob das meistens ausreicht, kann man die Wahrscheinlichkeit $P(X \leq 16)$ berechnen.
Man erhält dafür etwa 77%. Das bedeutet: Durchschnittlich werden an 77% aller Essenstage die bereitgestellten Essen ausreichen, aber an 23% der Tage nicht.
Durch eine genauere Statistik (z.B. Berücksichtigung der Fragen: Welche Mahlzeiten sind besonders beliebt? Sind Teile der Belegschaft an bestimmten Tagen nicht da? o.ä.) kann weitgehend vermieden werden, dass zu wenig Essen da sind.

5 X: Anzahl der unbrauchbaren Schrauben, $p = 0{,}03$
A: $n = 10$, $P(X = 0) = 0{,}7374$
B: $n = 20$, $P(X \geq 1) = 1 - P(X = 0) = 0{,}4562$
C: $n = 50$, $P(X > 1) = 1 - P(X \leq 1) = 0{,}4447$
Also ist A am wahrscheinlichsten.

8 a) X: Anzahl der Sechsen bei zehn Würfen, $n = 10$; $p = \frac{1}{6}$
b) X: Anzahl defekter Werkstücke bei einer Stichprobe von 50; $n = 50$, $p = 0{,}02$
c) X: Trefferzahl bei 20 Würfen, $n = 20$; $p = 0{,}7$
d) Falls das Glücksrad z.B. ein rotes Feld enthält, das ein Viertel des Glücksrades einnimmt:
X: Anzahl von 10 Drehungen, bei denen rot erscheint, $n = 10$; $p = 0{,}25$
e) X: Anzahl der Schülerinnen und Schüler einer Klasse mit 30 Schülern, $n = 30$; $p = 0{,}7$ (geschätzt)
f) X: Anzahl der von 500 Zeichen richtig übertragenen Zeichen, $n = 500$; $p = 0{,}05$ (d.h. die Wahrscheinlichkeit für ein falsch empfangenes Zeichen beträgt 5%).

9 a) X: Anzahl der Würfe, bis eine Sechs fällt. Die Zufallsvariable ist nicht binomialverteilt, weil es keine feste Anzahl n von Würfen gibt; bei jedem Versuch wird man i.Allg. eine andere Wurfzahl benötigen.
b) X: Anzahl der Wähler der FDP. Streng genommen ändert sich durch die Befragung einer Person die Wahrscheinlichkeit, als nächstes einen FDP-Wähler zu befragen (Ziehen ohne Zurücklegen, vgl. Teilaufgabe e).
Wenn die Zahl der Befragten klein im Vergleich mit der Einwohnerzahl der Stadt ist, ist X aber in guter Näherung binomialverteilt (n = Zahl der Befragten, p = Wähleranteil der FDP in der Stadt)
c) X: Anzahl der Rosinen in einem Brötchen. Jede Rosine hat die gleiche Chance $\frac{1}{10}$, in einem bestimmten Brötchen zu landen. Also ist X binomialverteilt mit $n = 20$, $p = \frac{1}{10}$.
d) X: Anzahl, wie oft Wappen oben liegt. Wenn die Münze immer zufällig geworfen wird, liegt eine Bernoulli-Kette vor. $n = 20$, p hängt davon ab, wie verbeult die Münze ist. Anders ist die Situation, wenn man 20 verbeulte Münzen wirft, weil dann die Werte von p nicht gleich sind für die einzelnen Münzen.
e) X: Anzahl der Gewinne. X ist nicht binomialverteilt, weil bei jedem Ziehen eines Loses die Wahrscheinlichkeit abhängt von der Zahl bereits gezogener Gewinnlose. (Ziehen ohne Zurücklegen)

Seite 321

10 Es wird im Voraus ein Tipp angegeben, welche sechs Kugeln bei einem zufälligen Ziehen von sechs Kugeln aus der Schale entnommen werden. X sei die Zahl der richtig vorausgesagten Kugeln.
a) Jede Kugel wird nach dem Ziehen zurückgelegt. Durch das Zurücklegen ist bei jedem Zug die Wahrscheinlichkeit gleich, eine Kugel zu ziehen, die in dem Tipp vorkommt. Daher ist die Ziehung eine Kette gleicher

Bernoulli-Versuche: X ist binomialverteilt mit den Parametern $n = 6$; $p = \frac{6}{49}$.
b) Jede gezogene Kugel wird nach dem Ziehen nicht zurückgelegt (wie beim Lotto). Dadurch ändert sich bei jedem Zug die Wahrscheinlichkeit, eine Kugel zu ziehen, die in dem Tipp vorkommt.
Daher ist die Ziehung keine Kette gleicher Bernoulli-Versuche: X ist nicht binomialverteilt.

11 Die Zufallsgröße X, Zahl der defekten Schalter, kann als binomialverteilt mit den Parametern $n = 100$ und $p = 0{,}02$ modelliert werden.
$P(A) = P(X = 4) = 0{,}0902$,
$P(B) = P(X \leq 3) = 0{,}8590$,
$P(C) = P(X \leq 5) = 0{,}9845$,
$P(D) = 0{,}02^3 \cdot (1 - 0{,}02)^{97} = 0{,}000\,001$,

12 X: Zahl der Raucher unter den 15- bis 20-Jährigen. X kann durch Binomialverteilungen mit $p = 0{,}2$ modelliert werden.
a) $n = 10$;
$P(X > 3) = 1 - P(X \leq 3) = 0{,}1209$
b) $n = 25$;
$P(X > 6) = 1 - P(X \leq 6) = 0{,}2200$
c) $n = 50$;
$P(X > 10) = 1 - P(X \leq 10) = 0{,}4164$

13 X: Zahl der Gewinne. X kann durch Binomialverteilungen mit $p = 0{,}0186$ modelliert werden.
a) $n = 6$;
$P(X \geq 1) = 1 - P(X = 0) = 1 - (1 - 0{,}0186)^6$
$= 0{,}1065$
b) $n = 60$;
$P(X \geq 1) = 1 - P(X = 0) = 1 - (1 - 0{,}0186)^{60}$
$= 0{,}6758$
c) n möglichst klein, sodass
$P(X \geq 1) = 1 - P(X = 0) = 1 - (1 - 0{,}0186)^n$
$\geq 0{,}9$.
Man findet durch Probieren $n = 123$.

14 X: Anzahl der Infektionen,
$n = 10$; $p = 0{,}02$
a) $P(X \geq 1) = 1 - P(X = 0)$
$= 1 - 0{,}98^{10} = 0{,}1829$
b) $p = 0{,}04$: $P(X \geq 1) = 0{,}3352$;
$p = 0{,}01$: $P(X \geq 1) = 0{,}0956$
c) $W(p) = 1 - (1 - p)^{10}$;

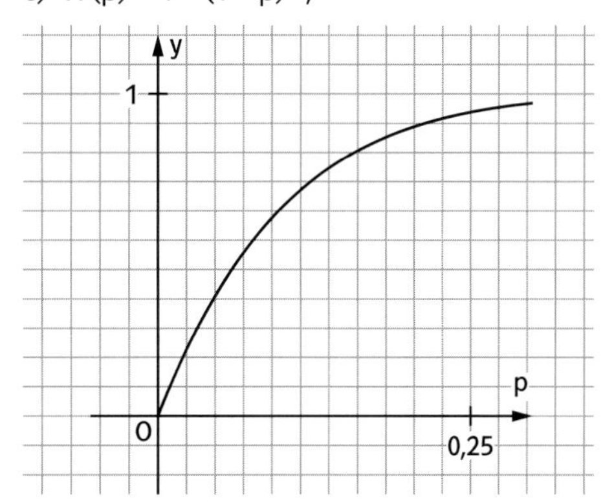

Seite 322

15 Lösung:

n	p
20	0,5

r	B(n, p, r)	F(n, p, r)
0	$9{,}537 \cdot 10^{-7}$	$9{,}537 \cdot 10^{-7}$
1	$1{,}907 \cdot 10^{-5}$	$2{,}003 \cdot 10^{-5}$
2	0,0001812	0,0002012
3	0,0010872	0,0012884
4	0,0046206	0,005909
5	0,0147858	0,0206947
6	0,0369644	0,0576591
7	0,0739288	0,131588
8	0,1201344	0,2517223
9	0,1601791	0,4119015
10	0,1761971	0,5880985
11	0,1601791	0,7482777
12	0,1201344	0,868412
13	0,0739288	0,9423409
14	0,0369644	0,9793053

r	B(n, p, r)	F(n, p, r)
15	0,0147858	0,994091
16	0,0046206	0,9987116
17	0,0010872	0,9997988
18	0,0001812	0,99998
19	$1,907 \cdot 10^{-5}$	0,999999
20	$9,537 \cdot 10^{-7}$	1

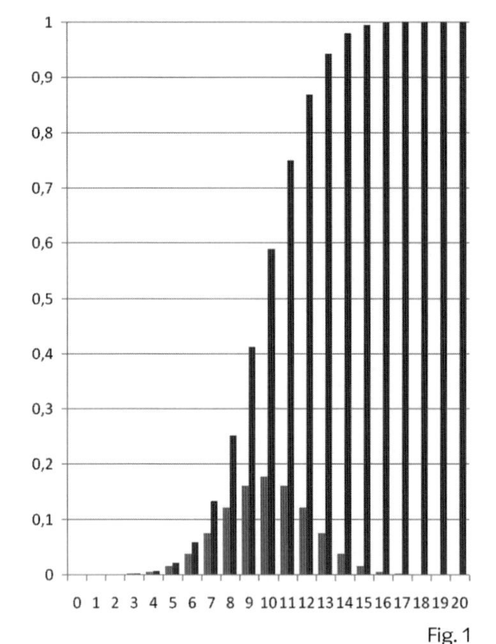

Fig. 1

a) Fig. 1 (linke Balken)
b) individuelle Lösungen
Z. B.: Verkleinert man n, so wird der Graph nach links verschoben, er wird schmaler und hoher.
Vergrößert man n, so verschiebt sich der Graph nach rechts, wird flacher und breiter. Variiert man p, so ist die Verteilung nicht mehr symmetrisch.

16 a) siehe Aufgabe 15 Tabelle und Graph Fig. 1 (rechte Balken)
b) individuelle Lösungen
Z. B.: Verkleinert man n, so wird der Graph schmaler und nach links verschoben.
Bei Verkleinerung von p steigt der Graph früher an, bei Vergrößerung von p steigt er später an.

17

n	p
10	0,5

r	B(n, p, r)	F(n, p, r)
0	0,00097656	0,00097656
1	0,00976563	0,01074219
2	0,04394531	0,0546875
3	0,1171875	0,171875
4	0,20507813	0,37695313
5	0,24609375	0,62304688
6	0,20507813	0,828125
7	0,1171875	0,9453125
8	0,04394531	0,98925781
9	0,00976563	0,99902344
10	0,00097656	1

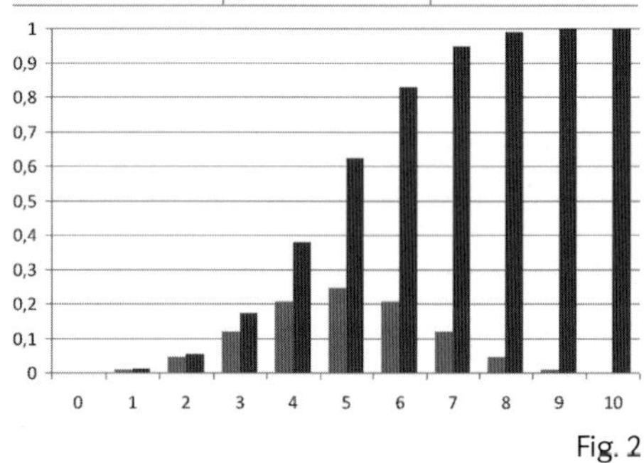

Fig. 2

a) Fig. 2 (linke Balken)
b) Die Symmetrie kommt von der Symmetrie der Binomialkoeffizienten bzw. des Pascal'schen Dreiecks (Schülerbuchseite 317); es gilt $\binom{n}{r} = \binom{n}{n-r}$. Für $p = 0,5$ erhält man also wegen der Bernoulli-Formel im gleichen Abstand links von $\frac{n}{2}$ und rechts von $\frac{n}{2}$ dieselben Werte (in der Tabelle z. B. für $r = 3$ und für $r = 7$).

c) In der kumulierten Binomialverteilung liegt keine erkennbare Symmetrie vor. Da die Werte der Binomialverteilung hier aufaddiert werden, ist dies nicht möglich.

9 Arbeiten mit den Tabellen der Binomialverteilung

Seite 324

1 a) 0,3487 b) 0,0112 c) 0,0138
d) 0,1472 e) 0,0173 f) 0,1746
g) 0,2669 h) 0,0211 i) 0,7386
j) 0,0988

2 a) 0,9527 b) 0,3487 c) 0,9838
d) 0,1673 e) 0,9845 f) 0,9536
g) 0,0127 h) 0,0210 i) 0,5563
j) 0,2197

3 a) 0,1244 b) 0,1256 c) 0,2500
d) 0,7500 e) 0,1797 f) 0,1275
g) 0,7043 h) 0,8565 i) 0,8215
j) 0,5446

4 a) 0,0607 b) 0,5836 c) 0,1399
d) 0,0006 e) 0,9393 f) 0,1861
g) 0,5255 h) 0,8126 i) 0,4139
j) 0,2890

6 $n = 100$; $p = \frac{1}{6}$
a) $P(X = 15) = 0{,}1003$
b) $P(X > 25) = 0{,}0119$
c) $P(15 \leqq X \leqq 25) = 0{,}7007$

7 Wenn der Ausschussanteil (Fehlerwahrscheinlichkeit) 5% beträgt, ist die Wahrscheinlichkeit für zwei oder mehr defekte Stücke 0,2642. Also ist in etwa 26% der Fälle zu erwarten, dass die Lieferung zurückgesandt wird.

8 X: Anzahl der bestellten Fischgerichte. X ist $B_{100;\frac{1}{3}}$-verteilt.
$P(X > 33) = 0{,}4812$
Mit fast 50-prozentiger Wahrscheinlichkeit reichen die Fischgerichte nicht aus.

10 Problemlösen mit der Binomialverteilung

Seite 325

Einstiegsproblem
Das linke Diagramm gehört zu $P(X \leq 11)$, das mittlere zu $P(X \leq 5)$ und das rechte zu $P(X \leq 7)$. Denn $P(X \leq 5)$ fällt am schnellsten ab mit wachsendem p, weil z. B. bei $p = 0{,}5$ die Wahrscheinlichkeiten nahe beim Erwartungswert 10 relativ groß sind, aber für kleinere Werte bis 5 nur sehr klein. Daher fällt $P(X \leq 11)$ erst für relativ große Werte von p ab.

Seite 326

1 a) 0,2503 b) 0,4744
c) 0,5256 d) 0,2241

2 a) 0,6333 b) 0,1720
c) 0,8108 d) 0,6232

3 X: Anzahl der Stornierungen; X ist binomialverteilt mit $n = 50$; $p = 0{,}1$.
a) $P(X \leq 1) = 0{,}0338$
b) $P(X > 3) = 0{,}7497$
c) Weil die Wahrscheinlichkeit in Teilaufgabe a) sehr klein ist. Wenn man z. B. 51 Buchungen entgegennimmt, liegt die Wahrscheinlichkeit für zu viele Buchungen bei etwa 10%.

4 a) $0{,}75^n \leq 0{,}05$ gilt für $n \geq 11$.
b) $0{,}75^n + n \cdot 0{,}75^{n-1} \cdot 0{,}25 \leq 0{,}1$ gilt für $n \geq 15$.
c) $0{,}25^n \leq 0{,}01$ gilt für $n \geq 4$.
d) $0{,}75^n + n \cdot 0{,}75^{n-1} \cdot 0{,}25 + \binom{n}{2} \cdot 0{,}75^{n-2} \cdot 0{,}25^2 \leq 0{,}025$
gilt für $n \geq 27$.

Seite 327

5 a) Keine Sechs erzielt man mit Wahrscheinlichkeit $\left(\frac{5}{6}\right)^n$ bei n Würfen.
Daher muss gelten: $\left(\frac{5}{6}\right)^n \leq 0{,}01$.
Das gilt für $n \geq 26$.
b) $\left(\frac{1}{2}\right)^n \leq 0{,}01$ gilt für $n \geq 7$.
c) $\left(\frac{1}{2}\right)^n + n\cdot\left(\frac{1}{2}\right)^n \leq 0{,}01$ gilt für $n \geq 11$.
d) $\left(\frac{5}{6}\right)^n + n\cdot\left(\frac{5}{6}\right)^{n-1}\cdot\frac{1}{6} + \binom{n}{2}\cdot\left(\frac{5}{6}\right)^{n-2}\cdot\left(\frac{1}{6}\right)^2$
$\leq 0{,}01$ gilt für $n \geq 48$.

6 X: Zahl der Treffer, p gesucht
a) $n = 5$, $P(X \geq 1) \geq 0{,}75$ gilt, wenn
$(1 - p)^5 \leq 0{,}25$, also bei $p \geq 0{,}2421$.
b) $p \geq 0{,}0138$ (analog zu Teilaufgabe a))
c) $n = 10$, $P(X \geq 2) \geq 0{,}75$ gilt, wenn
$(1 - p)^{10} + 10\cdot(1 - p)^9\cdot p \leq 0{,}25$,
also bei $p \geq 0{,}2474$.
d) $n = 25$, $P(X \geq 3) \geq 0{,}75$ gilt, wenn
$(1 - p)^{25} + 25\cdot(1 - p)^{24}\cdot p$
$+ \binom{25}{2}\cdot(1 - p)^{23}\cdot p^2 \leq 0{,}25$
also bei $p \geq 0{,}1509$.

7 X: Zahl der unzufriedenen Fahrgäste; $p = 0{,}05$
a) $n = 50$, $P(X \leq 2) = 0{,}5405$
b) Wie hoch ist die Wahrscheinlichkeit, dass unter 50 Fahrgästen genau zwei unzufrieden sind?
c) $P(X \geq 1) \geq 0{,}9$ führt für die unbekannte Zahl n der Fahrgäste auf die Gleichung
$0{,}95^n \leq 0{,}1$ mit der Lösung $n \geq 45$.
d) $P(X \geq 2) \geq 0{,}9$ führt für die unbekannte Zahl n der Fahrgäste auf die Gleichung
$0{,}95^n + n\cdot 0{,}95^{n-1}\cdot 0{,}05 \leq 0{,}1$
mit der Lösung $n \geq 77$.
e) $n = 100$, p unbekannt
$P(X \leq 1) = 0{,}05$ führt auf
$(1 - p)^n + n\cdot(1 - p)^{n-1}\cdot p = 0{,}05$
mit der Lösung $p = 0{,}0466$.

10 a) X: Anzahl der defekten Sicherungen. Man geht davon aus, dass X binomialverteilt ist mit den Parametern $n = 50$ und $p = 0{,}05$.
$P(A) = 0{,}2199$
$P(B) = 0{,}7604$
$P(C) = 0{,}0769$
$P(D) = 0{,}95^{47}\cdot 0{,}05^3 = 0{,}000\,011$
b) Es ergibt sich die Wahrscheinlichkeit $p = 0{,}95^2 = 0{,}9025$ dafür, dass zwei einwandfreie Sicherungen aus einer beliebigen Sendung (also auch aus der ersten) entnommen werden.
Die Zufallsgröße Y zählt die Zahl der Sendungen, die angenommen werden. Y kann als binomialverteilt mit den Parametern $n = 12$ und $p = 0{,}9025$ modelliert werden.
Es ist $P(Y \geq 10) = 0{,}8954$.
Mit dieser Wahrscheinlichkeit werden mindestens zehn der zwölf Sendungen angenommen.

11 Erwartungswert und Standardabweichung – Sigma-Regeln

Seite 328

Einstiegsproblem
Der linke Graph gehört zu B, der rechte zu E. Das erkennt man z. B. durch Vergleich mit den zugehörigen Wertetabellen. Man kann auch verwenden, dass sich beim Erwartungswert eine relativ große Wahrscheinlichkeit ergibt (wie man aus vielen Berechnungen zuvor weiß).

Seite 330

1 a)

n	10	25	50	100
μ	5	12,5	25	50
σ	1,58	2,5	3,54	5
$P([\mu - \sigma; \mu + \sigma])$	0,8906	0,7704	0,7974	0,7288

b)

p	$\frac{1}{6}$	0,25	0,4	0,8
μ	8,33	12,5	20	40
σ	2,64	3,06	3,46	2,83
$P([\mu - \sigma; \mu + \sigma])$	0,7439	0,8104	0,6877	0,7860

2 a) $n = 25$; $p = 0{,}3$; $\mu = 7{,}5$; $\sigma = 2{,}29$;
$P(X = 7) = 0{,}1712$,
Wahrscheinlichkeit des 3-σ-Intervalls: 0,9981
b) $n = 15$; $p = 0{,}3$; $\mu = 4{,}5$; $\sigma = 1{,}77$;
$P(X = 4) = 0{,}2186$,
Wahrscheinlichkeit des 3-σ-Intervalls: 0,9963
c) $n = 70$; $p = 0{,}9$; $\mu = 63$; $\sigma = 2{,}51$;
$P(X = 63) = 0{,}1570$,
Wahrscheinlichkeit des 3-σ-Intervalls: 0,9965
d) $n = 100$; $p = 0{,}9$; $\mu = 90$; $\sigma = 3$;
$P(X = 90) = 0{,}1319$,
Wahrscheinlichkeit des 3-σ-Intervalls: 0,9980

3 X ist binomialverteilt mit den Parametern $n = 100$ und $p = \frac{1}{6}$.
a) Erwartungswert $\mu = n \cdot p = 16{,}7$;
Standardabweichung
$\sigma = \sqrt{n \cdot p \cdot (1 - p)} \approx 3{,}7$.
b) 2-σ-Intervall
$[\mu - 2\sigma; \mu + 2\sigma] = [9; 24]$
(Die Grenzen der σ-Intervalle werden als ganze Zahlen angegeben, weil X nur ganzzahlige Werte annimmt. Dabei wird die linke Grenze auf 10 aufgerundet und die rechte auf 24 abgerundet.)
Wahrscheinlichkeit des 2-σ-Intervalls: 0,9688.

Seite 331

6 a)

$$\mu = 0 \cdot q^3 + 1 \cdot 3p(1-p)^2 + 2 \cdot 3p^2(1-p) + 3 \cdot p^3 = 3p(1 - 2p + p^2) + 6p^2(1-p) + 3p^3 = 3p$$

$$\sigma^2 = (0 - 3p)^2 \cdot q^3 + (1 - 3p)^2 \cdot 3p(1-p)^2 + (2 - 3p)^2 \cdot 3p^2(1-p) + (3 - 3p)^2 \cdot p^3$$
$$= (-9p^5 + 27p^4 - 27p^3 + 9p^2) + (27p^5 - 72p^4 + 66p^3 - 24p^2 + 3p) + (-27p^5 + 63p^4 - 48p^3 + 12p^2) + (9p^5 - 18p^4 + 9p^3)$$
$$= -3p^2 + 3p = 3p(1-p) = \sigma^2$$

(berechnet nach der Formel für die Binomialverteilung)

b) $$\mu = 0 \cdot q^4 + 1 \cdot 4p(1-p)^3 + 2 \cdot 6p^2(1-p)^2 + 3 \cdot 4p^3(1-p) + 4 \cdot p^4 = 4p$$

$$\sigma^2 = (0 - 4p)^2 \cdot q^4 + (1 - 4p)^2 \cdot 4p(1-p)^3 + (2 - 4p)^2 \cdot 6p^2(1-p)^2 + (3 - 4p)^2 \cdot 4p^3(1-p) + (4 - 4p)^2 \cdot p^4$$
$$= -4p^2 + 4p$$
$$= 4p(1-p) = \sigma^2$$

7 Ergebnisse siehe Aufgabe 1.

8 a) Vorgehen wie in der Infobox auf Schülerbuchseite 321 bzw. auf Schülerbuchseite 331: $\mu = 10$; $\sigma = 2{,}24$
b) individuelle Lösungen

9 Erstellung von Tabelle und Graph wie in der Infobox auf Schülerbuchseite 321 beschrieben.
a), b) Wenn p variiert wird, bleiben die Wahrscheinlichkeiten nahezu gleich.

n	μ	Sigma	1-Sigma-Intervall	
100	30	4,58	25,42	34,58
200	60	6,48	53,52	66,48
400	120	9,17	110,83	129,17
800	240	12,96	227,04	252,96

Wahrsch.	2-Sigma-Intervall		Wahrsch.
0,6740	20,83	39,17	0,9625
0,6842	47,04	72,96	0,9466
0,7001	101,67	138,33	0,9566
0,6652	214,08	265,92	0,9510

10 a) $\mu = 10$ und $\sigma = 2{,}24$. Erstellung von Tabelle und Graph siehe Infobox auf Schülerbuchseite 322. Sigma-Intervall: [8;12]. Man bildet die Summe der Wahrscheinlichkeiten der Säulen für $r = 8$ bis $r = 12$ und erhält etwa 0,74. Diese Säulen liegen im Sigma-Intervall.
b) individuelle Lösungen.

11 Fig. 2: $n = 10$; $p = 0{,}8$.
Kontrolle: $\mu = 8$; $P(X = \mu) = 0{,}3020$;
$P(X = 6) = 0{,}0881$; $P(X = 10) = 0{,}1074$.
Fig. 3: $n = 20$; $p = 0{,}4$.
Kontrolle: $\mu = 8$; $P(X = \mu) = 0{,}1797$;
$P(X = 6) = 0{,}1244$; $P(X = 10) = 0{,}1171$.

Wiederholen – Vertiefen – Vernetzen

Seite 332

1 $1 - 0{,}1^3 = 0{,}999$

2 a) E: „Beim ersten Drehen erscheint mindestens 4“;
E = {4–1, 4–2, 4–4, 4–8, 8–1, 8–2, 8–4, 8–8};
$P(E) = \frac{8}{16}$.
F: „Beim zweiten Drehen erscheint höchstens 2“;
F = {1–1, 2–1, 4–1, 8–1, 1–2, 2–2, 4–2, 8–2};
$P(F) = \frac{8}{16}$.
$E \cap F$ = {4–1, 8–1, 4–2, 8–2}; $P(E \cap F) = \frac{4}{16}$;
also $P(E \cup F) = P(E) + P(F) - P(E \cap F)$
$= \frac{8}{16} + \frac{8}{16} - \frac{4}{16} = \frac{12}{16} = \frac{3}{4}$.

b) E: „Beim ersten Drehen erscheint höchstens 2“;
E = {1–1, 1–2, 1–4, 1–8, 2–1, 2–2, 2–4, 2–8};
$P(E) = \frac{8}{16}$.
F: „Die Summe der Zahlen beträgt höchstens 4“;
F = {1–1, 1–2, 2–1, 2–2}; $P(F) = \frac{4}{16}$.
$E \cap F$ = {1–1, 1–2, 2–1}; also
$P(E \cup F) = P(E) + P(F) - P(E \cap F)$
$= \frac{8}{16} + \frac{4}{16} - \frac{3}{16} = \frac{9}{16}$

3 Beim zweimaligen Drehen sehen die Ergebnisse anders aus, es sind 16 Paare von Zahlen 1–1, 1–2, ..., 4–4.
Die richtige Lösung mit dem Additionssatz wäre:
E: „Beim ersten Drehen erscheint höchstens 3“,
E = {1–1, 1–2, 1–3, 1–4, 2–1, 2–2, 2–3, 2–4, 3–1, 3–2, 3–3, 3–4}
$P(E) = \frac{12}{16}$
F: „Beim zweiten Drehen erscheint mindestens 3“,
F = {1–3, 1–4, 2–3, 2–4, 3–3, 3–4, 4–3, 4–4}
$P(F) = \frac{8}{16}$
$E \cap F$ = {1–3, 1–4, 2–3, 2–4, 3–3, 3–4};
$P(E \cap F) = \frac{6}{16}$,
also $P(E \cup F) = P(E) + P(F) - P(E \cap F)$
$= \frac{12}{16} + \frac{8}{16} - \frac{6}{16} = \frac{14}{16} = \frac{7}{8}$.
Allerdings sind bei Philipps Lösung P(E) und P(F) schon richtig, weil bei E die zweite Drehung und bei F die erste Drehung keine Rolle spielt.

4 a) Es werden 10 000 Fahrgäste zugrunde gelegt. Damit erhält man die Tabelle.

	Männlich (M)	Weiblich	Gesamt
Schwarzfahrer (S)	150	50	200
Mit Fahrschein	5350	4450	9800
Gesamt	5500	4500	10 000

b) $P(\overline{M} \cap \overline{S}) = 0{,}445$
c) $P(M \cup \overline{S}) = 0{,}55 + 0{,}445 = 0{,}995$

5 a) Mittelwert $= 0 \cdot 0{,}1 + 1 \cdot 0{,}42 + 2 \cdot 0{,}35 + 3 \cdot 0{,}13 = 1{,}51$;
empirische Standardabweichung: 0,84, Rechnung siehe auf der Seite unten.
b) X ist binomialverteilt mit den Parametern $n = 3$ und $p = 0{,}5$. Also ist $\mu = 1{,}5$ und $\sigma = \sqrt{3 \cdot 0{,}5 \cdot 0{,}5} \approx 0{,}87$.

6 a) Die Zufallsvariable X (Gewinn in Cent) hat die Wahrscheinlichkeitsverteilung

g	−20	−10	0	30
P(X = g)	0,38	0,39	0,08	0,15

b) $\mu = -20 \cdot 0{,}38 - 10 \cdot 0{,}39 + 0 \cdot 0{,}08 + 30 \cdot 0{,}15 = -7$
Standardabweichung: 16,6, Rechnung siehe auf dieser Seite unten.
c) Der Erwartungswert muss dazu 0 sein, also muss man 13 Cent Einsatz nehmen.

7 X: Auszahlung in Cent. Wahrscheinlichkeitsverteilung von X siehe Tabelle.
a) Erwartungswert für die Auszahlung: 9,97 ct, also Erwartungswert für den Gewinn: −10,03 ct.
Standardabweichung (für beides): 10,83 ct.
b) Der Einsatz müsste 9,97 ct betragen, also etwa 10 ct.

k	0	10	12	15	16	18	20	24
P(X = k)	$\frac{17}{36}$	$\frac{2}{36}$	$\frac{4}{36}$	$\frac{2}{36}$	$\frac{1}{36}$	$\frac{2}{36}$	$\frac{2}{36}$	$\frac{2}{36}$

k	25	30	36
P(X = k)	$\frac{1}{36}$	$\frac{2}{36}$	$\frac{1}{36}$

Seite 333

8 a) $E(X) = 0 \cdot 0{,}1 + 1 \cdot 0{,}25 + 2 \cdot 0{,}4 + 3 \cdot 0{,}2 + 4 \cdot 0{,}05 = 1{,}85$.
Der Erwartungswert gibt an, wie viele Geräte durchschnittlich pro Tag verkauft werden.
b) Siehe die Tabelle; es gibt noch andere Lösungen.

Anzahl a	0	1	2	3	4
P(X = a)	0 %	10 %	10 %	50 %	30 %

9 X: Augensumme
Ein Würfel pro Wurf:

Augensumme a	1	2	3	4	5	6
P(X = a)	$\frac{1}{6}$	$\frac{1}{6}$	$\frac{1}{6}$	$\frac{1}{6}$	$\frac{1}{6}$	$\frac{1}{6}$

$\mu = E(X) = 1 \cdot \frac{1}{6} + 2 \cdot \frac{1}{6} + 3 \cdot \frac{1}{6} + 4 \cdot \frac{1}{6} + 5 \cdot \frac{1}{6} + 6 \cdot \frac{1}{6} = 3{,}5$

$V(X) = \sigma^2 = (1 - 3{,}5)^2 \cdot \frac{1}{6} + \ldots + (6 - 3{,}5)^2 \cdot \frac{1}{6} = \frac{35}{12}$;

$\sigma \approx 1{,}71$

Zwei Würfel pro Wurf:

Augensumme a	2	3	4	5	6	7
P(X = a)	$\frac{1}{36}$	$\frac{2}{36}$	$\frac{3}{36}$	$\frac{4}{36}$	$\frac{5}{36}$	$\frac{6}{36}$

Augensumme a	8	9	10	11	12
P(X = a)	$\frac{5}{36}$	$\frac{4}{36}$	$\frac{3}{36}$	$\frac{2}{36}$	$\frac{1}{36}$

$$E(X) = 2 \cdot \frac{1}{36} + 3 \cdot \frac{2}{36} + 4 \cdot \frac{3}{36} + 5 \cdot \frac{4}{36} + 6 \cdot \frac{5}{36} + 7 \cdot \frac{6}{36} + 8 \cdot \frac{5}{36} + 9 \cdot \frac{4}{36} + 10 \cdot \frac{3}{36} + 11 \cdot \frac{2}{36} + 12 \cdot \frac{1}{36} = 7$$

zu Aufgabe 5:
empirische Standardabweichung =
$$\sqrt{(0 - 1{,}5)^2 \cdot 0{,}1 + (1 - 1{,}5)^2 \cdot 0{,}42 + (2 - 1{,}5)^2 \cdot 0{,}35 + (3 - 1{,}5)^2 \cdot 0{,}13} \approx 0{,}84$$

zu Aufgabe 6:
$$\sigma = \sqrt{(-20 - (-7))^2 \cdot 0{,}38 + (-10 - (-7))^2 \cdot 0{,}39 + (0 - (-7))^2 \cdot 0{,}08 + (30 - (-7))^2 \cdot 0{,}15} \approx 16{,}6$$

$V(X) = \sigma^2 = (2-7)^2 \cdot \frac{1}{36} + \ldots + (12-7)^2 \cdot \frac{1}{36}$
$= \frac{35}{6}$;

$\sigma \approx 2{,}42$

Drei Würfel pro Wurf:

Augensumme	3	4	5	6	7	8	9	10
Wahrschein-lichkeit	$\frac{1}{216}$	$\frac{3}{216}$	$\frac{6}{216}$	$\frac{10}{216}$	$\frac{15}{216}$	$\frac{21}{216}$	$\frac{25}{216}$	$\frac{27}{216}$

Augensumme	11	12	13	14	15	16	17	18
Wahrschein-lichkeit	$\frac{27}{216}$	$\frac{25}{216}$	$\frac{21}{216}$	$\frac{15}{216}$	$\frac{10}{216}$	$\frac{6}{216}$	$\frac{3}{216}$	$\frac{1}{216}$

$E(X) = 10{,}5$

$V(X) = \sigma^2 = (3-10{,}5)^2 \cdot \frac{1}{216} + \ldots + (18-10{,}5)^2$
$\cdot \frac{1}{216} = \frac{35}{4}$;

$\sigma \approx 2{,}96$

10 X: Anzahl der Würfe, bis eine Zahl zum 2. Mal erscheint.
X hat nur die Werte 2 und 3.
$P(X = 2) = P(\{1\text{–}1; 6\text{–}6\}) = \frac{2}{3} \cdot \frac{2}{3} + \frac{1}{3} \cdot \frac{1}{3} = \frac{5}{9}$

$P(X = 3) = P(\{1\text{–}6\text{–}1; 1\text{–}6\text{–}6; 6\text{–}1\text{–}1; 6\text{–}1\text{–}6\})$
$= \frac{2}{3} \cdot \frac{1}{3} \cdot \frac{2}{3} + \frac{2}{3} \cdot \frac{1}{3} \cdot \frac{1}{3} + \frac{1}{3} \cdot \frac{2}{3} \cdot \frac{2}{3} + \frac{1}{3} \cdot \frac{2}{3} \cdot \frac{1}{3} = \frac{4}{9}$

Erwartungswert $E(X)$: $2 \cdot \frac{5}{9} + 3 \cdot \frac{4}{9} = \frac{22}{9} \approx 2{,}4$

Standardabweichung

$\sigma = \sqrt{\left(2 - \frac{22}{9}\right)^2 \cdot \frac{5}{9} + \left(3 - \frac{22}{9}\right)^4 \cdot \frac{4}{9}} = \frac{2}{9}\sqrt{5} \approx 0{,}50$

11 X: Zahl der Würfe eines Würfels bis zur ersten Sechs. Achtung: X ist nicht binomialverteilt .

a) $P(X \leq 3) = \frac{1}{6} + \frac{5}{6} \cdot \frac{1}{6} + \left(\frac{5}{6}\right)^2 \cdot \frac{1}{6} = \frac{91}{216} \approx 0{,}42$

$P(X \geq 6) = 1 - P(X \leq 5)$

$= 1 - \left(\frac{1}{6} + \frac{5}{6} \cdot \frac{1}{6} + \left(\frac{5}{6}\right)^2 \cdot \frac{1}{6} + \left(\frac{5}{6}\right)^3 \cdot \frac{1}{6} + \left(\frac{5}{6}\right)^4 \cdot \frac{1}{6}\right)$

$= \frac{3125}{7776} \approx 40\,\%$

b) $P(X \leq 8) = 0{,}7674$; $P(X \leq 9) = 0{,}8062$, also ist $a = 9$. Wenn man mit mindestens 80-prozentiger Wahrscheinlichkeit die erste Sechs erzielen will, muss man 9-mal würfeln.

12 Es gibt x rote Kugeln in der Urne.
X: Anzahl der roten Kugeln bei dreimaligem Ziehen aus der Urne.
Wahrscheinlichkeit für X:
Tabelle siehe unten

$E(X) = 3 \cdot \left(\frac{10}{x+10}\right)^2 \cdot \frac{x}{x+10} + 6 \cdot \frac{10}{x+10} \cdot \left(\frac{x}{x+10}\right)^2$
$+ 3 \cdot \left(\frac{x}{x+10}\right)^3$

Man bestimmt mit dem Taschenrechner im Solver die Lösung der Gleichung
$E(X) = 1$ und erhält $x = 5$.
Diese Funktion kann auch in einen Funktionenplotter eingegeben werden. Dann wird die Schnittstelle des Graphen von $E(X)$ mit dem Graphen der Funktion g mit $g(x) = 1$ bestimmt. Man erhält $x = 5$. Also müssen 5 rote Kugeln in der Urne liegen. Das Ergebnis kann auch durch Raten und Bestätigen bestimmt werden.

```
Plot1 Plot2 Plot3
\Y1=10/(X+10)
\Y2=X/(X+10)
\Y3■3Y1^2*Y2+6Y1
*Y2^2+3Y2^3
\Y4■1
\Y5=
\Y6=
```

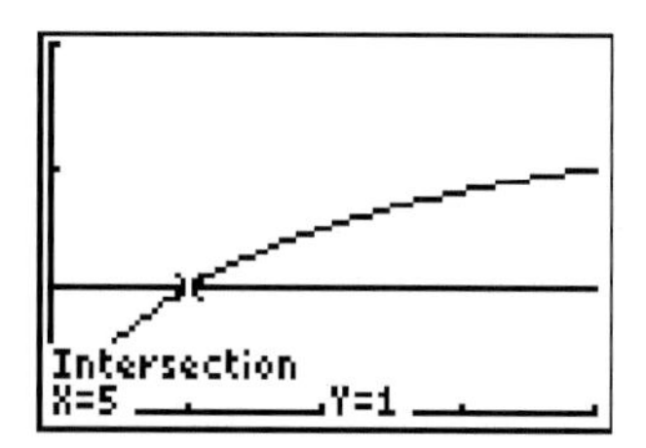

a	0	1	2	3
P(X = a)	$\left(\frac{10}{x+10}\right)^3$	$3 \cdot \left(\frac{10}{x+10}\right)^2 \cdot \frac{x}{x+10}$	$3 \cdot \frac{10}{x+10} \cdot \left(\frac{x}{x+10}\right)^2$	$\left(\frac{x}{x+10}\right)^3$

13 a) Werte von B(n) für $n = 1$: 1 und 2,
Werte von B(n) für $n = 2$: 1, 2 und 4,
Werte von B(n) für $n = 3$: 1, 2, 4 und 8,
Werte von B(n) für beliebiges n: 1, 2, ..., 2n.
b) Wahrscheinlichkeitsverteilung für $n = 1$:

w	1	2
P(B(1) = w)	$\frac{1}{2}$	$\frac{1}{2}$

$E(B(1)) = \frac{3}{2} = 1{,}5$

Wahrscheinlichkeitsverteilung für $n = 2$:

w	1	2	4
P(B(2) = w)	$\frac{1}{4}$	$\frac{1}{2}$	$\frac{1}{4}$

$E(B(2)) = \frac{9}{4} = 2{,}25$

Wahrscheinlichkeitsverteilung für $n = 3$:

w	1	2	4	8
P(B(2) = w)	$\frac{1}{8}$	$\frac{3}{8}$	$\frac{3}{8}$	$\frac{1}{8}$

$E(B(3)) = \frac{27}{8} = 3{,}375$
Wahrscheinlichkeitsverteilung für $n = 4$:

w	1	2	4	8	16
P(B(2) = w)	$\frac{1}{16}$	$\frac{4}{16}$	$\frac{6}{16}$	$\frac{4}{16}$	$\frac{1}{16}$

$E(B(4)) = \frac{81}{16} = 5{,}0625$

c) Vermutung $E(B(N)) = \left(\frac{3}{2}\right)^n$
Überprüfung für $n = 5$:
Wahrscheinlichkeitsverteilung für $n = 5$:

w	1	2	4	8	16	32
P(B(2) = w)	$\frac{1}{32}$	$\frac{5}{32}$	$\frac{10}{32}$	$\frac{10}{32}$	$\frac{5}{32}$	$\frac{1}{32}$

$E(B(5)) = \frac{243}{32} = 7{,}59375$
d) Mögliche Variationen:
B(0) abändern; Wahrscheinlichkeiten für Faktor tn ändern; Faktor tn anders definieren, auch mit mehr als zwei Verzweigungsmöglichkeiten; Gesetz für B(n) durch andere Wachstumsarten ersetzen.

14 a) Wahrscheinlichkeitsverteilung siehe Tabelle

k	0	1	2	3	4
P(x = k)	$\frac{1}{16}$	$\frac{4}{16}$	$\frac{6}{16}$	$\frac{4}{16}$	$\frac{1}{16}$

Erwartungswert: 2; Standardabweichung: 1
b) Man erwartet 1/4/6/4/1 Kugeln (aber bei der wirklichen Durchführung weicht das Ergebnis meist davon ab).
Wenn in der Sammlung kein Galtonbrett vorhanden ist, kann man im Internet eine Simulation mit einem Applet durchführen, z. B. bei http://www.learn-line.nrw.de/angebote/eda/medio/galton/galton.exe.

Randspalte
Wenn man das Brett z. B. nach links neigt, wird die Wahrscheinlichkeit p_l für „links" zunehmen, die Wahrscheinlichkeit p_r für „rechts" abnehmen. Bei a) werden dann die Wahrscheinlichkeiten für 0 und 1 entsprechend der Bernoulli-Formel zunehmen, bei den anderen Werten abnehmen, bei b) entsprechend die erwarteten Anzahlen. Der Erwartungswert von X ist $4p_r$, die Standardabweichung ist $\sqrt{4p_r \cdot (1 - p_r)}$,
denn X ist binomialverteilt mit den Parametern $n = 4$ und $p = p_r$.

Seite 334

15

	n	μ	σ	Wahrscheinlichkeit
a)	20	14	2,0494	41,64 %
b)	50	35	3,2404	43,08 %
c)	100	70	4,5826	77,03 %
d)	20	14	2,0494	77,96 %
	50	35	3,2404	72,04 %
	100	70	4,5826	67,40 %

16

n	μ	σ
100	50	5
	Wk im 2-σ-Intervall	Wk für „mindestens einer von 20 Werten außerhalb des 2-σ-Intervalls"
	0,954	0,61

Wenn man n vergrößert, ändert sich die Wahrscheinlichkeit für das 2-σ-Intervall nicht mehr. Die Wahrscheinlichkeit, dass bei 20-Realisierungen von X mindestens ein Wort außerhalb des 2-σ-Intervalls liegt, bleibt also gleich.

17 X: Anzahl fehlerfreier Chips, binomialverteilt mit $n = 50$, p gesucht
a) Bedingung $P(X \geq 40) \geq 0{,}8$;
Lösung ist die Schnittstelle der Graphen der Funktion $y_1 = P(X \geq 40)$
(GTR: binomcdf(50,x,40)) und
y_2 mit $y_2 = 0{,}8$
bestimmt (vgl. Beispiel 3 auf Seite 326 im Schülerbuch).
Die Lösung kann auch durch Probieren bzw. durch Heraussuchen aus der Wertetabelle von y_1 bestimmt werden. p muss mindestens 0,84 (gerundet auf zwei Dezimalen) sein.
b) Bedingung $P(X \geq 40) \geq 0{,}95$;
wie bei Teilaufgabe a) wird der Schnittpunkt der Graphen von y_1 und y_2 mit $y_2 = 0{,}95$ bestimmt.
Die Lösung kann auch durch Probieren bzw. durch Heraussuchen aus der Wertetabelle von y_1 bestimmt werden. p muss mindestens 0,88 (gerundet auf zwei Dezimalen) sein.

18 a) X: Anzahl der Patienten mit allergischer Reaktion, $n = 15$, $p = 0{,}05$
$P(X > 1) = 0{,}1710$
b) Y: Anzahl des Auftretens von
$X > 1$, $n = 5$, $p = 0{,}1710$ $P(Y \geq 2) = 0{,}2046$

19 X: Anzahl der zum Flug erscheinenden Fluggäste, $n = 150$, $p = 0{,}95$
a) $P(X \leq 145) = 0{,}8744$
Die Wahrscheinlichkeit, dass alle Fluggäste einen Platz bekommen, ist mit fast 90% sehr hoch.
b) $P(X > 146) = 0{,}0548$
Die Wahrscheinlichkeit, dass mehr als ein Fluggast entschädigt werden muss, ist mit etwa 5% sehr klein.

XII Schätzen und Testen

1 Wahrscheinlichkeiten schätzen – Vertrauensintervalle

Seite 340

Einstiegsproblem
Das Einstiegsproblem soll intuitiv darauf vorbereiten, dass es sinnvoll ist, für p einen Bereich bzw. ein Intervall anzugeben. Zunächst wird man die einzelnen relativen Häufigkeiten (also im Beispiel 0,67; 0,75; 0,69; 0,74; 0,70) bzw. ihren Mittelwert 0,71 als Schätzungen für p angeben.
Da diese schwanken, ist es naheliegend, etwa den Bereich 0,68 bis 0,74 als Schätzung anzugeben.
Wenn man das Experiment mehrfach wiederholt, sieht man, dass sich vorwiegend Werte aus diesem Bereich ergeben.
Bei allen Aufgaben sind nur Näherungswerte für die Grenzen des Vertrauensintervalls angegeben.
Exakte Werte können nur nach dem Vorgehen in Lerneinheit 14 gewonnen werden.
Die Näherungen sind aber in der Regel ausreichend und umso besser, je größer n ist.

Seite 342

1 a) [0,212; 0,288] b) [0,223; 0,277]
c) [0,231; 0,269] d) [0,469; 0,531]
e) [0,723; 0,777] f) [0,881; 0,918]

2 a) [0,404; 0,456] b) [0,400; 0,461]
c) [0,390; 0,470]

3 [0,599; 0,675]

4 Das 99% (95%; 90%)-Vertrauensintervall für die Wahrscheinlichkeit, bei einer solchen Operation hypoton zu werden, ist [0,137; 0,283]([0,150; 0,261], [0,157; 0,251]). Der von Dr. Steinhart genannte Wert liegt außerhalb. Die Patienten von Dr. Steinhart stammen offensichtlich nicht aus der gleichen Grundgesamtheit oder er übertreibt.

5 Die relative Häufigkeit beträgt zwar nur 26,7%. Das 99% (95%; 90%)-Vertrauensintervall für die Wahrscheinlichkeit, dass ein Wähler die Partei wählt, ist aber [0,191; 0,358]([0,207; 0,336], [0,216; 0,324]). Der alte Wert 30% liegt innerhalb. Das spricht nicht für eine Änderung des Stimmenanteils.

6 Das 95%-Vertrauensintervall für den Anteil der Hasen auf der Insel ist [0,199; 0,442]. Ist N die Zahl der Hasen auf der Insel, so entsprechen die Anteile aus diesem Intervall dem Wert 75/N.
Für N ergibt sich damit der Bereich 173 bis 377.

7 a) Wahr, denn die Intervalllänge des Vertrauensintervalls beträgt $2c\sqrt{\frac{h(1-h)}{n}}$ (mit dem Vorfaktor c aus dem Kasten von S. 529), und da in diesem Term n im Nenner steht, wird bei kleiner werdendem n die Intervalllänge größer.
b) Falsch, die zugehörige unbekannte Wahrscheinlichkeit kann auch außerhalb liegen, allerdings ist dann die Wahrscheinlichkeit für die beobachtete relative Häufigkeit sehr gering.
c) Wahr, beim 90%-Vertrauensintervall beträgt die Intervalllänge $2\cdot1{,}64\sqrt{\frac{h(1-h)}{n}}$, beim 95%-Vertrauensintervall beträgt die Intervalllänge $2\cdot1{,}96\sqrt{\frac{h(1-h)}{n}}$.
d) Wahr, denn je höher das Vertrauensniveau, desto größer ist das Vertrauensintervall. Denn wenn ß steigt, steigt auch c und damit die Intervalllänge.

e) Falsch, denn die Intervalllänge des Vertrauensintervalls ist zu $\frac{1}{\sqrt{n}}$ proportional. Bei doppeltem Stichprobenumfang ändert sich die Intervallänge auf das $\frac{1}{\sqrt{n}}$-fache.

Seite 343

10 Als Grundlage für eine Beurteilung kann man vom 95%-Vertrauensintervall [0,0325; 0,0506] ausgehen. Demnach stehen die Chancen auf einen Einzug in den Bundestag nicht sehr gut, aber immerhin ist der Wert 5% noch im Vertrauensintervall enthalten. Es gibt also noch berechtigte, wenn auch geringe Hoffnungen.

11 Nach dem Satz in der Infobox auf Seite 343 des Schülerbuches muss gelten: $n \geq \frac{1{,}96^2}{0{,}02^2} = 9604$. Man müsste etwa 9600 Patienten testen.

12 a) Die FDP hätte nach der Hochrechnung etwa 10785 Wähler in der Stichprobe, vorausgesetzt, alle befragten Wähler waren bei der Hochrechnung schon berücksichtigt. Das 99%(95%; 90%)-Vertrauensintervall für die Wahrscheinlichkeit, dass ein Wähler die FDP wählt, wäre dann [0,1025; 0,1075] ([0,1031; 0,1069], [0,1034; 0,1066]). Damit wäre ein Stimmanteil von nur 9,8% äußerst unwahrscheinlich, aber natürlich auch nicht unmöglich. Mögliche Gründe für die starke Abweichung könnten aber auch sein: nicht alle Befragungsergebnisse waren zu dem frühen Zeitpunkt berücksichtigt, die Befragung war nicht ausreichend repräsentativ.

b) Die Länge der Vertrauensintervalle wäre etwa doppelt so groß. Dann erscheint das Ergebnis von Teilaufgabe a) nicht mehr so unwahrscheinlich.

c) Nach dem Satz in der Infobox müsste gelten: $n \geq \frac{1{,}96^2}{0{,}002^2} = 960\,400$. Man müsste also etwa 1000000 Wähler fragen.

13 a) Das 95%-Vertrauensintervall für die Wahrscheinlichkeit, dass ein Artikel Ausschuss ist, beträgt [0,027; 0,093]. Intervalllänge: 0,066.

b) Nach dem Satz in der Infobox müsste gelten: $n \geq \frac{1{,}96^2}{0{,}04^2} = 2401$. Demnach wäre r mindestens 12. Mit dem Stichprobenumfang $n = 2400$ und $r = 144$ hat das 95%-Vertrauensintervall [0,051; 0,070] die Länge 0,02. Also müsste bereits bei einem Viertel des Stichprobenumfangs die Länge 0,04 erzielt werden. Für $r = 3$ erhält man in der Tat das Vertrauensintervall [0,041; 0,079] mit der Länge 0,038. Es reicht also, r mindestens 3 zu wählen. Der Satz in der Infobox liefert hier ein relativ schlechtes Ergebnis, weil h weit weg von 0,5 liegt und damit $h(1-h)$ viel kleiner als $\frac{1}{4}$ ist (vgl. die Herleitung in der Infobox).

2 Stetige Zufallsgrößen

Seite 344

Einstiegsproblem

Die Wahrscheinlichkeiten der fraglichen Zahlen sind $\frac{1}{10}$ bzw. $\frac{1}{100}$; $\frac{1}{1000}$; $\frac{1}{100\,000}$; $\frac{1}{100\,000\,000}$. Wenn man die Genauigkeit auf n Ziffern einstellt, dann ist die Wahrscheinlichkeit einer Zahl mit n Nachkommastellen $\left(\frac{1}{10}\right)^n$.

Seite 346

1 a) Es gilt $f(x) \geq 0$ und $\int_0^2 f(x)\,dx = 1$

b) $P(X = 1) = 0$, $P(1 < X < 2) = 0{,}5$

c) $\mu = \int_0^2 0{,}5 \cdot x\,dx = \left[\frac{1}{4}x^2\right]_0^2 = 1$

$\sigma^2 = \int_0^2 (x-1)^2 \cdot \frac{1}{2}\,dx = \frac{1}{3}$; $\sigma = \sqrt{\frac{1}{3}}$

d) $f(x) = \frac{1}{5}$ bzw. $f(x) = \frac{1}{10}$ bzw. $f(x) = 5$

Die Wahrscheinlichkeitsdichte ist stets eine konstante Funktion, deren Wert dem Kehrwert der Intervalllänge entspricht.

Seite 347

2 a) Es gilt $f(x) \geq 0$ und $\int_0^2 f(x)\,dx = 1$

b) $P(X = 0) = 0$; $P(X = 1) = 0$;

$P(X < 0{,}5) = \frac{1}{8}$; $P(0{,}5 \leq X \leq 1{,}5) = 0{,}75$

c) $\mu = \int_0^1 x^2\,dx + \int_1^2 x(2-x)\,dx = 1$;

$\sigma^2 = \int_0^1 (x-1)^2 x\,dx + \int_1^2 (x-1)^2(2-x)\,dx = \frac{1}{6}$;

$\sigma = \sqrt{\frac{1}{6}}$

3 a) Es gilt $f(x) = \frac{2\pi x}{25\pi} = 0{,}08x$.

b) $\mu = 3{,}333$

c) $\sigma^2 = \frac{25}{18} \approx 1{,}388$; $\sigma = \sqrt{\frac{25}{18}}$

4 a) Die Punkte liegen jeweils im Inneren des Quadrates auf der Geraden mit der Gleichung $f(x) = S - x$. $S = 0$ beschreibt die Ecke links unten, $S = 40$ die Ecke rechts oben und $S = 20$ die Flächendiagonale von links oben nach rechts unten.

Zur Berechnung der Wahrscheinlichkeiten bestimmt man Dreiecksflächen, es gilt:

$P(0 < S < 10) = \frac{50}{400} = \frac{1}{8}$ und

$P(10 < S < 20) = \frac{1}{2} - \frac{1}{8} = \frac{3}{8}$.

b) Es gilt für $x < 20$:

$P(S < x)$

$= \frac{\text{Fläche des Dreiecks mit den Ecken } (0|0), (0|x), (x|0)}{\text{Fläche des Quadrates}}$,

also: $P(S < x) = \frac{\frac{1}{2}\cdot x^2}{400} = \frac{1}{800}x^2 = \int_0^x \frac{1}{400}t\,dt$.

Daraus folgt die Behauptung $f(x) = \frac{1}{400}x$ für $x < 20$. Für $x > 20$ führt eine Symmetrieüberlegung zum Ziel.

c) $\mu = 20$, $\sigma^2 = 66\frac{2}{3}$; $\sigma = \sqrt{66\frac{2}{3}} \approx 8{,}16$

5 a) $f(x) = 3(x-1)^2$ ist im Intervall $[0; 1]$ positiv und es gilt $\int_0^1 3(x-1)^2\,dx = 1$.

b) Für die Wahrscheinlichkeiten erhält man

$\int_0^{0,1} 3(x-1)^2\,dx = 0{,}271$ und

$\int_0^{0,5} 3(x-1)^2\,dx = 0{,}875$.

c) Es gilt $\mu = \int_0^1 x\cdot 3(x-1)^2\,dx = \frac{1}{4}$ und

$\sigma = \sqrt{\int_0^1 (x-\mu)^2\cdot 3(x-1)^2\,dx} = \sqrt{\frac{3}{80}} \approx 0{,}193\,649$.

d) Es muss gelten $k = \frac{5}{32}$.

e) Für die Wahrscheinlichkeiten erhält man

nun $\int_0^{0,1} \frac{5}{32}(x-2)^4\,dx = 0{,}2262 < 0{,}271$

und $\int_0^{0,5} \frac{5}{32}(x-2)^4\,dx = 0{,}762 < 0{,}875$.

Der Eindruck täuscht nicht: Die Wahrscheinlichkeit, die Münzen nahe an der Wand zu platzieren, ist bei Tim etwas kleiner als bei Niki.

Auch für den Erwartungswert erhält man

nun mit $\mu = \int_0^1 x\cdot g(x)\,dx = \frac{1}{3} > \frac{1}{4}$ einen größeren Wert als bei Niki.

Seite 348

6 a) f ist positiv und es gilt $\int_0^\infty e^{-x}\,dx = 1$.

b) $\int_1^2 e^{-x}\,dx = e^{-1} - e^{-2} = 0{,}232\,54$

Mit ca. 23 %-iger Wahrscheinlichkeit dauert das Gespräch zwischen einer und zwei Minuten.

c) Erwartungswert und Standardabweichung haben den Wert 1.

d) Die Wahrscheinlichkeiten ergeben sich zu

$\int_{0,5}^{1,5} e^{-x}\,dx = 0{,}3834$; $\int_{1-\frac{1}{60}}^{1+\frac{1}{60}} e^{-x}\,dx = 0{,}0122$

bzw. zu 0.

e) $k = 2$

f) Erwartungswert und Standardabweichung haben den Wert 2.

Die Wahrscheinlichkeit, dass das Gespräch eine Minute dauert, hat im Falle verschiedener Rundungen den Wert 0,3180 bzw. 0,009 02 bzw. 0.

7 a) Die Funktion ist positiv und es gilt:

```
∫(-100,100) 1÷√(2×π)×e^(-X²÷2) dx
                               1
```

b) Man integriert numerisch:

```
∫(2,4) 1÷√(2×π)×e^(-X²÷…
          0.02271846071
```

```
∫(-100,3) 1÷√(2×π)×e^(-…
             0.998650102
```

c) Man integriert numerisch:

```
∫(-100,100) X×1÷√(2×π)×e…
                        0
```

(also μ=0)

```
∫(-10,10) X²×1÷√(2×π)×e^(-X²÷2) dx
                        1
```

(also σ^2=1)

d) Man integriert numerisch:

```
∫(-2,2) 1÷√(2×π)×e^(-X²…
          0.9544997361
```

10 a) Fiffi hält sich meistens am Rand des Grundstückes auf, rechts oder links mit gleichen Wahrscheinlichkeiten.
Gully bevorzugt stark die Mitte, Hasso ist auch lieber in der Mitte, aber er besucht die Ränder häufiger als Gully.
b) Der Erwartungswert der Position ist in allen Fällen die Grundstücksmitte, Fiffi ist dort aber kaum anzutreffen, Maika hat recht. Der Erwartungswert ist nicht die Stelle, an der die Wahrscheinlichkeit(sdichte) maximal ist.

c) $P(-0{,}1 \le X \le 0{,}1)$: Fiffi $0{,}1^2 = 1\%$, Gully 19 % und Hasso ca. 15 %
$P(0{,}9 < X)$: Fiffi 95 %, Gully 99 %, Hasso ca. 98 %

3 Die Analysis der Gauß'schen Glockenfunktion

Seite 349

Einstiegsproblem

f(x): B
g(x): C
h(x): E
i(x): D
k(x): A
l(x) = i(x)
m(x) = k(x)

Seite 350

1 a), b), c)

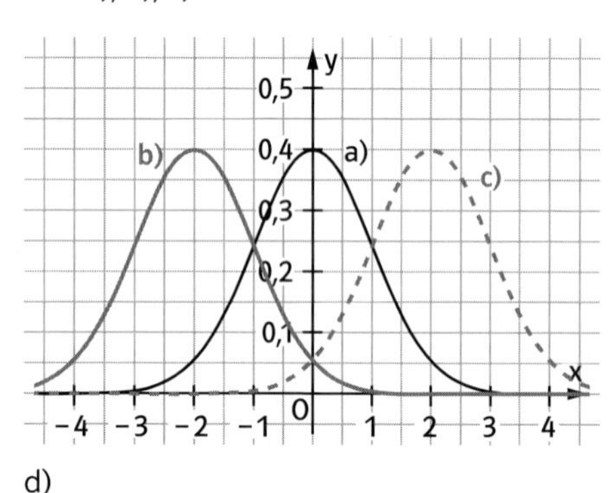

d)

Der Hochpunkt ist $H\left(\mu \,\middle|\, \frac{1}{\sigma\sqrt{2\pi}}\right)$.

Die Wendepunkte sind $W\left(\mu \cup \sigma \,\middle|\, \frac{1}{\sigma\sqrt{2\pi}} e^{-\frac{1}{2}}\right)$.

Je größer σ ist, desto breiter und schmaler ist der Graph.
Man erhält

a) $H(0;\ 0{,}3989)$ und $W(\pm 1;\ 0{,}2420)$

b) $H(-2;\ 0{,}3989)$ und $W(-2 \pm 1;\ 0{,}2420)$

c) $H(2;\ 0{,}3989)$ und $W(2 \pm 1;\ 0{,}2420)$

d) $H(0;\ 0{,}1995)$ und $W(\pm 2;\ 0{,}1210)$

Seite 351

2 Der Graph B hat Glockenform, man schätzt: $\mu = 0,\ \sigma = 2$;
der Graph D hat Glockenform, man schätzt: $\mu = 3,\ \sigma = 1{,}25$.

3 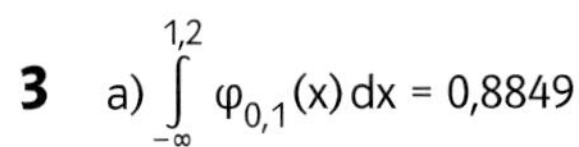

a) $\int_{-\infty}^{1,2} \varphi_{0,1}(x)\,dx = 0{,}8849$

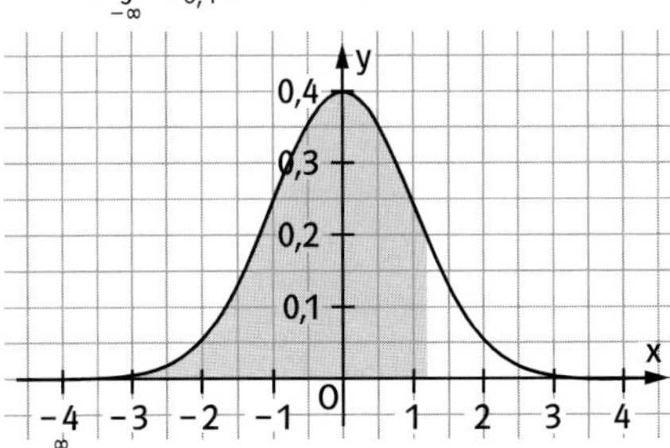

b) $\int_{1,15}^{\infty} \varphi_{0,1}(x)\,dx = 0{,}125$

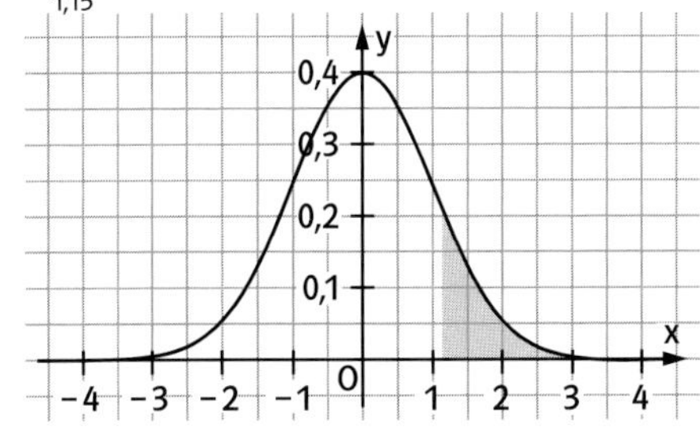

c) $\int_{-0,9}^{0,9} \varphi_{0,1}(x)\,dx = 0{,}6319$

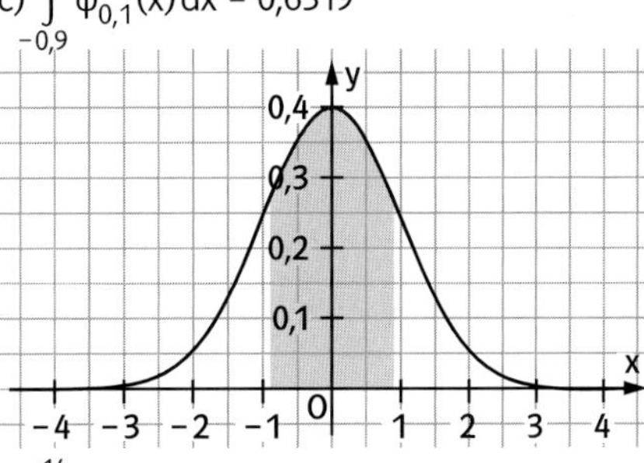

d) $\int_{10}^{14} \varphi_{12;1,5}(x)\,dx = 0{,}8176$

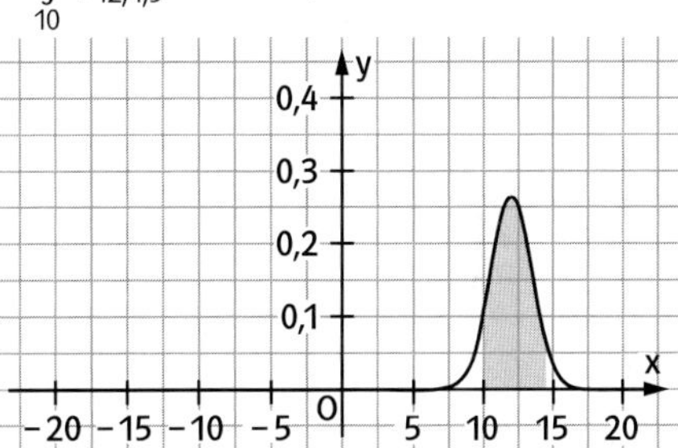

e) $\int_{-\infty}^{14} \varphi_{12;1,5}(x)\,dx = 0{,}909$

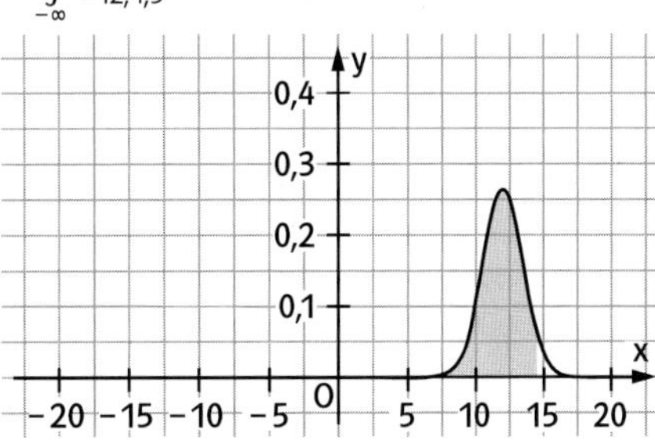

4 Die erste und die zweite Ableitung haben die Terme

$-\frac{\sqrt{2}\cdot x\cdot e^{-\frac{x^2}{2}}}{2\cdot\sqrt{\pi}}$ bzw. $\frac{\sqrt{2}\cdot x^2\cdot e^{-\frac{x^2}{2}}}{2\cdot\sqrt{\pi}} - \frac{\sqrt{2}\cdot e^{-\frac{x^2}{2}}}{\sqrt{\pi}\cdot 2}$.

Die Nullstelle der ersten Ableitung ist 0, die zweite Ableitung hat Nullstellen bei −1 und 1.

6 a)

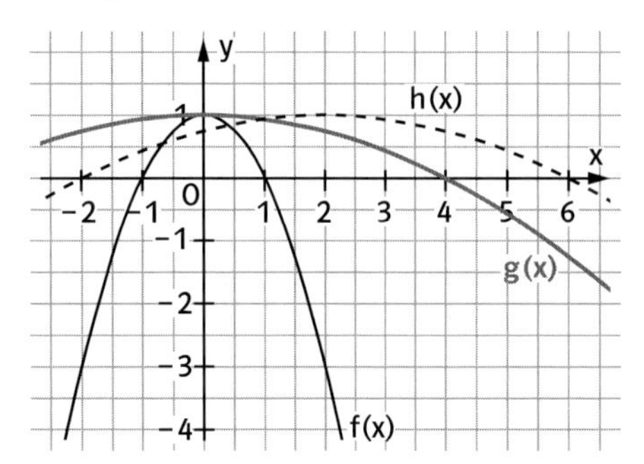

b) Zunächst wird der Graph in x-Richtung um den Faktor σ gestreckt, denn man muss als Argument $x \cdot \sigma$ einsetzen, um unter g den gleichen Funktionswert zu erhalten wie bei f(x).
Der in x-Richtung gestreckte Graph wird dann um μ nach rechts verschoben, denn man muss als Argument $x - \mu$ einsetzen, um unter h den gleichen Funktionswert zu erhalten wie bei g.

7 a) Diese Aufgabe lässt sich einfach mithilfe eines GTR lösen:

```
\Y1=normalpdf(X,
1,2)
\Y2=normalcdf(-2
0,X,1,2)
```

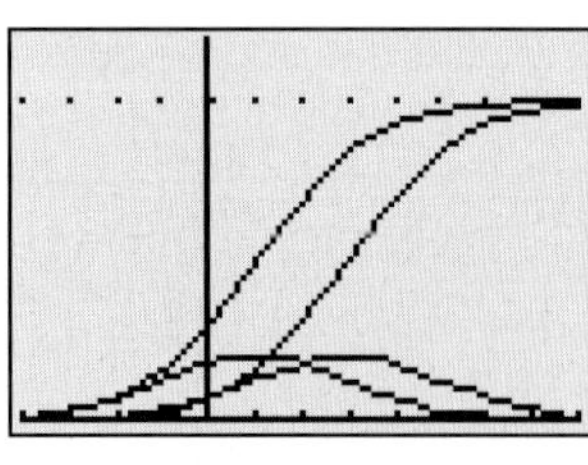

b)

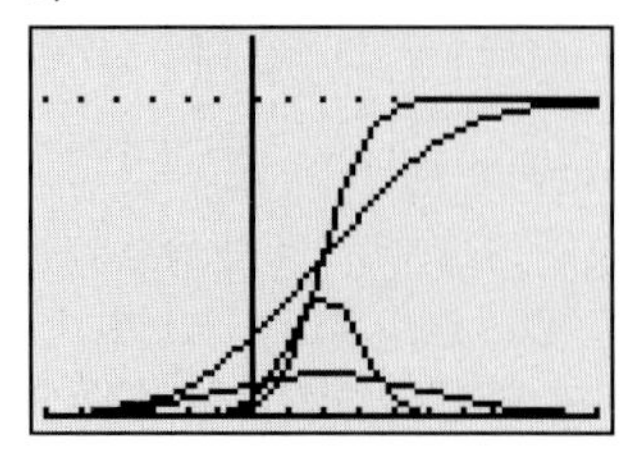

c) Alle Integralfunktionen steigen monoton von 0 auf 1 an, umso schneller, je kleiner σ ist.
Der steilste Anstieg der Integralfunktion liegt bei $x = \mu$.

8 Beispiel: $\mu = 2$ und $\sigma = 5$

```
∫(-100 bis 100) X×1÷(5×√(2×π))×e^(-(X-2)²÷(2×5²)) dx
                         2
```

```
∫(-100 bis 100) (X-2)²×1÷(5×√(2×π))×e^(-(X-2)²÷(2×5²)) dx
                         25
```

4 Die Normalverteilung

Seite 352

Einstiegsproblem

Der Hahn im linken Diagramm tropft schneller und gleichmäßiger.

Seite 354

1 a) 0,5 b) 0,5 c) 0,6827
d) 0,4772 e) 0,1587 f) 0

2 a) 0,4801 b) 0,5199 c) 0,7063
d) 0,4545 e) 0,1711 f) 0,0242

3 Im Mittel sind in einem Keks 15 Schokoladenstückchen, mit ca. 95 % sind zwischen 9 und 21 Schokoladenstücke in einem Keks. Katharina sollte besser sagen: „Die Anzahl der Schokoladenstückchen ist annähernd normalverteilt mit …“, denn ganzzahlige Zufallsvariablen können höchstens näherungsweise normalverteilt sein.

4 0,0228

5 a) 0,9545 (2-σ-Intervall)
b) Wenn (bei gleichem μ) σ wächst, wird diese Wahrscheinlichkeit kleiner.

c) Wenn sich (bei gleichem σ) μ ändert, wird die Wahrscheinlichkeit kleiner.

6 Es gilt $P(85 \le X \le 115) \approx 68{,}3\,\%$ (nach der Sigma-Regel); $P(115 \le X) \approx 15{,}9\,\%$; $P(130 \le X) \approx 2{,}3\,\%$.
Die Zeitungsangaben stimmen.

8

	linke Intervallgrenze	rechte Intervallgrenze
a)	6,99	9,41
b)	5,89	10,51
c)	5,24	11,16
d)	4,67	11,73
e)	3,56	12,83

9 a) 0,158 519; 0,079 656; 0,015 957; 0,000 000
b) 0,159 577; 0,079 788; 0,015 958
Man erkennt: Wenn man den Funktionswert der Wahrscheinlichkeitsdichte mit der Intervallbreite multipliziert, erhält man näherungsweise die Wahrscheinlichkeit des zugehörigen Intervalls. Die Übereinstimmung ist umso besser, je kleiner das Intervall ist.

Seite 355

10 a), b) Der Mittelwert ist 139, die Standardabweichung 27.
c) Wahrscheinlichkeit für [110; 120]: 10 % (relative Häufigkeit 11 %).
Wahrscheinlichkeit für [120; 160]: 54 % (relative Häufigkeit 54 %).
Für einen detaillierteren Vergleich siehe folgende Tabelle:

Klassenmitte	relative Häufigkeit	Wahrscheinlichkeit
55	0 %	0 %
65	0 %	0 %
75	0 %	1 %
85	3 %	2 %
95	3 %	4 %
105	8 %	7 %
115	11 %	10 %
125	15 %	13 %
135	13 %	15 %
145	16 %	14 %
155	10 %	12 %
165	8 %	9 %
175	3 %	6 %
185	6 %	3 %
195	3 %	2 %
205	1 %	1 %
215	0 %	0 %
225	0 %	0 %
235	0 %	0 %
245	0 %	0 %

11 a), b) Diese Aufgabe lässt sich mithilfe der Excel-Tabelle Realität-Modell lösen, die nach Eingabe des Online-Links auf der Klett-Homepage heruntergeladen werden kann. Es ergibt sich ein Diagramm, das etwa folgendermaßen aussieht.

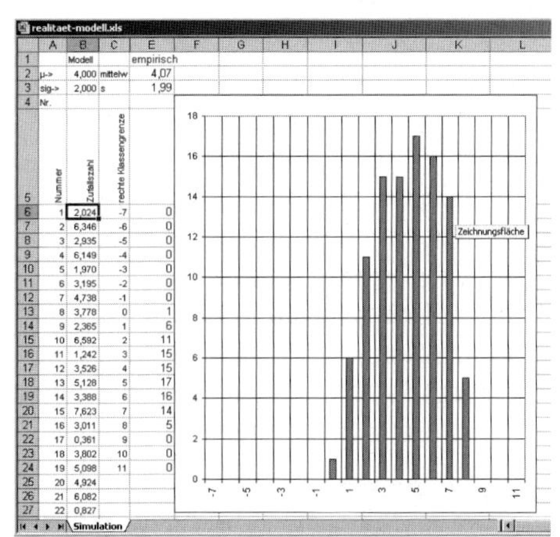

In der Regel stimmen der Mittelwert und die empirische Standardabweichung recht

gut mit dem Erwartungswert und der Standardabweichung der Normalverteilung überein.
c) $P(1,5 \le X \le 2,5) = 0,121$
$P(X < 0) = 0,023$
d) Individuelle Lösungen.

12 a) Bei normalverteilten Merkmalen hat die Wahrscheinlichkeit, dass man einen „Sollwert", hier 200 ml, erhält, den Wert 0.
b) Mittelwert der Abweichungen vom Sollwert: 1,96 ml; Standardabweichung 3,65 ml.
c) $P(X \ge 6\,ml) = 13,4\,\%$; $P(X \le -6\,ml) = 1,5\,\%$

5 Zweiseitiger Signifikanztest

Seite 356

Einstiegsproblem
Man erwartet mit etwa 95-prozentiger Wahrscheinlichkeit, dass die Zahl X der Einsen im 2-σ-Intervall [18; 32] liegt. Die Zahl der Einsen betragen bei
Manuela: 24
Hannes: 22
Sina: 17
Mathis: 26
Also spricht viel dafür, dass Sina einen Knopf verwendet hat. Aber sicher ist das nicht, weil die Abweichung zwar nicht sehr wahrscheinlich ist, aber es gibt immerhin etwa 5 % Wahrscheinlichkeit für eine solche Abweichung (oder eine noch größere) vom Erwartungswert 25.

Seite 357

1 Zur Bestimmung des Annahmebereichs bestimmt man mithilfe der Sigma-Regeln Näherungswerte und verwendet dann bei der Suche in den Tabellen diese Näherungswerte.
Die Testvariable X zählt die Treffer; sie ist jeweils binomialverteilt mit den Parametern n und p_0.

	5 %-Annahmebereich	5 %-Ablehnungsbereich
a)	[18; 32]	[0; 17] und [33; 50]
b)	[40; 60]	[0; 39] und [61; 100]
c)	[27; 40]	[0; 26] und [41; 50]
d)	[57; 76]	[0; 56] und [77; 100]
	Irrtumswahrscheinlichkeit	
a)	$P(X \le 17) + P(X \ge 33) = 0,0328$	
b)	$P(X \le 39) + P(X \ge 61) = 0,0352$	
c)	$P(X \le 26) + P(X \ge 41) = 0,0349$	
d)	$P(X \le 56) + P(X \ge 77) = 0,0333$	

	1 %-Annahmebereich	1 %-Ablehnungsbereich
a)	[16; 34]	[0; 15] und [35; 50]
b)	[37; 63]	[0; 36] und [64; 100]
c)	[25; 42]	[0; 24] und [43; 50]
d)	[54; 78]	[0; 53] und [79; 100]
	Irrtumswahrscheinlichkeit	
a)	$P(X \le 15) + P(X \ge 35) = 0,0066$	
b)	$P(X \le 36) + P(X \ge 64) = 0,0066$	
c)	$P(X \le 24) + P(X \ge 43) = 0,0066$	
d)	$P(X \le 53) + P(X \ge 79) = 0,0079$	

e) 50-maliger Münzwurf: Nullhypothese ist: Die Münze fällt mit Wahrscheinlichkeit 0,5 auf eine Seite, kurz H_0: $p = 0,5$; Stichprobenumfang $n = 50$.

Seite 358

2 Nullhypothese ist jeweils: H_0: $p = \frac{1}{6}$, in Worten: Lukas hat keinen gezinkten Würfel (nur darauf kann man testen, sonst müsste man die Wahrscheinlichkeit für den gezinkten Würfel kennen).
Die Testvariable X zählt die Sechsen, Parameter sind n (je nach Teilaufgabe) und $p = \frac{1}{6}$.
a) Annahmebereich = [1; 8]. Da k im Annahmebereich liegt, wird die Nullhypothese beibehalten.
b) Annahmebereich = [4; 14]. Da k im Annahmebereich liegt, wird die Nullhypothese beibehalten.

c) Annahmebereich = [10; 24]. Da k im Annahmebereich liegt, wird die Nullhypothese beibehalten.

3 Nullhypothese: Eine rote Kugel wird zufällig gezogen; H_0: p = 0,2.
Testvariable X: Anzahl der roten gezogenen Kugeln, Parameter n = 50 bzw. 100 und p = 0,2.
Annahmebereich [5; 16] bzw. [12; 28].
Der Annahmebereich ist bei n = 50 relativ zu n groß, bei n = 100 ist er etwas kleiner.
Da
$1 - P(5 \le X \le 16) = 1 - P(X \le 16) + P(X \le 4)$
$= 0{,}0329$
bzw. $1 - P(12 \le X \le 28)$
$= 1 - (P(X \le 28) + P(X \le 11) = 0{,}0326$
sind, beträgt die Irrtumswahrscheinlichkeit jeweils etwa 3,3%.

4 Nullhypothese: Der Stimmanteil ist gleich geblieben, H_0: p = 0,40.
Testvariable X: Anzahl der Wähler der Partei mit n = 100, p = 0,40.
Annahmebereich: [31; 50].
Bei dem Stichprobenergebnis 33 wird man aufgrund des Signifikanztests die Nullhypothese nicht verwerfen. Demnach hat sich der Stimmenanteil nicht signifikant verändert.

5 Nullhypothese: Die Mischung enthält 70% Haselnüsse (und 30% Walnüsse);
H_0: p = 0,7.
Testvariable X: Anzahl der Haselnüsse mit n = 100, p = 0,7.
80 liegt nicht im Annahmebereich [61; 79], also kann die Abweichung nicht toleriert werden.

8 a) Auf diese Frage kann man keine Antwort erwarten, man kann aber einen Test der Nullhypothese: „Jedes vierte Los gewinnt", also H_0: p = 0,25, durchführen, wobei der Stichprobenumfang n = 50 beträgt.
Testvariable X: Anzahl der Gewinnlose, n = 50, p = 0,25.
Für einen Test auf dem 5-%-Signifikanzniveau ist der Annahmebereich: [7; 19], also kann man die Behauptung auf dem 5-%-Signifikanzniveau nicht verwerfen (auf dem 1-%-Signifikanzniveau erst recht nicht).
b) Nun ist der Stichprobenumfang n = 100 und der Annahmebereich für einen Test auf dem 5-%-Signifikanzniveau: [17; 34], also wird man die Behauptung auf dem 5-%-Signifikanzniveau nicht verwerfen (auf dem 1-%-Signifikanzniveau erst recht nicht).

9 Nullhypothese: H_0: p = 0,60,
Testvariable X: Anzahl der Reißnägel, die auf dem Kopf landen,
Parameter: n = 50 (pro Teilnehmer) bzw. 50 mal Teilnehmerzahl, p = 0,60.
Bei einem Test auf dem 5-%-Niveau ergibt sich: Für die einzelnen Teilnehmer ist der Annahmebereich [23; 37], für z.B. 20 Teilnehmer zusammen [570; 630]. Es kann sein, dass bei einzelnen Teilnehmern die Hypothese zu verwerfen ist, insgesamt aber nicht. Auch der umgekehrte Ausgang ist möglich. Das Experiment macht deutlich, dass Testen keine Entscheidung wahr–falsch ist. Es entsteht ein Gefühl dafür, dass ein größerer Stichprobenumfang ein Ergebnis liefert, dem man eher trauen kann.
Näheres dazu siehe Aufgaben 10 und 11.

Seite 359

10 a) Wahr, denn es kann sein, dass bei einem Test eine richtige Hypothese verworfen wird.
b) Falsch, denn man weiß nicht, ob die Nullhypothese wahr oder falsch ist.

c) Wahr, denn die maximale Irrtumswahrscheinlichkeit ist das Signifikanzniveau.
d) Falsch, denn man weiß nicht, ob die Nullhypothese wahr oder falsch ist.
e) Wahr, denn je größer das Signifikanzniveau, desto größer der Ablehnungsbereich.

11 a) A: Annahmebereich: [110; 140];
B: Annahmebereich: [105; 145];
C: Annahmebereich: [112; 138];
D: Annahmebereich: [107; 143].
Also ist die Nullhypothese bei A zu verwerfen, bei B zu akzeptieren, bei C zu verwerfen und bei D zu akzeptieren.
b) Bei einem Signifikanztest muss vorher festgelegt werden, wie hoch Signifikanzniveau und Stichprobenumfang sind. Das gehört auch zu den Testdaten, damit jeder den Test nachvollziehen kann. Insofern ist es unzulässig, nachträglich eine Änderung vorzunehmen. Der Test sagt auch nicht aus: Eine Hypothese ist wahr bzw. falsch, sondern: Wenn man ein bestimmtes Signifikanzniveau und einen bestimmten Stichprobenumfang festgelegt hat, führt ein bestimmtes Stichprobenergebnis zu einer bestimmten Entscheidung für oder gegen die Nullhypothese. Durch die nachträgliche Wahl des Signifikanzniveaus könnte der Mediziner seine Entscheidung für oder gegen die Nullhypothese so beeinflussen, dass er eine Entscheidung trifft, die seinen Vorstellungen entspricht.

12 a) A: Der Annahmebereich ist [40; 60], also ist bei der Stichprobe 30 bzw. 70 die Nullhypothese zu verwerfen.
B: Der Annahmebereich ist [86; 114], also ist bei der Stichprobe 80 bzw. 120 die Nullhypothese zu verwerfen
C: Der Annahmebereich ist [180; 220], also ist bei der Stichprobe 180 bzw. 220 die Nullhypothese beizubehalten.
D: Der Annahmebereich ist [228; 272], also ist bei der Stichprobe 230 bzw. 270 die Nullhypothese beizubehalten.
b) Je größer der Stichprobenumfang, desto größer wird auch der Annahmebereich, sodass für ausreichend großes n das Ergebnis im Annahmebereich liegt.

13 a) A: Der Annahmebereich ist [40; 60], also ist bei der Stichprobe 45 bzw. 55 die Hypothese beizubehalten.
B: Der Annahmebereich ist [86; 114], also ist bei der Stichprobe 90 bzw. 110 die Hypothese beizubehalten.
C: Der Annahmebereich ist [180; 220], also ist bei der Stichprobe 180 bzw. 220 die Hypothese beizubehalten.
D: Der Annahmebereich ist [228; 272], also ist bei der Stichprobe 225 bzw. 275 die Hypothese zu verwerfen.
b) Je größer der Stichprobenumfang, desto größer wird zwar der Annahmebereich. Er wächst aber wegen der Sigma-Regeln nur proportional zu $\sqrt{n}$, während die prozentuale Abweichung vom Erwartungswert proportional zu n wächst.
Das bedeutet: Wenn man bei einem Zufallsversuch immer eine etwa gleich große relative Abweichung vom Erwartungswert beobachtet, so kann man bei ausreichend hohem Stichprobenumfang die Nullhypothese verwerfen. Ein hoher Stichprobenumfang liefert also ein eher verlässliches Ergebnis.

Info: Durchführung eines Signifikanztests mit dem GTR
Als Beispiel wird der Signifikanztest zu der Nullhypothese H_0: $p = \frac{1}{6}$ bei einem Stichprobenumfang von 300 auf dem Signifikanzniveau 5% durchgeführt. Die Testvariable X hat die Parameter $p = \frac{1}{6}$ und $n = 300$. Es wird angenommen, dass die Stichprobe den Wert $x = 37$ liefert.

Der GTR stellt im Statistikbereich dazu eine passende Funktion zur Verfügung.

Auswahl des Tests:

```
EDIT CALC TESTS
1:Z-Test...
2:T-Test...
3:2-SampZTest...
4:2-SampTTest...
5:1-PropZTest...
6:2-PropZTest...
7↓ZInterval...
```

Eingabe der Parameter:

```
1-PropZTest
 p0:.1666666666...
 x:37
 n:300
 prop≠p0 <p0 >p0
 Calculate Draw
```

Testergebnis:

```
1-PropZTest
 prop≠.16667
 z=-2.01395134
 p=.0440145035
 p̂=.1233333333
 n=300
```

Grafische Darstellung:

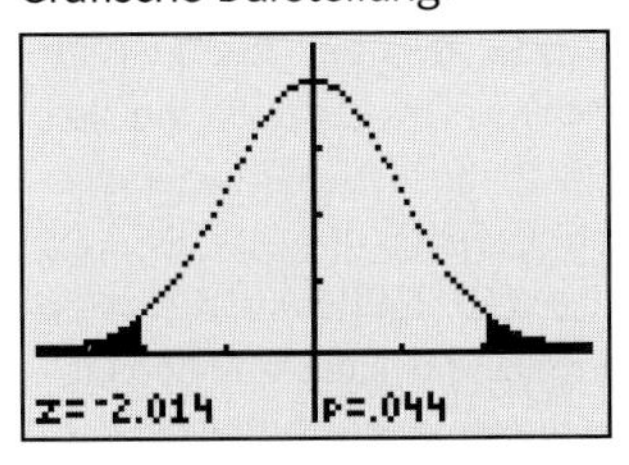

Interpretation der Werte beim Testergebnis und bei der grafischen Darstellung:

Der Wert $p = 0{,}044$ gibt die Wahrscheinlichkeit an, mit der das Stichprobenergebnis oder eines mit noch größerer Abweichung auftritt; x liegt also hier im Ablehnungsbereich, da $p < 5\%$. p entspricht hier der Irrtumswahrscheinlichkeit, das „p_0" aus der Hypothese dem Wert des GTR bei „prop". Die Nullhypothese wird also verworfen. Der Wert $z = -2{,}0139\ldots$ bedeutet, dass der Stichprobenwert $x = 37$ um etwa $2{,}014 \cdot \sigma$ vom Erwartungswert μ entfernt liegt.

Die relative Häufigkeit für x wird mit $\hat{p} = \frac{37}{300} = 0{,}1233$ angegeben.

In der grafischen Darstellung ist der Bereich außerhalb der $2{,}014 \cdot \sigma$-Umgebung schwarz markiert und die zugehörige Wahrscheinlichkeit $p = 0{,}044$ angegeben.

Bemerkung: Der Test liefert nur Näherungswerte, da die Binomialverteilung durch die Normalverteilung angenähert wird.

Die Näherungswerte entsprechen dabei im Wesentlichen denen der $2\text{-}\sigma$-Regel.

6 Einseitiger Signifikanztest

Seite 360

Einstiegsproblem

Bisher wurde nur zweiseitig getestet. Wenn man hier auch zweiseitig testet – Nullhypothese H_0: $p = 0{,}7$ – erhält man bei einem Signifikanzniveau von 5% als Annahmebereich [61; 79]. Man müsste dann die Nullhypothese verwerfen. Damit könnte man aber nicht bestätigen, dass das neue Mittel besser heilt, nur dass man die Hypothese, dass es mit 70% Wahrscheinlichkeit heilt, ablehnt.

Ein zweiseitiger Test ist also hier nicht sinnvoll. Man möchte ja die Hypothese bestätigen, dass das neue Mittel mit einer Wahrscheinlichkeit heilt, die größer als 70% ist. Man erkennt, dass hier der Annahmebereich für die Nullhypothese („das neue Mittel heilt nicht besser") ein Intervall der Form [0, b] sein muss, wobei b deutlich größer als 70 sein muss. Bei dem Signifikanzniveau 5% wird man fordern, dass der Ablehnungsbereich $[b + 1; 100]$ höchstens eine 5-prozentige Wahrscheinlichkeit hat.

Seite 362

1 X sei die Trefferzahl.
a) A = [0; 31];
Irrtumswahrscheinlichkeit = 0,0325
b) A = [19; 50];
Irrtumswahrscheinlichkeit = 0,0325
c) A = [0; 33];
Irrtumswahrscheinlichkeit = 0,0077
d) A = [28; 50];
Irrtumswahrscheinlichkeit = 0,0424

2 a) A = [0; 20];
die Nullhypothese wird beibehalten.
b) A = [7; 25];
die Nullhypothese wird beibehalten.
c) A = [0; 33];
die Nullhypothese wird verworfen.
d) A = [42; 100];
die Nullhypothese wird verworfen.

3 Testvariable X: Anzahl der Münzen, die „Kopf" zeigen, Parameter $n = 100$, $p = 0,5$.
a) A = [42; 100]
b) A = [40; 60]
c) A = [0; 58]

4 Testvariable ist jeweils X: Anzahl der angegegurteten Fahrer, Parameter $n = 100$; $p = 0,7$.
a) Autoklub: Nullhypothese $p = 0,7$, Alternative H_1: $p > 0,7$, weil H_0 verworfen wird, wenn es deutlich mehr als 70 % Angegurtete gibt. Rechtsseitiger Test mit Annahmebereich [0; 77].
Polizei: Nullhypothese H_0: $p = 0,7$, Alternative H_1: $p < 0,7$, weil H_0 verworfen wird, wenn es deutlich weniger als 70 % Angegurtete gibt. Linksseitiger Test mit Annahmebereich [62; 100].
b) Der Autoklub wird die Nullhypothese verwerfen, er sieht seine Behauptung bestätigt. Die Polizei kann die Nullhypothese nicht verwerfen, sie kann ihre Behauptung nicht bestätigt sehen.

5 a) Testvariable X: Anzahl der Kugelschreiber, die in Ordnung sind, Parameter $n = 50$; $p \geq 0,97$.
Die Nullhypothese H_0: $p \geq 0,97$ wird linksseitig getestet, da der Großabnehmer seine Behauptung bestätigt sieht, wenn sich ein relativ kleines Stichprobenergebnis ergibt; Stichprobenumfang $n = 50$, Annahmebereich [46; 50]. Die Nullhypothese wird bei weniger als 46 intakten Kugelschreibern verworfen.
b) Irrtumswahrscheinlichkeit
$P(X \leq 45) = 0,0168$

Seite 363

6 Beide verwenden als Testvariable die Anzahl X der Projektbefürworter mit den Parametern $n = 100$ und $p_0 = 0,75$.
a) Stadtverwaltung: Alternative H_1: $p > 0,75$, rechtsseitiger Test, weil sie bei relativ großen Stichprobenergebnissen die Nullhypothese verwerfen kann und ihre Behauptung bestätigt sieht. Annahmebereich = [0; 82]. Bei einem Stichprobenergebnis, das größer als 82 ist, sieht die Stadtverwaltung ihre Behauptung bestätigt.
b) Bürgerinitiative: Alternative H_1: $p < 0,75$, linksseitiger Test, weil sie bei relativ kleinen Stichprobenergebnissen die Nullhypothese verwerfen kann und ihre Behauptung bestätigt sieht.
Annahmebereich = [68; 100]. Bei einem Stichprobenergebnis, das kleiner als 68 ist, sieht die Bürgerinitiative ihre Behauptung bestätigt.
c) Im Bereich der linken Grenze des Annahmebereichs von Teilaufgabe a) bis zur rechten Grenze des Annahmebereichs von Teilaufgabe b) bleiben beide bei der Nullhypothese, d.h. im Bereich [68; 82].

9 Testvariable X: Anzahl der Münzen, die „Kopf" zeigen, Parameter $n = 25$ (pro Teilnehmer), $p = 0,5$. Nullhypothese

H_0: $p = 0{,}5$, Alternative H_1: $p > 0{,}5$, rechtsseitiger Test. Für die einzelnen Teilnehmer ist der Annahmebereich [0; 17], für z.B. 20 Teilnehmer zusammen [0,268]. Es kann sein, dass bei einzelnen Teilnehmern die Nullhypothese zu verwerfen ist, insgesamt aber nicht. Auch der umgekehrte Ausgang ist möglich. Das Experiment macht deutlich, dass Testen keine Entscheidung wahr – falsch ist.

10 Man testet die Nullhypothese H_0: $p = 0{,}80$ gegen die Alternative H_1: $p > 80$, rechtsseitig; Testvariable X: Anzahl der geheilten Patienten, Parameter $n = 100$ und $p = 0{,}80$.
Signifikanzniveau 5%: Annahmebereich [0; 86]; Medikament B muss bei mindestens 87 Patienten heilend wirken, damit man von der Alternative ausgehen kann.
Signifikanzniveau 1%: Annahmebereich [0; 89]; Medikament B muss bei mindestens 90 Patienten heilend wirken, damit man von der Alternative ausgehen kann.
Signifikanzniveau 0,1%: Annahmebereich [0; 91]; Medikament B muss bei mindestens 92 Patienten heilend wirken, damit man von der Alternative ausgehen kann.

11 a) Mögliche Beschreibung: „Ich stelle die Nullhypothese $p = 0{,}30$ auf. Es wird rechtsseitig getestet, weil die Nullhypothese verworfen werden soll, wenn deutlich mehr Wähler als 30% in der Stichprobe ermittelt werden. Als Signifikanzniveau wird z.B. 5% gewählt. Als Stichprobenumfang wird z.B. $n = 100$ für eine telefonische (repräsentative) Umfrage gewählt. Dazu wird z.B. auf jeder zehnten Seite im Telefonbuch der fünfte Teilnehmer ausgesucht, bis man 100 Teilnehmer hat, und befragt. Als Testvariable verwende ich also X, die Anzahl der Wähler von Partei P, wobei die Parameter $n = 100$ und $p = 0{,}30$ sind. Als Annahmebereich ergibt sich [0; 38]. Bei mehr als 38 Wählern kann man davon ausgehen, dass der Wähleranteil gestiegen ist."
b) 35% von 100 sind 35. Damit kann die Nullhypothese nicht verworfen werden. Zu einem anderen Ergebnis würde man gelangen, wenn man insgesamt 1000 Befragte hätte. Wenn dann für die gesamte Befragung wieder 35% Wähler von Partei P herauskämen, so wären es nun 350 Befürworter. Für $n = 1000$ wäre [0; 324] der Annahmebereich der Nullhypothese. In diesem Falle könnte man von einer Erhöhung des Wähleranteils ausgehen.

12 a) Falsch, man kann mit einem Signifikanztest nicht entscheiden, ob eine Hypothese richtig ist.
b) Falsch, bei größerem Signifikanzniveau wird der Annahmebereich kleiner.
c) Falsch, man kann mit einem Test nicht entscheiden, ob eine Hypothese richtig ist. Die Irrtumswahrscheinlichkeit gibt die Wahrscheinlichkeit an, mit der man die Nullhypothese verwirft, obwohl sie eigentlich stimmt.

7 Fehler beim Testen von Binomialverteilungen

Seite 364

Einstiegsproblem
Frau Neumann verwirft die Hypothese A, obwohl sie in Wirklichkeit richtig ist; die Alternative B ist falsch. Man sagt: Frau Neumann begeht einen Fehler 1. Art.
Herr Altmann akzeptiert die Hypothese A, obwohl sie in Wirklichkeit falsch ist; die Alternative B ist richtig. Man sagt: Herr Altmann begeht einen Fehler 2. Art.

Seite 365

Bei den Lösungen wird die Schreibweise $F_{n;p}(r)$ verwendet für $P(X \le r)$, wobei X die Testvariable mit den Parametern n und p ist (vgl. S. 629 im Schülerbuch).

1 a) Annahmebereich [0; 17]
Wahrscheinlichkeit für einen Fehler 1. Art:
$1 - F_{25;\,0,5}(17) = 0{,}0216$
b) Wahrscheinlichkeit für einen Fehler 2. Art:
$F_{25;\,0,6}(17) = 0{,}8464$
$\left(F_{25;\,0,75}(17) = 0{,}2735;\ F_{25;\,0,9}(17) = 0{,}0023\right)$
c) Signifikanzniveau 1%:
Annahmebereich [0; 18]
Wahrscheinlichkeit für einen Fehler 1. Art:
$1 - F_{25;\,0,5}(18) = 0{,}0073$
Wahrscheinlichkeit für einen Fehler 2. Art:
$F_{25;\,0,6}(18) = 0{,}9264$
$\left(F_{25;\,0,75}(18) = 0{,}4389;\ F_{25;\,0,9}(18) = 0{,}0095\right)$
d) Signifikanzniveau 5%,
Stichprobenumfang n = 100:
Annahmebereich [0; 58]
Wahrscheinlichkeit für einen Fehler 1. Art:
$1 - F_{100;\,0,5}(58) = 0{,}0443$
Wahrscheinlichkeit für einen Fehler 2. Art:
$F_{100;\,06}(58) = 0{,}3775$
$\left(F_{100;\,0,75}(58) = 0{,}0001;\ F_{100;\,0,9}(58) = 0{,}0000\right)$

Seite 366

2 a) Siehe Fig. 1 (Fig. 2; Fig. 3)
Annahmebereich [24; 50]
Wahrscheinlichkeit für einen Fehler 1. Art:
$F_{50;\,0,6}(23) = 0{,}0314$
Wahrscheinlichkeit für einen Fehler 2. Art:
$1 - F_{50;\,0,5}(23) = 0{,}6641$
$(1 - F_{50;\,0,4}(23) = 0{,}1562;$
$1 - F_{50,\,0,25}(23) = 0{,}0004)$
b) Annahmebereich [22; 50], Wahrscheinlichkeit für einen Fehler 1. Art:
$F_{50,\,0,6}(21) = 0{,}0076$
Wahrscheinlichkeit für einen Fehler 2. Art:
$1 - F_{50;\,0,5}(21) = 0{,}8389;$
$(1 - F_{50;\,0,4}(21) = 0{,}3299;$
$1 - F_{50;\,0,25}(21) = 0{,}0026)$
c) Signifikanzniveau 5%,
Stichprobenumfang n = 100 (siehe Fig. 4):
(bei den entsprechenden Figuren zu p = 0,4 bzw. p = 0,25 verschieben sich die Bereiche wie bei Fig. 2 und Fig. 3).
Annahmebereich [52; 100]
Wahrscheinlichkeit für einen Fehler 1. Art:
$F_{100;\,0,6}(51) = 0{,}0423$
Wahrscheinlichkeit für einen Fehler 2. Art:
$1 - F_{100;\,0,5}(51) = 0{,}3822$
$(1 - F_{100;\,0,4}(51) = 0{,}0100;$
$1 - F_{100;\,0,25}(51) = 0{,}0000)$
Wesentlicher Unterschied zwischen n = 50 und n = 100:
Die Fehler 2. Art werden bei (nahezu) gleichem Fehler 1. Art deutlich kleiner.

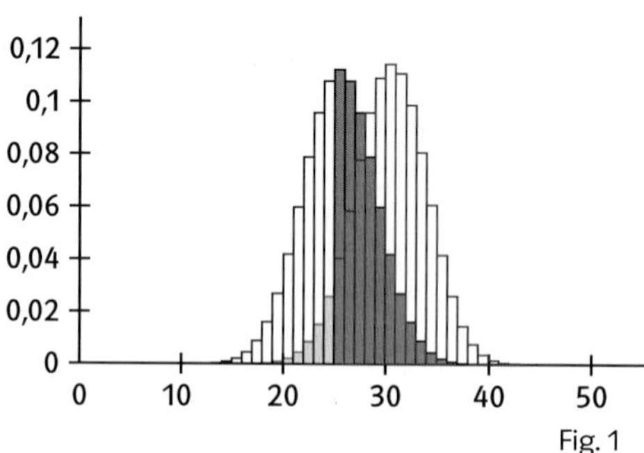

Fig. 1

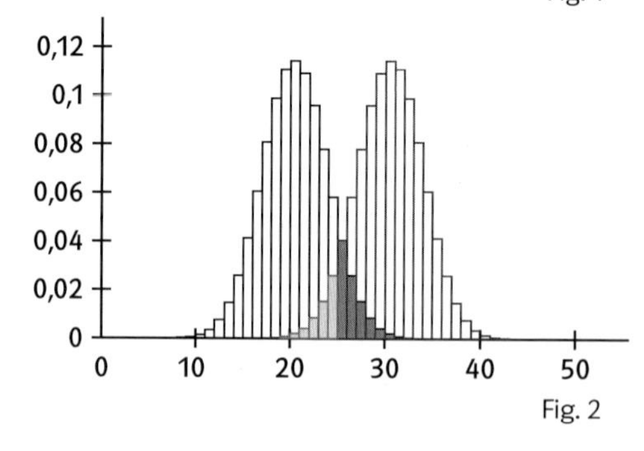

Fig. 2

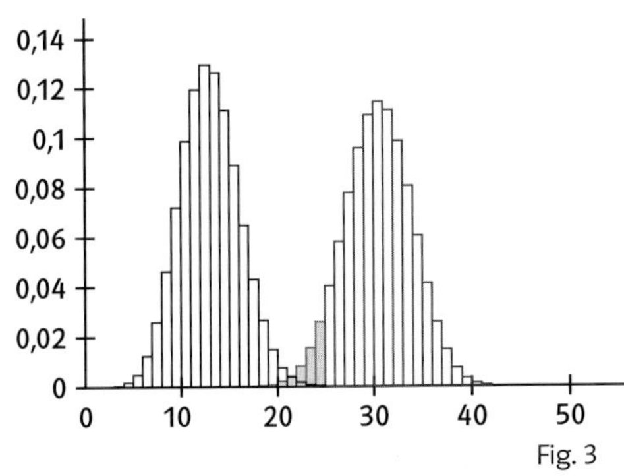

Fig. 3

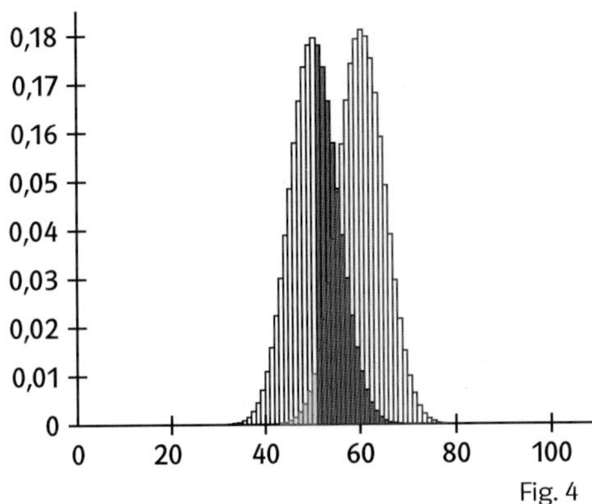

Fig. 4

3 a) $n = 50$: $A = [4;\,14]$; die Hypothese H_0 kann nicht verworfen werden.
Wahrscheinlichkeit für einen Fehler 1. Art:
$1 - \left(F_{50;\,\frac{1}{6}}(14) - F_{50;\,\frac{1}{6}}(4)\right) = 0{,}0377$
$n = 500$: $A = [67;\,100]$; die Hypothese H_0 wird verworfen.

Wahrscheinlichkeit für einen Fehler 1. Art: $1 - \left(F_{500;\,\frac{1}{6}}(100) - F_{500;\,\frac{1}{6}}(66)\right) = 0{,}0411$
b) $n = 50$: $A = [5;\,12]$
Wahrscheinlichkeit für einen Fehler 1. Art:
$1 - \left(F_{50;\,\frac{1}{6}}(12) - F_{50;\,\frac{1}{6}}(4)\right) = 0{,}1270$
$n = 500$: $A = [50;\,120]$
Wahrscheinlichkeit für einen Fehler 1. Art:
$1 - \left(F_{500;\,\frac{1}{6}}(120) - F_{500;\,\frac{1}{6}}(49)\right) = 0{,}000\,018\,5$
c) Teil a)
Wahrscheinlichkeit für einen Fehler 2. Art:
$F_{50;\,\frac{1}{4}}(14) - F_{50;\,\frac{1}{4}}(3) = 0{,}7476$
$\left(F_{500;\,\frac{1}{4}}(100) - F_{500;\,\frac{1}{4}}(66) = 0{,}0049\right)$

Teil b)
Wahrscheinlichkeit für einen Fehler 2. Art:
$F_{50;\,\frac{1}{4}}(12) - F_{50;\,\frac{1}{4}}(4) = 0{,}5089$
$\left(F_{500;\,\frac{1}{4}}(120) - F_{500;\,\frac{1}{4}}(49) = 0{,}3235\right)$

4 a) H_0: $p \le 0{,}03$; H_1: $p > 0{,}03$
Es wird rechtsseitig getestet.
b) $A = [0;\,6]$
Wahrscheinlichkeit für einen Fehler 1. Art:
$1 - F_{100;\,0{,}03}(6) = 0{,}0312$
Wahrscheinlichkeit für einen Fehler 2. Art:
$F_{100;\,0{,}04}(6) = 0{,}8936$
$(F_{100;\,0{,}05}(6) = 0{,}7660$; $F_{100;\,0{,}06}(6) = 0{,}6064)$

5 a) H_0: $p = 0{,}5$; H_1: $p > 0{,}5$
Rechtsseitiger Test mit $A = [0;\,14]$
b) H_0 wird beibehalten, dem Lord wird nicht die behauptete Fähigkeit zuerkannt.
Bei dieser Entscheidung kann es sein, dass ein Fehler 2. Art begangen wird:
H_0 ist falsch, wird aber beibehalten.
c) Wahrscheinlichkeit für einen Fehler 2. Art:
$F_{20;\,0{,}6}(14) = 0{,}8744$
$(F_{20;\,0{,}7}(14) = 0{,}5836$; $F_{20;\,0{,}8}(14) = 0{,}1958$;
$F_{20;\,0{,}9}(14) = 0{,}0113)$

Seite 367

7 H_0: $p = 0{,}3$; H_1: $p = 0{,}7$; $n = 10$;
$A = [0;\,4]$.
Es wird angenommen, dass eine $B_{n;\,p}$-Verteilung vorliegt.
a) Fehler 1. Art:
H_0 ist wahr, aber H_1 wird angenommen.
Fehler 2. Art:
H_1 ist wahr, aber H_0 wird angenommen.
Wahrscheinlichkeit für einen Fehler 1. Art:
$1 - F_{10;\,0{,}3}(4) = 0{,}1503$
Wahrscheinlichkeit für einen Fehler 2. Art:
$F_{10;\,0,}7(4) = 0{,}0473$
b) Bei $A = [0;\,5]$ ist die Wahrscheinlichkeit für einen Fehler 1. Art:
$1 - F_{10;\,0{,}3}(5) = 0{,}0473.$

In diesem Fall ergibt sich der kleinste Annahmebereich mit weniger als 10 % Wahrscheinlichkeit für den Fehler 1. Art. Die kleinstmögliche Wahrscheinlichkeit für einen Fehler 2. Art ist unter dieser Bedingung daher:
$F_{10;\,0,7}(5) = 0{,}1503$.
Entscheidungsregel ist also: H_0 ist anzunehmen, wenn höchtens 5 Perlen der Größe 1 in der Stichprobe gefunden werden.
c) Bei $n = 10$ ist die Aufgabe nach Teilaufgabe b) nicht lösbar. Bei $n = 11$ ergibt sich für $A = [0;\,5]$:
Wahrscheinlichkeit für einen Fehler 1. Art:
$1 - F_{11;\,0,3}(5) = 0{,}0782$;
Wahrscheinlichkeit für einen Fehler 2. Art:
$F_{11;\,0,7}(5) = 0{,}0782$.
Also reicht ein Stichprobenumfang von $n = 11$ aus. Entscheidungsregel ist dann: H_0 ist anzunehmen, wenn höchstens 5 Perlen der Größe 1 in der Stichprobe gefunden werden.

8 a) Annahmebereich: [0; 8],
$f(p) = P(X_p \le 8)$
Der Graph zeigt im Überblick, wie die Wahrscheinlichkeit bei dem Fehler 2. Art für $p > p_0$ kleiner wird, je größer p wird.

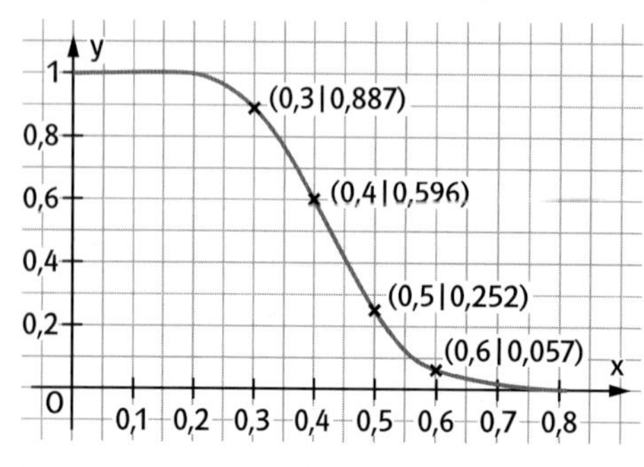

b) Annahmebereich: [2; 9],
$f(p) = P(2 \le X_p \le 9)$
Der Graph zeigt im Überblick, wie die Wahrscheinlichkeit für den Fehler 2. Art kleiner wird, je weiter p von p_0 entfernt ist.

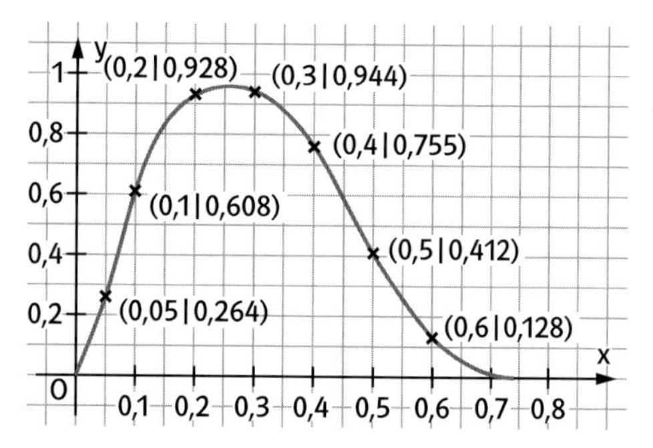

c) Annahmebereich: [2; 20],
$f(p) = P(X_p \ge 2)$
Der Graph zeigt im Überblick, wie die Wahrscheinlichkeit für den Fehler 2. Art für $p < p_0$ kleiner wird, je kleiner p wird.

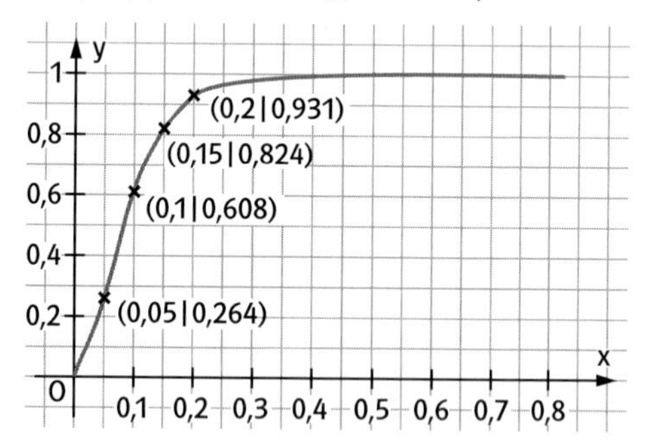

d) zu a) Annahmebereich: [0; 19] ,
$f(p) = P(X_p \le 19)$,
Bei $n = 50$ erkennt man im Vergleich mit $n = 20$, dass der Graph steiler abfällt. Bei $p > p_0 = 0{,}25$ werden also die Wahrscheinlichkeiten mit wachsendem p für den Fehler 2. Art schneller kleiner.

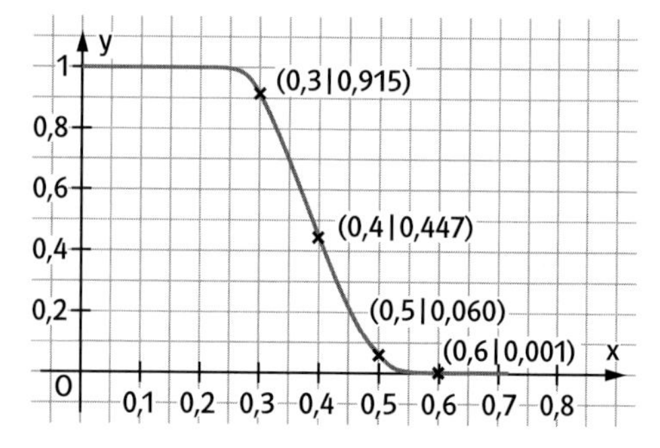

d) zu b) Annahmebereich: [7; 18],
$f(p) = P(7 \le X_p \le 18)$
Bei $n = 50$ erkennt man im Vergleich mit $n = 20$, dass der Graph steiler ansteigt und abfällt. Bei Entfernung von $p_0 = 0{,}25$ werden also die Wahrscheinlichkeiten für den Fehler 2. Art schneller kleiner.

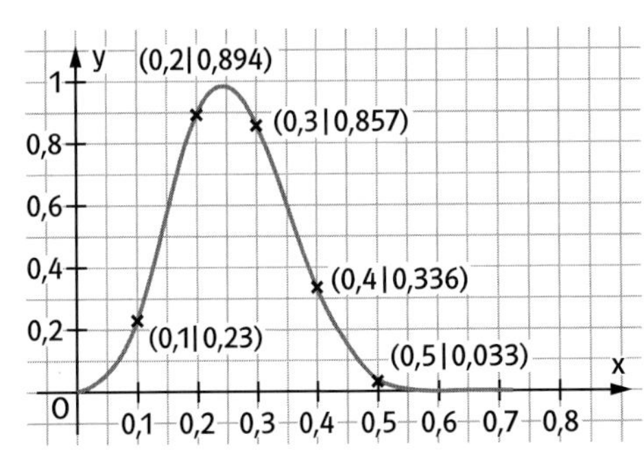

d) zu c)
Annahmebereich: [8; 50], $f(p) = P(X_p \ge 8)$
Bei $n = 50$ erkennt man im Vergleich mit $n = 20$, dass der Graph steiler ansteigt. Bei $p < p_0 = 0{,}25$ werden also die Wahrscheinlichkeiten mit abnehmendem p für den Fehler 2. Art schneller kleiner.

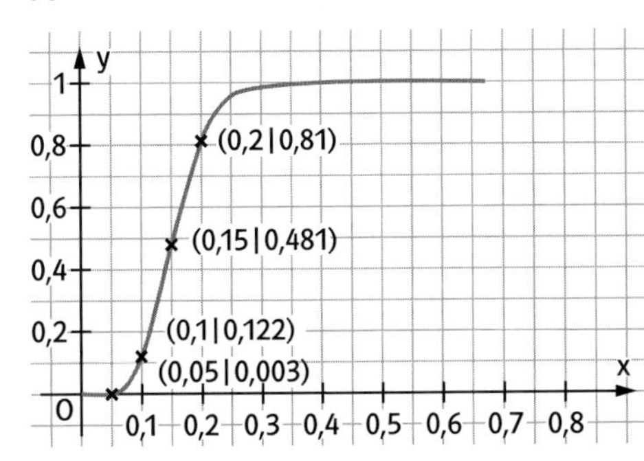

e) Bei $p = p_0$ liegt kein Fehler 2. Art vor, weil dann die Nullhypothese gilt und daher nicht irrtümlich angenommen werden kann. Also ist die Operationscharakteristik für $p = p_0$ eigentlich nicht definiert. Trotzdem liefert f dort einen Funktionswert, nämlich
$f(p_0) = P(X_{p_0} \in A)$
$= 1 - P\left(X_{p_0} \in \overline{A}\right)$
$= 1 -$ Irrtumswahrscheinlichkeit.

Beim zweiseitigen Test hat f bei $p = p_0$ sein Maximum.

Wiederholen – Vertiefen – Vernetzen

Seite 368

1 a) Näherung: 0,1784
Es wurde richtig gerechnet, die Wahrscheinlichkeit ist so klein, weil die benachbarten Werte 8, 9, 10, 11, 12 alle fast gleich wahrscheinlich sind. Insbesondere kann die Wahrscheinlichkeit nicht bei 50 % liegen.
b) Exakt: 0,176 20
c) Die Wahrscheinlichkeit, dass man zwischen 9 und 11 Treffer erzielt, ist exakt 0,496 555 328.
Das angegebene Integral ist eine Näherung dieses exakten Wertes. Die Wahrscheinlichkeit liegt etwas unterhalb des Dreifachen der Lösung aus Teilaufgabe b).

2 Die Wahrscheinlichkeit ist 0,098 79 also ca. 10 %.

3 a) Die rechte Fahrspur übernimmt die Grundlast. Nachts fährt kaum jemand auf der Überholspur. In der Rushhour übernehmen die Überholspuren mehr Verkehr, auf der linken Überholspur passieren dann die meisten Autos.
b)
- ca. die Hälfte des Stundenwertes: 565,
- ca. $\frac{1}{12}$ des Stundenwertes, also 94 Autos in 5 Minuten,
- ca. $\frac{1}{60}$ des Stundenwertes, also 19 Autos je Minute,
- kein oder ein Auto, das stetige Modell passt hier nicht mehr.

c) Wenn man die gezeichnete Funktion als Verkehrsdichte (in Autos je Stunde) bezeichnet, dann erhält man die Anzahl der Autos zwischen zwei Zeitpunkten a und b als Integral über die Verkehrsdichten zwischen a und b.

d) Man teilt die Verkehrsdichte durch die Gesamtzahl der Autos, die an einem ganzen Tag vorbeifahren, dann hat das Integral den Wert 1.

4 a) $P(X = 0) = 0{,}6703$
$\mu = 0{,}4$; $\sigma = 0{,}63$; 2-σ-Intervall: [0; 1].
Nach der Sigmaregel wäre die Wahrscheinlichkeit etwa 95 %, dass keine oder nur eine Person erkrankt ist. Probe:
$P(X = 0) + P(X = 1) = 0{,}938$.
Allerdings: Auch das 1-σ-Intervall ist [0; 1], und dafür müsste die Wahrscheinlichekit etwa 68 % betragen. Das ist eine große Abweichung, da σ relativ klein ist (nach Faustregel sollte $\sigma > 3$ sein, vgl. Schülerbuch S. 513).
b) 95 %-Vertrauensintervall von $h = 0$ ist (als Näherung!) [0; 0]. Offenbar ist die Näherung hier unbrauchbar.

Seite 369

5 a) [0,551 990 883 2; 0,648 009 116 8]; Näherung
[0,548 929 573 2; 0,644 508 743]; exakt
b) 1537

6 a) Man wählt als (konservative) Nullhypothese H_0: $p = 0{,}3$, die man erst dann verwirft, wenn die Zahl X der Testpersonen, die das Produkt kennen, deutlich über dem Erwartungswert $\mu = 30$ liegt.
Wegen $P(X \geq 39) = 0{,}033\,978\,998$ und $P(X \geq 38) = 0{,}053\,045\,586$ wird man H_0 erst dann verwerfen und das Honorar auszahlen, wenn 39 oder mehr Personen das Produkt kennen.
b) Die Irrtumswahrscheinlichkeit liegt mit ca. 3,4 % unter dem Signifikanzniveau.
c) Wenn man den Stichprobenumfang vervierfacht, wird es leichter, H_0 zu verwerfen, auch wenn der tatsächliche Bekanntheitsgrad nur ein wenig über $p = 0{,}3$ liegt, aber deutlich unter dem angestrebten Wert von $p = 0{,}4$.
$P(X \geq 136) = 0{,}046\,596\,256$
$P(X \geq 135) = 0{,}057\,971\,671$
d) Die Werbeagentur möchte möglichst lange bei der für sie günstigen Hypothese H_0: $p = 0{,}4$ bleiben, die ihr das Honorar garantiert.
Die Wahrscheinlichkeit, dass bei Gültigkeit von $p = 0{,}4$ gilt: $X \leq 33$, ist $P(X \leq 33) = 0{,}091\,253\,601$.
Das Signifikanzniveau ist 9,2 %.
Der Fehler 2. Art, also, dass man trotz $p = 0{,}3$ $X \geq 34$ erhält, hat die Wahrscheinlichkeit $P_{0,3}(X \geq 34) = 0{,}220\,742\,239$.
e) Jeder Statistiker wählt das Verfahren, das seinen Auftraggeber am besten abschneiden lässt. Die Wahl der Nullhypothese ist interessengeleitet, es gibt nicht die eine richtige Lösung.

7 a) Die Formulierung im Text legt nahe, dass ein linksseitiger Test durchzuführen ist. Der Kunde wird die Behauptung des Herstellers nur glauben, wenn deutlich weniger als 5 % der Bauteile defekt sind. Als Nullhypothese wird hier H_0: $p \geq 0{,}05$ verwendet, weil im Text von *mindestens* 5 % defekten Bauteilen die Rede ist.
b) Ablehnungsbereich ist [0;14]. Also darf der Kunde höchstens 14 defekte Bauteile in seiner Stichprobe finden, damit er die Behauptung des Herstellers akzeptiert.
Man geht in dem Beispiel vom „Extremfall" $p = 0{,}05$ aus, weil sich für größere Werte von p der Ablehnungsbereich weiter nach rechts verschieben würde (Fig. 1 und Fig. 2). Einen für alle $p \geq 0{,}05$ gültigen Bereich, für den man H_0 verwerfen kann, erhält man daher als „Schnittmenge" aller Ablehnungsbereiche für $p \geq 0{,}05$. Das ist aber gerade der Ablehnungsbereich für $p = 0{,}05$.

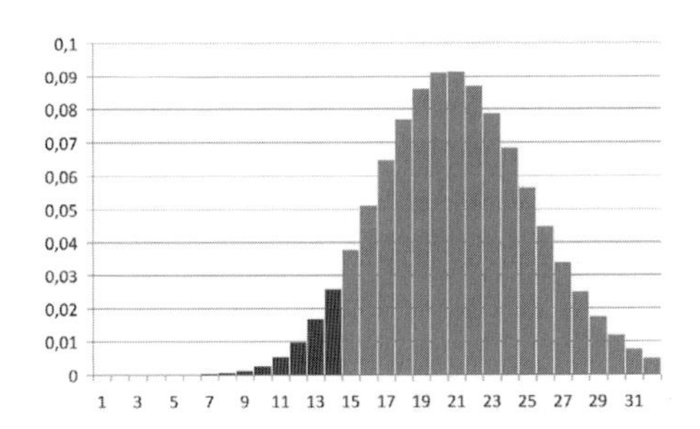

Ablehnungsbereich [0;14] für $p = 0{,}05$ Fig. 1

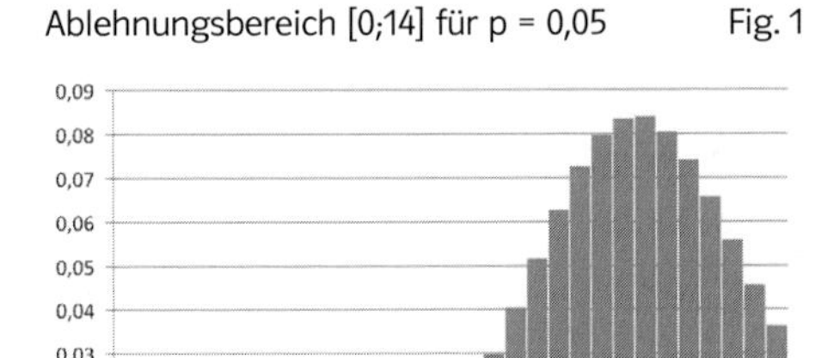

Ablehnungsbereich [0;17] für $p = 0{,}06$ Fig. 2

8 Die Nullhypothese soll widerlegt werden, damit der Test für die Behauptung entscheidet. In der Regel beschreibt die Nullhypothese den „Normalfall" oder „status quo", die Behauptung dagegen beschreibt eine Abweichung vom „Normalfall". Den Normalfall erkennt man im Text oft an Formulierungen wie „erfahrungsgemäß ...", „bisher ..." u.ä. So sind z.B. in Aufgabe 8 „erfahrungsgemäß mindestens 5% der Bauteile defekt", daher ist H_0: $p \geq 0{,}05$. Die eigentliche Behauptung des Herstellers „weniger als 5% der Bauteile sind defekt" ist das Gegenteil der Nullhypothese.
Oft kommt man mit der Regel des Lehrers zu einer sinnvollen Formulierung der Hypothesen, aber oft muss man auch die Sichtweise des Testenden berücksichtigen (vgl. Beispiel auf Seite 361): Wann wird der Tester eine Hypothese ablehnen? Siehe dazu auch Aufgaben 10 und 11.

9 a) Man wird die Hypothesen
H_0: $p \geq 0{,}08$ und H_1: $p < 0{,}08$ wählen, weil man die Behauptung des Händlers nur akzeptieren wird, wenn deutlich weniger als 8% der Orangen mindestens einen Kern enthalten.
b) Je kleiner das Signifikanzniveau, desto kleiner die Wahrscheinlichkeit, dass man dem Händler glaubt, obwohl er recht hat.
c) Man berechnet die Wahrscheinlichkeit für den Annahmebereich, wobei für X der Parameter $p = 0{,}12$ zu verwenden ist.